国家级实验教学示范中心基础化学实验系列教材
普 通 高 等 教 育 “ 十 二 五 ” 规 划 教 材

基础化学实验1
基础知识与技能

孙建民　单金缓　李志林　主　编
李小六　屈红强　苏　明　副主编

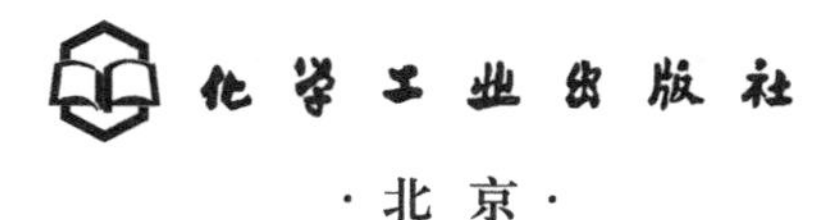

·北京·

为了满足实验教学改革的需要、实验设备的发展和更新，在本书第一版基本框架和基本内容的基础上，本着改进、完善和提高的原则对第一版进行了修订，在强调基础知识与基本技能的同时，增加了部分新的实验方法和仪器设备内容，新增加了微量取液器的使用、电化学工作站、荧光分光光度计的使用，同时增删了部分实验。

本书可作为高等学校化学、化工、应用化学、材料化学、高分子材料与工程、药学、医学、生命科学、环境科学、环境工程、农林、师范院校等相关专业本科生基础化学实验课程的教材，也可作为科研和实验室等有关人员的参考书。

图书在版编目（CIP）数据

基础化学实验1 基础知识与技能/孙建民，单金缓，李志林主编. —2版. —北京：化学工业出版社，2015.3（2020.8重印）

国家级实验教学示范中心基础化学实验系列教材 普通高等教育“十二五”规划教材

ISBN 978-7-122-22500-9

Ⅰ.①基… Ⅱ.①孙…②单…③李… Ⅲ.①化学实验-高等学校-教材 Ⅳ.O6-3

中国版本图书馆CIP数据核字（2014）第288736号

责任编辑：刘俊之　　装帧设计：韩　飞

责任校对：王素芹

出版发行：化学工业出版社（北京市东城区青年湖南街13号 邮政编码100011）

印　　装：北京虎彩文化传播有限公司

787mm×1092mm 1/16 印张18¼ 字数468千字 2020年8月北京第2版第3次印刷

购书咨询：010-64518888　　售后服务：010-64518899

网　　址：http://www.cip.com.cn

定　　价：49.80元

前言

《基础化学实验1　基础知识与技能》为河北大学化学与环境科学学院学生的基础化学实验课程系列教材中的基础知识篇。其内容涉及基础化学实验的基础理论、基本操作以及各种相关仪器的使用等多方面知识。自2009年出版以来，取得了较好的实验教学效果，该教材不仅适于化学实验初学者，而且对于有一定实验基础的学生也是很好的参考教材。学生反映该教材具有较强的实用性，同时有化工设备制造企业将该书作为员工培训教材。

随着教学改革的发展以及仪器设备的更新，对学生的化学实验技能有了新的要求，教材内容也需要修改完善。为满足实验教学的需要，我们对本教材进行了部分修订。

本书第2版是在第一版的基本框架和基本内容的基础上进行修订的。本着改进、完善和提高的原则，在强调基础知识与基本技能的同时，增加了部分新的实验方法和仪器设备内容，同时增删了部分实验。

第2版仍然保持六章的基本框架。第1章主要介绍了化学实验基础知识，包括实验室规则、实验室安全知识。重在培养学生在化学实验中的规范操作意识，提高学生独立分析问题和解决问题的能力，在保证安全的前提下，为顺利完成各种化学实验的操作打下基础。第2章介绍了化学实验基础理论，主要是保证实验数据的真实性与可靠性方面的知识。要求学生掌握正确的处理实验数据的方法，培养学生实事求是的实验态度，学会运用各种数据处理工具，客观地分析实验结果，得出正确的实验结论。第3章介绍了化学实验基本技术，主要涉及无机、有机、物化和分析等基础实验知识与技能，包括必要的基础理论与仪器使用知识。为培养学生的实验动手能力打下基础，由于化学实验的种类繁多，技术复杂，本章只对常用的基础化学实验进行了介绍。学生掌握了一定的实验技术，具备了必要的实验技能，就能很好地开展实验工作，这次修订中新增加了微量取液器的使用内容。第4章介绍了化学实验室经常用到的仪器设备与正确的使用方法。培养学生正确使用仪器设备的能力，掌握更多的实验技能，这次修订中新增加了电化学工作站、荧光分光光度计的内容。第5章简要介绍了与化学实验有关的计算机软件知识，如关于分子式、结构式、化学反应式以及实验装置图等软件的使用。第6章为各专业化学实验中的基础实验操作，通过16个实验，使学生掌握化学实验的思路和方法，为进一步独立开展化学实验打好基础。这次修订中新增加了化学试剂与药用氯化钠的制备与限度检验，无水乙醇的合成，正丁醚的制备等3项实验内容。

本书可作为高等学校化学、化工、应用化学、材料化学、高分子材料与工程、药学、医学、生命科学、环境科学、环境工程、农林、师范院校等相关专业本科生基础化学实验教材，也可作为有关人员的参考书。

感谢河北大学化学与环境科学学院和化学工业出版社给予的大力支持。由于编者水平有限，书中疏漏和欠妥之处在所难免，恳切希望读者批评指正。

编　者

2014 年 12 月

第一版前言

根据教育部《关于进一步深化本科教学改革、全面提高教学质量的若干意见》、《高等学校本科教学质量与教学改革工程》、《普通高等学校本科化学专业规范》等相关要求，在知识传授、能力培养、素质提高、协调发展的教育理念和以培养学生创新能力为核心的实验教学观念指导下，在研究化学实验教学与认知规律的基础上，将实验内容整合为基础型实验、综合型实验和研究创新型实验三大模块，形成“基础—综合—研究创新”交叉递进式三阶段实验教学新体系。学生在接受系统的实验基本知识、基本技术、基本操作训练的基础上，进行一些综合性、设计性实验训练，而后通过创新实验进入毕业论文与设计环节，完成实验教学与科研的对接。

《基础化学实验》系列教材是在上述实验教学体系框架下，以强化基础训练为核心，以培养学生良好的科学实验规范为主要教学目标，以化学实验原理、方法、手段、操作技能和仪器使用为主要内容，逐步培养学生文献查阅、科研选题、实验组织、实验实施、实验探索、结果分析与讨论、科研论文的撰写能力，培养学生创新能力，为综合化学实验和研究创新实验打下良好的基础。在实验教学内容上增加现代知识、现代技术容量，充分融合化学实验新设备、新方法、新技术、新手段，将最新科研成果转化为优质实验教学资源，从宏观上本着宽领域、渐进式、交互式、创新式、开放式来编排，将原隶属于《无机化学实验》、《有机化学实验》、《物理化学实验》、《分析化学实验》、《仪器分析实验》和《化工基础实验》的相关内容按照新的实验教学体系框架综合整编为《基础化学实验 1　基础知识与技能》、《基础化学实验 2　物质制备与分离》、《基础化学实验 3　分析检测与表征》、《基础化学实验 4　物性参数与测定》、《基础化学实验 5　综合设计与探索》五个分册，力争实现基础性和先进性的有机结合，教学、科研和应用的结合。

本系列教材可作为高等学校化学、化工、应用化学、材料化学、高分子材料与工程、药学、医学、生命科学、环境科学、环境工程、农林、师范院校等相关专业本科生基础化学实验教材，也可作为有关人员的参考用书。在使用时各校可结合具体的教学计划、教学时数、实验室条件等加以取舍，也可根据实际需要增减内容或提高要求。

本书是《基础化学实验》系列中的第 1 分册——基础知识与技能。内容包括实验室规则、实验室安全知识和化学实验基本知识，化学实验数据误差理论，无机、有机、物化和分析等化学基础实验的基本技术、知识与技能，包括必要的基础理论与仪器使用知识，化学实验室经常用到的仪器设备与正确的使用方法，与化学实验有关的分子式、结构式、化学反应式以及实验装置图等计算机软件的使用知识。最后编写了十六个各专业化学实验中的基础操作实验。使学生初步掌握化学实验基本仪器的使用与实验思路和方法，为进一步独立开展化学实验打好基础。

本书的编写，参考了相关教材、国家标准和期刊文献等有关内容，在此深表谢意。

感谢河北大学化学与环境科学学院和化学工业出版社给予的大力支持。由于编者水平有限，书中疏漏和欠妥之处在所难免，恳切希望读者批评指正。

编　者

2009 年 2 月

目　录

第1章　化学实验基础知识 …… 1

1.1　实验室规则 …… 1
1.2　实验室安全知识 …… 1
1.2.1　安全用电常识 …… 2
1.2.2　试剂安全常识 …… 2
1.2.3　伤害类安全常识 …… 4
1.2.4　易燃易爆类安全常识 …… 4
1.2.5　实验室灭火 …… 5
1.3　三废处理 …… 8
附　实验室常见“三废”处理措施 …… 9
1.4　化学试剂基本常识 …… 9
1.4.1　化学试剂规格 …… 9
1.4.2　试剂的取用规则 …… 10
1.5　各种容器材料的使用和维护 …… 10
1.5.1　玻璃 …… 10
1.5.2　瓷 …… 11
1.5.3　熔凝石英（透明石英） …… 11
1.5.4　金属 …… 11
1.5.5　石墨 …… 11
1.5.6　高分子聚合物 …… 12
1.6　常用低值易耗仪器设备 …… 12
1.6.1　玻璃及瓷器类仪器 …… 12
1.6.2　常用玻璃及瓷器仪器 …… 13
1.6.3　化学实验中常用的其他器具 …… 19
1.6.4　小型机电仪器 …… 22
1.7　标准知识介绍 …… 22
1.8　实验预习、记录和实验报告 …… 24

第2章　化学实验基础理论 …… 26

2.1　误差理论 …… 26
2.1.1　基本概念 …… 26
2.1.2　误差的分类 …… 26
2.2　提高实验结果准确度的方法 …… 27
2.3　有效数字及数据运算规则 …… 27
2.4　数据处理及实验结果的正确表示 …… 28
2.4.1　可疑值的检验 …… 28
2.4.2　实验结果的表示 …… 29
2.4.3　随机误差的正态分布 …… 32
2.5　作图方法简介 …… 33
2.6　正交实验设计方法 …… 35
2.6.1　术语介绍 …… 36
2.6.2　正交实验的程序与要求 …… 36
2.6.3　应用正交实验法优化工艺参数（条件）示例 …… 38

第3章　化学实验基本技术 …… 42

3.1　加热和冷却技术 …… 42
3.1.1　加热用的装置 …… 42
3.1.2　常用加热操作 …… 46
3.1.3　冷却技术 …… 49
3.2　玻璃仪器的清洗、干燥和塞子的配置 …… 50
3.2.1　玻璃仪器的洗涤和干燥 …… 50
3.2.2　塞子钻孔 …… 52
3.3　基础玻璃工操作 …… 53
3.4　纯水的制备 …… 56
3.4.1　天然水中的杂质 …… 56
3.4.2　水的纯化方法 …… 56
3.4.3　分析实验室用水规格和实验方法 …… 58
3.5　分析试样的采集和制备 …… 60
3.5.1　采样的目的和基本原则 …… 60

3.5.2 采样方案和采样记录 …… 60
3.5.3 采样技术 …… 60
3.5.4 固体化工产品的采样 …… 61
3.5.5 液体化工产品的采样 …… 63
3.5.6 其他产品的采样 …… 64
3.5.7 土壤样品的采集与制备 …… 65
3.5.8 生物样品的采集与制备 …… 65
3.5.9 其他固体试样的采集与制备 …… 66
3.5.10 水样的采集与制备 …… 66
3.5.11 气体样品的采集 …… 66
3.6 化学药品的取用与存放 …… 67
3.7 常用试纸的使用 …… 69
3.8 称量技术 …… 69
3.8.1 托盘天平 …… 69
3.8.2 分析天平 …… 70
3.9 液体体积的量度 …… 78
3.10 温度的测量 …… 83
3.10.1 温度计的工作原理 …… 83
3.10.2 温度测量仪表 …… 83
3.11 压力测量与真空技术 …… 86
3.11.1 压力单位及测压仪表 …… 86
3.11.2 真空计 …… 87
3.12 流量测量 …… 89
3.13 光学测定方法 …… 91
3.14 电化学测定方法 …… 92
3.15 搅拌方法 …… 93
3.15.1 手工搅拌方法 …… 93
3.15.2 机械搅拌方法 …… 93
3.16 溶液的配制 …… 94
3.16.1 一般溶液的配制 …… 94
3.16.2 饱和溶液的配制 …… 94
3.16.3 按照国标配制的溶液 …… 95
3.16.4 缓冲溶液的配制 …… 95
3.17 溶解与沉淀 …… 97
3.18 蒸发、浓缩与结晶 …… 98
3.19 固液分离技术 …… 99
3.19.1 倾析法 …… 99
3.19.2 过滤法 …… 99
3.19.3 离心分离法 …… 105
3.20 固体的干燥 …… 105
3.21 气体的发生与收集 …… 107
3.22 有机化学实验常用装置 …… 110
3.23 有机化合物的分离和提纯 …… 115
3.23.1 重结晶及过滤 …… 115
3.23.2 蒸馏 …… 119
3.23.3 升华 …… 129
3.23.4 萃取 …… 131
3.23.5 干燥 …… 133
3.23.6 色谱法 …… 137
3.23.7 外消旋体的拆分 …… 142
3.24 有机化合物的物理常数测定及结构表征 …… 142
3.24.1 熔点测定及温度计校正 …… 142
3.24.2 沸点及其测定 …… 146
3.24.3 折射率的测定 …… 146
3.24.4 旋光度的测定 …… 148
3.24.5 红外光谱 …… 150
3.24.6 核磁共振谱 …… 153
3.24.7 紫外与可见光谱 …… 154
3.25 滴定分析 …… 157
3.25.1 滴定分析的基本术语 …… 157
3.25.2 滴定分析法的分类 …… 157
3.25.3 滴定分析法对滴定反应的要求和滴定方式 …… 158
3.25.4 基准物质 …… 158
3.25.5 标准滴定溶液的配制与标定 …… 158
3.25.6 滴定分析仪器规范操作 …… 161
3.26 重量分析基本操作 …… 161
3.26.1 样品的溶解 …… 162
3.26.2 沉淀 …… 162
3.26.3 过滤和洗涤 …… 162
3.26.4 沉淀的包裹和烘干 …… 165
3.26.5 滤纸的炭化和灰化 …… 166
3.26.6 沉淀的灼烧 …… 166
3.27 化学实验绿色化技术 …… 167

第4章 化学实验常用仪器与使用 …… 170
4.1 电子分析天平 …… 170
4.2 酸度计 …… 170
4.2.1 酸度计的基本原理 …… 170
4.2.2 酸度计的使用方法 …… 171
4.2.3 注意事项 …… 172
4.3 离子计 …… 174
4.4 电导仪 …… 175
4.4.1 电导仪的基本原理 …… 175
4.4.2 电导仪的使用方法 …… 175
4.4.3 注意事项 …… 177

4.5 电位差计 …… 177
4.5.1 电位差计的基本原理 …… 177
4.5.2 电位差计的使用方法 …… 178
4.5.3 注意事项 …… 179
4.6 库仑滴定仪 …… 180
4.6.1 库仑滴定仪的基本原理 …… 180
4.6.2 库仑滴定仪的使用方法 …… 181
4.6.3 注意事项 …… 181
4.7 极谱仪 …… 182
4.7.1 极谱仪的基本原理 …… 182
4.7.2 极谱仪的使用方法 …… 183
4.7.3 注意事项 …… 183
4.8 电位滴定仪 …… 184
4.9 恒电位仪 …… 185
4.10 电化学工作站 …… 186
4.11 稳压稳流电泳仪 …… 189
4.12 元素分析仪 …… 190
4.12.1 元素分析仪的基本原理 …… 190
4.12.2 元素分析仪的使用方法 …… 191
4.12.3 注意事项 …… 192
4.13 紫外-可见分光光度计 …… 192
4.13.1 紫外-可见分光光度计的基本原理 …… 192
4.13.2 紫外-可见分光光度计的使用方法 …… 192
4.13.3 注意事项 …… 194
4.14 红外光谱仪 …… 194
4.14.1 红外光谱仪的基本原理 …… 194
4.14.2 Thermo Nicolet380 傅里叶红外光谱仪的使用方法 …… 196
4.14.3 注意事项 …… 197
4.15 荧光分光光度计 …… 197
4.15.1 基本原理 …… 197
4.15.2 使用方法 …… 198
4.16 原子吸收分光光度计 …… 199
4.16.1 原子吸收分光光度计的基本原理 …… 199
4.16.2 原子吸收分光光度计的使用方法 …… 199
4.16.3 注意事项 …… 200
4.17 气相色谱仪 …… 200
4.17.1 气相色谱仪的基本原理 …… 200
4.17.2 气相色谱仪的使用方法 …… 204
4.17.3 注意事项 …… 204
4.18 高效液相色谱仪 …… 205
4.18.1 高效液相色谱仪的基本原理 …… 205
4.18.2 高效液相色谱仪的使用方法 …… 207
4.18.3 注意事项 …… 208
4.19 阿贝折光仪 …… 208
4.19.1 阿贝折光仪的基本原理 …… 208
4.19.2 阿贝折光仪的使用方法 …… 208
4.19.3 注意事项 …… 209
4.20 旋光仪 …… 210
4.20.1 旋光仪的基本原理 …… 210
4.20.2 旋光仪的使用方法 …… 210
4.20.3 注意事项 …… 210
4.21 显微熔点测定仪 …… 210
4.22 量热计 …… 211
4.22.1 差示扫描量热计的基本原理 …… 211
4.22.2 差示扫描量热计的使用方法 …… 212
4.22.3 氧弹式量热计的基本原理 …… 213
4.22.4 氧弹式量热计的使用方法 …… 213
4.22.5 注意事项 …… 214
4.23 黏度计 …… 214
4.24 热重分析仪 …… 216
4.24.1 热重分析仪的基本原理 …… 216
4.24.2 热重分析仪的使用方法 …… 217
4.24.3 注意事项 …… 219
4.25 沸点仪 …… 219
4.26 凝固点实验装置 …… 220
4.27 恒温槽 …… 222
4.27.1 恒温槽的基本原理 …… 222
4.27.2 恒温槽的使用方法 …… 222
4.27.3 玻璃恒温水浴的结构与使用方法 …… 223
4.27.4 注意事项 …… 224
4.28 振荡器 …… 224
4.28.1 多用振荡器的基本原理 …… 224
4.28.2 多用调速振荡器的使用方法 …… 225
4.28.3 水浴恒温振荡器的使用方法 …… 225
4.28.4 注意事项 …… 226
4.29 高速离心机 …… 226

第5章 常用化学软件简介 …… 228
5.1 结构式软件 …… 228
5.2 分子式、反应式软件 …… 230
5.2.1 ISIS 分子式软件 …… 230
5.2.2 反应式的绘制 …… 230

5.3　数据处理软件 ………………… 231
5.4　公式编辑软件 ………………… 233
5.5　装置图软件（Novoasft Science Word3.1 软件简介） ………………… 234

第6章　实验 ………………… 237
实验一　安全教育、常用仪器的洗涤和干燥 ………………… 237
实验二　基础玻璃工操作技术 ………………… 239
实验三　由废铜屑制备硫酸铜 ………………… 240
实验四　电离平衡与沉淀反应 ………………… 242
实验五　氧化还原反应与电化学 ………………… 244
实验六　分析天平性能的测定与称量练习 ………………… 247
实验七　强酸强碱的中和滴定 ………………… 253
实验八　容量器皿的校准 ………………… 256
实验九　重结晶 ………………… 260
实验十　甲醇和水的分馏 ………………… 262
实验十一　薄层色谱 ………………… 263
实验十二　柱色谱 ………………… 265
实验十三　熔点测定 ………………… 267
实验十四　从茶叶中提取咖啡碱 ………………… 269
实验十五　化学试剂与药用氯化钠的制备及限度检验 ………………… 271
实验十六　无水乙醇的制备 ………………… 275
实验十七　正丁醚的制备 ………………… 277

参考文献 ………………… 279

第1章 化学实验基础知识

1.1 实验室规则

化学实验室是开展化学实验的场所，不得在实验室内进行与实验无关的其他活动。实验者必须穿实验服，并佩带个人识别卡，进入实验室前必须认真预习，明确实验目的和要求，了解实验的基本原理、实验操作技术和基本仪器的使用方法，熟悉实验内容以及注意事项，写好预习报告。

遵守纪律，不迟到、早退，不在实验室大声喧哗，保持室内安静。

实验前，先清点所用仪器，如发现破损、缺少，立即向指导教师申明补领。如在实验过程中损坏仪器，应及时报告并折价赔偿。

实验时听从教师的指导，严格按操作规程正确操作，集中思想，仔细观察，如实、及时、正确地记录实验现象和实验数据。

保持实验室和实验桌面的整洁，实验仪器合理放置，纸屑、废品等投入废物桶内，废酸、废碱等倒入指定的地点，严禁投放在水槽中，以免腐蚀和堵塞水槽及下水道。

公用仪器和试剂瓶用毕立即放回原处，不得擅自拿走。按量取用试剂，注意节约。严禁将药品任意混合。

实验后需对实验现象认真分析总结，对原始数据进行处理，以及对实验结果进行讨论，按要求格式写出实验报告，及时交给指导教师批阅。

实验完毕，将实验桌面、仪器和药品架清洗、整理干净。值日生负责做好整个实验室的清洁卫生工作，并关好水、电开关及门窗等，经指导教师检查同意后方可离开实验室。实验室一切药品不得带离实验室。

实验室的上下水道、电源、消防器材等必须经常保持通畅和完好，以便随时启用。

任何人在进行化学实验时不得抽烟、使用手机、喝水和吃东西。

实验中如发生中毒、失火、爆炸等意外事故，不要惊慌，应按照安全规则及时处理，并向领导和有关部门报告。事后要检查原因并记入事故登记簿。

1.2 实验室安全知识

在放有大量仪器设备和各种化学药品的实验室里，人身安全与财产安全至关重要，必须防止诸如爆炸、着火、中毒、灼伤、触电等事故的发生，一旦发生事故，如何紧急处理是每一个化学实验工作者必须具备的素质。

1.2.1 安全用电常识

违章用电常常可能造成人身伤亡、火灾、损坏仪器设备等严重事故，因此要特别注意安全用电。为了保障人身安全，一定要遵守实验室安全规则。

(1) 防止触电 不用潮湿的手接触电器。电源裸露部分应有绝缘装置（例如电线接头处应裹上绝缘胶布）。所有电器的金属外壳都应接地线。实验时应先连接好电路后再接通电源。实验结束时先切断电源再拆线路。修理或安装电器时，应先切断电源。不能用试电笔去试高压电。使用高压电源应有专门的防护措施。如有人触电，应迅速切断电源，然后进行抢救。

(2) 防止引起火灾 使用的保险丝要与实验室允许的用电量相符。电线的安全通电量应大于用电功率。使用加热装置如电炉、电热板等时，应注意加热装置下面的实验台面、上面的试剂架台以及周围的实验用品与加热装置的安全距离，避免因烘烤产生损坏甚至火灾。实验人员应随时注意加热过程，不得在加热过程中随意离开加热装置，避免因被加热物质的剧烈反应或溶液被烘干等原因引起火灾。

室内若有氢气、煤气等易燃易爆气体，应避免产生电火花（注意继电器工作和开关电闸时）。电器接触点（如电插头）接触不良时，应及时修理或更换。如遇电线起火，立即切断电源，用沙或二氧化碳、四氯化碳灭火器灭火，禁止用水或泡沫灭火器等导电液体灭火。

(3) 防止短路 线路中各接点应牢固，电路元件两端接头不要互相接触，以防短路。电线、电器不要被水淋湿或浸在导电液体中，例如实验室加热用的灯泡接口不要浸在水中。

(4) 电器仪表的安全使用 在使用前，先了解电器仪表要求使用的电源是交流电还是直流电；是三相电还是单相电以及电压的大小（380V、220V、110V 或 6V）。必须弄清电器功率是否符合要求及直流电器仪表的正、负极。仪表量程应大于待测量。若待测量大小不明时，应从最大量程开始测量。实验之前要检查线路连接是否正确。经教师检查同意后方可接通电源。在电器仪表使用过程中，如发现有不正常声响，局部温升或嗅到绝缘漆过热产生的焦味，应立即切断电源，并报告教师进行检查。

1.2.2 试剂安全常识

(1) 试剂毒物及危害程度分级

① 极度危害　汞及其化合物、苯、砷、铬酸盐、氯乙烯、重铬酸盐、黄磷、铍及其化合物、氰化物等。

② 高度危害　三硝基甲苯、铅及其化合物、CS_2、Cl_2、CCl_4、H_2S、HCHO、苯胺、HF、金属镍、DDT、光气、CO、硝基苯等。

③ 中度危害　溶剂汽油、丙酮、氢氧化钠、氨气等。

(2) 致癌物质

① 无机物　所有的石棉制品、砷化物、镍及某些不溶性镍盐、铍及其化合物、镉及其化合物、肼、铬酸盐、三氧化铬、羰基铬、三氧化锑等。

② 有机烷基试剂　碘甲烷、重氮甲烷、硫酸二甲酯、*β*-丙内酯、双氯甲基醚等。

③ 烃　氯乙烯、苯、3,4-苯并芘等。

④ 亚硝胺　*N*,*N*-二甲基亚硝胺、*N*-亚硝基-*N*-苯基脲等。

⑤ 氨基、硝基及偶氮化合物　苯肼、4,4-二甲氨基氮苯、4-硝基联苯、4-氨基联苯、联苯胺、*α*-硝基萘、*α*-氨基萘等。

(3) 人体侵害类试剂 对人的上呼吸道有刺激的毒气主要有：醛类、氨基盐类、氢氟酸、SO_2、SO_3、铬酸等。既刺激上呼吸道又损害肺的毒气主要有：氯、溴和磷的氧化物、硫酸二甲酯等。刺激人眼的毒气主要有：卤素、卤代烃、催泪剂、芥子气、H_2S 以及许多有机物。能使人发生肺水肿、窒息甚至死亡的危险毒气主要有：AsH_3、CO、Cl_2、NO_2

等。侵犯人神经系统的毒气主要有：CS_2、CH_3OH、CH_3CHCl_2、磷酸三甲苯酚等。侵犯人的泌尿系统主要有：乙二醇、CCl_4 等（苯的气体会损伤造血器官，溴的蒸气会损伤人的皮肤）。

（4）解毒的一般原则 对进入消化道的试剂要首先催吐，用手指或匙柄刺激舌根或喉头，吐出试剂，为延缓吸收速度，降低浓度，保护胃黏膜，应饮食下述物质：牛奶、打溶的鸡蛋、面粉、淀粉、土豆泥悬浮液及水。也可在无上述东西时用 500mL 蒸馏水加 50g 活性炭，用前再加 400mL 蒸馏水充分润湿，分次少量吞服。

（5）试剂中毒现象及救护法

① H_2SO_4、HNO_3、HCl 等（致命剂量 1mL） 先饮服 200mL $Mg(OH)_2$ 悬浮液或 $Al(OH)_3$ 凝胶或牛奶及水，冲稀毒物，再食 10 多个打溶的鸡蛋，作缓和剂。

② 强碱（致命剂量 1g） 直接用 1%HAc 水溶液将患部洗至中性（用食道镜观察）。然后直接服用 500mL 稀食醋（1∶4）或鲜橘汁稀释。

③ 氨气 移至空气新鲜处，输氧气；进眼：水洗角膜至少 5min 后用稀醋酸或硼酸洗。

④ 卤素气体 移至空气新鲜地方，保持安静。

⑤ SO_2、NO_2、H_2S 气体 至空气新鲜处，保持安静，并洗漱咽喉。

⑥ As 及其化合物（致命剂量 0.1g） 应立即洗胃，催吐，洗胃前服新配氢氧化亚铁溶液，催吐或服蛋清水或牛奶，导泻。

⑦ 铅（致命剂量 0.5g） 保持患者每分钟排尿 0.5～1mL。连续 1～2h 以上，饮 10%右旋糖酐水溶液。或以每分钟 1mL 的速度，静注 20%甘露醇溶液。

⑧ 镉（致命剂量 10mg）、锑（100mg）吞食 呕吐。

⑨ Ba（致命剂量 1g） 将 30gNa_2SO_4 溶于 200mL 水中，从口饮服或从洗胃管加入胃中。

⑩ $AgNO_3$ 将 3～4 茶匙 NaCl 溶于一杯水中饮下，服催吐剂或洗胃或饮牛奶。用大量水吞服 30g 硫酸镁泻药。

⑪ Hg 误服者不能用生理盐水洗胃，迅速灌鸡蛋清、牛奶或豆浆。皮肤接触，大量水冲洗，湿敷 3%～5%硫代硫酸钠溶液，不溶性汞化合物用肥皂和水清洗。

⑫ 氯气 嗅 1∶1 乙醚与乙醇混合气。

⑬ 溴水 嗅稀氨水。溴水沾皮肤：苯、甘油洗伤口，再用水洗。

⑭ 烃类（10～50mL） 移至空气新鲜处，应尽量避免洗胃或用催化剂。

⑮ 甲醇（30～60mL） 用 1%～3%碳酸氢钠液洗胃，移至暗房，用以抑制 CO_2 结合能力，每隔 2～3h 吞 5～15g 碳酸氢钠，防止酸中毒。为了阻止甲醇代谢，在 3～4 日内，每两小时饮 50%乙醇液。

⑯ 酚类（2g）吞服 饮自来水、牛奶或吞活性炭，反复洗胃催吐。饮 60mL 蓖麻油或乙醇洗胃。

⑰ 乙二醇 洗胃。催吐或泻药。静脉注 100mL 10%葡萄糖酸钙。同时人工呼吸。

⑱ 乙醛（5g） 洗胃、催吐，后服泻药。

⑲ 草酸（4g） 服用 200mL（含 30g 丁酸钙）或其他钙盐溶液、大量牛奶。可服用牛奶打溶的蛋白作镇痛剂。

⑳ CCl_4（3mL）、$Cl_2HCCHCl_2$（1g）、$Cl_2C{=}CHCl$（5mL） 远离药品躺下，保暖，用水洗胃，饮用 200mL 含 30g 硫酸钠水溶液。

㉑ 有机磷（0.02～1g） 人工呼吸。用催吐剂或水洗胃，清洗皮肤。

㉒ 甲醛（60mL）吞食 饮大量牛奶洗胃，催吐，后服泻药。

㉓ CS_2 吞食 洗胃，催吐。

㉔ CO 移至空气新鲜处，安静，进行输氧。

1.2.3 伤害类安全常识

(1) 烧伤时的急救 烧伤包括烫伤及火伤。急救的主要目的在于减轻痛的感觉并保护皮肤的受伤表面不受感染。各种烧伤的主要危险是患者身体损失大量水分，因此必须给患者大量热的饮料。对一般烧伤的伤员可以口服烧伤饮料（100mL 开水中加食盐 0.3g、碳酸氢钠 0.15g、糖精 0.04g）或食盐开水防休克。对休克伤员最好请医护人员前来抢救。对四肢及躯干部二度烧伤、面积又不太大者可用薄油纱布覆盖在已清洗干净拭干的创面，并用几层纱布包裹，两三天后即必须换敷料。凡烧伤面积大、三度烧伤者尽可能用暴露疗法，不宜包扎。轻度烧伤可用清凉乳剂（消石灰 500g 加蒸馏水或冷开水约 400mL，搅拌，沉降。取上层清液和等体积芝麻油混合）涂于伤处，必要时包扎。二度烧伤可用烧伤 2 号和烧伤粉。

化学烧伤时的急救如下。

化学烧伤时，首先必须清除皮肤上的化学药品，用大量水冲洗，再以适合于消除这种有害化学药品的特效溶剂、溶液洗涤处理伤处。

碱类（KOH、NaOH、NH_3、CaO、Na_2CO_3、K_2CO_3）：立即用大量水洗涤，然后用乙醇溶液（20g/L）冲洗或撒硼酸粉。其中对 CaO 的灼烧，可用植物油洗涤伤处。

碱金属氰化物、氢氰酸：先用 $KMnO_4$ 溶液洗，再用 $(NH_4)_2S$ 溶液漂洗。

铬酸：先用大量水冲洗，然后用 $(NH_4)_2S$ 溶液漂洗。

HF：先用大量冷水冲洗较长时间，直至伤口表面发红，然后用 50g/L $NaHCO_3$ 溶液洗，再以甘油与 MgO（2∶1）悬浮剂涂抹，用消毒纱布包扎。

磷：不可将创伤面暴露于空气或用油质类涂抹。应先用 10g/L $CuSO_4$ 溶液洗净残余的磷，再用 1∶1000$KMnO_4$ 湿敷，外涂以保护剂，用绷带包扎。

苯酚：先用水冲洗，然后再用 4 体积乙醇（70%）与 1 体积 $FeCl_3$（1mol/L）的混合液洗。

$ZnCl_2$、$AgNO_3$：先用水冲洗，然后再用 50g/L $NaHCO_3$ 溶液漂洗涂油膏及磺胺粉。

酸类（H_2SO_4、HCl、HNO_3、H_3PO_4、乙酸、甲酸、草酸、苦味酸等）：用大量水冲洗，然后用 $NaHCO_3$ 的饱和溶液冲洗。

眼睛烧伤：眼睛受到任何伤害时，必须立即请眼科医生诊治。但在医师救护前，对于眼睛的化学灼伤的急救应该是争分夺秒。实践证明眼睛被溶于水的化学药品灼伤时最好的方法是立即用洗涤器的水流洗涤；洗涤时要避免水流直射眼睛，也不要揉搓眼睛。在大量的细水流洗涤眼睛后，如果是碱灼伤时，则用 3%$NaHCO_3$ 溶液淋洗。

(2) 创伤时的急救 用消毒镊子或消毒纱布机械地把伤口清理干净，并用 3.5%的碘酒涂在伤口四周。碘酒是消毒的药物，也可使毛细血管止血，伤口消毒后即可用止血粉外敷。不论是毛细血管出血（渗出血液，出血少）、静脉出血（暗红色血，流出慢），还是动脉出血（喷射状出血，血多）都可用压迫法止血。压迫什么位置，看创口部位而定。并用消毒纱布盖住伤口。

1.2.4 易燃易爆类安全常识

(1) 混合后容易引起火灾的物质 活性炭与硝酸铵；沾染了强氧化剂（如 KNO_3）的衣服；抹布与浓硫酸；可燃性物质（如木材）与浓 HNO_3；液氧与有机物；铝与有机氧化物；氧化物之间的混合，如硝酸铵或硝酸钾与有机物的混合；PH_3、烷基金属等物质与空气接触；一些废弃药品，如把浸过邻硝基苯酚的滤纸扔在废物箱内；易燃气体遇到火源。

(2) 混合后容易引起爆炸的物质 过氧化物与钠或铝或钾；钠或钾与水（铝粉与硫酸铵遇水）；氯酸盐与硫化锑（磷与氰化物）；三氧化铬或高锰酸钾与硫醇、硫磺、甘油或有机物；硝酸铵与锌粉遇少量水；有机物与铝（合金）在硝酸-亚硝酸的加热浴中；硫氰化物与硝酸钠；硝酸、HI与Zn、Mg或其他活泼金属；KNO_3与NaAc；硝酸盐与酯类；亚硝酸盐与KCN；氯酸盐及高氯酸盐与硫酸；高铁氰化钾、高汞氰化钾、卤素与氨；磷与硝酸、硝酸盐、氯酸盐；氧化汞与硫磺；镁、铝与高氯酸盐及硝酸盐；硝酸盐与氯化亚锡；镁与磷酸盐、碳酸盐及多种氧化物；重金属与草酸盐；液态空气或液氧与有机物；另外，许多有机溶剂如乙醚、丙酮、乙醇、苯等非常容易燃烧，大量使用时室内不能有明火、电火花或静电放电。实验室内不可存放过多这类药品，用后还要及时回收处理，不可倒入下水道，以免聚集引起火灾。还有些物质如磷、金属钠、钾、电石及金属氢化物等，在空气中易氧化自燃。还有一些金属如铁、锌、铝等粉末比表面大，也易在空气中氧化自燃。这些物质要隔绝空气保存，使用时要特别小心。

1.2.5 实验室灭火

(1) 起火原因

① 可能的固态药品（如纤维制品）或液态药品（如乙醚）因接触明火或处于高温下而燃烧。

② 能自燃的物质由于接触空气或长时间的氧化作用而燃烧（如白磷的自燃）。

③ 化学反应（如金属钠与水的反应）引起的燃烧和爆炸。

④ 电火花引起的燃烧（例如，电热器材因接触不良而出现火花，导致附近可燃烧物质着火）。

(2) 火灾分类 GB/T 4968—85标准根据物质燃烧特性把火灾分为四类。这种分类法对防火和灭火，特别是对选用灭火器扑救火灾有指导意义。

A类火灾：指固体物质火灾，这种物质往往具有有机物性质，一般在燃烧时能产生灼热的余烬。如木材、棉、毛、麻、纸张火灾等。

B类火灾：指液体火灾和可熔化的固体物质火灾。如汽油、煤油、柴油、原油、甲醇、乙醇、沥青、石蜡火灾等。

C类火灾：指气体火灾。如煤气、天然气、甲烷、乙烷、丙烷、氢气火灾等。

D类火灾：指金属火灾。如钾、钠、镁、钛、锆、锂、铝镁合金火灾等。

(3) 灭火器的分类 常用灭火器的分类通常按充装灭火剂的类型进行划分。

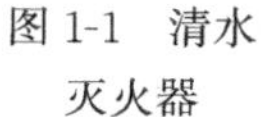

图1-1 清水灭火器

图1-2 泡沫灭火器

① 清水灭火器 这类灭火器内充入的灭火剂主要是清洁水。有的加入适量的防冻剂，以降低水的冰点。也有的加入适量润湿剂、阻燃剂、增稠剂等，以增强灭火性能。见图1-1。

② 酸碱灭火器 这类灭火器内充入的灭火剂是工业硫酸和碳酸氢钠水溶液。

③ 化学泡沫灭火器 这类灭火器内充装的灭火剂是硫酸铝水溶液和碳酸氢钠水溶液，再加入适量的蛋白泡沫液。如果再加入少量氟表面活性剂，可增强泡沫的流动性，提高了灭火能力，故称高效化学泡沫灭火器。见图1-2。

④ 空气泡沫灭火器 这类灭火器内充装的灭火剂是空气泡沫液与水的混合物。空气泡沫的发泡是由空气泡沫混合液与空气借助机械搅拌混合生成，在此又称空气机械泡沫。空气泡沫灭火剂有许多种，如蛋白泡沫、氟蛋白泡沫、轻水泡沫（又称水成膜泡沫）、抗溶泡沫、聚合

物泡沫等。由于空气泡沫灭火剂的品种较多，因此空气泡沫灭火器又按充入的空气泡沫灭火剂的名称加以区分，称为蛋白泡沫灭火器、轻水泡沫灭火器、抗溶泡沫灭火器等。见图 1-2。

⑤ 二氧化碳灭火器　这类灭火器内充入的灭火剂是液化二氧化碳气体。见图 1-3。

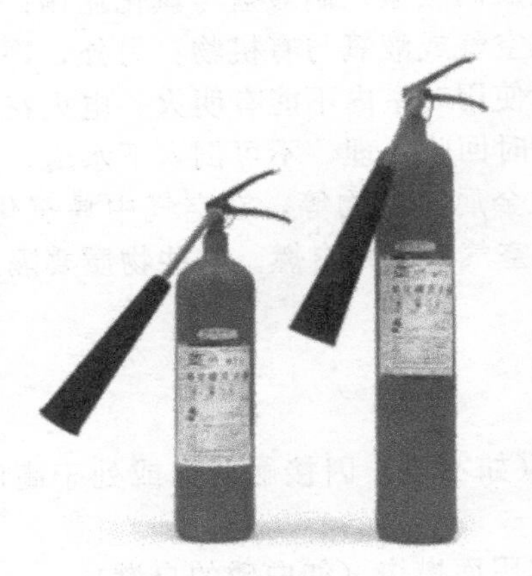

图 1-3　二氧化碳灭火器

图 1-4　干粉灭火器

⑥ 干粉灭火器　这类灭火器内充入的灭火剂是干粉。干粉灭火剂的品种较多，因此灭火器根据内部充入的不同干粉灭火剂的名称，称为碳酸氢钠干粉灭火器、磷酸铵盐干粉灭火器、氨基干粉灭火器。由于碳酸氢钠干粉只适用于灭 B、C 类火灾，因此又称 BC 干粉灭火器。磷酸铵盐干粉能适用于 A、B、C 类火灾，因此又称 ABC 干粉灭火器。见图 1-4。

⑦ 卤代烷灭火器　这类灭火器内充装的灭火剂是卤代烷灭火剂。该类灭火剂品种较多，而我国只发展两种，一种是二氟一氯一溴甲烷，简称 1211 灭火器，另一种是三氟一溴甲烷，简称 1301 灭火器。

(4) 实验室常用灭火器（手提式）适应火灾及使用方法

① 泡沫灭火器适应火灾及使用方法　适用于扑救一般 B 类火灾，如油制品、油脂等火灾，也可适用于 A 类火灾，但不能扑救 B 类火灾中的水溶性可燃、易燃液体的火灾，如醇、酯、醚、酮等物质火灾；也不能扑救带电设备及 C 类和 D 类火灾。

使用时可手提筒体上部的提环，迅速奔赴火场。这时应注意不得使灭火器过分倾斜，更不可横拿或颠倒，以免两种药剂混合而提前喷出。当距离着火点 10m 左右，即可将筒体颠倒过来，一只手紧握提环，另一只手扶住筒体的底圈，将射流对准燃烧物。在扑救可燃液体火灾时，如已呈流淌状燃烧，则将泡沫由远而近喷射，使泡沫完全覆盖在燃烧液面上；如在容器内燃烧，应将泡沫射向容器的内壁，使泡沫沿着内壁流淌，逐步覆盖着火液面。切忌直接对准液面喷射，以免由于射流的冲击，反而将燃烧的液体冲散或冲出容器，扩大燃烧范围。在扑救固体物质火灾时，应将射流对准燃烧最猛烈处。灭火时随着有效喷射距离的缩短，使用者应逐渐向燃烧区靠近，并始终将泡沫喷在燃烧物上，直到扑灭。使用时，灭火器应始终保持倒置状态，否则会中断喷射。

（手提式）泡沫灭火器存放应选择干燥、阴凉、通风并取用方便之处，不可靠近高温或可能受到曝晒的地方，以防止碳酸分解而失效；冬季要采取防冻措施，以防止冻结；并应经常擦除灰尘、疏通喷嘴，使之保持通畅。

② 空气泡沫灭火器适应火灾和使用方法　适用范围基本上与化学泡沫灭火器相同。但抗溶泡沫灭火器还能扑救水溶性易燃、可燃液体的火灾，如醇、醚、酮等溶剂燃烧的初起火灾。使用时可手提或肩扛迅速奔到火场，在距燃烧物 6m 左右，拔出保险销，一手握住开启

压把，另一手紧握喷枪；用力捏紧开启压把，打开密封或刺穿储气瓶密封片，空气泡沫即可从喷枪口喷出。灭火方法与手提式化学泡沫灭火器相同。但空气泡沫灭火器使用时，应使灭火器始终保持直立状态、切勿颠倒或横卧使用，否则会中断喷射。同时应一直紧握开启压把，不能松手，否则也会中断喷射。

③ 酸碱灭火器适应火灾及使用方法　适用于扑救A类物质燃烧的初起火灾，如木、织物、纸张等燃烧的火灾。它不能用于扑救B类物质燃烧的火灾，也不能用于扑救C类可燃性气体或D类轻金属火灾。同时也不能用于带电物体火灾的扑救。

使用时应手提筒体上部提环，迅速奔到着火地点。决不能将灭火器扛在背上，也不能过分倾斜，以防两种药液混合而提前喷射。在距离燃烧物6m左右，即可将灭火器颠倒过来，并摇晃几次，使两种药液加快混合；一只手握住提环，另一只手抓住筒体下的底圈将喷出的射流对准燃烧最猛烈处喷射。同时随着喷射距离的缩减，使用人应向燃烧处推近。

④ 二氧化碳灭火器的使用方法　灭火时只要将灭火器提到或扛到火场，在距燃烧物5m左右，放下灭火器拔出保险销，一只手握住喇叭筒根部的手柄，另一只手紧握启闭阀的压把。对没有喷射软管的二氧化碳灭火器，应把喇叭筒往上扳70°～90°。使用时，不能直接用手抓住喇叭筒外壁或金属连线管，防止手被冻伤。灭火时，当可燃液体呈流淌状燃烧时，使用者将二氧化碳灭火剂的喷流由近而远向火焰喷射。如果可燃液体在容器内燃烧时，使用者应将喇叭筒提起。从容器的一侧上部向燃烧的容器中喷射。但不能将二氧化碳射流直接冲击可燃液面，以防止将可燃液体冲出容器而扩大火势，造成灭火困难。

使用二氧化碳灭火器时，在室外使用的，应选择在上风方向喷射。在室内窄小空间使用的，灭火后操作者应迅速离开，以防窒息。

⑤ 1211手提式灭火器的使用方法　使用时，应将手提灭火器的提把或肩扛灭火器带到火场。在距燃烧处5m左右，放下灭火器，先拔出保险销，一手握住开启压把，另一手握在喷射软管前端的喷嘴处。如灭火器无喷射软管，可一手握住开启压把，另一手扶住灭火器底部的底圈部分。先将喷嘴对准燃烧处，用力握紧开启压把，使灭火器喷射。当被扑救可燃烧液体呈现流淌状燃烧时，使用者应对准火焰根部由近而远并左右扫射，向前快速推进，直至火焰全部扑灭。如果可燃液体在容器中燃烧，应对准火焰左右晃动扫射，当火焰被赶出容器时，喷射流跟着火焰扫射，直至把火焰全部扑灭。但应注意不能将喷流直接喷射在燃烧液面上，防止灭火剂的冲力将可燃液体冲出容器而扩大火势，造成灭火困难。如果扑救可燃性固体物质的初起火灾时，则将喷流对准燃烧最猛烈处喷射，当火焰被扑灭后，应及时采取措施，不让其复燃。1211灭火器使用时不能颠倒，也不能横卧，否则灭火剂不会喷出。另外在室外使用时，应选择在上风方向喷射；在窄小的室内灭火时，灭火后操作者应迅速撤离，因1211灭火剂也有一定的毒性，以防对人体的伤害。

⑥ 1301灭火器的使用　1301灭火器的使用方法和适用范围与1211灭火器相同。但由于1301灭火剂喷出成雾状，在室外有风状态下使用时，其灭火能力没1211灭火器高，因此更应在上风方向喷射。

⑦ 干粉灭火器适应火灾和使用方法　碳酸氢钠干粉灭火器适用于易燃、可燃液体、气体及带电设备的初起火灾；磷酸铵盐干粉灭火器除可用于上述几类火灾外，还可扑救固体类物质的初起火灾。但都不能扑救金属燃烧火灾。

灭火时，可手提或肩扛灭火器快速奔赴火场，在距燃烧处5m左右，放下灭火器。如在室外，应选择在上风方向喷射。使用的干粉灭火器若是外挂式储压式的，操作者应一手紧握喷枪、另一手提起储气瓶上的开启提环。如果储气瓶的开启是手轮式的，则向逆时针方向旋开，并旋到最高位置，随即提起灭火器。当干粉喷出后，迅速对准火焰的根部扫射。使用的干粉灭火器若是内置式储气瓶的或者是储压式的，操作者应先将开启把上的保险销拔下，一只手握住喷射软管前端喷嘴部，另一只手将开启压把压下，打开灭火器进行灭火。有喷射软管的灭火器或储压式灭火器在使用时，一手应始终压下压把，不能放开，否则会中断喷射。

干粉灭火器扑救可燃、易燃液体火灾时，应对准火焰要部扫射，如果被扑救的液体火灾呈流淌燃烧时，应对准火焰根部由近而远，并左右扫射，直至把火焰全部扑灭。如果可燃液体在容器内燃烧，使用者应对准火焰根部左右晃动扫射，使喷射出的干粉流覆盖整个容器开口表面；当火焰被赶出容器时，使用者仍应继续喷射，直至将火焰全部扑灭。在扑救容器内可燃液体火灾时，应注意不能将喷嘴直接对准液面喷射，防止喷流的冲击力使可燃液体溅出而扩大火势，造成灭火困难。如果当可燃液体在金属容器中燃烧时间过长，容器的壁温已高于扑救可燃液体的自燃点，此时极易造成灭火后再复燃的现象，若与泡沫类灭火器联用，则灭火效果更佳。

使用磷酸铵盐干粉灭火器扑救固体可燃物火灾时，应对准燃烧最猛烈处喷射，并上下、左右扫射。如条件许可，使用者可提着灭火器沿着燃烧物的四周边走边喷，使干粉灭火剂均匀地喷在燃烧物的表面，直至将火焰全部扑灭。

(5) 灭火时应注意的几个问题 起火后，不要慌乱，要根据起火的原因和火场周围的情况，一般应立即采取以下措施：停止使用加热装置；停止通风以减少空气（氧气）的流通；拉开电闸以免引燃电线；把一切可燃的物质（特别是有机物质和易爆的物质）移至远处。同一场所最好采用同一类型的灭火器。不同类型灭火器所充装的灭火剂不同，在灭火时，不同的灭火剂可能会发生反应，导致不利于灭火的反作用。因此选用两种或两种以上类型的灭火器时，应采用灭火剂相容的灭火器。

1.3 三废处理

为防止环境污染，保障教学、科研实验的顺利进行，保证师生员工的健康，保持良好的学习、工作和生活环境，根据国家有关规定，必须对“三废”进行处理。这里所称的“三废”是指在教学实验和科学研究过程中所产生的一些有毒有害废气、废液、废渣。

“三废”处理首先要从思想上高度重视，养成爱护环境、保护环境的良好工作习惯，做到人人重视环保，掌握有关治理方法。

(1) 三废处理的原则 有回收价值必须回收利用原则；无回收价值则进行无害化处理原则；“谁产生，谁处理”原则；集中处理原则；达到国标规定的排放标准方可排放原则。各实验室应配备储存废渣、废液的容器，对实验所产生的对环境有污染的废渣和废液应分类倒入指定容器储存，按照安全、方便、经济的原则进行无害化处理。

(2) 实验室废气处理措施 产生有害废气的实验要开启通风橱通风装置后才能进行。放射性废气排放时应确保不污染周围空气，否则应做净化处理。毒气量大或毒害性较大的气体，要经过吸收或吸附处理达标后方可排放。

(3) 实验室废液处理措施 各实验室应对产生的废液分类收集，不应乱倒；必须经无公害处理达标后方可进行排放。

废酸（或废碱）液的处理：按其化学性质，分别进行中和处理，调 pH 至 6～8 后方可排放。

含重金属离子废液的处理：可采用沉淀法分离重金属离子，达标后排放。含重金属的沉淀按废渣处理。

有机废液的处理：有机等废液应分类收集，进行回收、转化、焚烧等处理；对于有回收价值的有机溶剂，应回收利用；可燃性有机毒物可于燃烧炉中供给充分的氧气使其完全燃烧，生成二氧化碳和水。

实验中使用或产生易燃、易爆、剧毒物品的废液必须在实验教师和实验技术人员的指导下，及时妥善处理后方能倒入指定的容器内，之后再根据其性质进行无害化处理。

放射性废液采用放置法、稀释法等处理，达到排放标准时才能排放。

(4) 实验室废渣处理措施 无毒无害废物按生活垃圾处理。含易燃、易爆、剧毒物品等有害废渣、固体废物应在实验教师和实验技术人员的指导下，及时妥善处理后方能倒入指定的容器内。能够自然降解的有毒废物，集中深埋处理。不能自然降解的有毒废物，集中到焚化炉焚烧处理。放射性固体废物，先集中在专用的废物桶内，再根据具体情况进行无害化处理。用空的原药瓶，退回生产厂或经销商。每次做完实验都必须及时清理废液桶、废渣桶，危险性废液、废渣不得在实验室过夜。

附　实验室常见“三废”处理措施

(1) 下列实验应在通风橱内进行：取用浓 $NH_3 \cdot H_2O$、浓 HCl、浓 HNO_3、Br_2 等易挥发试剂。制备或反应产生具有刺激性的、恶臭的或有毒的气体（如 H_2S、NO_2、Cl_2、CO、SO_2、HF 等）。加热或蒸发 HCl、HNO_3 等溶液。某些产生有毒害气体的溶解或消化试样过程。

(2) 废铬酸洗液：可以用高锰酸钾氧化法使其再生，继续使用（氧化方法：先在 110～130℃下不断搅拌加热浓缩，除去水分后，冷却至室温，缓慢加入高锰酸钾粉末。每 1000mL，逐渐加入 10g 左右，直至溶液呈深褐色或微紫色却不要过量。边加边搅拌直至全部加完，然后直接加热至有三氧化硫出现，停止加热。稍冷，通过玻璃砂芯漏斗过滤，除去沉淀；冷却后析出红色三氧化铬沉淀，再加适量硫酸使其溶解即可使用）。少量的废洗液可加入废碱液或石灰石使其生成氢氧化铬（Ⅲ）沉淀，将此废渣埋于地下。

(3) 氰化物：含氰废液必须认真处理。少量的含氰废液可先加氢氧化钠调至 pH＞10，再加入几克高锰酸钾使 CN^- 氧化分解。量大的含氰废液可用碱性氧化法处理。先用碱调至 pH＞10，再加入漂白粉，使 CN^- 氧化成氰酸盐，并进一步分解为二氧化碳和氮气。

(4) 含汞盐废液：应先调 pH 至 8～10 后，加适当过量的硫化钠，而生成硫化汞沉淀，并加硫酸亚铁而生成硫化亚铁沉淀，从而吸附硫化汞共沉淀下来。静置后分离，再离心，过滤；清液含汞量可降到 0.02mg/L 以下排放。少量残渣可埋于地下，大量残渣可用焙烧法回收汞，但注意一定要在通风橱内进行。

(5) 处理重金属离子废液最经济、最有效的方法是：加入 Na_2S 或 NaOH，使重金属离子形成难溶性的硫化物或氢氧化物而分离除去。

1.4　化学试剂基本常识

1.4.1　化学试剂规格

IUPAC（国际纯粹与应用化学联合会）对化学标准物质的分类为五级：A、B、C、D、E。A 级：原子量标准。B 级：和 A 级最接近的基准物质。C 级：含量为 (100±0.02)%的标准试剂。D 级：含量为 (100±0.05)%的标准试剂。E 级：以 C 级或 D 级为标准对比测定得到纯度的试剂。

国内生产的化学试剂按其纯度分为4级。试剂的纯度越高，价格就越贵，但凡纯度较低的试剂可以满足要求的，就不必使用高纯度的试剂。

国产试剂的规格见表1-1。

表1-1　国产试剂规格

试剂级别	中文名称	英文名称及代号	标签颜色	主要用途
一级品	保证试剂或"优级纯"	Guarantee Reagent(G. R.)	绿	基准物质，用于分析鉴定与精密科学研究
二级品	分析试剂或"分析纯"	Analytical Reagent(A. R.)	红	用于分析鉴定与一般科学研究
三级品	化学纯粹试剂或"化学纯"	Chemically Pure(C. P.)	蓝	用于要求较低的分析实验与要求较高的合成实验
四级品	实验试剂	Laboratory Reagent(L. R.)	棕、黄或其他	用于一般性合成实验与科学研究

特殊用途的化学试剂包括：光谱纯试剂、色谱纯试剂、生化试剂等。

一般来说，在无机制备实验中，化学纯级别的试剂已够用。在有机化学实验中，大量使用三级或四级品，有时使用工业品也不会影响实验结果。在分析化学实验中，一般要求使用分析纯级别的试剂，标定滴定标准溶液时则要用到工作基准试剂。

1.4.2　试剂的取用规则

固体粉末试剂可用洁净的牛角勺取用。要取一定量的固体时，可把固体放在纸上或表面皿上在台秤上称量。要准确称量时，则用称量瓶在天平上进行称量。液体试剂常用量筒量取，量筒的容量为：5mL、10mL、50mL、500mL等数种，使用时要把量取的液体注入量筒中，使视线与量筒内液体凹面的最低处保持水平，然后读出量筒上的刻度，即得液体的体积。

如需少量液体试剂，则可用滴管取用，取用时应注意不要将滴管碰到或插入接收容器的壁上或里面。为了达到准确的实验结果，取用试剂时应遵守以下规则，以保证试剂不受污染和不变质：试剂不能与手接触。要用洁净的药勺、量筒或滴管取用试剂，绝对不准用同一种工具同时连续取用多种试剂。取完一种试剂后，应将工具洗净（药勺要擦干）后，方可取用另一种试剂。试剂取用后一定要将瓶塞盖紧，不可放错瓶盖和滴管，用完后将瓶放回原处。已取出的试剂不能再放回原试剂瓶内。另外取用试剂时应本着节约原则，尽可能少用，这样既便于操作和仔细观察现象，又能得到较好的实验结果。

1.5　各种容器材料的使用和维护

1.5.1　玻璃

实验室玻璃器皿一般由某种硼硅酸玻璃生产，其他成分是元素Na、K、Mg、Ca、Ba、Al、Fe、Ti、As的氧化物。一般来说，玻璃对酸的稳定性好，只是氢氟酸和热磷酸明显产生腐蚀。玻璃器皿不应与碱溶液长时间接触，因其成分能大量溶解。玻璃器皿一般用酸和碱溶液或去污剂清洗。用洗液或碱金属高锰酸钾盐溶液处理可以除去玻璃表面的油脂或其他有机物质。碱金属高锰酸钾盐溶液腐蚀玻璃要严重得多。若用洗液，则玻璃表面常牢固地吸附少量的铬。另外一种可供选择的洗涤液，其组成为等体积6mol/L盐酸和6%的过氧化氢。

低膨胀硼硅酸盐玻璃全面性能好，尤其抗温度急变性好，适用面广，为80%的玻璃仪器所采用。铝硼硅酸盐玻璃耐化学腐蚀性好，主要用于烧瓶、量器等。铝硅酸盐玻璃使用温度高，主要用于燃烧管等。无硼耐碱玻璃主要用于强碱条件下的玻璃仪器，有时用于硼测定仪器。钠钙玻璃价格低廉，用于形状简单、不需加热的玻璃制品。高硅氧玻璃和石英玻璃性能优越，价格昂贵，用于使用温度高、耐温度变化大和透紫外线等玻璃仪器。纯石英玻璃还用于提炼硅、锗等半导体的坩埚。各类玻璃仪器按使用要求选用适宜的玻璃品种（见表1-2）。

表1-2　仪器玻璃的品种和性能

仪器玻璃品种	热膨胀系数 /(10^{-7}/℃)	使用温度 /℃	短暂使用温度/℃	抗温度急变性	抗化学腐蚀性	加工性能
低膨胀硼硅酸盐玻璃	32.5	510		好	好	好
铝硼硅酸盐玻璃	49	540		较好	很好	好
铝硅酸盐玻璃	42	672	850	较好	一般	差
无硼耐碱玻璃	64	578		一般	很好	差
钠钙硅酸盐玻璃	80～90	500		差	一般	差
高硅氧玻璃	8	900	1200	很好	很好	好
石英玻璃	5.5	1000	1350	很好	很好	好

1.5.2　瓷

瓷的成分为 NaKO：Al_2O_3：SiO_2＝1：8.7：22，也就是说瓷含有比玻璃高得多的 Al_2O_3。一般瓷表面涂有一层釉，釉的成分是73% SiO_2、9% Al_2O_3、11% CaO 和 6% K_2O+Na_2O。瓷的化学稳定性优于实验室玻璃器皿，只有铝的损失量较大。由于瓷是一种硅酸盐，会受到碱、氢氟酸或磷酸热溶液较严重的腐蚀。瓷的主要优点是能在1100℃时使用，若不上釉，使用温度可高达1300℃。

1.5.3　熔凝石英（透明石英）

对分析化学来说，由熔凝石英制成的器皿在有特殊要求的场合下使用。石英一般含约99.8%的 SiO_2，主要杂质是 Na_2O、Al_2O_3、Fe_2O_3、MgO 和 TiO_2，此外还有锑。对氢氟酸、热磷酸和碱溶液以外的化学试剂有很好的稳定性。熔凝石英的主要优点是具有良好的化学稳定性和热稳定性。此外，与玻璃和瓷相比，试样仅由一种化合物即 SiO_2 所污染。其缺点是较玻璃容易损坏，而且释出大量的二氧化硅。

1.5.4　金属

在制作分析器皿用的金属中，铂最为重要。除王水外，铂不与常用的酸（包括氢氟酸）作用，只是在极高温度下被浓硫酸腐蚀。铂对熔融的碱金属碳酸盐、硼酸盐、氟化物、硝酸盐和硫酸盐有足够的稳定性。在用这些熔剂熔融时，仍应考虑到有零点几到数毫克的损失。过氧化钠在铂中熔融可在500℃以下进行。在有空气存在时，碱金属氢氧化物迅速腐蚀铂，采用惰性气氛可以防止这种腐蚀。铂器皿切不可用于分解含硫化物的混合物。铂皿与许多金属（这些金属与铂生成低熔点合金）一起加热而损坏，实际上应避免在铂皿中加热 Hg、Pb、Sn、Au、Cu、Si、Zn、Cd、As、Al、Bi 和 Fe，至少不能加热至高温。当有机化合物炭化时，或者在用发光的本生灯火焰加热时，许多非金属，包括 S、Se、Te、P、As、Sb、B、C，特别是 C、S、P 也能损坏铂皿。铂在空气中灼烧时，少量铂以气态 PtO_2 形式挥发，在高于1200℃长时间加热，损失十分显著。在用熔融的碱金属氢氧化物或过氧化钠分解试样时，最好采用镍或铁坩埚，偶尔也采用银或锆坩埚。镍皿也适用于强碱溶液。

1.5.5　石墨

石墨作为坩埚材料的最重要应用是测定金属中残留氧化物，因为在高温下，这些氧化物与石墨反应还原为 CO 和金属碳化物。但在多数情况下，石墨的这种性质是有害的。因此，石墨材料得不到广泛应用。如果温度保持在600℃以下，石墨坩埚适用于氧化性碱熔融物，对硼砂熔融甚至可在高达1000～1200℃下进行。

1.5.6 高分子聚合物

聚乙烯对浓硝酸和冰醋酸以外的各种酸都是稳定的，但是它却为若干有机溶剂所浸蚀。聚乙烯的缺点是只能在60℃下使用，高于此温度就开始变软。聚丙烯可达110℃。聚四氟乙烯对氟和液态碱金属以外的几乎所有无机和有机试剂不起反应。工作温度可达250℃。缺点是在加工生产上有困难，而且其导热性小。

1.6 常用低值易耗仪器设备

1.6.1 玻璃及瓷器类仪器

由于玻璃仪器品种繁多，用途广泛，形状各异，而且不同专业领域的化学实验室还要用到一些特殊的专用玻璃仪器，因此，很难将所有玻璃仪器详细进行分类。

按照国际通用的标准，通常将实验室中所用的玻璃仪器和玻璃制品大致分为以下8类。

(1) 输送和截留装置类 包括玻璃接头、接口、阀、塞、管、棒等。

(2) 容器类 如皿、瓶、烧杯、烧瓶、槽、试管等。

(3) 基本操作仪器和装置类 如用于吸收、干燥、蒸馏、冷凝、分离、蒸发、萃取、气体发生、色谱、分液、搅拌、破碎、离心、过滤、提纯、燃烧、燃烧分析等的玻璃仪器和装置。

(4) 测量器具类 如用于测量流量、密度、压力、温度、表面张力等的测量仪表及量器、滴管、吸液管、注射器等。

(5) 物理测量仪器类 如用于测试颜色、光密度、电参数、相变、放射性、分子量、黏度、颗粒度等的玻璃仪器。

(6) 用于化学元素和化合物测定的玻璃仪器类 如用于As、CO_2、元素分析、原子团分析、金属元素、卤素和水分等测定的仪器。

(7) 材料实验仪器类 如用于气氛、爆炸物、气体、金属和矿物、矿物油、建材、水质等测量的仪器。

(8) 食品、医药、生物分析仪器类 如用于食品分析、血液分析、微生物培养、显微镜附件、血清和疫苗实验、尿化验等的分析仪器。

目前国内一般将化学分析实验室中常用的玻璃仪器按它们的用途和结构特征，分为以下8类。

(1) 烧器类：是指那些能直接或间接地进行加热的玻璃仪器，如烧杯、烧瓶、试管、锥形瓶、碘量瓶、蒸发器、曲颈甑等。

(2) 量器类：是指用于准确测量或粗略量取液体容积的玻璃仪器，如量杯、量筒、容量瓶、滴定管、移液管等。

(3) 瓶类：是指用于存放固体或液体化学药品、化学试剂、水样等的容器，如试剂瓶、广口瓶、细口瓶、称量瓶、滴瓶、洗瓶等。

(4) 管、棒类：种类繁多，按其用途分有冷凝管、分馏管、离心管、比色管、虹吸管、连接管、调药棒、搅拌棒等。

(5) 有关气体操作使用的仪器：是指用于气体的发生、收集、储存、处理、分析和测量等的玻璃仪器，如气体发生器、洗气瓶、气体干燥瓶、气体的收集和储存装置、气体处理装置和气体的分析测量装置等。

（6）加液器和过滤器类：主要包括各种漏斗及与其配套使用的过滤器具，如漏斗、分液漏斗、布氏漏斗、砂芯漏斗、抽滤瓶等。

（7）标准磨口玻璃仪器类：是指那些具有磨口和磨塞的单元组合式玻璃仪器。上述各种玻璃仪器根据不同的应用场合，可以具有标准磨口，也可以具有非标准磨口。

（8）其他类：是指除上述各种玻璃仪器之外的一些玻璃制器皿，如酒精灯、干燥器、结晶皿、表面皿、研钵、玻璃阀等。

1.6.2 常用玻璃及瓷器仪器

表 1-3 列出了部分常用玻璃及瓷器的仪器规格、用途及使用注意事项。

表 1-3 一些常用玻璃及瓷器的仪器规格、用途及使用注意事项

仪 器		规 格	用 途	注意事项
试管	离心试管	分硬质试管、软质试管、普通试管、离心试管。普通试管以外径×长度(mm)表示，如 10×75、15×150、18×180 等；离心试管以容积(mL)表示。如 5mL、10mL 等	用作少量试剂的反应容器，便于操作和观察。离心试管还可以用于定性分析中的沉淀分离	可直接用火加热，硬质试管可以加热至高温。加热后不能骤冷，特别是软质试管更易破裂。加热时管口不要对着人，要不断地在热源上移动，使其受热均匀
烧杯 带把烧杯		以容积(mL)大小表示，如 50mL、100mL、250mL、500mL、1000mL 等；外形有高、低之分	用作反应、重结晶等试剂量较大的容器，反应物易混合	加热时应放置在石棉网上，使受热均匀
圆底烧瓶		以容积(mL)大小表示	反应物多且需长时间加热时，常用它作反应容器	不能倒放
锥形瓶		大小以容积(mL)表示；标准口按大端直径(mm)分为：10、12、14、16、19、24、29 等	反应容器，振荡很方便，适用滴定操作	加热时注意勿使温度变化过于剧烈。一般放在石棉网上加热。锥形瓶不耐压，不能作减压用
碘量瓶		大小以容积(mL)表示；标准口按大端直径(mm)分为：10、12、14、16、19、24、29 等	反应容器，振荡很方便，适用于碘量法滴定操作	加热时注意勿使温度变化过于剧烈。一般放在石棉网上加热。锥形瓶不耐压，不能作减压用

续表

仪器	规格	用途	注意事项
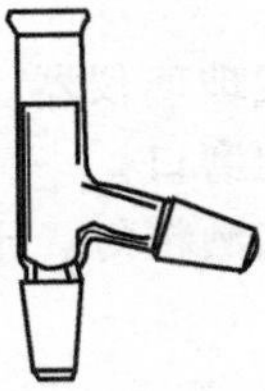 蒸馏头	玻璃质地的，磨口，以磨口最大端直径的长度(mm)整数表示，如大端直径为14.5mm的其型号为14	蒸馏液体时，连接圆底烧瓶和冷凝管用的	磨口大小要配套，保持磨口处洁净，特定情况下可在磨口处涂上润滑剂或真空脂等物质
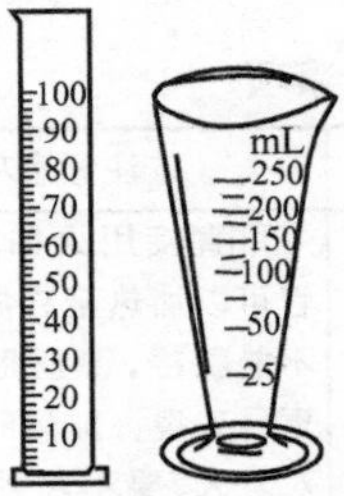 量筒　量杯	以所能量度的最大体积(mL)表示	用于量度一定体积的液体	不能加热，不能用作反应容器
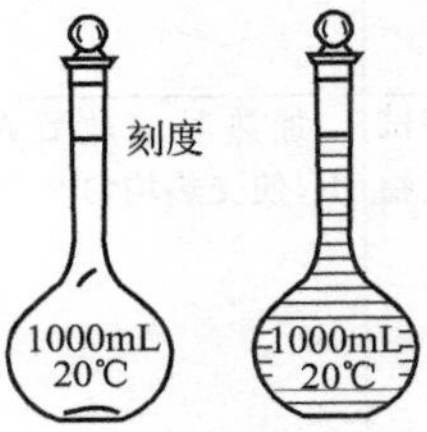 容量瓶	以刻度以下的容积(mL)表示	配制准确浓度溶液时用，配制时液面应在刻度上	不能加热，磨口瓶塞是配套的，不能互换，不要打碎
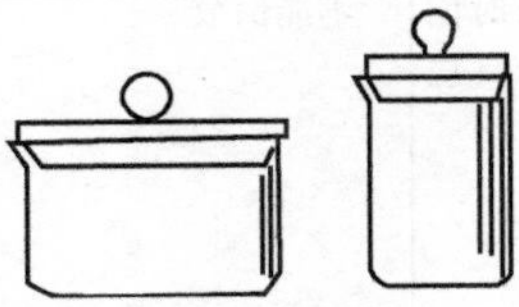 称量瓶	以外径(mm)×高(mm)表示，分“扁形”和“长形”	要求准确称量一定量的固体时用	不能直接用火加热，盖子和瓶子是配套的，不能互换
 干燥器	以外径(mm)大小表示，分普通干燥器和真空干燥器	①内放干燥剂，可保持样品干燥 ②定量分析时，将灼烧过的坩埚或烘干的称量瓶等置于其中冷却	①红热的物品，待稍冷后方能放入。未完全冷却前，要每隔一定时间开一开盖子 ②干燥器内干燥剂要定期更换 ③磨口处要涂凡士林
 滴瓶 　细口瓶 　广口瓶	材质分玻璃或塑料，又分无色和有色。以容积(mL)大小表示，如1000mL、500mL、250mL、125mL	广口瓶用于盛放固体药品，滴瓶、细口瓶用于盛放液体药品，不带磨口塞子的广口瓶可用集气瓶	不能直接加热，瓶塞不能互换，如盛放碱液时，要用橡皮塞。受光易分解的物质用棕色瓶；取用试剂时，瓶塞要倒放在台面上

续表

仪器	规格	用途	注意事项
表面皿	以口径(mm)大小表示	盖在蒸发皿或烧杯上，防止液体迸溅	不能用火直接加热
蒸发皿	以口径(mm)或容积(mL)大小表示，有瓷、石英、铂等不同质地的	蒸发液体用。随液体性质不同可选用不同质地的蒸发皿	能耐高温，但不宜骤冷，(蒸发溶液时)
坩埚	以容积(mL)大小表示，有瓷、石英、铁、镍或铂等不同质地的	灼烧固体用，随固体性质不同可选用不同质地的坩埚	可直接用火灼烧至高温，灼热的坩埚不要直接放在桌上(可放在石棉网上)
短颈漏斗　长颈漏斗	分长颈、短颈，以口径(mm)表示。如60mm、40mm、30mm等	用于过滤等操作，长颈漏斗特别适用于定量分析中的过滤操作	不能用火直接加热
热水漏斗	以口径(mm)表示，如60mm、40mm、30mm等。由普通玻璃漏斗和金属外套组成	用于热过滤	加水不超过其容积的2/3
吸滤瓶和布氏漏斗	布氏漏斗为瓷质或玻璃，以容量(mL)或口径(mm)大小表示，吸滤瓶以容积(mL)大小表示	两者配套使用于无机制备中晶体或沉淀的减压过滤，利用水泵或真空泵降低吸滤瓶中压力，以加速过滤	滤纸要略小于漏斗内径才能贴紧。先开水泵，后过滤。过滤毕，先将泵与吸滤瓶的连接处断开，再关泵。玻璃砂芯漏斗不用滤纸，但要防止细小颗粒堵塞孔径，不宜用于过滤胶状或碱性沉淀

续表

仪器	规格	用途	注意事项
烧结玻璃坩埚	以坩埚的滤板孔径(μm)表示，如：1(20～30)；2(10～15)；3(4.9～9)；4(3～4)；5(1.5～2.5)；6(1.5以下)	用于过滤定量分析中只需低温干燥的沉淀	①选择合适孔度的坩埚 ②不宜用于过滤胶状或碱性沉淀 ③干燥或烘烤沉淀时，只适用于150℃以下烘干
分液漏斗	以容积(mL)大小和形状(球形、梨形)表示。如100mL球形分液漏斗	用于互不相溶的液-液分离，也可用于少量气体发生器装置中加液	不能用火直接加热，磨口的漏斗塞子不能互换，活栓处不能漏液。活塞要用橡皮筋系于漏斗颈上，避免滑出；需长期保存时要在磨口与塞间垫一张纸片，以免日久粘住；磨口塞间如有砂粒，不要用力转动，以免损伤其精度
恒压滴液漏斗	大小以容积(mL)表示；标准口按大端直径(mm)分为：10、12、14、16、19、24、29等	密闭体系下，滴加液体原料	磨口塞应经常保持清洁，磨口塞间如有砂粒，不要用力转动，以免损伤其精度；不要用去污粉擦洗磨口部位；用后应立即拆卸洗净；长期不用时，活塞处垫上纸条
吸量管　移液管	以所度量的最大容积(mL)表示。吸量管：10mL、5mL、2mL、1mL等；移液管：50mL、25mL、20mL、10mL等	用来准确吸取一定量的液体	不能加热
研钵	规格以口径(cm)表示；有瓷、铁、玻璃、玛瑙等钵	研磨固体物质用，按固体的性质、硬度和测定的要求选用不同的研钵	①只能研磨，不能敲击(铁研钵除外) ②不能用火直接加热 ③不能作反应容器用
研钵碾磨机	以进样尺寸、最终出样尺寸、批次加料量等指标表示	研钵碾磨机用于混合碾磨、研碎有机和无机的物质。可定时和连续操作。臼杵压力调节	用于灰烬、水泥熔渣、土壤样品、化学制剂、药材、调味料、酵母细胞、食品、油料果实、制剂类、盐类、矿渣、硅酸盐等

续表

仪　器	规　格	用　途	注意事项
熔点测定管	以口径大小（mm）表示	用于测定固体化合物的熔点	所装溶液的液面应高于上支管处
水泵	玻璃或铜制	上端接自来水龙头，侧端接抽滤瓶，可形成负压作减压抽滤	玻璃制品，易碎。抽滤结束后应先拔开侧管，再关水龙头。亦可用循环水式多用真空泵进行减压抽滤
温度计	100℃，200℃，300℃	用于测定温度	①不能当作搅拌棒使用；②受热后不可立即用冷水冲洗以防炸裂；③使用时，不得超过限定温度；④不能放到烘箱中加热干燥；⑤不能用温度计当作搅拌棒使用
空心塞	40＃、34＃、29＃、24＃、19＃、14＃		磨口塞应经常保持清洁，磨口塞间如有砂粒，不要用力转动，以免损伤其精度；不要用去污粉擦洗磨口部位；用后应立即拆卸洗净
接头	10×14mm、14×19mm、19×14mm、19×24mm、24×19mm等	不同口径的标准口玻璃仪器的连接	磨口塞应经常保持清洁，磨口塞间如有砂粒，不要用力转动，以免损伤其精度；不要用去污粉擦洗磨口部位；用后应立即拆卸洗净
烧瓶	大小以容积（mL）表示，有四口、三口、两口、单口之分；标准口按大端直径（mm）分为：10、12、14、16、19、24、29、34、40等	反应物较多又需较长加热时间时，用作反应容器	加热时注意勿使温度变化过于剧烈，一般放在石棉网上或加热套内加热
干燥管	直型干燥管、斜型干燥管、弯型干燥管、U形干燥管	干燥剂置球形部分，不宜过多，小管与球形交界处放棉花少许填充之	干燥管内一般应盛放固体干燥剂。选用干燥剂时要根据被干燥气体的性质和要求确定
分水器	标准口按大端直径（mm）分为：10、12、14、16、19、24、29等	用于除去反应体系中生成的水，使平衡向生成产物方向移动	磨口塞应经常保持清洁，磨口塞间如有砂粒，不要用力转动，以免损伤其精度；不要用去污粉擦洗磨口部位；用后应立即拆卸洗净

续表

仪器	规格	用途	注意事项
蒸馏头	标准口按大端直径(mm)分为:10、12、14、16、19、24、29等		
冷凝管	200mm,300mm,400mm,500mm	直型冷凝管、球形冷凝管、蛇形冷凝管、空气冷凝管	磨口塞应经常保持清洁,磨口塞间如有砂粒,不要用力转动,以免损伤
尾接管	标准口按大端直径(mm)分为:10、12、14、16、19、24、29等		磨口塞应经常保持清洁,磨口塞间如有砂粒,不要用力转动,以免损伤
索氏提取器	大小以容积(mL)表示	利用溶剂回流和虹吸原理,使固体物质连续不断地被纯溶剂所萃取的仪器	各部分连接处要严密,不能漏气。提取时,将待测样品包在脱脂滤纸包内,放入提取管内。脂肪提取器为配套仪器,其任一部件损坏将会导致整套仪器的报废,特别是虹吸管极易折断,所以在安装仪器和实验过程中必须特别小心

标准接口玻璃仪器是具有标准化磨口或磨塞的玻璃仪器。由于仪器口塞尺寸的标准化、磨砂密合，凡属于同类规格接口的标准接口玻璃仪器，均可任意连接，各部件能组装成各种配套仪器；与不同类型规格的部件无法直接组装时，可使用转换接头连接，使用时既省时方便又严密安全；口塞磨砂性能良好，使密合性可达较高真空度，对蒸馏尤其减压蒸馏有利；对于毒物或挥发性液体的实验较为安全，又能避免反应物或产物被软木塞（或橡皮塞）所污染，逐渐代替了普通玻璃仪器。标准磨口玻璃仪器口径的大小通常用数字编号来表示，该数字是指磨口最大端直径的整数（单位：mm，与实际磨口大端直径略有差别）。常用的有 10、14、19、24、29、34、40、50 等。有时也用两个数字来表示，另一数字表示磨口的长度。例如 14/30 表示此磨口最大直径 14mm，磨口长度 30mm。

使用标准磨口玻璃仪器时需注意以下几点。

(1) 磨口处必须洁净，若粘有杂物，则磨口连接不严密而漏气，硬质杂物还会损坏磨口。

（2）用后应立即拆卸，并清洗干净。否则经长期放置，磨口的连接处常会粘牢，而难以拆开。

（3）一般用途的磨口无需涂润滑剂，以免沾污反应物或产物。若反应中使用强碱，应涂润滑剂，以免磨口连接处因碱腐蚀粘牢而无法拆开。减压蒸馏时，磨口处涂真空脂以免漏气。

（4）安装标准磨口玻璃仪器装置时，把磨口和磨塞轻轻地对旋连接，不宜用力过猛。应安装得正确、整齐、稳妥，磨口连接处不得产生应力，否则易将仪器折断，特别在加热时，仪器受热，应力会更大。

使用玻璃仪器时，应轻拿轻放。容易滑动的仪器（如圆底烧瓶），不要重叠放置，以免打破。除试管等少数玻璃仪器外，一般不能直接用火加热。厚壁玻璃器皿（如抽滤瓶）不耐热，不能加热。广口容器不能储放易挥发的试剂。带活塞的玻璃仪器用过洗涤后，应在活塞与磨口间垫上纸片，以防粘住。如已粘住，可在磨口四周涂上润滑剂或有机溶剂，用电吹风吹热，或用水煮后再用木块轻敲塞子，使之松开。

1.6.3 化学实验中常用的其他器具

化学实验中常用的其他器具见表1-4。

表1-4 化学实验中常用的其他器具

仪 器	规 格	用 途	注意事项
试管架	试管架有木质的、铝质的和特种塑料材质的	试管架放试管用	防止被滴洒的试剂腐蚀
试管夹	由木料和粗钢丝制成	加热试管时夹试管用	防止烧损或锈蚀
毛刷	以大小和用途表示，如试管刷、滴定管刷等	洗刷玻璃仪器	小心刷子顶端的铁丝撞破玻璃仪器
漏斗架	木制，有螺丝可固定于铁架台或木架上	用于过滤时支撑漏斗	活动的有孔板不能倒放

续表

仪　器	规　格	用　途	注意事项
药勺	由牛角、瓷或塑料制成,现多数是塑料制品	取用固体药品用,药勺两端各有一个勺,一大一小,根据取用药量多少选用	不能用以取灼热的药品
洗瓶	以容积(mL)大小表示,有玻璃和塑料材质的	内装蒸馏水,用于洗涤常用玻璃仪器、沉淀等	塑料制品严禁加热,注意洗瓶的密封
坩埚钳	现多为不锈钢材质的	夹取坩埚用	防止被夹过灼热坩埚的坩埚钳烫伤
石棉网	由铁丝编成,中间涂有石棉,有大小之分	加热时垫上石棉网能使物体均匀受热,不致造成局部过热	不能与水接触,以免石棉脱落或铁丝锈蚀
十字夹 铁夹 20℃ 80 40 铁圈 铁架台 铁夹、铁环、铁架		用于固定或放置反应器,铁环还可以代替漏斗架使用	
万能夹		夹固各种烧瓶及其他玻璃器皿等	

续表

仪　器	规　格	用　途	注意事项
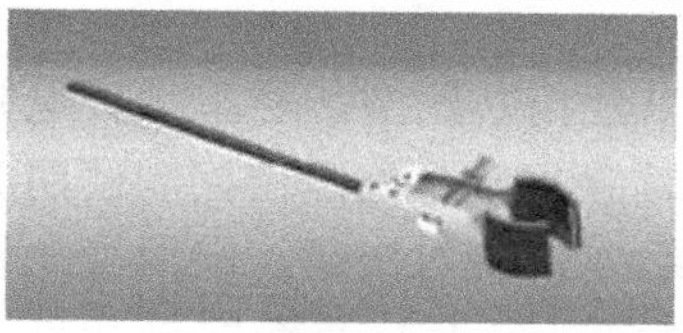 烧瓶夹	可用于不同口径的烧瓶	夹固各种烧瓶等	
 双顶丝(十字夹)		双顶丝有两个可调丝杆,一个固定在铁架台金属杆上,另一个可以固定烧瓶夹或万能夹	
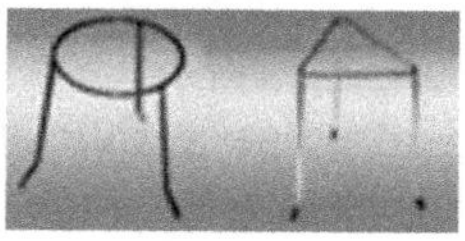 三角架		用于底下放酒精灯,上面垫石棉网加热	
 打孔器		用于胶塞钻孔	
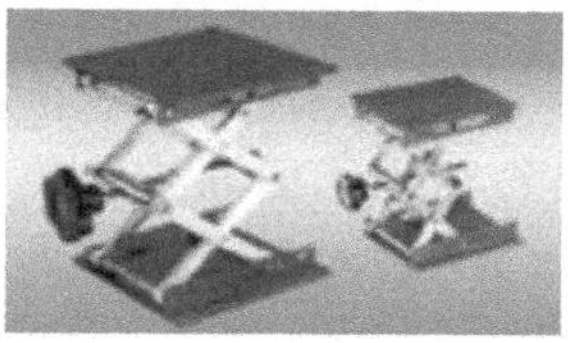 升降台		台面上放置各种实验仪器,并可以调节高低	
 比色管架		放置比色管	
 移液管架		放置各种容量的移液管	

1.6.4 小型机电仪器

(1) 电吹风 电吹风应可吹冷风和热风，供干燥玻璃仪器之用。宜放干燥处，防潮、防腐蚀。

(2) 调压变压器 调压变压器是调节电源电压的一种装置，常用来调节加热电炉或电热套的电压来控制加热温度，或调整电动搅拌器的转速等。使用时应注意：电源应接到注明为输入端的接线柱上，输出端的接线柱与搅拌器或电热套等的导线连接切勿接错。同时变压器应有良好的接地。调节旋钮时应当均匀缓慢，防止因剧烈摩擦而引起火花及碳刷接触点受损。如碳刷磨损较大时应予更换。不允许长期过载，以防止烧毁或缩短使用期限。碳刷及绕线组接触表面应保持清洁，经常用软布抹去灰尘。用毕后，将旋钮调回零位，切断电源，放在干燥通风处，不得靠近有腐蚀性的物体。

1.7 标准知识介绍

(1) 国际标准 国际标准是指国际标准化组织（ISO）、国际电工委员会（IEC）和国际电信联盟（ITU）所制定的标准，以及 ISO 出版的《国际标准题内关键词索引（KWIC Index）》中收录的其他国际组织制定的标准。

国际标准化组织（ISO，International Organization for Standardization）是目前世界上最大、最有权威性的国际标准化专门机构。

目前许多国家直接把国际标准作为本国标准使用。按照国际上统一的标准生产，如果标准不一致，就会给国际贸易带来障碍，所以世界各国都积极采用国际标准。

ISO 9000 族标准是国际标准化组织颁布的在全世界范围内通用的关于质量管理和质量保证方面的系列标准，目前已被 80 多个国家等同或等效采用，该系列标准在全球具有广泛深刻的影响，有人称之为 ISO 9000 现象。

符合 ISO 9000 族标准已经成为在国际贸易上需方对卖方的一种最低限度的要求，就是说要做什么买卖，首先看你的质量保证能力，也就是你的水平是否达到了国际公认的 ISO 9000 质量保证体系的水平，然后才继续进行谈判。可以说，通过 ISO 9000 认证已经成为企业证明自己产品质量、工作质量的一种护照。

ISO 9000 族标准中有关质量体系保证的标准有三个：ISO 9001、ISO 9002、ISO 9003。

ISO 9001 质量体系标准是设计、开发、生产、安装和服务的质量保证模式；ISO 9002 质量体系标准是生产、安装和服务的质量保证模式；ISO 9003 质量体系标准是最终检验和实验的质量保证模式。

(2) 国内标准的类别 按《中华人民共和国标准化法》的规定，我国标准分为国家标准、行业标准、地方标准和企业标准四类。

① 国家标准 由国务院标准化行政主管部门制定的需要全国范围内统一的技术要求。

② 行业标准 没有国家标准而又需在全国某个行业范围内统一的技术标准，由国务院有关行政主管部门制定并报国务院标准化行政主管部门备案的标准。

③ 地方标准 没有国家标准和行业标准而又需在省、自治区、直辖市范围内统一的工业产品的安全、卫生要求，由省、自治区、直辖市标准化行政主管部门制定并报国务院标准化行政主管部门和国务院有关行业行政主管部门备案的标准。

④ 企业标准 企业生产的产品没有国家标准、行业标准和地方标准，由企业制定的作为组织生产依据的相应的企业标准，或在企业内制定适用的严于国家标准、行业标准或地方

标准的企业（内控）标准，由企业自行组织制定的并按省、自治区、直辖市人民政府的规定备案（不含内控标准）的标准。

这四类标准主要是适用范围不同，不是标准技术水平高低的分级。

标准封面上部居中位置为标准类别的说明，如国家标准为“中华人民共和国国家标准”，机械行业标准为“中华人民共和国机械行业标准”。

(3) 国内标准的编号 在标准封面中标准类别的右下方为标准编号，标准编号由标准代号、顺序号和年号三部分组成。标准的编号由标准的批准或发布部门分配。

按《国家标准管理办法》、《行业标准管理办法》、《地方标准管理办法》和《企业标准管理办法》的规定，我国各类标准的代号为：国家标准的代号为“GB”；行业标准的代号见表1-5；地方标准的代号为“DB××”，其中的××为省、自治区、直辖市行政区划代码前两位数；企业标准的代号为“Q/××”。

各类标准的编号形式分别为：

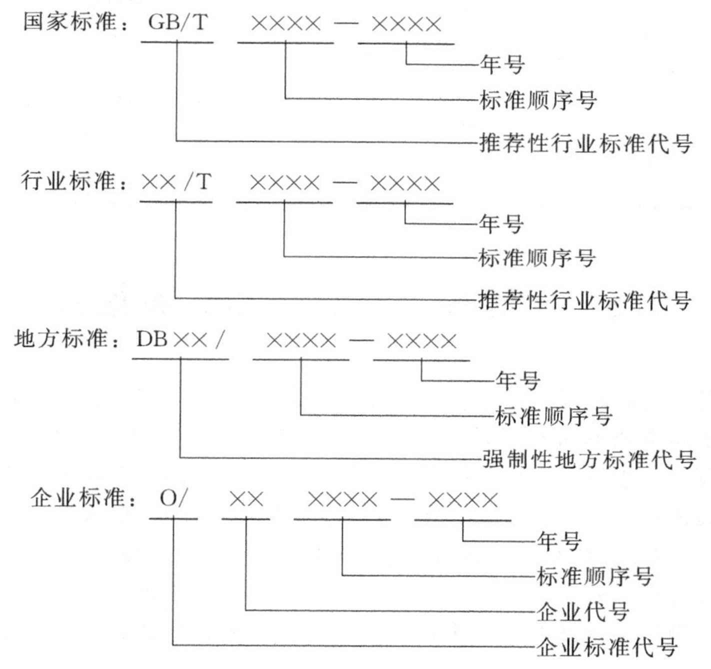

上述国家标准、行业标准的标准代号中，若没有“/T”，则为强制性标准。

表 1-5 我国行业标准代号一览表

序号	行业标准名称	行业标准代号	序号	行业标准名称	行业标准代号
1	包装	BB	12	公共安全	GA
2	船舶	CB	13	供销	GH
3	测绘	CH	14	广播电影电视	GY
4	城镇建设	CJ	15	航空	HB
5	新闻出版	CY	16	化工	HG
6	档案	DA	17	环境保护	HJ
7	地震	DB	18	海关	HS
8	电力	DL	19	海洋	HY
9	地质矿产	DZ	20	机械	JB
10	核工业	EJ	21	建材	JC
11	纺织	FZ	22	建筑工业	JG

续表

序号	行业标准名称	行业标准代号	序号	行业标准名称	行业标准代号
23	金融	JR	42	水利	SL
24	交通	JT	43	商检	SN
25	教育	JY	44	石油天然气	SY
26	旅游	LB	45	铁路运输	TB
27	劳动和劳动安全	LD	46	土地管理	TD
28	粮食	LS	47	体育	TY
29	林业	LY	48	物资管理	WB
30	民用航空	MH	49	文化	WH
31	煤炭	MT	50	兵工民品	WJ
32	民政	MZ	51	外经贸	WM
33	农业	NY	52	卫生	WS
34	轻工	QB	53	稀土	XB
35	汽车	QC	54	黑色冶金	YB
36	航天	QJ	55	烟草	YC
37	气象	QX	56	通信	YD
38	商业	SB	57	有色冶金	YS
39	水产	SC	58	医药	YY
40	石油化工	SH	59	邮政	YZ
41	电子	SJ	60	中医药	ZY

1.8 实验预习、记录和实验报告

(1) 实验预习 实验预习是化学实验的重要环节，对保证实验成功与否、收获大小起着关键的作用。为了避免照方抓药，而积极主动、准确地完成实验，必须认真做好实验预习。教师有义务拒绝那些未进行预习的学生进行实验。预习的具体要求如下：学生做实验前，必须对所要做的实验进行充分预习，写出预习报告。将实验目的，要求，原理，反应式（正反应、主要副反应），主要反应物、试剂和产物的物理常数（通过查手册或辞典）、用量和规格摘录于实验预习报告中。根据实验内容写成简单明了的实验步骤（不要抄写!），明确各步操作的目的、要求、操作关键及应注意事项，画出装置简图，开始时步骤写得详细些，以后逐步简化。不允许实验时边看书边操作。

(2) 实验记录 实验记录是指在实验、研究过程中，应用实验、观察、调查或资料分析等方法，根据实际情况直接记录或统计形成的各种数据、文字、图表、声像等原始资料。认真做好实验记录是培养学生科学素养的主要途径之一，一定要养成在认真做好实验操作、仔细观察实验现象、积极思考实验过程的同时，实事求是、及时做好实验记录的良好习惯。

① 实验记录的基本要求是：真实、及时、准确、完整，防止漏记和随意涂改。不得伪造、编造数据。

② 实验记录的内容

a. 实验名称 每项实验开始前应首先注明课题名称和实验名称。

b. 实验设计或方案 实验设计或方案是实验研究的实施依据。设计型、研究创新型实验记录的首页应有一份详细的实验设计或方案。

c. 实验时间 每次实验需按年月日顺序记录实验日期和时间。

d. 实验材料 实验材料的名称、来源、编号或批号；实验仪器设备名称、型号；主要试剂的名称、生产厂家、规格、批号及有效期；自制试剂的配制方法、配制时间和保存条件等。实验材料如有变化，应在相应的实验记录中加以说明。

e. 实验环境　根据实验的具体要求，对环境条件敏感的实验，应记录当天的天气情况和实验的微小气候（如光照、通风、洁净度、温度及湿度等）。

f. 实验方法　常规实验方法应在首次实验记录时注明方法来源，并简述主要步骤。改进、创新的实验方法应详细记录实验步骤和操作细节。

g. 实验过程　应详细记录实验研究过程中的操作，观察到的现象，异常现象的处理及其产生原因，影响因素的分析等。

h. 实验结果　准确记录计量观察指标的实验数据和定性观察指标的实验变化。

i. 结果分析　每次/项实验结果应做必要的数据处理和分析，并有明确的文字小结。

j. 实验人员　应记录所有参加实验研究的人员。

③ 实验记录用纸　实验记录必须使用统一专用的带有页码编号的实验记录本或专用纸。计算机、自动记录仪器打印的图表和数据资料等应按顺序粘贴在记录本或记录纸的相应位置上，并在相应处注明实验日期和时间；不宜粘贴的，可另行整理并加以编号，同时在记录本相应处注明，以便查对。实验记录本或记录纸应保持完整，不得缺页或挖补；如有缺、漏页，应详细说明原因。

④ 实验记录的书写　实验记录本（纸）竖用横写，不得使用铅笔。实验记录应用字规范，字迹工整。常用的外文缩写（包括实验试剂的外文缩写）应符合规范。首次出现时必须用中文加以注释。实验记录中属译文的应注明其外文名称。

实验记录应使用规范的专业术语、符号、简图，计量单位应采用国际标准计量单位，有效数字的取舍应符合实验要求。

⑤ 实验记录不得随意删除、修改或增减数据。如必须修改，必须在修改处画一斜线，不可完全涂黑，保证修改前记录能够辨认，并应由修改人签字，注明修改时间及原因。

⑥ 实验图片、照片应粘贴在实验记录的相应位置上，底片装在统一制作的底片袋内，编号后另行保存。用热敏纸打印的实验记录，必须保留其复印件。

⑦ 实验记录的签署、检查和存档　每次实验结束后，应由记录人和实验指导教师或实验负责人在记录后签名。

每项实验研究工作结束后，应按归档要求将实验研究记录整理归档。实验记录应妥善保存，避免水浸、墨污、卷边，保持整洁、完好、无破损、不丢失。

(3) 实验报告　在实验完成之后，必须对实验进行总结，讨论观察到的现象，分析出现的问题，整理归纳实验数据等。这是完成整个实验的一个重要组成部分，也是把各种实验现象提高到理性认识的必要步骤。在实验报告中还应完成指定的思考题或提出改进本实验的意见等。

实验报告一般包括以下内容：①实验（编号）、实验名称；②实验目的与要求；③实验原理（必要的反应式）；④实验装置图（有机实验）；⑤主要试剂和仪器（有机实验中产品的物理常数）；⑥实验操作步骤；⑦实验现象与结果（数据及其处理）；⑧分离纯化流程（有机实验）；⑨思考题。

具体实验报告的内容与书写格式根据各专业实际情况而定。

第2章　化学实验基础理论

2.1 误差理论

2.1.1　基本概念

(1) 误差　测定值与真实值之差称为误差，误差又分为绝对误差 E_a 和相对误差 E_r。

绝对误差：$E_a=\overline{X}-T$

相对误差：$E_r=E_a/T$

$\overline{X}$ 为测定平均值；T 为真值。

(2) 误差表征

① 准确度　测定值与真实值的接近程度。

② 精密度　多次测定值之间的接近程度。

③ 准确度与精密度关系　高精密度是高准确度的前提，高精密度不一定有高准确度。

2.1.2　误差的分类

(1) 系统误差

① 系统误差的定义及特点

a. 定义　由某种固定原因造成的误差称系统误差。

b. 特点　单向性（或正，或负），重复性（大小固定）。

② 引起系统误差的主要原因

a. 方法误差　如：用盐酸滴定碳酸氢钠，当 pH=4 时，反应完全，$NaHCO_3$ 全部转化为 H_2CO_3，应选甲基橙做指示剂（pH：3.1～4.4），若用甲基红（pH：4.4～6.2），则 pH=5 时变色，此时，有部分 $NaHCO_3$ 未被滴定，出现恒定负误差。

b. 仪器误差　天平砝码不准，滴定管刻线不准等。

c. 试剂误差　试剂不纯，蒸馏水不合格等。

d. 操作误差　观察颜色不准确等。

(2) 随机误差

① 随机误差的定义及特点

a. 定义　由难以控制的偶然因素造成的误差称随机误差。

b. 特点　双向性（正、负、大、小不固定），大量数据有规律。

② 引起随机误差的主要原因　主观无法克服的复杂因素。如操作中的温度、湿度、灰尘等引起测量数据的波动。

2.2　提高实验结果准确度的方法

(1) 减小称量误差和体积误差

① 减小称量误差　一般分析天平称量误差为±0.0001g，两次读数有±0.0002g绝对误差，为使称量的相对误差小于某值，根据绝对误差与相对误差的关系，可以求出称量至少多少克，例如要求相对误差不大于0.1%，则称量的质量应不小于W：

$$W=0.0002/0.1\%=0.2\ (\mathrm{g})$$

② 减小体积误差　对于有准确刻度的玻璃量具，根据读数的绝对误差，可以求出在一定相对误差下的体积量取。例如滴定管读数有±0.01mL误差，两次读数有±0.02mL绝对误差，为使测量体积相对误差小于0.1%，则滴定剂消耗体积应不小于V：

$$V=0.02/0.1\%=20\ (\mathrm{mL})$$

③ 增加平行测定次数，为减小实验数据的随机误差，一般测3～6次即可。

(2) 对照实验　用于检查是否存在系统误差。

① 标准样法　选样品组成与试样相近的标准样检测，将结果与标准值比较，用统计的方法确定有无系统误差。

② 标准方法　用标准方法（如国标）和所选方法测同一样品，统计检验两个结果的差异性。

③ 标准加入法　取等量试样两份，其中一份加入已知量的欲测组分，同时测两个样品，由定量加入的组分是否被定量回收判断是否有系统误差。

(3) 空白实验　在不加试样的情况下，按分析方法进行测定，可检测试剂、器皿、蒸馏水等引入的杂质造成的系统误差，并将所得结果作为空白值进行扣除。

2.3　有效数字及数据运算规则

(1) 有效数字

① 有效数字的位数　实际上能测到的数字即有效数字。其中最后一位是估计值。例如：

1.0008	1.8000	43181	五位
0.1000	0.6001	10.89%	四位
0.0382	0.00382	1.98×10^{-10}	三位
54	0.0040	两位	
0.05	2×10^{5}	一位	

② 注意事项

a. 整数后带零数字的表达，如3600等，有效数字为不确定，因为3600可写成几种形式：3.6×10^{3}、3.60×10^{3}、3.600×10^{3}等，其有效数字分别为两位、三位、四位。

b. 对pH、pM、lg$K$等对数值，有效数字的位数仅取决于尾数部分，因其整数部分只代表该数的方次，如：pH=11.02，即$[H^{+}]=9.6\times10^{-12}$ mol/L，其有效数字为两位而非四位。

c. 计算中若遇首数≥8的数字，可多记一位有效数字，如：0.0985，可按四位有效数字计算。

③ 有效数字的修约　有效数字的修约规则为：四舍六入五成双，即当尾数≤4 时则舍；尾数≥6 时则入；尾数等于 5 而后面数为 0 时，若“5”前面为偶数则舍，为奇数则入；若 5 后面还有不是零的任何数时，无论 5 前面是偶或奇皆入。例如，将下列数据修约为三位有效数字：0.31546→0.315；0.5626→0.563；20.350→20.4；20.650→20.6；20.252→20.3。

(2) 数据运算规则　数据运算应遵循先修约后运算的原则，在进行较复杂的运算时，中间各步可以多保留一位数字，但最后结果只保留其应用位数。

① 加减法　数据加减的运算是各个数值绝对误差的传递。运算结果的绝对误差应与各数中绝对误差最大的那个数相符合。

例：40.2+3.55+0.2821

原数	绝对误差	修约
40.2	0.1	40.2
3.55	0.01	3.6
0.2821	0.0001	0.3

修约后：40.2+3.6+0.3=44.1

② 乘除法　数据乘除的运算是各个数值相对误差的传递。运算结果的相对误差应与各数中相对误差最大的那个数相符合。

例：0.0354×21.33×2.5328

原数	相对误差	修约
0.0354	1/354=0.3%	0.0354
21.33	1/2133=0.05%	21.3
2.5328	1/25328=0.004%	2.53

修约后：0.0354×21.3×2.53=1.91

2.4　数据处理及实验结果的正确表示

2.4.1　可疑值的检验

在一组测定值中，人们往往发现其中某个或某几个测定值明显比其他测定值大得多或者小得多。这些数据又没有明显的过失原因。这种偏离的数据就叫可疑值（Doubtable Value）或离群值等。对可疑值不可随心所欲地抛弃，必须采用一定的方法加以判断。

常用的方法为 Q 检验法，除此之外，还有四倍法、格鲁布斯（Grubbs）法等。Q 检验法（参 GB 4471—84）是用于处理测量次数较少（3～10 次）测量中可疑值舍弃的较好方法。

(1) Q 检验法　Q 检验法的基本步骤如下。

① 将测定值（包括可疑值）由小到大排列，即 $x_1<x_2<\cdots<x_n$。

② 根据下式计算 Q 计：

$$Q_{计}=\left|\frac{可疑值-临近值}{最大值-最小值}\right|$$

③ 根据测定次数 n 和 α（或 P），查 Q 表。表 2-1 为两种置信度下的 Q 值表。

④ 比较 $Q_{计}$ 和 $Q_{表}$，如果 $Q_{计}>Q_{表}$，则舍去可疑值，若 $Q_{计}\leqslant Q_{表}$，则可疑值应保留。

表 2-1　两种置信度下舍弃可疑数据的 Q 表

测定次数	3	4	5	6	7	8	9	10
$P=0.90$	0.94	0.76	0.4	0.56	0.51	0.47	0.44	0.41
$P=0.95$	1.53	1.05	0.86	0.76	0.69	0.64	0.60	0.58

如果一组数据中不止一个可疑值，仍然可以参照以上步骤逐一处理。但这种情况下最好采用格鲁布斯法。

置信水平的选择必须恰当，太低，会使舍弃标准过宽，即该保留的值被舍弃；太高，则使舍弃标准过严，即该舍弃的值被保留。当测定次数太少时，应用 Q 检验法易将错误结果保留下来。因此，测定次数太少时，不要盲目使用 Q 检验法，最好增加测定次数，可减少离群值在平均值中的影响，一般情况下可选择 Q（0.90）。

【例】 某药物中钴的测定，结果为（μg/g）：1.25，1.27，1.31，1.40，问 1.40 是否舍去？（置信度 95%）

【解】 $Q_{计}=(1.40-1.31)/(1.40-1.25)=0.60$，$Q_{0.95(4)}=1.05$，$Q_{计}<Q_{表}$，1.40 应保留。

(2) 格鲁布斯法　检验方法如下。

① 计算 $\overline{x}_1$、S 值（计算方法见 2.4.2 实验结果的表示）。

② 计算 $G_{计}$。$G_{计}=|X_{异}-\overline{x}|/S$。

根据测量次数 n 和置信度 P 查 G 值表（表 2-2）得 $G_{表}$，若 $G_{计}\geq G_{表}$，则该异常值应舍去。

表 2-2　G 值表

测定次数	置信度 P		测定次数	置信度 P	
n	95%	99%	n	95%	99%
3	1.15	1.15	14	2.37	2.66
4	1.46	1.49	15	2.41	2.71
5	1.67	1.75	16	2.44	2.75
6	1.82	1.94	17	2.47	2.79
7	1.94	2.10	18	2.50	2.82
8	2.03	2.22	19	2.53	2.85
9	2.11	2.32	20	2.56	2.88
10	2.18	2.41	21	2.58	2.91
11	2.23	2.48	22	2.60	2.94
12	2.29	2.55	23	2.62	2.96
13	2.33	2.61	24	2.64	2.99

格鲁布斯法的优点是引入了正态分布中的两个最重要的样本参数 $\overline{x}$ 及 S，故方法的准确性较好，因此得到普遍采用。缺点是需要计算 $\overline{x}$ 和 S，手续稍麻烦。

2.4.2　实验结果的表示

化学中的计量或测定所得到的数据往往是有限的。例如，在物质组成测定中，我们不可能也没必要对所要分析研究的对象全部进行测定，只可能是随机抽取一部分样品，所得到的测定值也只能是有限的。

在统计学中，把所要分析研究对象的全体称为总体或母体。从总体中随机抽取一部分样品进行测定所得到的一组测定值称为样本或子样。每个测定值被称为个体。样本中所含个体的数目则称为样本容量或样本大小。例如要测定某批工业纯碱产品的总碱量。首先按照分析的要求进行采样、制备，得到 200g 样品。这些样品就是供分析用的总体。如果我们称取 6

份样品进行测定，得到6个测定值，那么这组测定值就是被测样品的一个随机样本，样本容量为6。那么如何用这些有限的测定值来正确地表示测定结果，对这种表示的可靠性有多大的把握，是化学统计学要解决的基本问题。

一般在表示测定结果之前，首先要对所测得的一组数据进行整理，排除有明显过失的测定值，然后对有怀疑但没有确凿证据的与大多数测定值差距较大的测定值采取数理统计的方法判断能否剔除，最后进行统计处理报告出测定结果。

通常报告的测定结果中应包括测定的次数、数据的集中趋势以及数据的分散程度几个部分。

(1) 数据集中趋势的表示 对于无限次测定来说，可以用总体平均值 μ 来衡量数据的集中趋势。对有限次测定一般有两种方法。

① 算术平均值（Arithmetical Mean） 算术平均值简称为平均值，以$\overline{x}$表示：

$$\overline{x}=\frac{1}{n}\sum_{i=1}^{n}x_i=\frac{x_1+x_2+x_3\cdots+x_n}{n}$$

在消除系统误差的前提下，对于有限次测定值来说，测定值通常是围绕$\overline{x}$集中的，当$n\rightarrow\infty$时，$\overline{x}\rightarrow T$，因此$\overline{x}$是 T 的最佳估计值。

② 中位数（Median） 将数据按大小顺序排列，位于正中的数据称为中位数。当 n 为奇数时，居中者即是，而当 n 为偶数时，正中两个数的平均值为中位数。在一般情况下，数据的集中趋势以第一种方法表示较好。只有在测定次数较少，又有大误差出现，或是数据的取舍难以确定时，才以中位数表示。

(2) 数据分散程度的表示 数据分散程度的表示方法有多种，可以根据情况选用。

① 样本标准差（Sample Standard Deviation） 对于无限次测定，可以采用总体标准差（Population Standard Deviation）σ（标准误差）衡量数据的分散程度。

$$\sigma=\sqrt{\frac{\sum_{i=1}^{n}(x_i-T)^2}{n}}$$

对于有限次测定，可采用样本标准差（简称为标准差，标准偏差），以 S（或 σ_{n-1}）表示。一般情况下常用它表示数据的分散程度。

$$S(\text{或}\ \sigma_{n-1})=\sqrt{\frac{\sum_{i=1}^{n}(x_i-\overline{x})^2}{n-1}}=\sqrt{\frac{\sum_{i-1}^{n}d_i^2}{n-1}}\quad(n<20)$$

式中，$n-1$ 称为偏差的自由度，以 f 表示。它是指能用于计算一组测定值分散程度的独立偏差数目。例如，在不知道真值的场合，如果只进行一次测定，$n=1$，那么 $f=0$，表示不可能计算测定值的分散程度，只有进行 2 次以上的测定，才有可能计算数据的分散程度。

显然当 $n\rightarrow\infty$时 $S\rightarrow\sigma$。因为 $n\rightarrow\infty$时，若不存在系统误差，$\overline{x}\rightarrow T$，$n-1$ 与 n 的区别可以忽略。

② 变异系数（Variation Coefficient） 变异系数又称为相对标准差，以 CV（或 s_r）表示。

$$\mathrm{CV}(\text{或}\ s_r)=\frac{S}{\overline{x}}\times100\%$$

以上两种表示法应用较广，特别是样本较大的场合。如果测定次数较少，还可采用以下两种方法。

③ 极差（Range）与相对极差　极差 R 为测定值中最大值与最小值之差。

$$R=x_{\max}-x_{\min}$$

式中，$x_{\max}$表示测定值的最大值；$x_{\min}$则表示测定值中的最小值。

$$相对极差=\frac{R}{\bar{x}}$$

④ 平均偏差（Average Deviation）与相对平均偏差

$$平均偏差\ \bar{d}=\frac{\sum_{i=1}^{n}|x_i-\bar{x}|}{n}$$

$$相对平均偏差\quad \bar{d}_r=\frac{\bar{d}}{\bar{x}}\times 100\%$$

以上四种表示法常用于单样本测定时一组测定值分散程度的表示。如果我们是做多次的平行分析，也就是多样本测定，就会得到一组平均值 $\bar{x}_1$，$\bar{x}_2$，$\bar{x}_3$，…，这时就应采用平均值的标准差来衡量这组平均值的分散程度。显然，平均值的精密度应比单次测定的精密度高。

⑤ 平均值的标准差　平均值的标准差用 $S_{\bar{x}}$ 表示。统计学上可以证明，对有限次测定

$$S_{\bar{x}}=\frac{S}{\sqrt{n}}$$

同理，对无限次测定

$$\sigma_{\bar{x}}=\frac{\sigma}{\sqrt{n}}$$

从以上的关系可以看出，增加测定次数可以提高测定结果的精密度，但实际上增加测定次数所取得的效果是有限的。

图 2-1 表示了 $S_{\bar{x}}$ 与 n 的关系。

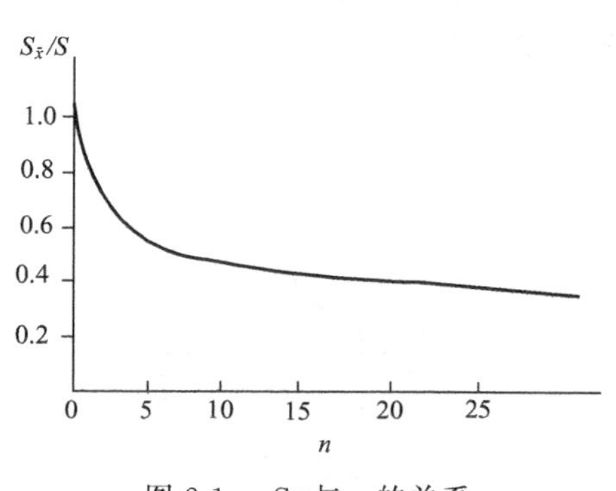

图 2-1　$S_{\bar{x}}$ 与 n 的关系

从图 2-1 可见，开始时 $S_{\bar{x}}/S$ 随 n 的增加而很快减小，但在 $n>5$ 后变化就变慢了，而当 $n>10$ 时变化已很小，这说明实际工作中测定次数无需过多，4～6 次已足够了。

【例】 分析铁矿中铁含量得如下数据：37.45、37.20、37.50、37.30、37.25（%），计算此结果的平均值、中位数、极差、平均偏差、标准偏差、变异系数和平均值的标准偏差。

【解】 平均值：　$\bar{x}=\frac{37.45+37.20+37.50+37.30+37.25}{5}\%=37.34\%$

中位数：　$M=37.30\%$

极差：　$R=37.50\%-37.20\%=0.30\%$

各次测量偏差（%）分别是：

$$d_1=+0.11，d_2=-0.14，d_3=+0.16，d_4=-0.04，d_5=-0.09$$

平均偏差：　$\bar{d}=\frac{\sum|d_i|}{n}=\frac{0.11+0.14+0.16+0.04+0.09}{5}\%=0.11\%$

标准偏差：　$S=\sqrt{\frac{\sum d_i^2}{n-1}}=\frac{\sqrt{0.11^2+0.14^2+0.04^2+0.16^2+0.09^2}}{5-1}=0.13\%$

变异系数：　$CV=\frac{S}{\bar{x}}\times 100\%=0.35\%$

分析结果只需报告出$\bar{x}$、S、n，即可表示出集中趋势与分散情况，勿需将数据一一列出。

上例结果可表示为：

$$\bar{x}=37.34\%,\ S=0.13\%,\ n=5$$

目前大多数计算器都具有一定的数理统计处理功能，应努力学会使用。

2.4.3　随机误差的正态分布

(1) 置信度与置信区间

① 置信度　测定值在一定范围内出现的概率称为置信度（Confidence）或置信概率，以P表示；把测定值落在一定误差范围以外的概率（$1-P$）称为显著性水准，以α表示。

② 置信区间　在一定置信度下，测定值出现的范围称为置信区间。

(2) 随机误差的正态分布

① 无限次测定的随机误差分布　无限次测定的随机误差的出现是符合正态分布（Normal Distribution）规律的。统计学上可以证明，对于无限次测定，样本值x落在$\mu\pm\sigma$范围内的概率为68.3%；落在$\mu\pm 2\sigma$范围内的概率为95.5%；落在$\mu\pm 3\sigma$范围内的概率为99.7%（图2-2）。对后者来说，这意味着如果我们进行1000次测定，只有三次测定是落在$\mu\pm 3\sigma$范围之外。显然在一般情况下，偏差超过$\pm 3\sigma$的测定值出现的可能性是很小的，特别是在有限次测定中，出现这样大偏差的测定值照理是不大可能的，所以一旦出现偏差超过$\pm 3\sigma$的测定值，我们可以认为它不是由于随机误差造成的，应将它剔除。

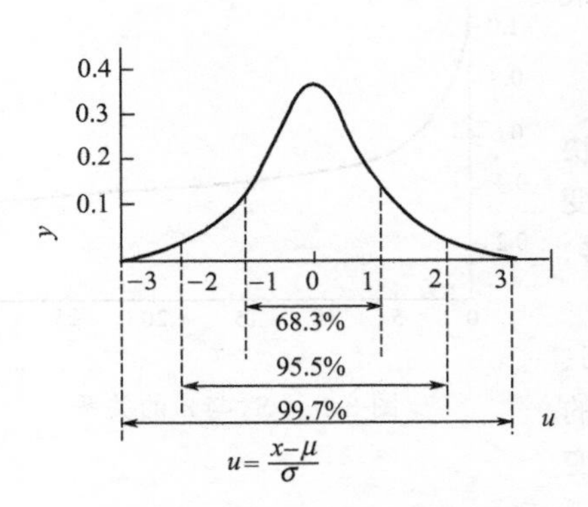

图2-2　标准正态分布曲线

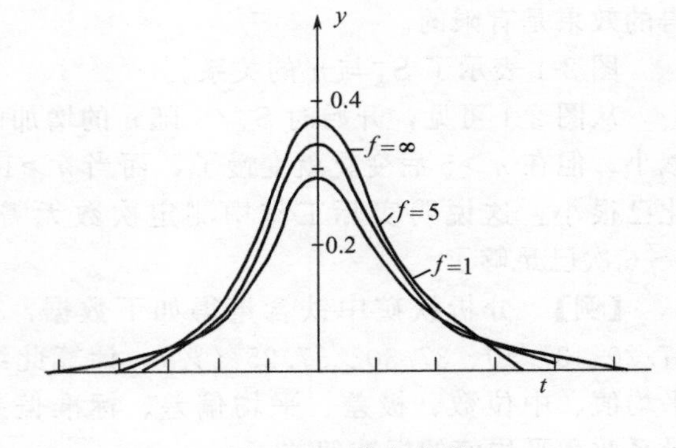

图2-3　t分布曲线

根据随机误差的这种正态分布规律，对于无限次测定，如果在同样条件下，对同一样品再作一次分析，测定值x落在$\mu\pm\sigma$范围内的概率会有68.3%；落在$\mu\pm 2\sigma$范围内的概率会有95.5%；而落在$\mu\pm 3\sigma$范围内的概率会有99.7%。

② 有限次测定的随机误差分布　对于有限次测定，我们一般是以标准差S来估计测定值的分散情况。用S来代替σ时，测定值或其偏差是不符合正态分布的，只有采用t分布来处理。t分布曲线是随自由度f而变，与置信度也有关，所以统计量t一般要加脚注，即$t_{\alpha,f}$，当$f\rightarrow\infty$时，t分布也就趋近于正态分布，如图2-3所示。

对于有限次测定，置信区间是指在一定置信度下，以平均值$\overline{x}$为中心，包括总体平均值μ在内的范围，即：

$$\mu=\overline{x}\pm t_{\alpha,f}\frac{S}{\sqrt{n}}$$

式中，$t_{\alpha,f}\frac{S}{\sqrt{n}}$称为误差限或估计精度。$t_{\alpha,f}$可查表（表2-3）得到，一般人们是取$P=0.95$的$t$值，当然有时也可用$P=0.90$或$P=0.99$等。

表2-3　t分布值表

自由度 f	置信度 P			
	0.05	0.90	0.95	0.99
1	1.00	6.31	12.71	63.66
2	0.82	2.92	4.30	9.93
3	0.76	2.35	3.18	5.84
4	0.74	2.13	2.78	4.60
5	0.73	2.02	2.57	4.03
6	0.72	1.94	2.45	3.71
7	0.71	1.90	2.37	3.50
8	0.71	1.86	2.31	3.36
9	0.70	1.83	2.26	3.25
10	0.70	1.81	2.23	3.17
20	0.69	1.73	2.09	2.85
∞	0.67	1.65	1.96	2.58

【例】 某水样总硬度测定的结果为：$n=5$，$\overline{\rho}$（CaO）$=19.87$mg/L，$S=0.085$，求P分别为0.90或0.95时的置信区间。

【解】 查表2-3，$P=0.90$时，$t_{0.10,4}=2.13$。

$$\mu=\overline{\rho}\pm t_{\alpha,f}\frac{S}{\sqrt{n}}=19.87\pm\frac{2.13\times0.085}{\sqrt{5}}=19.87\pm0.08\ (\text{mg/L})$$

如果$P=0.95$，查得$t_{0.05,4}=2.78$，那么

$$\mu=19.87\pm\frac{2.78\times0.085}{\sqrt{5}}=19.87\pm0.10\ (\text{mg/L})$$

这结果说明：就$P=0.90$的情况来说，我们有90%的把握认为此水样的总硬度是19.79～19.95mg/L；或者说，在（19.87±0.08）mg/L区间内包含总体平均值的把握有90%。由此例可以看出，置信度低，置信区间小。但是应注意，并不是置信度定得越低越好。因为置信度定得太低的话，判断失误的可能性就越大。

2.5　作图方法简介

将实验数据用几何图形表示出来的方法称为图解法。图解法是实验结果的常用表示方法之一，该法能简明地揭示出各变量之间的关系，例如数据中的极大、极小、转折点、周期性等都很容易从图像中找出来，有时，进一步分析图像还能得到变量间的函数关系，另外，根

据多次测试的数据所描绘出来的图像，一般具有“平均”的意义，从而也可以发现和清除一些偶然误差，所以图解法在数据处理上也是一种重要的方法，利用图解法能否得到良好的结果与作图技术的高低有十分密切的关系。但在本书中应用到图解法处理数据的实验不多，所以现在只是简单地介绍用直角坐标纸作图的要点。

(1) 坐标标度的选择 最常用的作图纸是直角毫米坐标纸，习惯上一般以主变量作横轴、应变量作纵轴，坐标轴比例尺的选择一般应遵循下列原则。

① 要能表示出全部有效数字，使图上的最小分度与仪器的最小分度一致。也可采取读数的绝对误差在图纸上约相当于0.5～1个小格（最小分度），即0.5～1mm，例如用分度为1℃的温度计测量温度时，读数可能有0.1℃的误差，则选择的比例尺应使0.1℃相当于0.5～1小格，即1℃等于5或10小格。

② 坐标标度应取方便易读的分度，即每单位坐标格子应代表1、2或5的倍数，而不要采用3、6、7、9的倍数。而且应该把数字标示在图纸逢五或逢十的粗线上。

③ 在不违反上述两原则的前提下，坐标纸的大小必须能包括所有必需的数据且略有宽裕，如无特殊需要（如直线外推求截距等），就不一定把变量的零点作为原点，可以从只稍低于最小测量的整数开始，这样可以充分利用图纸而且有利于保证图的精密度。

(2) 点和线的描述

① 点的描绘 代表某一读数的点可用一些特殊符号表示符号的重心所在即表示读数值，整个点的符号应有足够的大小可粗略地表示出测量误差的范围。

② 线的描绘 描出的线条必须平滑，尽可能接近（或贯串）大多数的点（并非要求贯串所有的点），并且使处于平滑曲线（或直线）两边的点的数目大致相等，这样描出的曲线（或直线）就能近似地表示出被测量的平均变化情况。在曲线的极大、极小或转折处应多取一些点，以保证曲线所表示规律的可靠性（图2-4）。

如果发现有特别点远离曲线，又不能判断测物理量在此区域会发生什么突变，就要分析一下是否有偶然性的过失误差。如果确保后一情况，描线时可不考虑这一点，但是如果重复实验仍有同样情况，就应在这一区间重复进行仔细的测量，搞清在此区域内是否存在某些必然的规律，并严格按照上述原则描线，总之，切不可毫无理由地丢弃离曲线较远的点。图作好后，要写上图的名称，注明坐标轴代表的量的名称、所用单位、数值大小以及主要的测量条件。若在同一图纸上画几条直（曲）线时，线的代表点需用不同的符号表示。目前随着微机的普及，各种软件均有作图功能，应尽量使用。但在利用微机作图时，也要遵循上述原则。

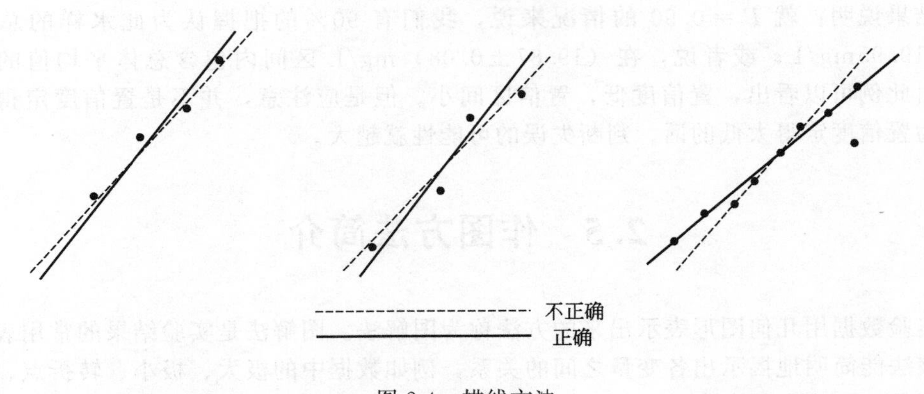

图2-4 描线方法

2.6 正交实验设计方法

我们知道如果有很多的因素变化制约着一个事件的变化，那么为了弄明白哪些因素重要，哪些不重要，什么样的因素搭配会产生极值，必须通过做实验验证，如果因素很多，而且每种因素又有多种变化，那么实验量会非常大，显然是不可能每一个实验都做的。

在生产和科研中，为了研制新产品，改革生产工艺，寻找优良的生产条件，经常需要做许多多因素的实验。在方差分析中对于一个或两个因素的实验，我们可以对不同因素的所有可能水平组合做实验，这叫做全面实验。当因素较多时，虽然理论上仍可采用前面的方法进行全面实验后再做相应的方差分析，但是在实际中有时会遇到实验次数太多的问题。例如，生产化工产品，需要提高收率（产品的实际产量与理论上投入的最大产量之比），认为反应温度的高低、加碱量的多少、催化剂种类等多种因素，都是造成收率不稳的主要原因。根据以往经验，选择温度的三个水平：80℃、85℃、90℃，加碱量的三个水平：35kg、48kg、55kg；催化剂的三个水平：甲、乙、丙三种。如果做全面实验，则需 $3^3=27$ 次。如果有 3 个因素、每个因素选取 4 个实验水平的问题，在每一种组合下只进行一次实验，所有不同水平的组合有 $4^3=64$ 种，如果 6 个因素、5 个实验水平，全面实验的次数是 $5^6=15625$ 次。对于这样一些问题，设计全面的实验往往耗时、费力，往往很难做到。因此，如何设计多因素实验方案，选择合理的实验设计方法，使之既能减少实验次数，又能收到较好的效果。“正交实验法”就是研究与处理多因素实验、能够大幅度减少实验次数且并不会降低实验可行度的一种科学有效的方法。

正交实验法是首先需要选择一张和你的实验因素水平相对应的正交表，已经有数学家制好了很多相应的表，你只需找到对应需要的就可以了。所谓正交表，也就是一套经过周密计算得出的现成的实验方案，它告诉你每次实验时，用哪几个水平互相匹配进行实验，这套方案的总实验次数是远小于每种情况都考虑后的实验次数的。比如 3 水平、4 因素表就只需做 9 次实验即可，远小于遍历实验的 81 次；我们同理可推算出如果因素水平越多，实验的精简程度会越高。

建立好实验表后，根据表格做实验，然后就是数据处理了。由于实验次数大大减少，使得实验数据处理非常重要。首先可以从所有的实验数据中找到最优的一个数据，当然，这个数据肯定不是最佳匹配数据，但是肯定是最接近最佳的了。这时你能得到一组因素，这是最直观的一组最佳因素。接下来将各个因素当中同水平的实验值加和（注：正交表的一个特点就是每个水平在整个实验中出现的次数是相同的），就得到了各个水平的实验结果表，从这个表当中又可以得到一组最优的因素，通过比较前一个因素，可以获得因素变化的趋势，指导更进一步的实验。各个因素中不同水平实验值之间也可以进行如极差、方差等计算，可以获知这个因素的敏感度。还有很多处理数据的方法。然后再根据统计数据，确定下一步的实验，这次实验的范围就很小了，目的就是确定最终的最优值。当然，如果因素水平很多，这种寻优过程可能不止一次。

如果我们将所有的实验情况排列成一条线，正交表所取得那些实验点就肯定正好位于这条线的一组均分点上，由此就可以大致估算出整个实验的大致走向了，不过均分为多少个点倒是问题，取多了失去正交实验的意义，少了无法代表趋势。

正交实验法在西方发达国家已经得到广泛的应用，对促进经济的发展起到了很好的作用。在我国，正交实验法的理论研究工作已有了很大的进展，在工农业生产中也正在被广泛推广和应用，使这种科学的方法能够为经济发展服务。

正交实验法就是利用排列整齐的表——正交表来对实验进行整体设计、综合比较、统计分析，实现通过少数的实验次数找到较好的生产条件，以达到最高生产工艺效果。正交表能够在因素变化范围内均衡抽样，使每次实验都具有较强的代表性，由于正交表具备均衡分散的特点，保证了全面实验的某些要求，这些实验往往能够较好或更好地达到实验的目的。正交实验设计主要包括两部分内容：第一，安排实验；第二，分析实验结果。

2.6.1 术语介绍

(1) 正交实验法（简称正交实验） 正交实验法是应用正交表的正交原理和数理统计分析，研究多因素优化实验的一种科学方法。它可以用最少的实验次数优选出各因素较优参数或条件的组合。

(2) 正交表 正交表是根据正交原理设计的，已规范化的表格，其符号是 $L_n(m^k)$，其中 L 表示正交表；n 表示正交表的横行数（可安排的实验次数）；k 表示正交表的纵列数（能容纳的最多实验因素个数）；m 表示各实验因数的位级（水平）数。位级数不同的正交表称为混合位级正交表，其符号为 $L_n(m_1^{k_1} \times m_2^{k_2})$。

(3) 考核指标 正交实验中用来衡量实验结果的特征量。考核指标有定量指标和定性指标两种，定量指标是直接用数量表示的指标，如浓度、温度、时间、产量等；定性指标是不能直接用数量表示的指标，如颜色、手感、外观等。

(4) 因素 因素是影响实验考核指标的要素。因素有可控因素和不可控因素两类，可控因素是指在实验中能够人为地控制和调节的因素，如温度、浓度、酸度、压力等；不可控因素是指暂时还不能人为地控制与调节的因素，如温度的轻微波动等。在正交实验中选用的因素必须是可控因素。

(5) 位级（水平） 位级是因素在实验中所取数值或状态的挡次。

(6) 交互作用 在正交实验中，若一个因素对考核指标的作用会受到另一个因素变动的影响，则该二因素间称为有交互作用。若因素 A 与因素 B 之间有交互作用，则记为 $A \times B$。

2.6.2 正交实验的程序与要求

(1) 确定考核指标 考核指标应为定量的，若属于定性指标，应制定实验评分标准，通过评分，使定性指标定量化，以便于分析比较。当考核指标为两项或多项时，应采用综合评分法，将多项指标化为单项指标，以便于综合评价。

(2) 挑选因素，确定位级 挑选因素时，应先把可能影响考核指标的各种因素进行分类，然后根据经验，从中挑选出可能有显著影响的可控因素，作为实验因素。

挑选的实验因素不应过多，一般以 3～7 个为宜，以免加大无效实验工作量。若第一轮实验后达不到预期目的，可在第一轮实验的基础上，调整实验因素，再进行实验。因素的位级数不应多取，一般取 2～4 个为宜。各因素的位级数可以相同，也可以不同。对重要因素可多取一些位级。

各位级的数值应适当拉开，以利于对实验结果的分析。

(3) 选用正交表 正交表的类型比较多，常用正交表类型见表 2-4。

表 2-4 正交表类型

位级数	正交表类型
二位级	$L_4(2^3)$、$L_8(2^7)$、$L_{16}(2^{15})$
三位级	$L_9(3^4)$、$L_{27}(3^{13})$
多位级	$L_{16}(4^5)$、$L_{25}(5^6)$、$L_{49}(7^8)$
混合位级	$L_8(4\times2^4)$、$L_{12}(3\times2^3)$、$L_{16}(4^2\times2^9)$、$L_{16}(4^3\times2^6)$、$L_{16}(4\times2^{12})$、$L_{16}(4^4\times2^3)$、$L_{16}(8\times2^8)$、$L_{18}(2\times3^7)$、$L_{18}(6\times3^6)$、$L_{24}(3\times4\times2^4)$

正交表的选用原则如下。

① 选用正交表的列数不得少于实验因素个数，正交表的位级数必须与各因素的位级数相同。

② 在因素和位级均相同的情况下，实验精度要求高的，应选用实验次数多的正交表；实验费用高的或实验周期长的，应尽量选用实验次数少的正交表。

③ 若各实验因素的位级数不相等，一般应选用相应的混合位级正交表。

④ 若考虑实验因素间的交互作用，应根据交互作用因素的多少和交互作用安排原则选用正交表。

(4) 表头设计

① 实验因素的安排

a. 当实验因素数等于正交表的列数时，优先将位级改变较困难的因素放在第一列，位级变换容易的因素放到最后一列，其余因素可任意安排。

b. 当实验因素数少于正交表的列数、表中有空列时，若不考虑交互作用，空列可作为误差列，其位置一般放在中间或靠后。

c. 当考虑因素间交互作用时，交互作用的安排应按正交表的交互作用表及表头设计的规定。一般 m 位级的正交表，两列因素间的交互作用应占 $m-1$ 列。

交互作用一般不应与因素安排在同一列，以免产生混杂。

② 分配实验条件　分配实验条件就是根据正交表的位级序号，安排各实验因素的每一位级取值或状态。为了消除人为的系统误差，在安排实验因素的每一位级值或状态时，可采用随机的方法来确定。

③ 设计实验结果数据记录栏目　根据考核指标项目的多少和对实验结果采用的分析方法，在正交表的右边和下边分别画出考核指标和计算数据记录栏目。

(5) 进行实验　在进行实验时，必须严格按各号实验条件执行，不能随意改变。各号实验进行的先后顺序可自行安排，不要求一定按表中的顺序。

在实验中要严格按正交表的实验序号正确地把每一实验结果数值记入相应的考核指标栏内。

(6) 对实验结果进行计算和分析　计算每一列相同位级考核指标数值之和 K_{ij}，并将其记录在正交表下方的相应栏内。K_{ij} 下角标 i 代表位级数，j 代表列数。

当采用极差分析时，应计算每一列相同位级考核指标之和的极差 R_j。R_j 可按下式计算。

对于二位级因素：

$$R_j=|K_{1j}-K_{2j}|$$

对三位级和多位级因素：$R_j=K_{ij\max}-K_{ij\min}$

计算结果应填写在正交表下方的相应栏内。

当采用方差分析时，应计算考核指标数值总和 T，每一列的各位级离差平方和 S_j 及其自由度 f_j，总离差平方和 S 及其自由度 f，并将它们的计算结果填入正交表下方的相应栏内。T、S_j 和 S 分别用以下各式计算：

$$T=\sum_{i=1}^{n}y_i$$

$$S_j=\frac{m}{n}\sum_{i=1}^{m}K_{ij}^2-\frac{1}{n}T^2$$

$$f_j = m - 1$$

$$S = \sum_{j=1}^{k} S_j$$

$$f = n - 1$$

式中，y_i——第 i 次实验考核指标值；

n——实验次数；

K_{ij}——每一列相同位级考核指标数值之和；

T——考核指标数值总和；

m——位级数；

j——取 1，2，3，…，k。

用极差分析或方差分析，找出各因素对考核指标影响的主次顺序。

对一般正交实验，可通过比较各因素相同位级考核指标之和的极差 R_j 的大小，排出各因素对考核指标影响的主次顺序。R_j 越大影响程度就越大。

对于实验误差要求严格的正交实验，为了排除误差影响，应采用方差分析，找出各因素影响的显著性程度，排出它们影响的主次顺序。

确定各因素较优位级组合。在无交互作用的情况下，若考核指标越大越好，应取各因素 K_{ij}（对于混合位级正交表应将 K_{ij} 除以位级数）最大的位级为较优位级，反之，则应取 K_{ij}（或 K_{ij} 除以位级数）最小的位级为较优位级。对有交互作用的因素，应通过交互作用分析后才能确定其较优位级。

根据需要绘制各因素位级与实验结果指标关系图——趋势图，找出指标变化趋势。

为找出更优位级组合，可根据趋势图，选择有关因素新的位级再做实验。

(7) 验证　将通过计算分析所得到的优化方案进行验证，验证达到预期目标者，方可在生产中推广实施。

2.6.3 应用正交实验法优化工艺参数（条件）示例

【例】 为提高真空吸滤装置的生产能力，请用正交实验方法确定恒压过滤的最佳操作条件。影响实验的主要因素和水平见表 2-5。表 2-5 中 Δp 为过滤压强差；T 为浆液温度；w 为浆液质量分数；M 为过滤介质（材质属多孔陶瓷）。

【解】　(1) 实验指标的确定　恒压过滤常数 $K(m^2/s)$。

(2) 选正交表　根据表 2-5 的因素和水平，可选用 $L_8(4 \times 2^4)$ 表。

(3) 制订实验方案　按选定的正交表，应完成 8 次实验。实验方案见表 2-6。

(4) 实验结果　将所计算出的恒压过滤常数 $K(m^2/s)$ 列于表 2-6。

表 2-5　过滤实验因素和水平

因素		压强差 Δp/kPa	温度 T/℃	质量分数 w	过滤介质 M
水平	1	2.94	(室温)18	稀(约 5%)	G_2
	2	3.92	(室温+15)33	浓(约 10%)	G_3
	3	4.90			
	4	5.88			

注：G_2、G_3 为过滤漏斗的型号。过滤介质孔径：G_2 为 30～50μm、G_3 为 16～30μm。

表 2-6　正交实验的实验方案和实验结果

列号	$j=1$	2	3	4	5	6
因素	Δp	T	w	M	e	$K/(\mathrm{m^2/s})$
实验号	水平					
1	1	1	1	1	1	4.01×10^{-4}
2	1	2	2	2	2	2.93×10^{-4}
3	2	1	1	2	2	5.21×10^{-4}
4	2	2	2	1	1	5.55×10^{-4}
5	3	1	2	1	2	4.83×10^{-4}
6	3	2	1	2	1	1.02×10^{-3}
7	4	1	2	2	1	5.11×10^{-4}
8	4	2	1	1	2	1.10×10^{-3}

（5）指标 K 的极差分析和方差分析　分析结果见表 2-7。以第二列为例说明计算过程：

$$\mathrm{I}_2=4.01\times10^{-4}+5.21\times10^{-4}+4.83\times10^{-4}+5.11\times10^{-4}=1.92\times10^{-3}$$

$$\mathrm{II}_2=2.93\times10^{-4}+5.55\times10^{-4}+1.02\times10^{-3}+1.10\times10^{-3}=2.97\times10^{-3}$$

$$k_2=4$$

$$\mathrm{I}_2/k_2=1.92\times10^{-3}/4=4.79\times10^{-4}$$

$$\mathrm{II}_2/k_2=2.97\times10^{-3}/4=7.42\times10^{-4}$$

$$D_2=7.42\times10^{-4}-4.79\times10^{-4}=2.63\times10^{-4}$$

$$\Sigma K=4.88\times10^{-3}，\overline{K}=6.11\times10^{-4}$$

$$\begin{aligned}S_2&=k_2(\mathrm{I}_2/k_2-\overline{K})^2+k_2(\mathrm{II}_2/k_2-\overline{K})^2\\&=4\times(4.79\times10^{-4}-6.11\times10^{-4})^2+4\times(7.42\times10^{-4}-6.11\times10^{-4})^2\\&=1.38\times10^{-7}\end{aligned}$$

f_2＝第二列的水平数－1＝2－1＝1

$$V_2=S_2/f_2=1.38\times10^{-7}/1=1.38\times10^{-7}$$

$$\begin{aligned}S_e&=S_5=k_5(\mathrm{I}_5/k_5-\overline{K})^2+k_5(\mathrm{II}_5/k_5-\overline{K})^2\\&=4\times(6.22\times10^{-4}-6.11\times10^{-4})^2+4\times(5.99\times10^{-4}-6.11\times10^{-4})^2\\&=1.06\times10^{-9}\end{aligned}$$

$$f_e=f_5=1$$

$$V_e=S_e/f_e=1.06\times10^{-9}/1=1.06\times10^{-9}$$

$$F_2=V_2/V_e=1.38\times10^{-7}/1.06\times10^{-9}=130.2$$

查《F 分布数值表》可知：

F（$\alpha=0.01$，$f_1=1$，$f_2=1$）$=4052>F_2$

F（$\alpha=0.05$，$f_1=1$，$f_2=1$）$=161.4>F_2$

F（$\alpha=0.10$，$f_1=1$，$f_2=1$）$=39.9<F_2$

F（$\alpha=0.25$，$f_1=1$，$f_2=1$）$=5.83<F_2$

（其中：f_1 为分子的自由度，f_2 分母的自由度）

所以第二列对实验指标的影响在 $\alpha=0.10$ 水平上显著。其他列的计算结果见表 2-7。

表 2-7　K 的极差分析和方差分析

列号	$j=1$	2	3	4	5	6
因素	Δp	T	w	M	e	$K/(\mathrm{m^2/s})$
I_j	6.94×10^{-4}	1.92×10^{-3}	3.04×10^{-3}	2.54×10^{-3}	2.49×10^{-3}	
II_j	1.08×10^{-3}	2.97×10^{-3}	1.84×10^{-3}	2.35×10^{-3}	2.40×10^{-3}	
III_j	1.50×10^{-3}					
IV_j	1.61×10^{-3}					$\Sigma K=$
k_j	2	4	4	4	4	4.88×10^{-3}
I_j/k_j	3.47×10^{-4}	4.79×10^{-4}	7.61×10^{-4}	6.35×10^{-4}	6.22×10^{-4}	
II_j/k_j	5.38×10^{-4}	7.42×10^{-4}	4.61×10^{-4}	5.86×10^{-4}	5.99×10^{-4}	
III_j/k_j	7.52×10^{-4}					
IV_j/k_j	8.06×10^{-3}					
D_j	4.59×10^{-4}	2.63×10^{-4}	3.00×10^{-4}	4.85×10^{-5}	2.30×10^{-5}	$\overline{K}=$
S_j	2.65×10^{-7}	1.38×10^{-7}	1.80×10^{-7}	4.70×10^{-9}	1.06×10^{-9}	6.11×10^{-4}
f_j	3	1	1	1		
V_j	8.84×10^{-8}	1.38×10^{-7}	1.80×10^{-7}	4.70×10^{-9}	1.06×10^{-9}	
F_j	83.6	130.2	170.1	4.44	1.00	
$F_{0.01}$	5403	4052	4052	4052		
$F_{0.05}$	215.7	161.4	161.4	161.4		
$F_{0.10}$	53.6	39.9	39.9	39.9		
$F_{0.25}$	8.20	5.83	5.83	5.83		
显著性	2*(0.10)	2*(0.10)	3*(0.05)	0*(0.25)		

（6）由极差分析结果引出的结论：请同学们自己分析。

（7）由方差分析结果引出的结论。

① 第 1、2 列上的因素 Δp、T 在 $\alpha=0.10$ 水平上显著；第 3 列上的因素 w 在 $\alpha=0.05$ 水平上显著；第 4 列上的因素 M 在 $\alpha=0.25$ 水平上仍不显著。

② 各因素、水平对 K 的影响变化趋势见图 2-5。

图 2-5 是用表 2-5 的水平、因素和表 2-7 的 I_j/k_j、II_j/k_j、III_j/k_j、IV_j/k_j 值来标绘的。从图 2-5 中可看出：过滤压强差增大，K 值增大；过滤温度升高，K_j 值增大；过滤浓度增大，K 值减小；过滤介质由 1 水平变为 2 水平，多孔陶瓷微孔直径减小，K 值减小。因为第四列对 K 值的影响在 $\alpha=0.25$ 水平上不显著，所以此变化趋势是不可信的。

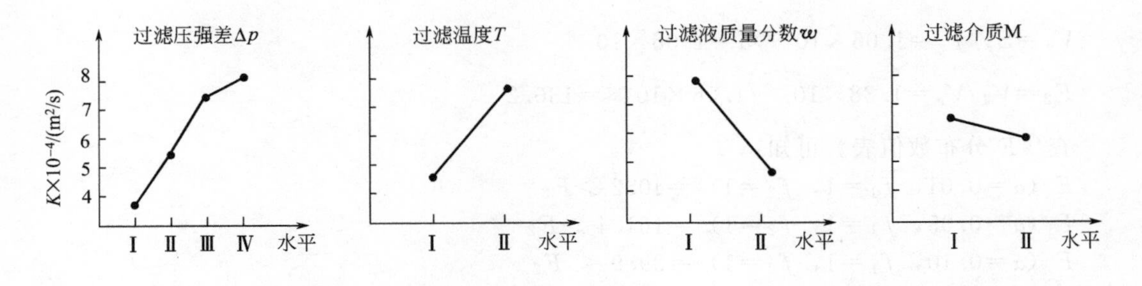

图 2-5　指标随因素的变化趋势

③ 适宜操作条件的确定。由恒压过滤速率方程式可知，实验指标 K 值愈大愈好。为此，本例的适宜操作条件是各水平下 K 的平均值最大时的条件：过滤压强差为 4 水平，5.88kPa；过滤温度为 2 水平，33℃；过滤浆液浓度为 1 水平，稀滤液；过滤介质为 1 水平或 2 水平（这是因为第四列对 K 值的影响在 $\alpha=0.25$ 水平上不显著。为此可优先选择价格便宜或容易得到者）。上述条件恰好是正交表中第 8 个实验号。

第3章 化学实验基本技术

3.1 加热和冷却技术

3.1.1 加热用的装置

(1) 煤气灯 煤气灯是化学实验室最常用的加热器具，使用十分方便，它的式样虽多，但构造原理是相同的。它由灯管和灯座所组成（图3-1），灯管的下部有螺旋，与灯座相连，灯座下部还有几个圆孔，为空气的入口，旋转灯管，即可完全关闭或不同程度地开启圆孔，以调节空气的进入量。灯座的侧面有煤气的入口，可接上橡皮管把煤气导入灯内，灯座下面（或侧面）有一螺旋形针阀，调节煤气的进入量。当灯管圆孔完全关闭时，点燃进入煤气灯的煤气，此时的火焰是黄色（系碳粒发光所产生的颜色），煤气的燃烧不完全火焰温度并不高，逐渐加火空气的进入量，煤气的燃烧就逐渐完全，并且火焰分为三层（图3-2）。

图3-1 煤气灯

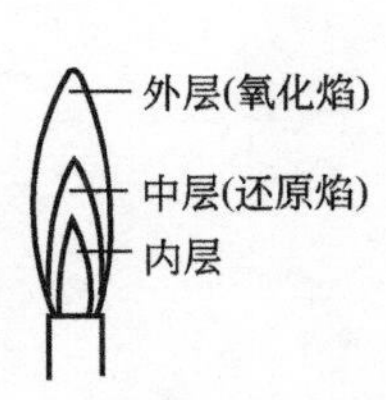

图3-2 各种火焰

焰心（内层）：煤气和空气混合物并未燃烧，温度低，为300℃左右。

还原焰（中层）：煤气不完全燃烧，并分解为碳的产物，所以这部分火焰具有还原性，称“还原焰”，温度较前者为高，火焰呈淡蓝色。

氧化焰（外层）：煤气完全燃烧，过剩的空气使这部分火焰具有氧化性，称“氧化焰”。温度在三层中最高，最高温度处在还原焰顶端上部的氧化焰中，800～900℃（煤气的组成不同，火焰的温度也有所差异），火焰呈淡紫色，实验时一般都用氧化焰来加热。

当空气或煤气的进入量调节得不合适时，会产生不正常的火焰（图3-2）。当煤气和空气的进入量都很大时，火焰就凌空燃烧，称为“凌空火焰”。待引燃用的火柴熄灭时，它也立刻自行熄灭，当煤气进入量很小，而空气进入量很大时，煤气会在灯管内燃烧而不是在灯管口燃烧，这时还能听到特殊的嘶嘶声和看到一根细长的火焰。这种火焰叫做“侵入火焰”。它将烧热灯管，一不小心就会烫伤手指。有时在煤气灯使用过程中，煤气量突然因某种原因而减少，这时就会产生侵入火焰，这种现象称为“回火”，遇到临空火焰或侵入火焰时，就关闭煤气门，重新调节和点燃。

（2）酒精灯 在没有煤气的地方常利用酒精灯和酒精喷灯加热。前者用于温度不需太高的实验，后者则用于温度高的实验。

酒精灯是玻璃制品，有一个带有磨口的玻璃帽（图 3-3）。

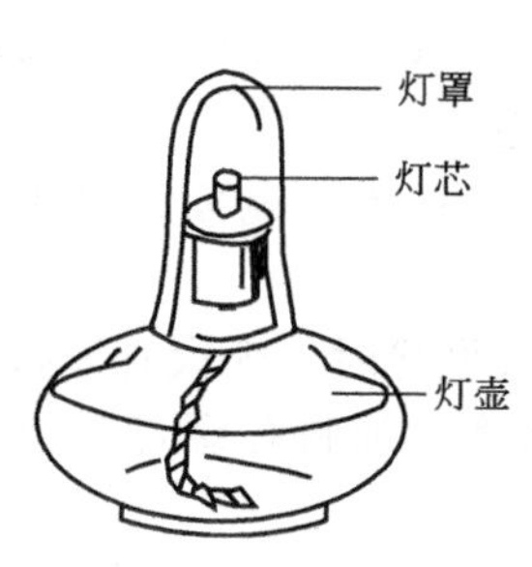

图 3-3 酒精灯的构造

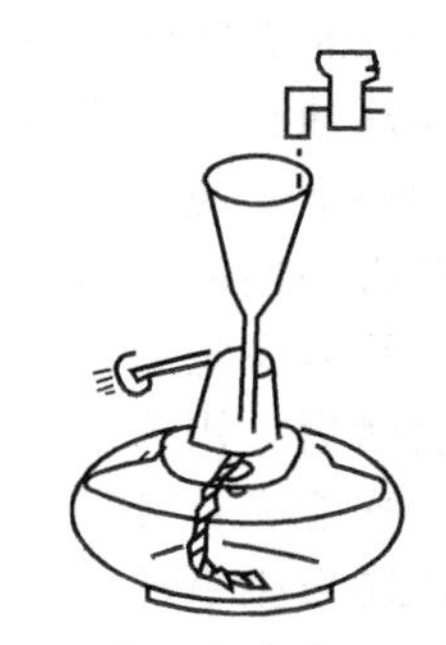
图 3-4 往酒精灯内添加酒精

使用时注意以下几点。

使用时先取去玻璃帽，提起灯芯瓷质套管，用口轻轻向内吹一下，以赶走其中聚集的酒精蒸气，放下套管，拨开灯芯，然后用火柴点燃。决不允许用一个燃着的酒精灯点燃另一个酒精灯。

用完后要盖上磨口玻璃帽，使火焰隔绝空气后自行熄灭，决不允许用嘴去吹灭，火焰熄灭后片刻，可将玻璃帽打开一次，通一通气，否则下次使用时会打不开帽子。

添加酒精必须熄灭火焰之后进行。要借助一个小漏斗来加酒精，以免洒出（图 3-4）。酒精不能装得太满，以不超过灯容积的三分之二为宜，灯外不得沾洒酒精。

（3）酒精喷灯

① 挂式酒精喷灯 常用的挂式酒精喷灯（图 3-5）是金属制成的。灯管下部有一个预热盆 2。盆的下方有一支管，经过橡皮管 6 与酒精储缸 8 相通，使用时先将储缸挂在高处，将预热盆 2 中装满酒精并点燃，待盆内酒精近干时，灯管 5 已被灼热，开启灯管的开关 1，从储缸流进热灯管的酒精立即气化，并与气孔进来的空气混合，即可在管口点燃，调节灯管的开关，可以控制火焰的大小。

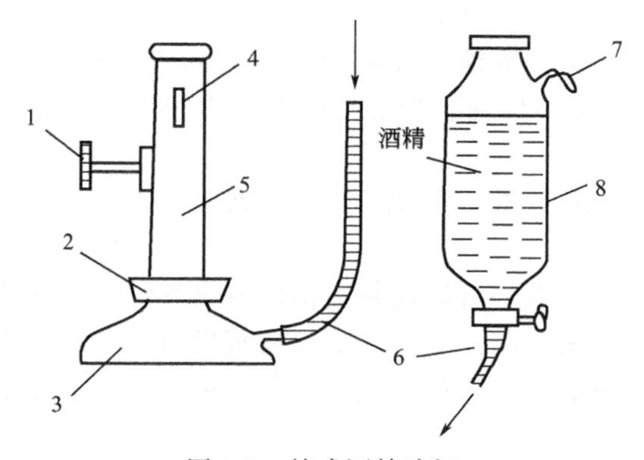

图 3-5 挂式酒精喷灯

1—开关；2—预热盆；3—底座；4—通气孔；
5—灯管；6—橡皮管；7—气孔；8—酒精储缸

图 3-6 座式酒精喷灯

使用时必须注意：若喷灯的灯管未烧至灼热，酒精在灯管内不能完全气化，会有液态酒精从管口喷出，形成“火雨”，甚至引起火灾，因此，在点燃前必须保证灯管充分预热，并在开始时可使开关小些，待观察火焰正常和没有火雨之后，再逐渐调大。灭火时，先关闭酒精储缸的开关，再关闭喷灯的开关。

② 座式酒精喷灯　如图 3-6 所示。

使用座式喷灯时必须注意以下几点。

首先用漏斗从油孔注入酒精，不超过酒精缸的五分之四（约 250mL），将盖拧紧，避免漏气，然后倾倒一下，使立管内灯芯被酒精湿润以防灯芯烧焦。

每次使用前必须用通针将喷火孔扎通，因喷火孔 ϕ0.55mm 容易堵塞，以致不能引燃。

将引火碗内注入少量酒精，作引火用。

一切准备就绪后，用火柴将引火碗酒精点燃，待酒精快燃尽时，喷火管即行喷火，但如遇有引火点燃一次至两次不着，必须查找原因（喷火孔堵塞，加料孔螺母胶垫是否压紧），不得继续引燃以防发生事故。

调节火力时，必须旋转上下调火之“旋钮”向上移至适当位置，待达到火力集中、喷火强烈时，拧紧固定，即可工作。

使用喷灯时，下部禁止附加任何热源。

火焰温度最高达 1000℃，最低保持 2000℃，可连续工作 45min，消耗酒精量约 250mL。

(4) 水浴、油浴、沙浴　当被加热物质要求受热均匀而温度又不能超过 100℃时，可用电水浴锅加热，例如蒸发浓缩溶液时，可将蒸发皿放在水浴锅的铜圈或铁圈上，利用蒸汽加热（图 3-7），水浴中的水量一般不超过 2/3 高度，蒸发皿受热面积尽可能增大但又不能浸入水里，如果加热的容器是锥形瓶或小烧杯等，可直接浸入水浴中。

图 3-7　电水浴锅

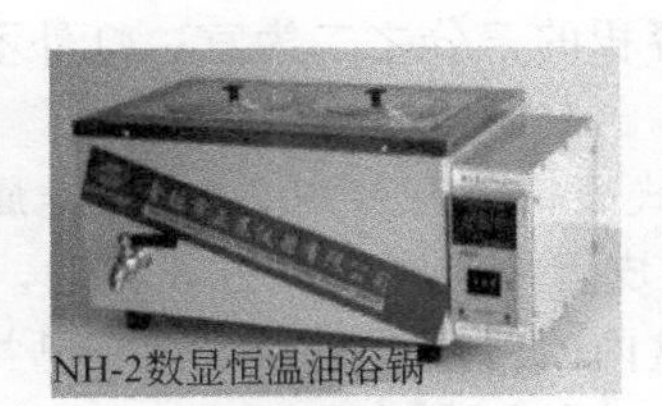

图 3-8　恒温油浴锅

图 3-9　电沙浴锅

在无机实验中最方便的办法是用大一些的烧杯代替水浴锅。

电热恒温油浴（图 3-8）广泛应用于蒸馏、干燥、浓缩以及浸渍化学药品或生物制品。控温范围一般为：室温至 300℃。油浴可使用矿物油、硅油、聚乙二醇等。由于油浴有较高的热容量，热得缓慢，在使用前最好先预热。

当加热温度高于 200℃时，也可以采用沙浴加热。被加热的器皿下部埋在沙中（图 3-9）。若要测量温度，可把温度计插入沙中。

(5) 电炉、电热板、电热套、管式炉和马弗炉　电炉可以代替酒精灯或煤气灯用于加热盛于容器中的液体，温度的高低可以通过调节电阻来控制。容器（烧杯或蒸发皿）和电炉之间要隔块石棉网，保证受热均匀。电热板相对电炉更安全一些，烧杯等器皿可以直接放在电热板上加热。

当需要在 100℃以上加热时，最好使用电热套（图 3-10），它安全、快速、方便，又不产生明火。电热套用无碱玻璃纤维作绝缘材料，将镍铬合金丝簧装置其中为加热源，用轻质保温棉高压定型的半球形保温套保温（图 3-11），有的电热套还设有内外热电偶转换器件，可精确显示控制电热套温度，转换后又可精确显示控制瓶内溶液温度。控温范围一般为室温至400℃。

电热套的容积一般与烧瓶的容积相匹配，从50mL起，各种规格均有。应选择合适型号的加热器，要防止药品落入套内，以免腐蚀炉丝或造成连电，影响加热套的正常使用。电热套可以用来加热各种无机液体及固体药品。由于它不是明火，加热和蒸馏易燃有机物时，具有不易引起着火的优点，热效率也高。用它进行蒸馏或减压蒸馏加热时，随着蒸馏的进行，瓶内物质逐渐减少，就会使瓶壁过热，造成蒸馏物被烤焦的现象。若选用稍大的电热套，在蒸馏过程中，不断降低垫电热套升降台的高度，会减少烤焦现象。电热套不能加热空烧瓶，以免烧坏仪器。

图 3-10 电热套

图 3-11 保温套

管式炉（图 3-12）有一管状炉膛，利用电热丝或硅碳棒来加热，温度可以调节，用电热丝加热的管式炉最高使用温度为 850℃，用硅碳棒加热的管式炉最高使用温度可达到1300℃，炉膛中可插入一根耐高温的瓷管或石英管，瓷管中再放入盛有反应物的瓷盘，反应物可以在空气气氛或其他气氛中受热。

马弗炉（图 3-13）也是一种用电热丝或硅碳棒加热的炉子。它的炉膛是长方体，有一炉门，打开炉门很容易放入要加热的坩埚或其他耐高温的器皿，最高使用温度有 950℃和 1300℃。

管式炉和马弗炉的温度测量不能用温度计而用一种高温计，它是由一种热电偶和一只毫伏表所组成，热电偶是由两根不同的金属丝焊接一端制成的（例如一根是镍铬丝，另一根是镍铝丝），把未焊接在一起的那一端连接到毫伏表的（+）、（−）极上，将热电偶的焊接端伸入炉膛中，炉子温度愈高，金属丝发生的热电势也愈大，反映在毫伏表上，指针偏离零点也愈远，这就是高温计指示炉温的简单原理。

图 3-12 管式炉

图 3-13 马弗炉

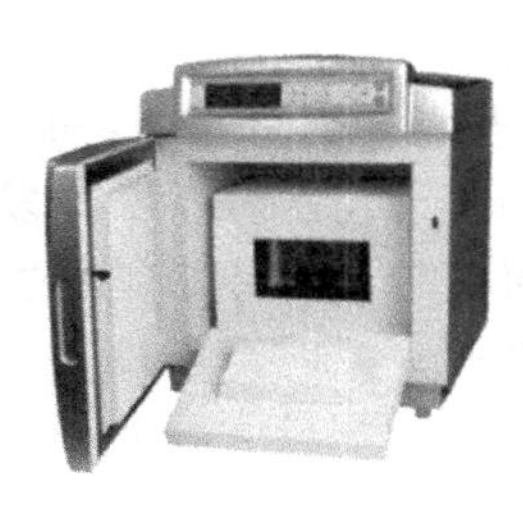

图 3-14 微波马弗炉

图 3-15 陶瓷纤维马弗炉

有时需要控制炉温在某一温度附近，这时只要把热电偶和一支接入线路的温度控制器连接起来，使炉温升到所需温度时控制器就把电源切断，使炉子的电热丝断电停止工作，炉温就停止上升，由于炉子的散热，炉温则稍低于所需温度时，控制器又把电源连通，使电热丝工作而炉温上升，不断交替，就可把炉温控制在某一温度附近。

GSL1600X真空管式高温炉以硅钼棒为发热元件，额定温度1500℃，采用B型双铂铑热电偶测温和708P温控仪自动控温，具有较高的控温精度（±1℃）。此外该炉具有真空装置，可在多种气氛下工作，大大提高了其使用范围。

WM-1微波马弗炉（图3-14）采用大功率双磁控管加热，由微波功率发射系统、专利聚能热辐射腔和可编程温度监控系统组成，具有升温速度快（室温～900℃仅需30min）、低耗能、洁净等诸多特点，可改善实验室环境，全过程精确控温，无需炭化过程直接完成灰化。

陶瓷纤维马弗炉（图3-15）为陶瓷纤维炉膛，加热温度均匀、升温速度快（升到1000℃约10min），采用优质PID电脑温度控制器，保证温度的准确控制．节能性能好，是普通马弗炉能耗的40%左右。

3.1.2 常用加热操作

（1）直接加热试管中的液体或固体 加热时应该用试管夹夹住（即使短暂加热也不要用手拿），加热液体时，试管应稍倾斜（图3-16），管口向上，管口不能对着别人或自己，以免溶液在煮沸时迸溅到脸上，造成烫伤。液体量不能超过试管高度的三分之一，加热时，应使液体各部分受热均匀，先加热液体的中上部，且慢慢往下移动，然后不时地上下移动，不要集中加热某一部分，否则易造成局部沸腾而迸溅。

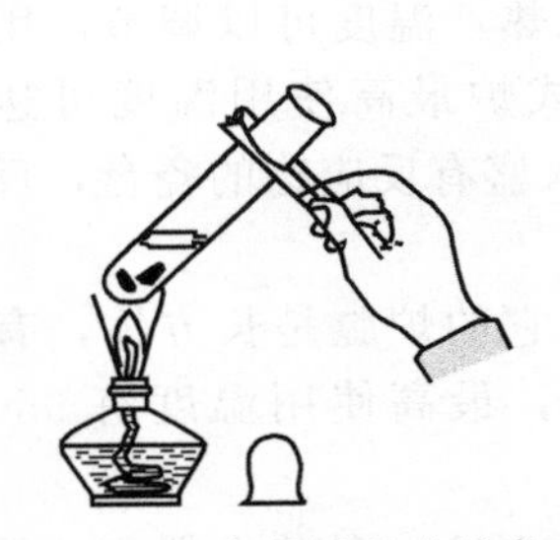
图3-16 加热试管中液体

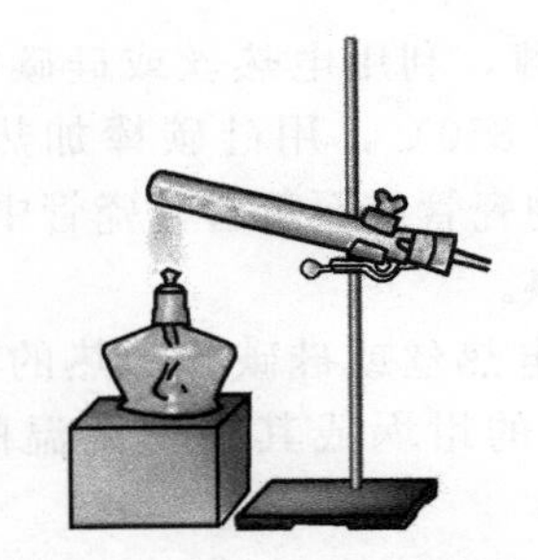
图3-17 加热试管中固体

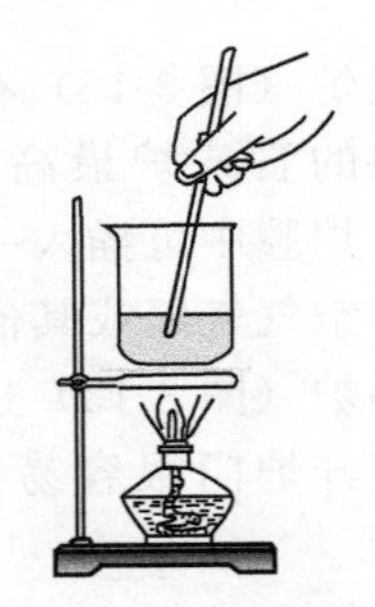
图3-18 加热烧杯

在试管中加热固体的方法不同于加热液体，管口应略向下倾斜（图3-17），防止释放出来而冷凝的水珠倒流到试管的灼热部分而使试管破裂。

（2）加热烧杯、烧瓶中的液体 烧杯、烧瓶加热时都要放在石棉网上（图3-18），烧瓶还要用铁夹固定在铁架上，所盛液体不超过烧杯容积的二分之一和烧瓶的三分之一，烧杯加热时还要适当搅动内容物，以防爆沸。

（3）蒸发（浓缩） 当溶液很稀而制备的无机物的溶解度又较大时，为了能从中析出该物质的晶体，必须通过加热，使水分不断蒸发，溶液不断浓缩，蒸发到一定程度时冷却，就析出晶体，当物质的溶解度较大时，必须蒸发到溶液表面出现晶膜时才停止，当物质的溶解度较小或高温时溶解度大而室温时溶解度小，此时不必蒸发到液面出现晶膜就可冷却，蒸发是在蒸发皿中进行，蒸发的面积较大，有利于快速浓缩，蒸发皿中放液体的量不要超过其容量的2/3，如无机物对热是稳定的，可以用煤气灯直接加热（应先均匀加热），否则用水浴间接加热。

(4) 干燥

① 电热干燥箱　电热干燥箱通常称之为烘箱或干燥箱（图 3-19），是利用电热丝隔层加热通过空气对流使物体干燥的设备。实验室用的电热干燥箱适用于在高于室温 5℃至最高达 300℃范围内恒温烘烤、干燥玻璃器皿或无腐蚀性、加热时不分解的试样、试剂、沉淀等物料及测定水分等。

电热干燥箱的型号很多，生产厂家为突出其某一附加功能，常常标以不同的名称，如市场上常见的电热干燥箱有：电热恒温干燥箱、电热鼓风干燥箱、电热恒温鼓风干燥箱、电热真空干燥箱等。但它们的结构基本相似，主要由箱体、电热系统和自动恒温控制系统三部分组成。

使用烘箱时，接上电源后即可开启加热开关，再将控温旋钮由“0”位顺时针旋至一定程度（视烘箱型号而定），此时烘箱内即开始升温，红色指示灯发亮。若有鼓风机，可开启鼓风机开关。当温度计升至工作温度时（由烘箱顶上温度计读数观察得知）即将控温器旋钮按逆时针方向缓慢旋回，旋至指示灯刚熄灭。在指示灯明灭交替处即为恒温定点。对于数显控温干燥箱，则可在温控面板上直接设置恒温点并显示干燥箱内温度。

电热干燥箱使用时应注意以下几点。

易挥发的化学药品、低浓度爆炸的气体、低着火点气体等易燃易爆和具有腐蚀性的物质或刚用酒精、丙酮淋洗过的玻璃仪器切勿放入烘箱内，以免发生爆炸。

使用快速辅助加热时，工作人员应在现场不断观察升温情况，待升至所需温度时，将开关拨到恒温挡。

试剂和玻璃仪器要分开烘干，以免相互污染。干燥箱内物品之间应留有空间，不可过密。

使用无鼓风的干燥箱时，应将温度计插在距被烘物较近位置，以便准确指示和控制温度。另外，不允许将被烘物放在箱底板上，因为底板直接受电热丝加热，温度大大超过干燥箱所控制的温度。

有鼓风装置的电热干燥箱，在加热和恒温过程中必须将鼓风机开启，否则影响工作室温度的均匀性和易损坏加热元件。

使用干燥箱时，顶部的排气阀应旋开一定间隙，以便于让水蒸气逸出，停止使用时应及时将排气阀关闭，以防潮气和灰尘进入。

当需要观察箱内物品情况时，可打开外门通过玻璃观察，但箱门应尽量少开，以免影响恒温。特别是工作温度超过 200℃时，打开箱门有可能使玻璃门骤冷而破裂。

② 红外干燥箱　红外干燥箱（图 3-20）是利用加热元件所产生的红外线透入被加热物体内部，当它被加热物体吸收时可直接转变为热能，因此加热速度快，可获得快速干燥之效

图 3-19　电热恒温鼓风干燥箱

图 3-20　红外干燥箱

图 3-21　真空干燥箱

果；红外干燥能耗少，可节约能源，效果显著；使用方便，已逐步取代传统电热干燥箱，温度最高可达500℃。

③ 真空干燥箱（图3-21） 用于在真空条件下对物品进行加热、干燥等实验时用，真空干燥箱工作温度范围多为室温+10～250℃。

④ 微波炉 是一种用微波加热的现代化加热干燥设备（图3-22）。微波是指波长为0.01～1m的无线电波，其对应的频率为30000～300MHz。为了不干扰雷达和其他通信系统，微波炉的工作频率多选用915MHz或2450MHz。微波主要针对于产品内带有极性分子的物质进行加热，如水分子。

微波加热的原理简单说来是：当微波辐射到物品上时，若物品含有一定量的水分，则极性水分子的取向将随微波场而变动。由于极性水分子的这种运动，以及相邻分子间的相互作用，产生了类似摩擦的现象，使水温升高，因此，物品的温度也就上升了。用微波加热的物品，因其内部也同时被加热，使整个物体受热均匀，升温速度也快。

微波炉由电源、磁控管、控制电路和物品室等部分组成。电源向磁控管提供大约4000V高压，磁控管在电源激励下，连续产生微波，再经过波导系统，耦合到物品室内。在物品室的进口处附近有一个可旋转的搅拌器，因为搅拌器是风扇状的金属，旋转起来以后对微波具有各个方向的反射，所以能够把微波能量均匀地分布在物品室内。微波炉的功率范围一般为500～1000W。

微波炉可准确地控制微波处理产品的时间，可根据其物料的含水量进行相应的调整。微波炉可即刻启动、瞬时加热、瞬时停止，无热惯性，其能源的有效应用率为70%以上。

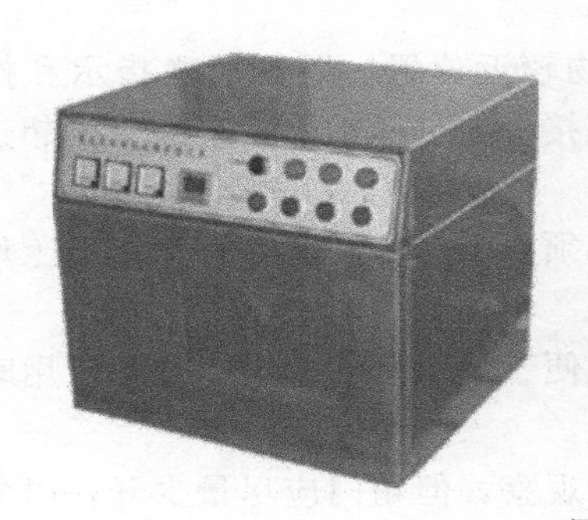

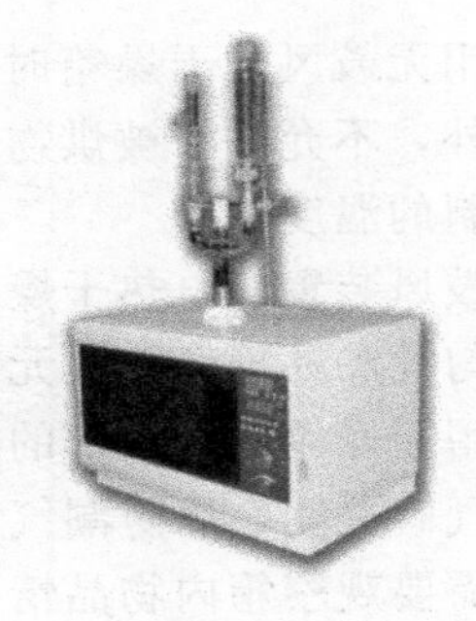

图3-22 实验室微波炉

实验用微波炉是专门为各科研机构和大专院校化学、食品、医药实验室设计的用于微波消解、微波萃取、微波加热、微波浓缩、微波水解、微波有机合成等一系列实验的专业设备。

微波功率0～700W线性可调，红外测温0～350℃；底部旋波馈入微波能；配桨式搅拌器转速可调；可选配压力容器、耐高温容器、真空容器，可定时加热。

(5) 灼烧

① 煤气灯或酒精喷灯 当需要在高温加热固体时，可把固体放在坩埚中用氧化焰燃烧（图3-23），不要让还原焰接触坩埚底部，以免在坩埚底部结上黑炭，以致坩埚破裂，开始先用小火烘烧坩埚，使坩埚受热均匀，然后加大火焰灼烧。

要夹取高温下的坩埚时，必须使用干净的坩埚钳。现在火焰旁预热一下钳的尖端，再去夹取，坩埚钳用后，应平放在桌上（如果温度很高，则应放在石棉网上），尖端向上，保证坩埚钳尖端洁净。当灼烧温度要求不很高时，也可以在瓷蒸发皿中进行。

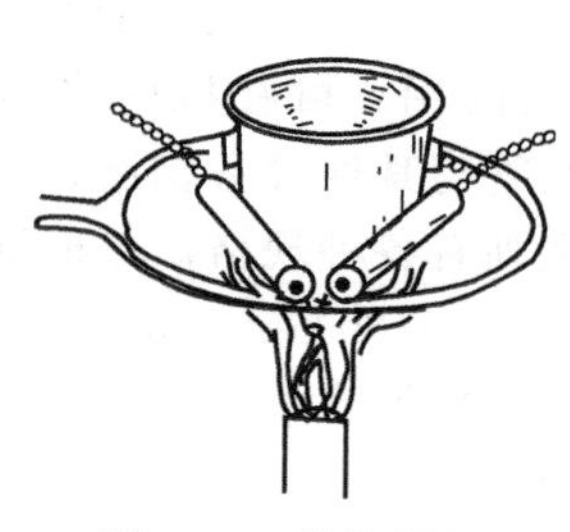

图 3-23　灼烧坩埚

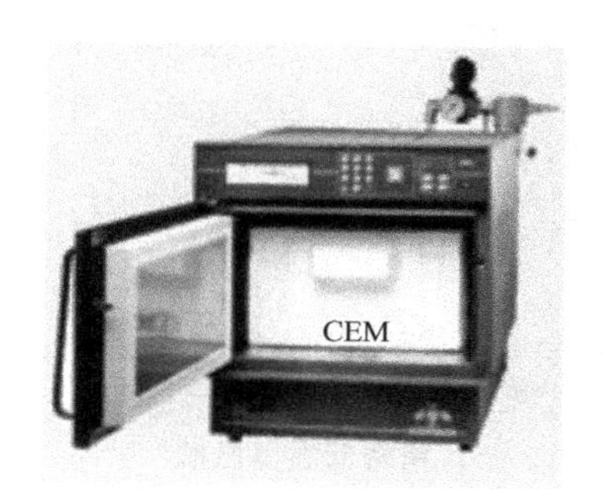

图 3-24　微波灰化系统/微波马弗炉

② PHOENIX 微波灰化系统/微波马弗炉　微波马弗炉是针对传统马弗炉耗时长、易产生污染烟雾等缺点推出的一种广泛应用于各行业的微波灰化仪器（图 3-24），它与传统马弗炉相比可以节约 97%的时间。它能够进行各种有机物和无机物的灰化、磺化、熔融、烘干、蜡烧除、熔合、热处理以及灼烧残渣、烧失量等的测试。

产品特点如下。升温速度快且易控制：几分钟内就可由室温程序升温至 1000～1200℃，较普通马弗炉快 100 倍。无需炭化过程直接灰化：省略了样品放进马弗炉前蒸发水分、燃烧除去有机物的炭化过程。灰化时间短：大部分样品 10min 之内就可灰化完全，而普通马弗炉却需要几个小时甚至几十个小时。瞬间冷却：灰化完成后只需 6s 即可冷却至室温，传统方法需要 1h 甚至更长时间。可编程、易操作的微处理程序控制灰化过程：解放了人力，当系统与外接天平连接时，测试结果以灰化百分比或残留百分比实时显示。精密的温度控制，独特的闭环温度控制设计，可设置和诊断以及温度标定，炉内各点温差不超过 5℃。

3.1.3　冷却技术

实验室常用冷却方法有以下几种。

(1) 流水冷却　需冷却到室温的溶液，可用此法。将需冷却的物品直接用流动的自来水冷却。

(2) 冰水冷却　将需冷却的物品直接放在冰水中。

(3) 冰盐浴冷却　冰盐浴由容器和冷却剂（冰盐或水盐混合物）组成，可冷至 273K 以下。所能达到的温度由冰盐的比例和盐的品种决定，干冰和有机溶剂混合时，其温度更低。

表 3-1　制冷剂及其达到的温度

制冷剂	T/K	制冷剂	T/K
30 份 NH_4Cl+100 份水	270	125 份 $CaCl_2\cdot6H_2O$+100 份碎冰	233
4 份 $CaCl_2\cdot6H_2O$+100 份碎冰	264	150 份 $CaCl_2\cdot6H_2O$+100 份碎冰	224
29gNH_4Cl+18gKNO_3+冰水	263	5 份 $CaCl_2\cdot6H_2O$+4 份冰块	218
100 份 NH_4NO_3+100 份水	261	干冰+二氯乙烯	213
75gNH_4SCN+15gKNO_3+冰水	253	干冰+乙醇	201
1 份 NaCl(细)+3 份冰水	252	干冰+乙醚	196
100 份 NH_4NO_3+100 份 $NaNO_3$+冰水	238	干冰+丙酮	195

图 3-25　精密低温恒温槽

为了保持冰盐浴的效率，要选择绝热较好的容器，如杜瓦瓶等。

表 3-1 是常用的制冷剂及其达到的温度。

(4) 精密低温恒温槽　精密低温恒温槽（图 3-25）是自带制冷和加热的高精度恒温源，低温和恒温循环器两用。可在机内水槽进行恒温实验，或通过软管与其他设备相连，作为恒温源配套使用，本系列有各种规格，可根据温度范围（－5℃、－10℃、－20℃、－30℃、－40℃、－60℃、－80℃）、内胆容积（3L、6L、15L、20L、30L）来选择。

3.2　玻璃仪器的清洗、干燥和塞子的配置

3.2.1　玻璃仪器的洗涤和干燥

(1) 仪器的洗涤　化学实验室经常使用各种玻璃仪器，而这些玻璃仪器是否干净，常常影响到实验结果的准确性，所以应该保证所使用的仪器是很干净的，要养成用毕仪器后立即洗净的良好习惯。“干净”两字所说的含义比我们日常生活中所说的干净程度要求要高，它主要是指“不含妨碍实验准确性的杂质”的意思。

洗涤玻璃仪器的方法很多，应根据实验的要求、污物的性质和沾污程度来选用，一般说来，附着在仪器上的污物既有可溶性物质，也有尘土和其他不溶性物质，还有油污和有机物质，针对这种情况，可以分别采用下列洗涤方法。

① 用水刷洗　这种方法既可以使可溶物，也可以使附着在仪器上的尘土和不溶物质脱落下来，但往往不能洗去油污和有机物质。

② 用去污粉、肥皂或合成洗涤剂洗　市售的餐具洗涤灵是以非离子表面活性剂为主要成分的中性洗液，可配成 1%～2%的水溶液（也可用 5%的洗衣粉水溶液）刷洗仪器，去污粉是由碳酸钠、白土、细沙等混合而成，使用时，首先把要洗的仪器用水湿润（水不能多），撒入少许去污粉，然后用毛刷擦洗，碳酸钠是一种碱性物质，具有强的去污能力，而细沙的摩擦作用以及白土的吸附作用则增强了仪器清洗的效果，待仪器的内外器壁都经过仔细的擦洗后，用自来水冲去仪器内外的去污粉，要冲洗到没有微细的白色颗粒状粉末留下为止。最后，用蒸馏水冲洗仪器内壁三次，把自来水中带来的钙、镁、铁、氯等离子洗去，每次的蒸馏水用量要少一些，注意节约，这样洗出来的仪器的器壁就干净了，把仪器倒置时就会观察到仪器内壁上的水可以完全流尽而没有水珠附着在器壁上。

有机化学实验中最简单且常用的清洗玻璃仪器的方法是用长柄毛刷（试管刷）蘸上肥皂粉或去污粉刷洗润湿的器壁（有时在肥皂粉里掺入去污粉或硅藻土），直至玻璃表面的污物除去为止，再用自来水把仪器冲洗干净。如果去污粉的微小粒子黏附在玻璃器皿壁上，不易被水冲走，可用 2%盐酸摇洗 1 次，再用自来水清洗。当仪器倒置、器壁不挂水珠时，即已洗净，可供一般实验需用。在某些实验中，需用更洁净的仪器，可使用洗涤剂洗涤。若用于精制产品或供有机分析用时，必须用蒸馏水摇洗，以除去自来水冲洗时带入的杂质。

③ 用铬酸洗液洗　这种洗液的配制方法有好多种，例如将 5g 固体重铬酸钾溶于 100mL

工业浓硫酸中就可得到。它具有很强的氧化性，对有机物和油污的去污能力特别强。在进行精确的定量实验时，往往遇到一些口小、管细的仪器，很难用上述的方法洗涤，这时就可以用铬酸洗液来洗。往仪器内加入少量洗液，使仪器倾斜并慢慢转动，让仪器内壁全部为洗液湿润，洗液转动几圈后，把洗液倒回原瓶内，然后用自来水把仪器壁上残留的洗液洗去。最后用蒸馏水洗三次。如果用洗液把仪器浸泡一定时间，或者用热的洗液洗，则效率更高，但要注意安全，不要让热洗液溅出，以免灼伤皮肤。能用别的洗涤方法洗干净的仪器，就不要用铬酸洗液洗，因为它具有毒性，流入下水道后对环境有严重污染。洗液的吸水性很强，应随时把装洗液的瓶子盖严，以防吸水，降低去污能力，洗液反复使用直到出现绿色（重铬酸钾还原成硫酸铬的颜色），就失去了去污能力，不能继续使用。

④ 特殊物质的去除　应该根据沾在器壁上的各种物质的性质，采用适当的方法或药品来处理它，例如在器壁上的二氧化锰用浓盐酸来处理时，就很容易除去；当器壁上残渣为碱性时，可用稀盐酸或稀硫酸溶解；反之，酸性残渣可用稀氢氧化钠溶液除去。如已知残留物能溶于某常用的有机溶剂，可用适量的该溶剂处理。当不清洁的仪器放置一段时间后，往往由于挥发性溶剂的逸去，使洗涤工作变得困难。若用过的仪器中有焦油状物，应先用去污粉擦去大部分焦油状物后再酌情用各种方法清洗。不要盲目地使用试剂或溶剂来清洗仪器，不仅造成浪费，而且还可能带来危险。

⑤ 用超声波洗涤　也可使用超声波清洗器来洗涤玻璃仪器，既省时又方便，适用于大量器皿同种污物的清洗，尤其是对于不易清洗的玻璃仪器或由于粘连不易拆开的仪器，适用超声波清洗器进行清洗。

在超声波清洗器中加入含有合适洗涤剂的水溶液，接通电源，把用过的仪器放入，利用超声波振动的能量，就可以将其清洗干净，清洗过的仪器，再用自来水、蒸馏水冲洗干净即可。

凡是已洁净的仪器，决不能再用布或纸来擦拭，否则，布或纸的纤维将会留在器壁上反而沾污仪器。

（2）仪器的干燥　在水分的存在对实验结果有不利影响时，必须对所用仪器进行干燥处理，常用方法如下。

① 晾干　不急用的仪器在洗净后就可以放置于干燥处，任其自然晾干。

有机化学实验经常需要使用干燥的玻璃仪器，应养成实验后马上洗净玻璃仪器和倒置使之晾干的习惯，以便下次实验时使用。对无需干燥的玻璃仪器则不要倒置放置，以免造成意外损坏。

应尽量采用晾干法对玻璃仪器进行干燥，即将洗净的仪器尽量倒净其中的水滴后晾干。必须注意，若清洗得不够干净时，水珠不易流下，干燥较为缓慢。将洗净的仪器倒置一段时间后，若没有水迹，即可使用。有些严格要求无水的实验，仪器的干燥与否甚至成为实验成败的关键。

② 使用有机溶剂干燥　带有刻度的计量仪器，不能用加热的方法进行干燥，因为它会影响仪器的精密度，较大的仪器或者在洗涤后需立即使用的仪器，为了节省时间，均可将水尽量沥干后，加一些少量易挥发的有机溶剂（最常用的是酒精、丙酮或酒精与丙酮体积比为1∶1的混合液）于已洗净的仪器中去，倾斜并转动仪器，使器壁上的水与有机溶剂互相溶解，然后倒出（使用后的乙醇或丙酮应倒回专用的回收瓶中），少量残留在仪器中的混合液，很快挥发而干燥。

③ 吹风干燥　用电吹风或气流烘干器吹干时应先通入冷风1～2min，当大部分溶剂挥发后，再通入热风使干燥完全（有机溶剂蒸气易燃烧和爆炸，故不宜先用热风吹）。吹干后，

再吹冷风使仪器逐渐冷却。否则，被吹热的仪器在自然冷却过程中会在瓶壁上凝结一层水汽。

④ 加热干燥　洗净的仪器通常可以放在电烘箱（控制在105℃左右，一般温度保持在100～120℃）内烘干。应尽量倒净待干燥玻璃仪器中的水，无水滴下时放入烘箱内烘干（图3-26）。放入时口应朝上（若口朝下，从仪器内流出的水滴滴到其他已经烘热的仪器上，往往会引起后者炸裂）。往烘箱里放玻璃仪器时应自上而下依次放入，以免残留的水滴流下使下层已烘热的玻璃仪器炸裂。厚壁的玻璃仪器（如量筒、抽滤瓶、冷凝管等）不宜在烘箱内烘干。避免将烘得很热的仪器骤然接触冷水或冷的金属器械，以免炸裂。需将分液漏斗和滴液漏斗的盖与旋塞拔去并擦去凡士林后，才能放入烘箱内烘干。取出烘干后的仪器时，应用干布衬手，防止烫伤。取出后的热玻璃器皿，若任其自行冷却，不能碰水，以防炸裂。若任其自行冷却，则器壁常会凝上水汽，可用电吹风吹入冷风助其冷却，以减少壁上凝聚的水汽。

一些常用的烧杯、蒸发皿等可置于石棉网上用小火烤干（容器外壁的水珠先揩干），试管则可以直接用火烤干，但必须先使试管口向下倾斜，以免水珠倒流炸裂试管（图3-27）。火焰也不要集中在一个部位，应从底部开始，缓慢向下移至管口，如此反复烘烤到不见水珠后，再将管口朝上，把水汽烘赶干净。

玻璃仪器气流烘干器是使用玻璃仪器的各类实验室、化验室干燥玻璃仪器的适用设备。它具有快速、节能、无水渍、使用方便、维修简单等优点。该烘干器有自动控制调温型（调温范围40～120℃）和无调温型（图3-28）。使用时将刷净的玻璃仪器倒置在其上，经过过滤的洁净热风被送到玻璃仪器的内壁，5～10min 即可干燥。

图 3-26　电烘箱

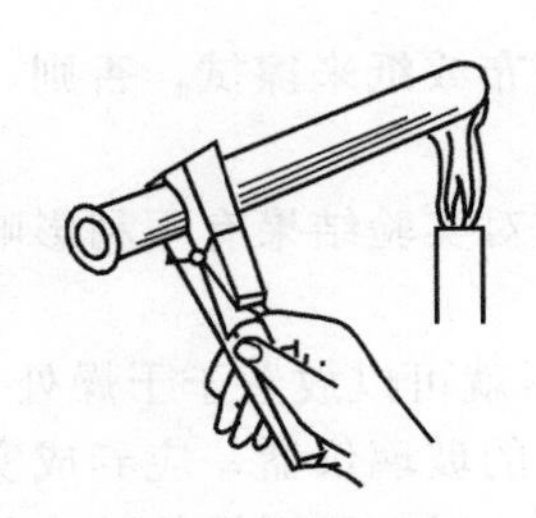
图 3-27　试管烘干

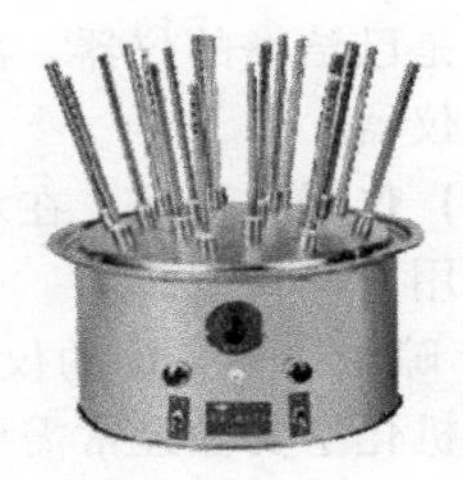
图 3-28　气流烘干机

3.2.2　塞子钻孔

使用非磨口仪器时，为使各种不同的仪器连接装配成套，就要借助于塞子。塞子选配是否得当，对实验影响很大。塞子的大小应与所塞仪器颈口相适合，塞子进入颈口的部分不能少于塞子本身高度的1/3，也不能多于2/3。

容器上常用的塞子有：软木塞，橡皮塞和玻璃磨口塞。软木塞易被酸、碱损坏，但与有机物作用小，橡皮塞可以把瓶子塞得很严密，并可以耐强碱性物质的腐蚀，但它易被强酸和某些有机质（如汽油、苯、氯仿、丙酮、二硫化碳等）所腐蚀，玻璃磨口塞子把瓶子边塞得很严，它可用于除碱和氢氟酸以外的一切盛放液体或固体的瓶子。

实验室有时需要在塞子上安装温度计，有时需要插入玻璃管，所以要在软木塞和橡皮塞上钻孔。所钻孔径大小既要使玻璃管或温度计等能较顺利插入，又要保持插入后不漏气。因此，必须选择大小合适的钻孔器（图3-29）或钻孔机。钻孔器是一组直径不同的金属管，一端有柄，另一端的端口很锋利，可用来钻孔。另外还有一个带圆头的细铁棒，用来捅出钻孔时进入钻孔器中的橡皮和软木。

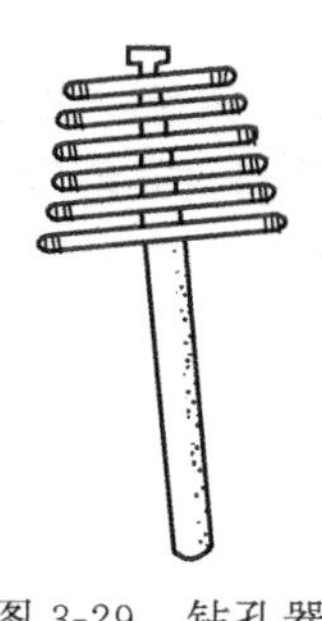

图 3-29 钻孔器

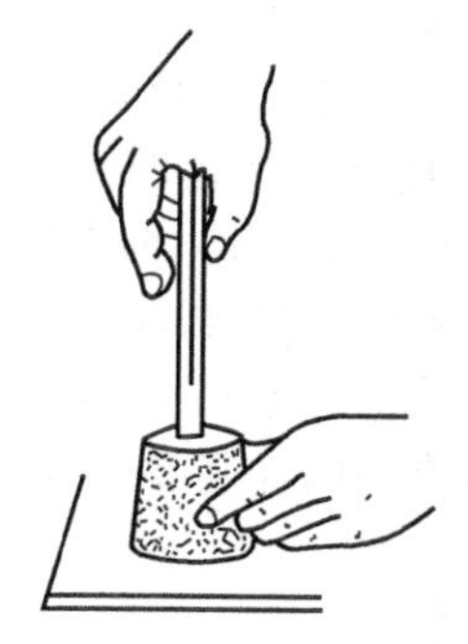

图 3-30 钻孔法

钻孔的步骤如下。

选择一个比要插入橡皮塞子的玻璃管略粗一点（不要太粗）的钻孔器，将塞子的小头向上，放置在桌子上，用左手拿住塞子，右手按住钻孔器的手柄（图 3-30），在选定的位置上，沿顺时针方向垂直均匀地边转边往下钻，切不可强行推入，否则钻出的孔很细小、不合用。不要使打孔器左右摇摆和倾斜。钻到一半深时，反方向旋转并拔出钻孔器，用细的金属棒捅掉打孔器内的橡胶碎屑。调换橡皮塞的另一头，对准原来的钻孔方位按同样的操作钻孔，直到打通为止，然后把钻孔器中的橡皮条捅出。必要时可用小圆锉把孔洞修理光滑或略锉大些，由此可得良好的孔洞。钻孔时，可用一些润滑剂（如甘油、凡士林、水）涂在钻孔器前段，以减少摩擦力。钻孔时注意保持钻孔器与塞子的平面垂直，以免把孔钻斜。

将玻璃管或温度计插入塞中时，应握住玻璃管接近塞子的地方，均匀用力慢慢旋入孔内，手不要离塞子太远，否则易折断玻璃管（或温度计）造成割伤事故。将玻璃管插入橡胶塞时可以沾一些水或甘油作为润滑剂，必要时可用布包住玻璃管或温度计。

3.3 基础玻璃工操作

玻璃工操作是化学实验中的重要操作之一。测定熔点、薄板色谱、减压蒸馏等操作所用的毛细管、点样管、气体吸收、水蒸气蒸馏装置以及滴管、玻璃钉、搅拌棒等常需自己动手制作。

(1) 玻璃管（棒）的清洗 所加工的玻璃管（棒）应清洁和干燥。加工后的玻璃管（棒）视实验要求可用自来水或蒸馏水清洗。制备熔点管的玻璃管应先用洗涤剂（或硝酸、盐酸等）洗涤，再用自来水，最后用蒸馏水清洗，干燥后方可进行加工。

(2) 玻璃管（棒）的截断与熔光

① 玻璃管（棒）的截断 将玻璃管平放在桌子上，用锉刀的棱或小砂轮片（或破瓷片的断口）在左手拇指按住玻璃管的地方用力锉出一道凹痕（图 3-31）。应该向一个方向锉，不要来回锉，锉出来的划痕应与玻璃管垂直，这样才能保证锉出来的玻璃管截面是平整的。然后双手持玻璃管（凹痕向外），用拇指在凹痕的后面轻轻外推，同时用拇指和食指把玻璃管向外拉，以折断玻璃管（图 3-32）。截断玻璃棒的操作与截断玻璃管相同。

为了安全，折玻璃管（棒）时应尽可能离眼睛远些，或在锉痕的两边包上布（也可用玻璃棒拉细的一端在煤气灯焰上加强热，软化后将其紧按在锉痕处，玻璃管即可沿锉痕的方向裂开。若裂痕未扩展成一整圈，可以逐次用烧热的玻璃棒压触在裂痕稍前处，直至玻璃管完全断开。此法特别适用于接近玻璃管端处的截断）。

② 熔光　玻璃管的截断面很锋利，容易把手划破，且难以插入塞子的圆孔内，所以必须在煤气灯的氧化焰中熔烧使之光滑（熔光）。熔光时将玻璃管呈45°角度在氧化焰边沿处一边烧，一边来回缓慢转动使熔烧均匀直至平滑即可。不应烧得太久，否则管口就会缩小（图3-33）。灼热的玻璃管，应放在石棉网上冷却，不要放在桌子上，也不要用手去摸，以免烫伤。玻璃棒也同样需要熔光。

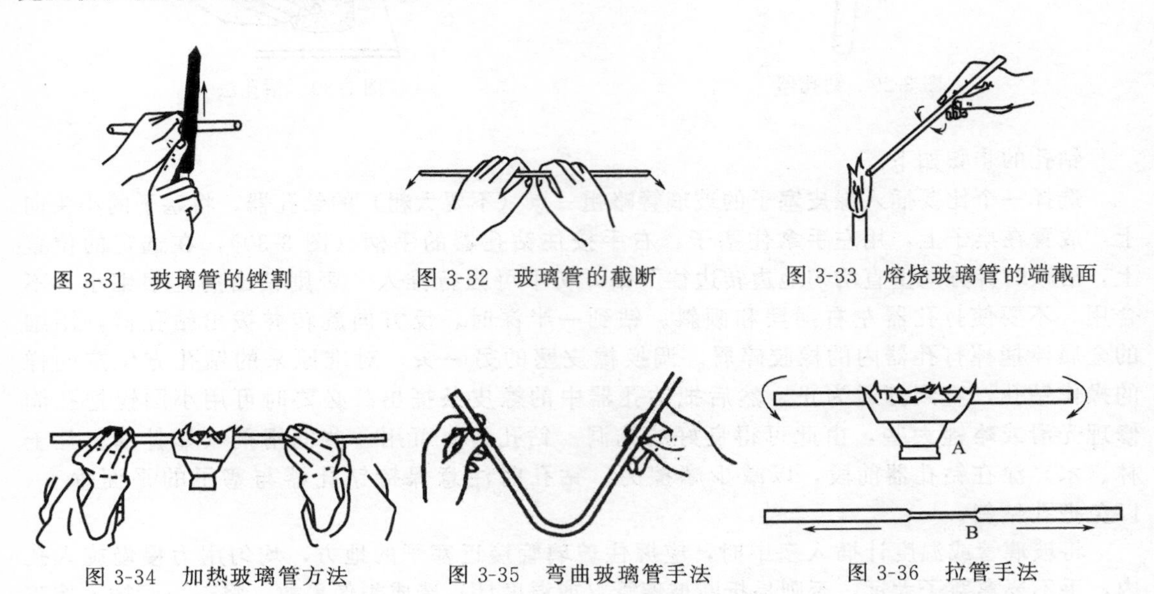

图3-31　玻璃管的锉割　　图3-32　玻璃管的截断　　图3-33　熔烧玻璃管的端截面

图3-34　加热玻璃管方法　　图3-35　弯曲玻璃管手法　　图3-36　拉管手法

(3) 弯曲玻璃管的操作　第一步：先将玻璃用小火预热一下，然后双手持玻璃管，把要弯曲的地方斜插入氧化焰中，以增大玻璃管的受热面积（也可以在煤气灯下罩以鱼尾灯头扩展火焰），玻璃管受热的长度可达5～8cm（图3-34）。同时缓慢而均匀地转动玻璃管，两手用力均等，转速要一致，使玻璃管受热均匀，以免玻璃管在火焰中扭曲。加热到它发黄变软。

第二步：自火焰中取出玻璃管，两手水平持着，稍等一两秒钟，使各部温度均匀。玻璃管中间一段已软化，在重力作用下向下弯曲，此时两手再轻轻地向中心施力，使弯曲至所需要的角度（不可在火焰中弯玻璃管）。弯曲的正确手法是“V”字形，两手在上方，玻璃管的弯曲部分在两手中间的下方（图3-35），弯好后，待冷却变硬才把它放在石棉网上继续冷却。冷却后，应检查其角度是否准确，整个玻璃管是否处于同一平面上。

弯曲时不要用力过大，否则在弯的地方玻璃管会瘪陷或纠结。120°以上的角度，可以一次弯成，较小的锐角可分几次弯成，先变成一个较大的角度，然后在第一次受热部位的稍偏左、稍偏右处进行第二次加热和弯曲、第三次加热和弯曲，用积累的方式直到弯成所需的角度位置。

弯好的玻璃管应在同一平面上。在弯曲的同时应在玻璃管开口的一端吹气，使玻璃管的弯曲部分保持原来粗细。

加工后的玻璃管（棒）均应随即退火处理，即再在弱火焰中加热一会儿，然后将玻璃管慢慢移离火焰，放在石棉网上冷却至室温。否则，玻璃管（棒）因急速冷却，内部产生很大的应力，即使不立即开裂，以后也有破裂的可能。

(4) 拉玻璃管的操作 拉玻璃管时加热玻璃管的方法与弯玻璃管时基本上一样，不过要烧得更软一些。

将玻璃管用干布擦净，先用小火烘，然后再加大火焰（避免发生爆裂，每次加热玻璃管、棒时都应如此）并不断转动。一般用左手握玻璃管转动，右手托住。转动时玻璃管不要上下前后移动。当玻璃管略微变软时，托玻璃管的右手也要以大致相同的速度将玻璃管作同方向（同轴）转动，以免玻璃管绞曲。当玻璃管发黄变软后，从火焰中取出，若玻璃管烧得较软，从火焰中取出后应稍停片刻，顺着水平方向边拉边来回转动玻璃管（图 3-36），再拉成需要的细度。拉玻璃管时两手的握法和加热时相同，两手作同方向旋转，边拉边转动。拉好后两手不能马上松开，尚需继续转动，直至完全变硬后，一手持玻璃管，使玻璃管垂直下垂。冷却后，可按需要截断。如果要求细管部分具有一定的厚度（如滴管），必须在烧软玻璃管过程中一边加热一边用手轻轻向中间用力挤压，使中间受热部分管壁加厚，然后按上述方法拉细。粗端烫手，应置于石棉网上（切不可直接放在实验台上!）。拉出来的细管应和原来的玻璃管在同一轴上，不能歪斜，否则需要重新拉。如果转动时玻璃管上下移动，由于受热不均匀，拉成的滴管不会对称于中心铀。另外，在拉玻璃管时两手也要作同方向旋转，不然加热虽然均匀，由于拉时用力不当，也不会是非常均匀的。这种工作又称拉丝，通过拉丝能熟练掌握已熔融玻璃管的转动操作和玻璃管熔融的“火候”。应用这一操作能顺利地将玻璃管制成合格的滴管。

(5) 拉制熔点管、沸点管、点样管及玻璃沸石 取 1 根清洁干燥直径为 1cm、壁厚 1mm 左右的玻璃管，放在灯焰上加热，不断转动玻璃管，当烧至发黄变软时，将玻璃管从火焰中取出，此时两手改为同时握玻璃管作同方向来回旋转，水平地向两边拉开。开始拉时要慢些，然后再较快地拉长，使之成内径为 1mm 左右的毛细管。如果烧得软、拉得均匀，就可以截取很长一段所需内径的毛细管。然后将内径 1mm 左右的毛细管截成长为 15cm 左右的小段，两端都用小火封闭（将毛细管呈 45°角度在小火的边沿处一边转动，一边加热，制点样管时，不需封口），冷却后放置在试管内，以备测熔点时用。使用时只需将毛细管从中央割断，即可得到 2 根熔点管。

用上法拉成内径为 3～4mm 的毛细管，截成长 7～8cm 长度，一端用小火封闭，作为沸点管的外管。另将内径约 1mm 的毛细管在中间部位封闭，自封闭处一端截取约 5mm（作为沸点管内管的下端），另一端约长 8cm 作为内管。由此两根粗细不同的毛细管即构成沸点管。

将毛细管（或玻璃管、玻璃棒）在火焰中反复熔拉（拉长后再对叠在一起，造成空隙，保留空气）几十次后，再熔拉成 1～2mm 粗细。冷却后截成长约 1cm 的小段，装在小试管中，以备蒸馏时作玻璃沸石用。

(6) 玻璃钉的制备 将一段玻璃棒在煤气灯焰上加热，火焰由小到大，且不断均匀转动，到发黄变软时取出拉成 2～3mm 粗细的玻璃棒，自较粗的一端开始，截取长约 6cm 左右的一段，将粗端在氧化焰的边沿烧红软化后在石棉网上按一下，即成玻璃钉。供玻璃钉漏斗过滤时用。

另取一段玻璃棒，将其一端在氧化焰的边沿烧红软化后在石棉网上按成直径约为 1.5cm 左右的玻璃钉（如果一次不能按成要求的大小，可重复几次）。截成 6cm 左右，然后在火焰上熔光，此玻璃钉可供研磨样品和抽滤时挤压产品用。

(7) 简单玻璃仪器的修理 冷凝管或量筒的口径常发生破裂，稍加修理还可使用。以量筒为例，在裂口下用三角锉绕一圈锉一深痕，将直径为 2mm 左右的 1 根细玻璃棒在煤气灯的强火焰上烧红烧软，取出立即紧压在锉痕处，玻璃管即沿锉痕的方向裂开。若裂痕未扩展成一整圈，可重复上述步骤数次，直至玻璃管完全断开。再将量筒口熔光，并在管口的适当部位在强火焰上烧软，用镊子向外一压即可成一流嘴。

还可用另一方法切割管口，用浸有酒精的棉绳，绕在管口裂口的下面，围成一圈，用火柴点着棉绳，待棉绳刚熄灭时，趁热用玻璃管蘸水冷激棉绳处，玻璃管沿棉绳处裂开。若用导线代替棉绳，用通电来加热导线处的玻璃管，取掉电源，用水冷激之，可收到同样的效果。

3.4 纯水的制备

3.4.1 天然水中的杂质

天然水中通常含有五类杂质。

(1) 电解质（包括带电粒子）。常见的阳离子有 H^+、Na^+、K^+、NH_4^+、Mg^{2+}、Ca^{2+}、Fe^{3+}、Cu^{2+}、Mn^{2+}、Al^{3+} 等；阴离子有 F^-、Cl^-、NO_3^-、HCO_3^-、SO_4^{2-}、PO_4^{3-}、$H_2PO_4^-$、$HSiO_3^-$ 等。

(2) 有机物质。如：有机酸、农药、烃类、醇类和酯类等。

(3) 颗粒物。

(4) 微生物。

(5) 溶解气体。包括 N_2、O_2、Cl_2、H_2S、CO、CO_2、CH_4 等。

所谓水的纯化，就是要去掉这些杂质。杂质去得越彻底，水质也就越纯净。国家标准有饮用纯净水（GB 17323）、分析实验室用水（GB 6682—92）和电子级水（GB/T 11446.1—1997）的技术指标。

3.4.2 水的纯化方法

(1) 蒸馏法 按蒸馏器皿可分为玻璃、石英蒸馏器，金属材质的有铜、不锈钢和白金蒸馏器等。按蒸馏次数可分为一次（图 3-37）、二次（图 3-38）和多次蒸馏法。此外，为了去掉一些特殊的杂质，还需采取一些特殊的措施。例如预先加入一些高锰酸钾可除去易氧化物；加入少许磷酸可除去三价铁；加入少许不挥发酸可制取无氨水等。蒸馏水可以满足普通分析实验室的用水要求。由于很难排除二氧化碳的溶入。所以水的电阻率是很低的，达不到兆欧级。不能满足许多新技术的需要。

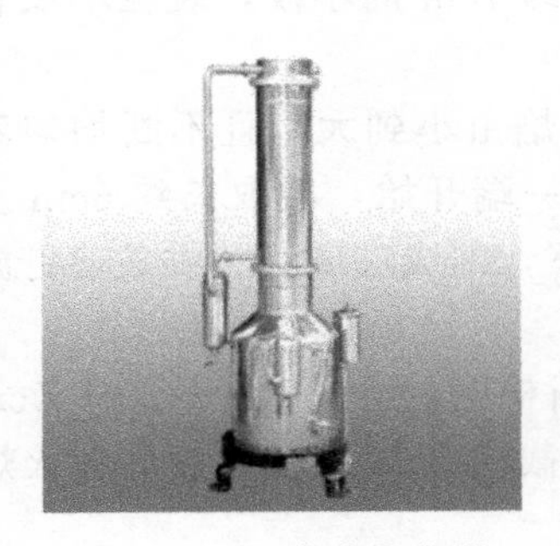
图 3-37 一次蒸馏水器

图 3-38 二次蒸馏水器

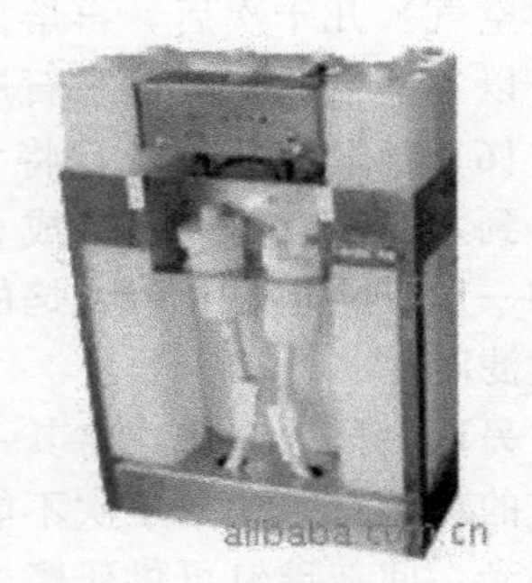

图 3-39 离子交换水器

(2) 离子交换法 离子交换法采用离子交换水器（图 3-39），主要有两种制备方式。

复床式：即按阳床-阴床-阳床-阴床-混合床的方式连接并生产去离子水；早期多采用这种方式，便于树脂再生。

混床式（2～5级串联不等）：混床去离子的效果好。但再生不方便。

离子交换法可以获得十几兆欧的去离子水。但有机物无法去掉，TOC和COD值往往比原水还高。这是因为树脂不好，或是树脂的预处理不彻底，树脂中所含的低聚物、单体、添加剂等没有除尽，或树脂不稳定，不断地释放出分解产物。这一切都将以TOC或COD指标的形式表现出来。例如，当自来水的COD值为2mg/L时，经过去离子处理得到的去离子水的COD值常在5～10mg/L。当然，在使用好树脂时会得到好结果，否则就无法制备超纯水了。

(3) 电渗析法 产生于1950年，由于其能耗低，常作为离子交换法的前处理步骤。它采用电渗析器（图3-40），在外加直流电场作用下，利用阴阳离子交换膜分别选择性地允许阴阳离子透过，使一部分离子透过离子交换膜迁移到另一部分水中去，从而使一部分水纯化，另一部分水浓缩。这就是电渗析的原理。电渗析是常用的脱盐技术之一。产出水的纯度能满足一线工业用水的需要。例如，用电阻率为1.6kΩ·cm（25℃）的原水可以获得1.03MΩ·cm（25℃）的产出水。换言之，原水的总硬度为77mg/L时，产出水的总硬度则为约10mg/L。

图3-40　电渗析器

图3-41　反渗透器

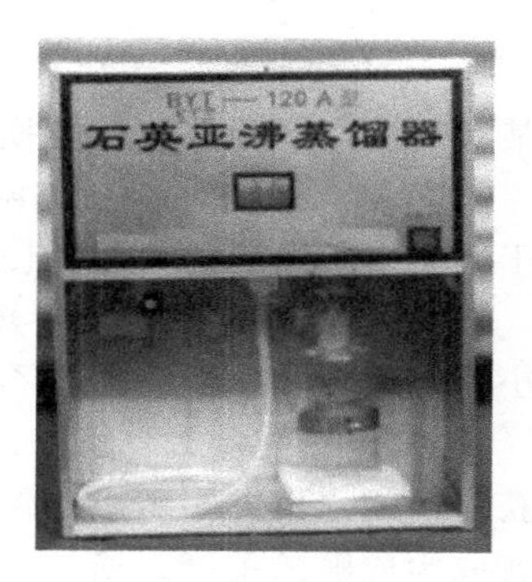

图3-42　石英亚沸水器

(4) 反渗透法 反渗透法采用反渗透器（图3-41）对水进行处理，目前它是一种应用最广的脱盐技术。反渗透膜虽在1977年就有了，但其规模化生产和广泛用于脱盐却是近几年的事情。反渗透膜能去除无机盐、有机物（相对分子质量＞500）、细菌、热源、病毒、悬浊物（粒径＞0.1μm）等。产出水的电阻率能较原水的电阻率升高近10倍。反渗透膜对杂质的去除能力见表3-2。

表3-2　反渗透膜对杂质的去除能力

离子	去除率/%	离子	去除率/%	离子	去除率/%
Mn^{2+}	96～99	SO_4^{2-}	90～99	NO_3^-	50～75
Al^{3+}	95～99	CO_3^{2-}	80～95	BO_2^-	30～50
Ca^{2+}	92～99	PO_4^{3-}，HPO_4^{2-}，$H_2PO_4^-$	90～99	微粒	99
Mg^{2+}	92～99	F^-	65～95	细菌	99
Na^+	75～95	HCO_3^-	80～95	有机物（相对分子质量＞300）	99
K^+	75～93	Cl^-	80～95		
NH_4^+	70～90	SiO_2	75～90		

常用的反渗透膜有：醋酸纤维素膜，聚酰胺膜和聚砜膜等。膜的孔径为0.0001～

0.001μm。反渗透的动力依赖于压力差（10～100atm[1]）。去除杂质的能力由膜的性能好坏和进出水比例决定。进出水的比例一般控制为10∶6或10∶7左右。这样杂质的去除率应在95%～99.7%。例如，原水的电阻率为1.6kΩ·cm（25℃）时，产出水的电阻率约为14kΩ·cm，这样的水现在大家都管它叫纯净水，也就是市场上出售的饮用纯净水。

(5) 石英亚沸水 石英亚沸水器是采用全石英玻璃制造（图3-42），不但本身纯度高，耐高温，而且是在不到沸点的低温下蒸馏，因而水质极高。

(6) 制备超纯水的方法 传统的纯水方法不能制备出超纯水，化学意义上纯水（液态的H_2O）的理论电阻率为18.3MΩ·cm，人们生产的纯水是达不到理论值的，但18MΩ·cm似乎是可以达到的，对于这种水，有的称为高纯水，有的称为超纯水，目前还没有系统的定义。也没有划分等级界限，从商业观点看叫超纯水似乎比高纯水更好听一些。笔者以为还是看电导率指标更准确一些。

现在制备超纯水的方法是将各种纯化水的新技术科学地结合起来，不仅能生产超纯水，而且变得非常容易。自来水进去超纯水出来，非常方便，而且使用寿命也越来越长。

超纯水器制备超纯水的原理和步骤大体如下。

① 原水　可用自来水或普通蒸馏水或普通去离子水作原水。

② 机械过滤　通过砂芯滤板和纤维柱滤除机械杂质，如铁锈和其他悬浮物等。

③ 活性炭过滤　活性炭是广谱吸附剂，可吸附气体成分，如水中的余氯等；吸附细菌和某些过渡金属等。氯气能损害反渗透膜，因此应力求除尽。

④ 反渗透膜过滤　可滤除95%以上的电解质和大分子化合物，包括胶体微粒和病毒等。由于绝大多数离子的去除，使离子交换柱的使用寿命大大延长。

⑤ 紫外线消解　借助于短波（180～254nm）紫外线照射分解水中的不易被活性炭吸附的小有机化合物，如甲醇、乙醇等，使其转变成CO_2和水，以降低TOC的指标。

⑥ 离子交换单元　已知混合离子交换床是除去水中离子的决定性手段。借助于多级混床获得超纯水也并不困难。但水的TOC指标主要来自树脂床。因此，高质量的离子交换树脂就成为成败的关键。所谓高质量的树脂，就是化学稳定性特别好，不分解，不含低聚物、单体和添加剂等的树脂。所谓"核工业级树脂"大概就属于这一类树脂。对树脂的要求是质量越高越好。

⑦ 0.2μm滤膜过滤　以除去水中的颗粒物到每毫升1个（小于0.2μm的）。经过上述各步骤处理后生产出来的水就是超纯水了。应能满足各种仪器分析、高纯分析、痕量分析等的要求，接近或达到电子级水的要求。

3.4.3 分析实验室用水规格和实验方法

GB 6682—92对分析实验室用水的级别、技术要求和试验方法做了规定。

标准适用于化学分析和无机痕量分析等实验用水。可根据实际工作需要选用不同级别的水。

(1) 级别 分析实验室用水共分三个级别：一级水、二级水和三级水。

① 一级水　一级水用于有严格要求的分析实验，包括对颗粒有要求的实验。如高压液相色谱分析用水。一级水可用二级水经过石英设备蒸馏或离子交换混合床处理后，再经0.2μm微孔滤膜过滤来制取。

② 二级水　二级水用于无机痕量分析等实验，如原子吸收光谱分析用水。二级水可用

[1] 1atm＝101325Pa，下同。

多次蒸馏或离子交换等方法制取。

③ 三级水　三级水用于一般化学分析实验。三级水可用蒸馏或离子交换等方法制取。

分析实验室用水的原水应为饮用水或适当纯度的水。

(2) 技术要求　分析实验室用水目视观察应为无色透明的液体并符合表3-3所列规格。

表3-3　分析实验室用水的技术指标

名　　称	一级	二级	三级
pH值范围(25℃)	—	—	5.0～7.5
电导率(25℃)/(mS/m)　≤	0.01	0.10	0.50
可氧化物质(以O计)/(mg/L)　<		0.08	0.4
吸光度(254nm,1cm光程)　≤	0.001	0.01	
蒸发残渣(105℃±2℃)/(mg/L)　≤		1.0	2.0
可溶性硅(以SiO_2计)/(mg/L)　<	0.01	0.02	

注：1. 由于在一级和二级水的纯度下，难于测定其真实的pH值，因此对一级和二级水的pH值范围国标不作规定。

2. 一级和二级水的电导率需用新制备的水在线测定。

3. 由于在一级水的纯度下，难于测定可氧化物和蒸发残渣，故国标对其限量也不作规定，可用其他条件和制备方法来保证一级水的质量。

(3) 取样与储存

① 容器　各级用水均使用密闭的、专用聚乙烯容器。三级水也可使用密闭的、专用玻璃容器。新容器在使用前需用盐酸溶液（20%）浸泡2～3d，再用待测水反复冲洗，并注满待测水6h以上。

② 取样　按标准进行实验，至少应取3L有代表性水样。

取样前用待测水反复清洗容器。取样时要避免沾污。水样应注满容器。

③ 储存　各级用水在储存期间，其沾污的主要来源是容器可溶成分的溶解、空气中二氧化碳和其他杂质。因此，一级水不可储存，使用前制备。二级水、三级水可适量制备，分别储存在预先经同级水清洗过的相应容器中。各级用水在运输过程中应避免沾污。

(4) 实验方法　在实验方法中，各项实验必须在洁净环境中进行。并采取适当措施，以避免对试样的沾污。实验中均使用分析纯试剂和相应级别的水。

实验方法具体内容参见GB 6682—92分析实验室用水规格和试验方法。

一般从纯水的电导率估算水中离子的浓度水平。

表3-4给出了纯水中离子的浓度和相应的电阻率数值，由所测得的电阻率数值可估算水中离子浓度的水平。

表3-4　几种电阻率不同的纯水的离子计算浓度

离子 \ 浓度/(μg/L)	18.2MΩ·cm	18.0MΩ·cm	17.5MΩ·cm	15MΩ·cm
Na^+	0.8	1.3	1.8	1.6
Cl^-	<0.1	0.15	0.5	2.1
Fe^{2+}	2.0	2.4	2.0	5.4
$Na^+ + Cl^- + SO_4^{2-}$	<0.1	0.3	1.1	5.4
$Na^+ + Cl^-$	<0.1	0.2	0.9	5.0

例如：电阻率为15MΩ·cm的水，其钠、氯和硫酸根离子的总浓度为5.4μg/L，这样的杂质水平，应能满足各种痕量分析和高纯分析的要求。

3.5 分析试样的采集和制备

分析过程一般要经过采样、试样的预处理、测定和结果的计算四个步骤。其中，采样是第一步，也是关键的一步。分析化学实验的结果能否为生产、科研提供可靠的分析数据，直接取决于试样有无代表性，如果采得的样品由于某种原因不具备充分的代表性，那么，即使分析方法好，测定准确，计算无差错，最终也不会得出正确的结论。因此，加强对采样理论的学习，对具体的分析工作有着重要的指导意义。

要从大量的被测物质中采取能代表整批物质的小样，必须遵守一定的规则，采用合理的采样及制备试样的方法。

3.5.1 采样的目的和基本原则

采样的基本目的是从被检的总体物料中取得有代表性的样品。

实际工作中采样的具体目的可划分为下列几个方面。

(1) 技术方面的目的 为了确定原材料、半成品及成品的质量；为了控制生产工艺过程；为了鉴定未知物；为了确定污染的性质、程度和来源；为了验证物料的特性或特性值；为了测定物料随时间、环境的变化；为了鉴定物料的来源等。

(2) 商业方面的目的 为了确定销售价格；为了验证是否符合合同的规定；为了保证产品销售质量满足用户的要求等。

(3) 法律方面的目的 为了检查物料是否符合法令要求；为了检查生产过程中泄漏的有害物质是否超过允许极限；为了法庭调查；为了确定法律责任；为了进行仲裁等。

(4) 安全方面的目的 为了确定物料是否安全或危险程度；为了分析发生事故的原因；为了按危险性进行物料的分类等。

因此，采样的具体目的不同，要求也各异。采样要从采样误差和采样费用两方面考虑。首先要满足采样误差的要求，采样误差是不能以样品的检测来做补偿的。有时采样费用（如物料费用、作业费等）较高，这样在设计采样方案时就要适当地兼顾采样误差和费用。

3.5.2 采样方案和采样记录

(1) 采样方案 根据采样的具体目的和要求以及所掌握的被采物料的所有信息制定采样方案，包括确定总体物料的范围；确定采样单元和二次采样单元；确定样品数、样品和采样部位；规定采样操作方法和采样工具；规定样品的加工方法；规定采样安全措施等。

(2) 采样记录 为明确采样工与分析工的责任，方便分析工作，采样时应记录被采物料的状况与采样操作。如物料的名称、来源、编号、数量、包装情况、存放环境、采样部位、所采的样品数和样品量、采样日期、采样人姓名等，必要时根据记录填写采样报告。实际工作中例行的常规采样，可简化上述规定。

3.5.3 采样技术

(1) 采样误差

① 采样随机误差 采样随机误差是在采样过程中由一些无法控制的偶然因素所引起的偏差，这是无法避免的。增加采样的重复次数可以缩小这个误差。

② 采样系统误差 由于采样方案不完善、采样设备有缺陷、操作者不按规定进行操作以及环境等的影响，均可引起采样的系统误差。系统误差的偏差是定向的，必须尽力避免。增加采样的重复次数不能缩小这类误差。

采得的样品都可能包含采样的随机误差和系统误差。在应用样品的检测数据来研究采样误差时，还必须考虑实验误差的影响。

(2) 物料的类型 物料按特性值变异性可以分为两大类，即均匀物料和不均匀物料。

① 均匀物料的采样 原则上可以在物料的任意部位进行。但要注意采样过程不应带进杂质；避免在采样过程中引起物料变化（如吸水、氧化等）。

② 不均匀物料的采样 除了要注意与均匀物料相同的两点外，一般采取随机采样。对所得样品分别进行测定，再汇总所有样品的检测结果。

随机不均匀物料是指总体物料中任一部分的特征平均值与相邻部分的平均值无关的物料。对其采样可以随机选取，也可以非随机选取。

(3) 样品数和样品量 在满足需要的前提下，样品数和样品量越少越好。

① 样品数 对一般化工产品，都可用多单元物料来处理。采样操作分两步进行。首先选取一定数量的采样单元，其次是对每个单元按物料特性值的变异性类型分别进行采样。总体物料的单元数小于 500 的，推荐按表 3-5 的规定确定采样单元数。总体物料的单元数大于 500 的，推荐按总体单元数立方根的三倍数（即 $3\sqrt[3]{N}$，N 为总体的单元数）确定采样单元数，如遇有小数时，则进为整数。

表 3-5 确定采样单元数的规定

总体物料单元数	最少采样单元数	总体物料单元数	最少采样单元数
1～10	全部	182～216	18
11～49	11	217～254	19
50～64	12	255～296	20
65～81	13	297～343	21
82～101	14	344～394	22
102～125	15	395～450	23
126～151	16	451～512	24
152～181	17		

② 样品量 采样时，样品量应满足以下要求：至少满足 3 次重复检测的需要；当需要留存备考样品时，必须满足备考样品的需要；对采样的样品物料如需作制样处理时，必须满足加工处理的需要。

(4) 样品的容器和保存

① 样品容器 对盛样品容器有以下要求：具有符合要求的盖、塞或阀门，在使用前必须洗净、干燥；材质必须不与样品物质起作用，并不能有渗透性；对光敏性物料，盛样容器应是不透光的，或在容器外罩避光塑料袋。

② 样品标签 样品盛入容器后，随即在容器上贴上标签。标签内容包括样品名称及样品编号；总体物料批号及数量；生产单位；采样者等。

③ 样品的保存和撤销 按产品采样方法标准或采样操作规程中规定的样品的保存量（作为备考样）、保存环境、保存时间以及撤销办法等有关规定执行。对剧毒、危险样品的保存和撤销，除遵守一般规定外，还必须严格遵守有关规定。

以上内容主要采编自 GB/T 6678—2003 化工产品采样总则。

3.5.4 固体化工产品的采样

GB/T 6679—2003 固体化工产品采样通则推荐，对固体化工产品采样时，应根据采样目的、采样条件、物料状况（批量大小、几何状态、粒度、均匀程度、特性值的变异性分布）确定样品种类。固体化工的样品类型有：部位样品、定向样品、代表样品、截面样品和几何样品。

对样品的基本要求是：采样检验就是要通过样品的分析来对总体物料的质量做出评价和判断。因此对样品的基本要求首先要保证采得的固体样品能够代表总体物料的特性。其次，采集的样品量能够代表总体物料的所有特性，并能满足分析检验需要的最佳量。最后确定所应采取的样品数。

(1) 采样方法 不同种类、不同状态的物料应该使用不同的采样方法。

① 粉末、小颗粒、小晶体物料的采样 采件装物料时，用采样工具，在采样单元中，按一定方向，插入一定深度取定向样品。每个采样所取定向样品的方向和数量由容器中物料的均匀程度决定。

采散装静止物料时，根据物料量的大小和均匀程度，用勺、铲或其他采样工具在物料的一定部位或沿一定方向采取部位样品或定向样品。

采散装运动物料时，用自动采样器、勺子或其他合适的工具从皮带运输机的落流中，按一定时间间隔或随机取截面样品。

② 粗粒和规则块状物料的采样 采件装物料时，如果可以不保持物料的原始状态，把物料粉碎并充分混合后，按上面小颗粒物料采样法采样；如果必须保持物料的原始状态，可直接沿一定方向，在一定深度上取定向样品。

③ 大块物料的采样 采静止物料时，可根据物料状况，用合适的工具取部位样品、定向样品、几何样品或代表样品。

采运动物料时，随机或按一定时间间隔采取截面样品。如果物料允许粉碎后，按小颗粒物料取样法采样。

④ 可切割的固体物料的采样 用刀子或其他工具（例如金属线）在一定部位采取截面样品或一定形状和质量的几何样品。

⑤ 要求特殊处理的固体物料的采样 该种物料是指同周围环境中的一种或多种成分起反应的固体及活泼和不稳定的固体。进行特殊处理的目的是保护样品和总体物料的特性，不因所用的采样技术而产生变化。

和氧气、水、二氧化碳有反应的固体，应在隔绝氧气、水、二氧化碳的条件下采样，如果固体和这些物质的反应十分缓慢，在采样精确度允许的前提下，可以通过快速采样的办法。

不能受灰尘或其他气体污染的固体，采样应在清洁空气中进行。

不能受真菌或细菌污染的固体，应在无菌条件下采样。

易受光影响而发生变化的固体，应在隔绝有害光线的条件下采样。

组成随温度变化的固体应在其正常组成所要求的温度下采样。

有放射性的固体及有毒固体的采样，按 GB/T 3723 和产品标准中的有关规定执行。

(2) 样品制备的原则

① 原始样品的各部分应有相同的概率进入最终样品。

② 制备技术和装置在样品制备过程中不破坏样品代表性，不改变样品组成，不使样品受到污染和损失。

③ 在检验允许的条件下，为了不加大采样误差，在缩减样品的同时缩减粒度。

④ 应根据待测特性、原始样品量和粒度以及待测物料的性质确定样品制备的步骤和制备技术。

从上述原则出发，从较大量的原始样品中得到最佳量的、能满足检验要求的、待测性质能代表总体物料特性的样品。

(3) 样品制备技术 样品制备一般包括粉碎、混合、缩分三个步骤。应根据具体情况，一次或多次重复操作，直到得到最终样品。

① 粉碎　用研钵、锤子或适当的装置及研磨机械来粉碎样品。

② 混合　根据样品量的大小，用手铲或合适的机械混合装置来混合样品。

③ 缩分　根据物料状态，用四等分法和交替铲法或用分样器、分格缩分铲或其他适当的机械分样器来缩分样品。

最终样品量应足够检验和备考用。一般，样品分成两等份，一份供检测用，一份供备考用。每份应为检验用量的三倍。根据样品储放时间，选择合适的包装材质和包装形式。

样品包装容器按 GB/T 6678 的规定，容器在装入样品后应立即贴上写有规定内容的标签（按 GB/T 6678 的规定）。

样品制成后应尽快检验。备检样品储存时间一般为六个月。根据实际的需要和物料的特性，可以适当延长和缩短。

采样报告按 GB/T 6678 的规定执行。

3.5.5　液体化工产品的采样

GB/T 6680—2003 给出了液体化工产品采样通则。

液体化工产品一般是用容器包装后储存和运输。液体化工产品的采样，首先应根据容器情况和物料的种类来选择采样工具，确定采样方法。液体化工产品通常在采样前应进行预检，并根据检查结果制定采样方案，按此方案采得具有代表性的样品。

(1) 预检内容

① 了解被采物料的容器大小、类型、数量、结构和附属设备情况。

② 检查被采物料的容器是否破损、腐蚀、渗漏并核对标志。

③ 观察容器内物料的颜色、黏度是否正常。表面或底部是否有杂质、分层、沉淀和结块等现象。

④ 确认可疑或异常现象后，制定相应的采样方案后方可采样。

(2) 物料的混匀与采样的代表性　如被采容器内物料已混合均匀，采取混合样品作为代表性样品。如被采容器内物料未混合均匀，根据目的不同可采用把容器中的物料混匀后随机采得的混合样品或采用部位样品（从物料的特定部位或物料流的特定部位和时间采得的一定数量的样品，它是代表瞬时或局部环境的一种样品）按一定比例混合成平均样品作为代表性样品。

单相低黏度液体可用以下几种方法混匀。

① 小容器（如瓶、罐）用手摇晃进行混匀。

② 中等容器（如桶、听）用滚动、倒置或手工搅拌器进行混匀。

③ 大容器（如储罐、槽车、船舱）用机械搅拌器、喷射循环泵进行混匀。

对于多相液体，可用上述各种方法使其混合成不会很快分离的均匀相后采样。如不易混匀，就分别采各层部位样品混合成平均样品作为代表性样品，部位样品类型分布如图 3-43 所示。

① 表面样品　在物料表面采得的样品，以获得此物料表面的资料。对浅容器，把表面取样勺放入被采容器中，使勺的锯齿上缘和液面保持同一水平，从锯齿流入勺内的液体为表面液体，对深储槽，把开口的采样瓶放入容器中，使瓶口刚好低于液面，流入瓶中液体为表面样品。

② 底部样品　在物料的最低点采得的样品。对中小型容器，用开口采样管或带底阀的采样管或罐从容器底部采得样品，对大型容器，则从排空口采得底部样品。

③ 上部、中部、下部样品　在液面下相当于总体积 1/6、1/2、5/6 的深处采得的部位

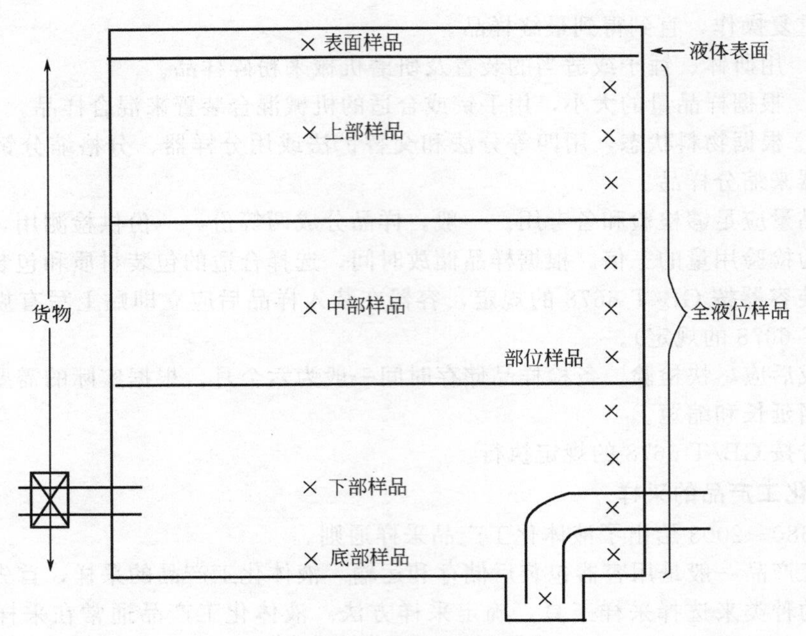

图 3-43　部位样品类型分布

样品。采取样品时，用和所采物料黏度相适应的采样管（瓶、罐）封闭后放入容器中，到所需位置，打开管口、瓶塞或采样罐底阀，充满后取出。

④ 全液位样品　从容器内全液位采得的样品。用和被采物料黏度相适应的采样管两端开口慢慢放入液体中，使管内外液面保持同一水平，到达底部时封闭上端或下端，提出采样管，把所得的样品放入容器中。还可用玻璃瓶加铅锤或者把玻璃瓶置于加重笼罐中，敞口放入容器内，降到底部后以适当速度上提，使露出液面时瓶灌满四分之三。

把采得的一组部位样品按一定比例混合成的样品称为平均样品。

对于多个容器，则把随机抽取的几个容器中采得的全液位样品混合后所得批混合样品作为代表性样品。

(3) 采样其他注意事项　样品容器和采样设备必须清洁、干燥，不能用与被采物料起化学作用的材料制造；采样过程中防止被采物料受到环境污染和变质；采样者必须熟悉被采产品的特性、安全操作的有关知识和处理方法。

一般情况下，采得的原始样品量要大于实验室样品需要量，因而必须把原始样品缩分成两到三份小样，一份送实验室检测，一份保留，在必要时封送一份给买方。

(4) 样品标签和采样报告　样品装入容器后必须立即贴上标签，在必要时写出采样报告随同样品一起提供。其内容按 GB/T 6678 中的有关规定。

(5) 样品的储存　样品在规定期限内一定要妥善保管，在储存过程中应注意下列事项：①对易挥发物质，样品容器必须预留空间，需密封，并定期检查是否泄漏；②对光敏物质，样品应装入棕色玻璃瓶中并置于避光处；③对温度敏感物质，样品应储存在规定的温度之下；④易和周围环境、物起反应的物质，应隔绝氧气、二氧化碳、水；⑤对高纯物质应防止受潮和灰尘侵入；⑥对危险品，特别是剧毒品应储放在特定场所，并由专人保管。

3.5.6　其他产品的采样

其他产品的采样可参考下列标准进行：《气体化工产品采样通则》GB/T 6681；《工业用化学产品采样安全通则》GB/T 3723；《工业用化学产品采样词汇》GB/T 4650；《水质采样

方案设计技术规定》GB 12997；《水质采样技术指导》GB 12998；《水质采样样品的保存和管理技术规定》GB 12999；《水质湖泊和水库采样技术指导》GB/T 14581；《新鲜水果和蔬菜的取样方法》GB 8855；《精油取样方法》GB/T 14455.2；《饲料采样》GB/T 14699.1。

3.5.7 土壤样品的采集与制备

(1) 污染土壤样品的采集

① 采样点的布设 由于土壤本身分布不均匀，应多点采样并均匀混合成为具有代表性的土壤样品。在同一采样分析单位里，如面积不太大，在 1000～1500m^2 以内，可在不同方位上选择 5～10 个具有代表性的采样点，点的分布应尽量照顾土壤的全面情况，不可太集中，也不能选在采样区的边或某特殊的点（如堆肥旁）等。

② 采样的深度 如果只是一般了解土壤污染情况，采样深度只需取 15cm 左右的耕层土壤和耕层以下 15～20cm 的土样，如果要了解土壤污染深度，则应按土壤剖面层分层取样。

③ 采样量 由于测定所需的土样是多点混合而成的，取样量往往较大，而实际供分析的土样不需要太多。具体需要量视分析项目而定，一般要求 1kg。因此，对多点采集的土壤，可反复按四分法缩分，最后留下所需的土样量。

(2) 土壤本底值测定的样品采集 样点选择应包括主要类型土壤，并远离污染源，同一类型土壤应有 3～5 个以上的采样点。其次，要注意与污染土壤采样不同之处是同一点并不强调采集多点混合样，而是选取植物发育典型具代表性的土壤样品。采集深度为 1m 以内的表土和心土。

(3) 土壤样品的制备

① 土样的风干 除了测定挥发性的酚、氰化物等不稳定组分需要用新鲜土样外，多数项目的样品需经风干，风干后的样品容易混合均匀。风干的方法是将采得的土样全部倒在塑料薄膜上，压碎土块，除去植物根、茎、叶等杂物，铺成薄层，在室温下经常翻动，充分风干。要防止阳光直射和灰尘落入。

② 磨碎与过筛 风干后的土样，用有机玻璃棒碾碎后，通过 2mm 孔径尼龙筛，以除去砂砾和生物残体。筛下样品反复按四分法缩分，留下足够供分析用的数量，再用玛瑙研钵磨细，通过 100 目尼龙筛，混匀装瓶备用。制备样品时，必须避免样品受污染。

3.5.8 生物样品的采集与制备

(1) 植物样品的采集和制备原则

① 代表性 选择一定数量的能代表大多数情况的植物株作为样品，采集时，不要选择田埂、地边及离田埂地边 2m 范围以内的样品。

② 典型性 采样部位要能反映所要了解的情况，不能将植株各部位任意混合。

③ 适时性 根据研究需要，在植物不同生长发育阶段，定期采样，以便了解污染物的影响情况。

(2) 采样量 将样品处理后能满足分析之用。一般要求样品干重 1kg，如用新鲜样品，以含水 80%～90%计，则需 5kg。

(3) 采样方法 常以梅花形布点或在小区平行前进以交叉间隔方式布点，采 5～10 个试样混合成一个代表样品，按要求采集植株的根、茎、叶、果等不同部位，采集根部时，尽量保持根部的完整。用清水洗四次，不准浸泡，洗后用纱布擦干，水生植物应全株采集。

(4) 样品制备的方法

① 新鲜样品的制备 测定植物中易变化的酚、氰、亚硝酸等污染物，以及瓜果蔬菜样

品，宜用鲜样分析。其制备方法：样品经洗净擦干、切碎混匀后，称取 100g 放入电动捣碎机的捣碎杯中，加同量蒸馏水，打碎 1～2min，使成浆状。含纤维较多的样品，可用不锈钢刀或剪刀切成小碎块混匀供分析用。

② 风干样品的制备　用干样分析的样品，应尽快洗净风干或放在 40～60℃鼓风干燥箱中烘干，以免发霉腐烂。样品干燥后，去除灰尘杂物，将其剪碎，电动磨碎机粉碎和过筛(通过 1mm 或 0.25mm 的筛孔)，处理后的样品储存在磨口玻璃广口瓶中备用。

(5) 动物样品的收集和制备

① 血液　用注射器抽一定量血液，有时加入抗凝剂（如二溴酸盐），摇匀后即可。

② 毛发　采样后，用中性洗涤剂处理，去离子水冲洗，再用乙醚或丙酮等洗涤，在室温下充分干燥后装瓶备用。

③ 肉类　将待测部分放在搅拌器搅拌均匀，然后取一定的匀浆作为分析用。若测定有机污染物，样品要磨碎，并用有机溶剂浸取，若分析无机物，则样品需进行灰化，并溶解无机残渣，供分析用。

3.5.9 其他固体试样的采集与制备

对地质样品以及矿样，可采取多点、多层次的方法取样，即根据试样分布面积的大小，按一定距离和不同的地层深度采取。磨碎后，按四分法缩分，直到所需的量。

对制成的产品或商品，可按不同批号分别进行，对同一批号的产品，采样次数可按下式决定：

$$S=\sqrt{N/2}$$

式中，N 代表被测物的数目（件、袋、包、箱等）。取好后，充分混匀即可。

对金属片或丝状试样，剪一部分即可进行分析。但对钢锭和铸铁，由于表面与内部的凝固时间不同，铁和杂质的凝固温度也不一样，表面和内部组成是不很均匀的，应用钢钻钻取不同部位深度的碎屑混合。

3.5.10 水样的采集与制备

水样比较均匀，在不同深度分别取样即可，黏稠或含有固体的悬浮液或非均匀液体，应充分搅匀，以保证所取样品具有代表性。

采集水管中或有泵水井中的水样时，取样前需将水龙头或泵打开，先放 10～15min 的水再取。采取池、江、河中的水样，因视其宽度和深度采用不同的方法采集，对于宽度窄、水浅的水域，可用单点布设法，采表层水分析即可。对宽度大、水深的水域，可用断面布设法，采表层水、中层水和底层水供分析用。但对静止的水域，应采不同深度的水样进行分析。采样的方法是将干净的空瓶盖上塞子，塞子上系一根绳，瓶底系一铁砣或石头，沉入离水面一定深处，然后拉绳拔塞让水灌满瓶后取出。

3.5.11 气体样品的采集

(1) 抽气采样法　抽气采样法主要有以下几种。

① 吸收液　主要吸收气态和蒸气态物质。常用的吸收液有：水，水溶液，有机溶剂。吸收液的选择依据被测物质的性质及所用分析方法而定。但是，吸收液必须与被测物质发生的作用快，吸收率高，同时便于以后分析步骤的操作。

② 固体吸附剂　有颗粒状吸附剂和纤维状吸附剂两种。前者有硅胶、素陶瓷等，后者有滤纸、滤膜、脱脂棉、玻璃棉等。吸附作用主要是物理性阻留，用于采集气溶胶。硅胶常用的是粗孔及中孔硅胶，这两种硅胶均有物理和化学吸附作用。素陶瓷需用酸或碱除去杂质，并在 110～120℃烘干，由于素陶瓷并非多孔性物质，仅能在粗糙表面上吸

附，所以采样后洗脱比较容易。采用的滤纸及滤膜要求质密而均匀，否则采样效率降低。

③ 真空瓶法　当气体中被测物质浓度较高，或测定方法的灵敏度较高，或当被测物质不易被吸收液吸收，而且用固体吸附剂采样有困难时，可用此方法采样。将不大于1L的具有活塞的玻璃瓶抽空，在采样地点打开活塞，被测空气立即充满瓶中，然后往瓶中加入吸收液，使其有较长的接触时间以利吸收被测物质，然后进行化学测定。

④ 置换法　采取小量空气样品时，将采样器（如采样瓶、采样管）连接在一抽气泵上，使通过比采样器体积大6～10倍的空气，以便将采样器中原有的空气完全置换出来。也可将不与被测物质起反应的液体如水、食盐水注满采样器，采样时放掉液体、被测空气即充满采样器中。

⑤ 静电沉降法　此法常用于气溶胶状物质的采样。空气样品通过12000～20000V电压的电场，在电场中气体分子电离所产生的离子附着在气溶胶粒子上，使粒子附带电荷，此带电荷的粒子在电场的作用下就沉降到收集电极上，将收集电极表面沉降的物质洗下，即可进行分析。此法采样效率高、速度快，但在有易爆炸性气体、蒸气或粉尘存在时不能使用。

(2) 采样原则

① 采样效率　在采样过程中，要得到高的采样效率，必须采用合适的收集器及吸附剂，确定适当的抽气速度，以保证空气中的被测物质能完全地进入收集器中，被吸收或阻留下来，同时又便于下一步的分离测定。

② 采样点的选择　根据测定的目的选择采样点，同时应考虑到工艺流程、生产情况、被测物质的理化性质和排放情况，以及当时的气象条件等因素。

每一个采样点必须同时平行采集两个样品，测定结果之差不得超过20%，记录采样时的温度和压力。

如果生产过程是连续性的，可分别在几个不同地点、不同时间进行采样。如果生产是间断性的，可在被测物质产生前、产生后以及产生的当时，分别采样。

3.6 化学药品的取用与存放

首先要根据实验不同的要求选用不同级别的化学试剂。

一般来说，在无机和有机制备实验中，化学纯级别的试剂已够用。在分析化学实验中，一般要求使用分析纯级别的试剂，标定滴定标准溶液时则要用到工作基准试剂。

(1) 固体试剂的取用规则

① 要用干净的药勺取用，用过的药勺必须洗净和擦干后才能再使用，以免玷污试剂。

② 取出试剂后应立即盖紧瓶盖，不要盖错盖子。

③ 称量固体试剂时，必须注意不要取多，取多的药品不能倒回原瓶，可放在指定容器中供他人使用。

④ 一般的固体试剂可以放在干净的纸或表面皿上称量，具有腐蚀性、强氧化性或易潮解的固体不能在纸上称量，不准使用滤纸来盛放称量物。

⑤ 有毒药品要在教师指导下取用。

见图3-44～图3-47。

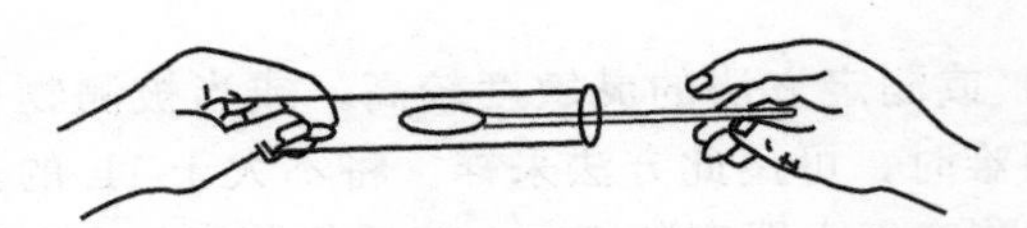

图 3-44 用药匙往试管里送入固体试剂

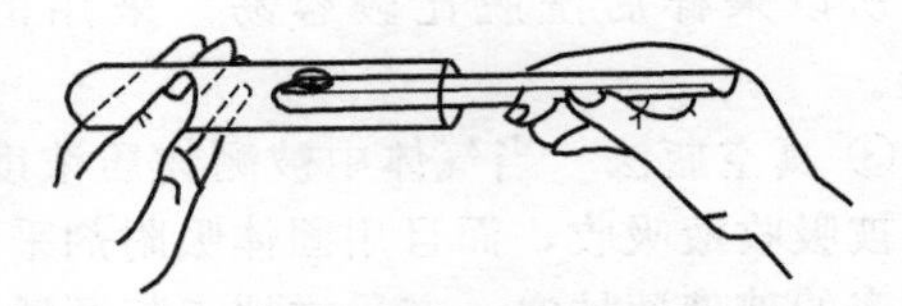

图 3-45 用纸槽往试管里送入固体试剂

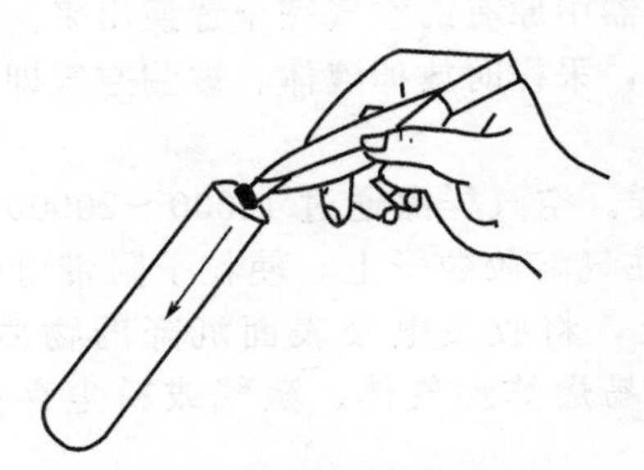

图 3-46 块状固体沿管壁慢慢滑下

图 3-47 试剂瓶

(2) 液体试剂的取用规则

① 从滴管中取用液体试剂时，滴管绝不能触及所用的容器器壁，以免玷污（图 3-48）滴管，放回原瓶时不要放错。不准用自己的滴管到瓶中取用试剂。

② 取用细口瓶中的液体试剂时，先将瓶塞反放在桌面上不要弄脏，拿试剂瓶时，要使瓶上贴有标签的一面向手心方向，逐渐倾斜瓶子，倒出试剂。试剂应沿着洁净的试管壁流入试管或沿着洁净的玻璃棒注入烧杯（图 3-49）。取出所需量后，逐渐竖起瓶子，把瓶口剩余的一滴试剂"碰"到试管口内或用玻璃棒引入烧杯中去，以免液滴沿着瓶子外壁流下。

③ 定量使用时可使用量筒或移液管，取多的试剂不能倒回原瓶，可倒入其他的容器供他人使用。

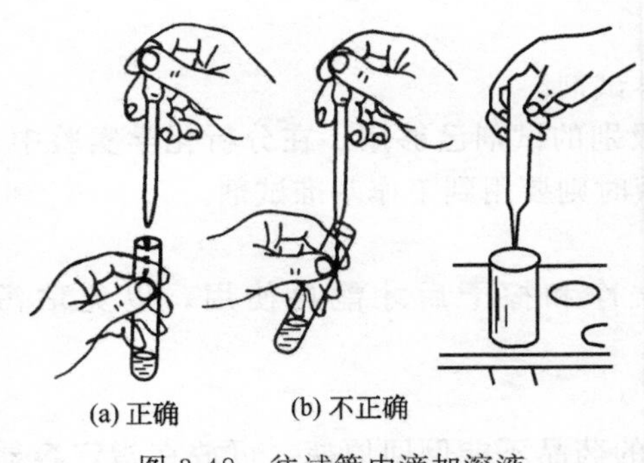

图 3-48 往试管中滴加溶液

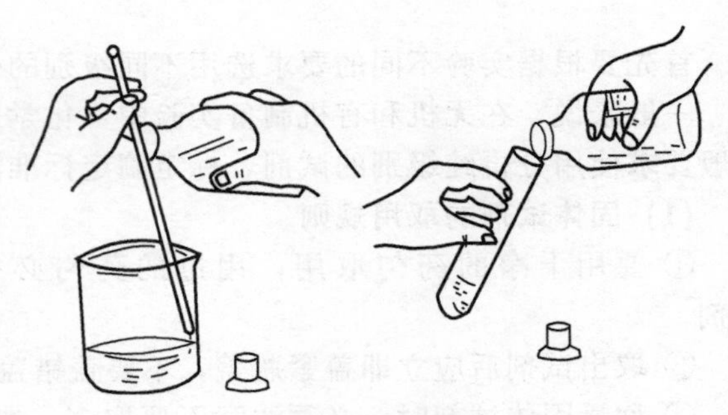

图 3-49 倾注法

(3) 化学试剂的存放 化学试剂在实验准备室中分装时，一般把固体试剂装在易于拿取的口大的广口瓶中，液体试剂或配制的溶液则盛放在易于倒取的细口瓶或带有滴管的滴瓶中，见光易分解的试剂如硝酸银等，则应盛放在棕色瓶内，每一试剂瓶上都贴有标签，上面写明试剂的名称、浓度（溶液）和日期，在标签外面涂一薄层蜡来保护它。

3.7 常用试纸的使用

(1) 用试纸检验溶液的酸碱性 常用 pH 试纸和石蕊试纸检验溶液的酸碱性。将小块试纸放在干燥清洁的点滴板上，再用玻璃棒沾取待测的溶液，滴在试纸上，于半分钟以内观察试纸的颜色变化（不能将试纸投入溶液中检验）。

石蕊试纸的颜色变化为：酸性呈红色，碱性呈蓝色。

pH 试纸呈现的颜色与标准色板颜色对比，则可以知道溶液的 pH。

pH 试纸分为两类：一类是广泛 pH 试纸，其变色范围为 pH1～14，广泛 pH 试纸的变化为 1 个 pH 单位，用来粗略地检验溶液的 pH；另一类是精密 pH 试纸，而精密 pH 试纸变化小于 1 个 pH 单位，用于比较精确地检验溶液的 pH。精密试纸的种类很多，如 pH 为 2.7～4.7、3.8～5.4、5.4～7.0、6.8～8.4、8.2～10.0、9.5～13.0 等，可以根据不同的需求选用。

试纸应密闭保存，不要用沾有酸性或碱性的湿手去取试纸，以免变色。

(2) 用试纸检验气体 不同的试纸检验的气体不同。

pH 试纸或石蕊试纸也常用于检验反应所产生气体的酸碱性。先用蒸馏水润湿试纸并沾附在干净玻璃棒的尖端，将试纸放在试管口的上方（不能接触试管），观察试纸颜色的变化。

淀粉-碘化钾试纸是浸渍了淀粉-碘化钾溶液的滤纸，晾干后剪成条状储存于棕色瓶中。自身为白色，当遇到氧化性物质（如 Cl_2、Br_2、NO_2、O_2、HClO、H_2O_2 等）时，试纸变蓝。这是因为氧化剂将试纸上的 I^- 氧化成 I_2，I_2 与淀粉作用而呈现蓝色。

醋酸铅试纸专门用来检验 H_2S。醋酸铅试纸是将滤纸用醋酸铅溶液浸泡后晾干制成的白色纸条，润湿的试纸遇到 H_2S 气体时，试纸上的 $Pb(Ac)_2$ 与之反应生成黑褐色带有金属光泽的 PbS 沉淀，借以证明 H_2S 的存在。

3.8 称量技术

3.8.1 托盘天平

托盘天平又称台秤、台天平，称量物体质量的仪器，用于精确度不高的称量。台秤的最大称量为 1000g 或 500g，能准确到 1g 或 0.5g。若用药物台秤（小台秤），最大称量为 100g，能准确到 0.1g。在称量前首先检查托盘天平的指针是否停在托盘天平中间的位置，如果不在中间的位置，可调节托盘下面的螺旋，使指针正好停在中间的位置上，此时指针的位置称之为零点（图 3-50）。称量时，左盘放称量物，右盘放砝码，10g（或 5g）以下的砝码有的是通过移动标尺上的游码来添加的，当砝码添到托盘天平两边平衡，至指针停在中间的位置为止，此时指针的位置称之为停点，停点和零点之间允许的偏差在 1 小格之内，这时砝码所示的质量就是称量物的质量。

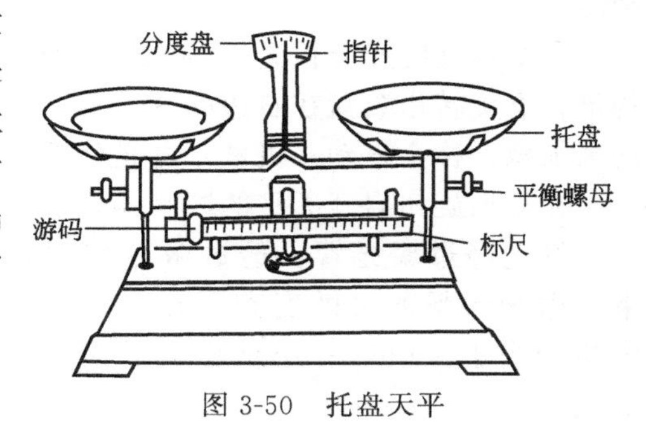

图 3-50 托盘天平

称量时必须注意以下各点。

① 托盘天平不能称量热的物体。

② 称量物不能直接放在托盘上，根据情况决定称量物放在称量纸上、表面皿上或其他容器中，吸湿或有腐蚀性的药品，必须放在玻璃容器内。

③ 砝码必须用镊子（不要直接用手）加取，应先加大砝码，然后加较小砝码。

④ 称量完毕，放回砝码，使托盘天平各部分恢复原状。

⑤ 经常保持托盘天平的整洁，托盘上有药品或其他污物时立刻清除。

3.8.2 分析天平

(1) 分析天平称量原理 分析天平是一种十分精确的称量仪器，称量时精确程度一般可达0.001g（即1mg）或0.0001g（即0.1mg）。分析天平同盘式天平一样，都是根据杠杆原理制成的称量仪器。

在等臂天平中$L_1=L_2$，若被称量物放在左盘（重量为W_1），砝码放在右盘（重量为W_2），当达到平衡时，根据杠杆原理，支点两边的力矩相等，即：

$$L_1W_1=L_2W_2$$

因 $$L_1=L_2$$

故 $$W_1=W_2$$

砝码的重量=被称量物的重量

物体的重量W=质量m×重量加速度g

即： $$W_1=m_1g=W_2=m_2g$$

因此在天平上称量时，测得的是物体的质量，习惯上把天平上所称量的量称之为重量。

(2) 光电分析天平的构造和使用 尽管分析天平的类型各种各样，但其构造则都是根据杠杆原理进行设计的，图3-51为目前一般化学实验中较多使用的一种半自动加码的电光分析天平构造图。其中圈码指数盘和刻度牌投影屏见图3-52，外形见图3-53～图3-55。它的主要部件是由铜合金制成的横梁，梁上装有三个三角棱柱形的玛瑙刀，中间的一个刀刃口向下，称为支点刀，工作时它的刀刃与玛瑙水平板接触，是天平的支点，梁的两侧各有一个刀口向上的刀，支承着两个秤盘，称为承重刀，天平关闭时旋转下部的旋钮17使支架10上升托起横梁，所有刀口便都悬空。

承重刀上面分别挂两个吊耳（镫），吊耳下面各挂一个秤盘，可分别安放砝码和被称物品，为了使天平尽快静止下来，吊耳下面分别安装了有两个内外相互套合而又不接触的铝制圆筒组成的阻尼筒，外筒固定在立柱上，内筒挂在吊耳下面，利用空气阻尼作用减少梁的摆动时间。

在天平梁的正中间有一根很长的指针，指针下端固定着一个透明的微分刻度标尺，称质量10mg以下的量就是利用光学读数装置观察这个标尺的移动情况（即指针倾斜程度）来确定。

用半自动电光分析天平称重时，1g以上的砝码直接加在右盘上，1g以下、10mg以上的量，靠旋转指数盘在右边的承码架上，增减圈码来表示，如大、小砝码都通过指数盘的转动来加减，称全自动（机械）电光分析天平。光学读数装置见图3-56。

在转动旋钮启开天平的同时，天平下后方光源垄中的小灯泡便立即亮了。

灯光经过聚光管，透过微分刻度标尺，再经放大，反射刻度便在投影屏上显示出来，电光天平的灵敏度和零点已事先调节好，放大后的刻度牌在投影屏上偏移算线一大格相当于1mg、一小格相当于0.1mg，所以在投影屏上可以直接读出0.1～10mg的质量。

不同的分析天平刻度牌上的标度可能不同，常见的有两种不同的标度（图 3-57）。

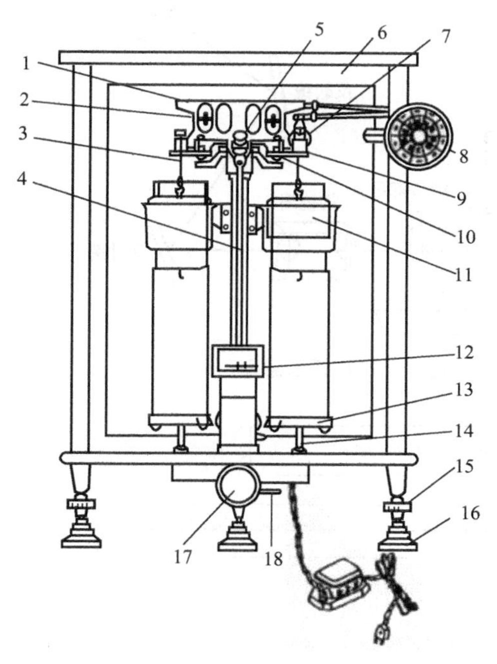

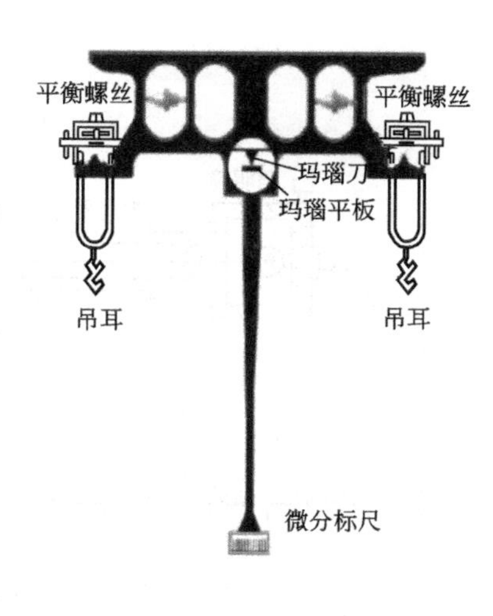

图 3-51　半自动电光分析天平的构造

1—横梁；2—平衡螺丝；3—吊耳；4—指针；5—支点刀；6—框罩；
7—圈码；8—指数盘；9—承重刀；10—支架；11—阻尼内筒；12—投影屏；
13—秤盘；14—盘托；15—螺旋脚；16—垫脚；
17—开关旋钮（升降枢）；18—微动调节杆

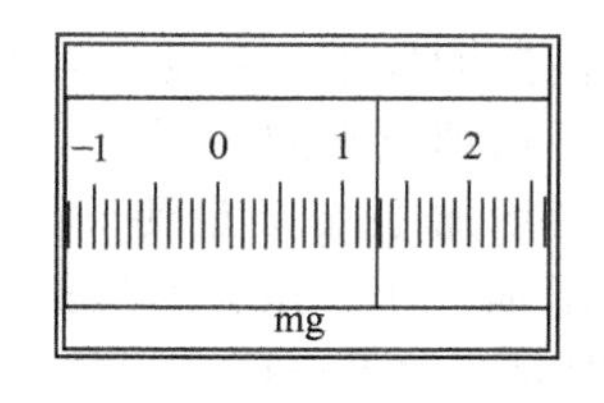

图 3-52　圈码指数盘和刻度牌投影屏

图 3-53　半机械加码天平

图 3-54　全机械加码天平

图 3-55　TG332A 微量分析天平

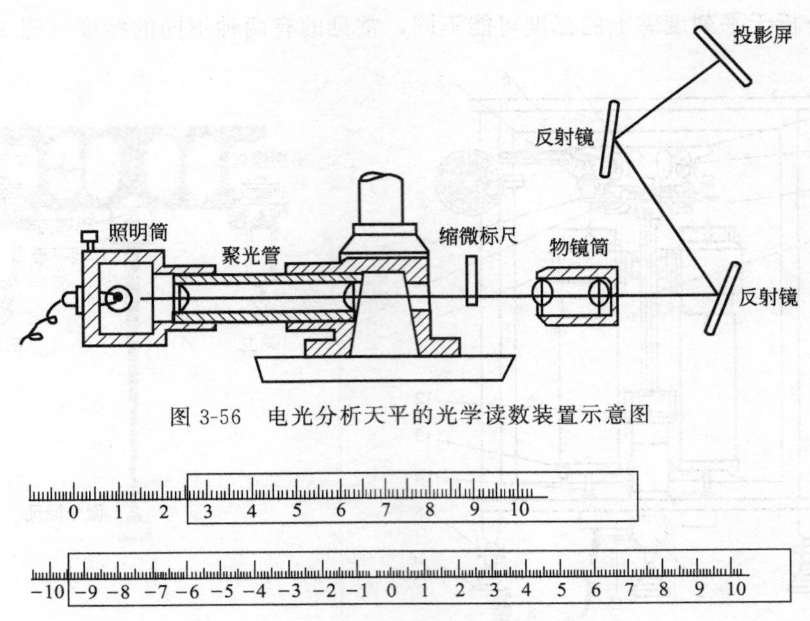

图 3-56　电光分析天平的光学读数装置示意图

图 3-57　两种不同的标度

为了防酸气、尘埃腐蚀天平以及气流对天平称量的影响，天平是装在一个玻璃的箱罩内，取放被称物品或砝码时开左右侧门，前面的正门一般不打开。

天平只有处在水平位置才能正确称量，可借助天平内的水平仪，调节箱底下前方的两个螺旋足的高低位置，使天平达到水平状态。

(3) 半自动电光分析天平的使用方法

① 零点和灵敏度的调节　所谓零点就是不载重的天平停止摆动后（平衡状态）指针的位置，慢慢开启天平，观察它不载重情况下投影屏上的标线是否与刻度牌的零点重合，如不重合，可拨动旋钮附近的扳手，移动投影底使两者完全重合。如果零点与标线相差太远，则可请教师通过旋转平衡螺丝来调整。

所谓灵敏度是每增加 1mg 质量使天平指针偏转的格数。对于我们使用的电光分析天平来说，在承码架上增加一个 10mg 圈码时，在投影屏上刻度牌的零点应从标线移至 9.8～10.2mg 的刻度范围内，如不合格，则应调节灵敏度（由教师或实验员事先调节）。

② 称量　零点调好后关闭天平。将称量物从侧门放在左盘正中，关上左侧门，把砝码（图 3-58）用镊子夹起（图 3-59）放在右盘正中，1g 以上的砝码从砝码盒中取用，在称量过程中，要能通过指针的偏移方向，或刻度盘上零点的偏移方向迅速判断哪个盘轻，哪个盘重，大指针是向着轻盘方向偏移，而刻度盘上的零点则是向着重盘方向偏移（与大指针的偏移方向正好相反）。根据偏移方向来增减砝码。例如，根据对被称物品质量的粗略估计（在托盘天平上称量），加 20g 砝码于右盘，启开天平后发现指针偏向右方（刻度盘上的零点则偏向标线左方），这说明砝码太轻了，随即关上天平，当增加 1g 砝码并再次启开天平时，发现指针偏上左方（刻度盘上的零点偏向标线右方）。于是可以得出结论，被称物质量在 20～21g，即关闭天平及其右侧门，旋转指数盘，由大到小（或由小到大）地加减砝码（指数盘外圈的数字表示的质量等于数字×100mg，内圈上的数字表示的质量如盘上标出的数所示，即10～90mg），当发现光幕在投影屏上移动时标线处于 0～10mg 之间时，便待其平衡（此时标线不一定与零点相重合）后直接读出并记下 10mg 以下的质量，关闭天平，根据秤盘中的砝码和图 3-52 所示的指数盘、投影屏上的读数，被称物的质量应为 20g＋0.270g＋0.0013g＝20.2713g。

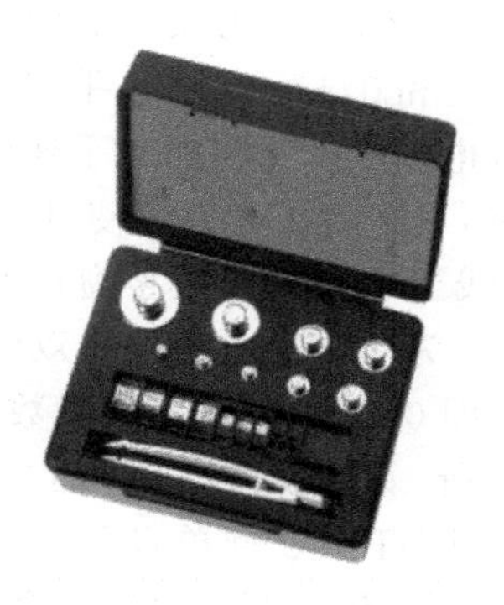

图 3-58 天平砝码

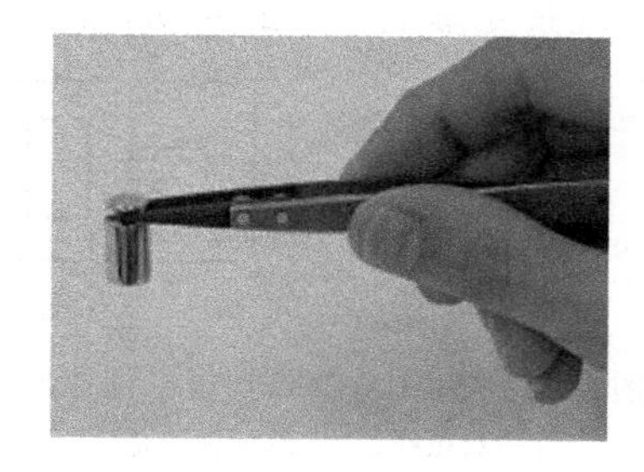

图 3-59 取 1g 以上的砝码

(4) 单盘电光天平

① 构造原理 单盘天平与以上介绍的天平稍有不同，天平只有一个秤盘，盘上部悬挂天平最大载重的全部砝码。称量时将称量物放于盘内，减去与物体等量的砝码，使天平恢复平衡。减去砝码的质量就是物体的质量。它的数值大小直接反映在天平的读数器上。单盘天平由于总是处于最大负载条件下称量，因此其灵敏度基本保持不变，是比较精密的一种天平。

单盘天平也是按杠杆原理设计的，其横梁结构分不等臂和等臂两种类型。等臂单盘天平除只有一个秤盘外，其结构与等臂双盘天平大致相同，不等臂单盘天平只有两把刀，一把支点刀，一把承重刀。其结构如图 3-60、图 3-61 所示。

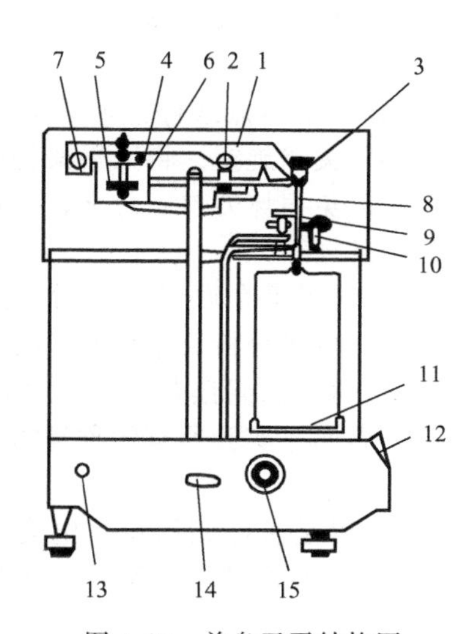

图 3-60 单盘天平结构图

1—横梁；2—支点刀；3—承重刀；4—阻尼片；5—配重砣；6—阻尼筒；7—微分标尺；8—吊耳；9—砝码；10—砝码托；11—秤盘；12—光幕；13—电源开关；14—停动手钮；15—减码手钮

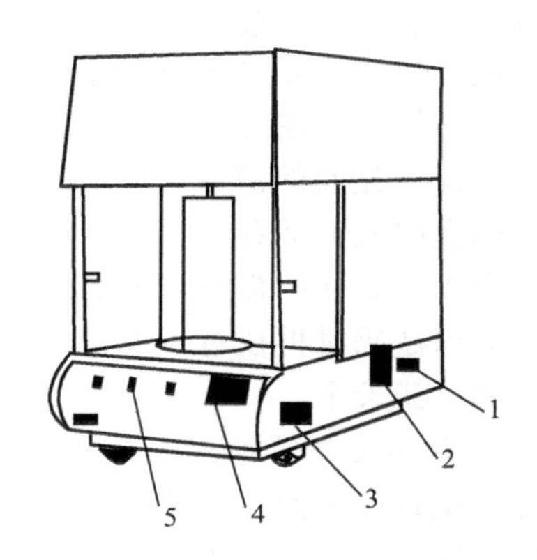

图 3-61 DT-100 型单盘天平

1—零点手钮；2—停动手钮；3—微动手钮；4—光幕——微读数字窗口；5—减码数字窗口

② 使用方法 现以 DT-100 型单盘天平为例说明称量方法，操作顺序如下。

a. 检查天平是否水平 调节减码数字窗口和微读数字窗口的数字在“0”位。

b. 调零点 将停动手钮（又称升降枢纽）向前转 90°，使天平启动，待天平停稳后，旋转零动手钮（又称零点调节器）使光幕上标尺的“00”刻线位于黑双线中间正中处。

c. 放称量物 停动手钮处于垂直位置，天平处于休止状态时，将被称物放在盘中央。

d. 减码　向后旋转 30°，使天平在“半开”状态下进行减码。减码顺序由大到小逐级操作，首先逐个转动 10～90g 大手钮，接着转动 1～9g 中手钮和 0.1～0.9g 小手钮，转动手钮时应注意观察光幕上标尺的移动，待确定减码合适后，休止天平，再将停动手钮缓慢向前转 90°全开天平，转动微动手钮使标尺中的刻度线夹在黑双线当中，三个数字窗口和三个减码手钮相对应，为 18.4g，处于黑双线当中的刻度线为 23，即 0.023g，游标估读数为 1.5，即 0.00015g，所以读数应为 18.42315g（图 3-62），但 DT-100 型单盘天平的分度值为 0.1mg，故根据有效数字的取舍规则可写为 18.4232g。

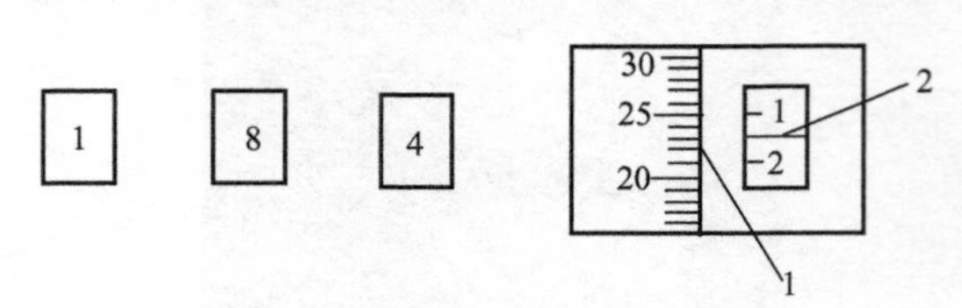

图 3-62　DT-100 型单盘天平读数器
1—双黑线；2—游标估读值

③ 分析天平使用规则　分析天平属精密仪器，为保持天平的准确度和灵敏度不致降低，必须严格遵守下列规则。

a. 天平内外、工作场所应保持清洁，视情况随时更换干燥剂（变色硅胶）。

b. 称量前应检查天平是否符合工作要求，如：是否处于水平位置，吊耳有否脱落，玻璃箱罩内外是否清洁等。如不水平和不在零点，应先调整水平再调整零点。

c. 天平的前门不得随意打开，它主要供装卸、调试和维修用。称量时取放物体、加减砝码只能打开左、右边门。称量物和砝码要放在天平盘的中央，以防天平盘摆动。

d. 天平不能称量热的物体，有腐蚀性蒸气或吸湿性物体必须放在密闭容器内称量。化学试剂和试样不得直接放在盘上，必须盛在干净的容器中称量。天平称量绝对不允许超过其最大载荷。

e. 使用天平时要特别注意保护玛瑙刀口。天平只有观察零点或停点时才开启旋钮，其他时间如取放被称物品、增减砝码以及结束称量等都必须关闭旋钮。将天平梁托起、转动旋钮、取放物品、开关天平门等一切动作都应小心轻缓，以免损坏刀口。总之，一切要触动天平梁的动作都应在架起天平梁后进行，这是最重要的一条。

f. 保持砝码的清洁干燥，砝码只能用镊子夹取，严禁用手拿取以免沾污。砝码只能放在砝码盒内或天平右盘上，应由大到小逐一加码，换码，电光分析天平加圈码时也应由大到小或由小到大逐挡慢慢转动指数盘，防止圈码互撞，跳落。砝码读数：先读砝码盒中的空位，放回砝码时再核对一次，用完后要及时放回盒内。做同一实验所有的称量需用同一组砝码、同一架天平。

g. 称量完毕需检查：天平梁是否已托起，砝码、游码是否已归原位，电光分析天平的指数盘是否已转回到“0”位，电源是否已经切断，天平及箱内外是否清洁、干燥等，最后用罩布将天平罩好才离开天平室。

h. 称量数据及时写在记录本上，不能随意记在纸条或其他地方，以免失落。

(5) 电子天平

① 电子天平的基本原理　根据物理学我们知道，处于磁场中的通电导体（导线或线圈）将产生一种电磁力，力的方向可用物理学中的左手定则来判定，如果通过导体的电流大小和方向以及磁场的方向已知的话，则有电磁力的关系式：

$$F=BLI\sin O$$

式中，F 为电磁力；B 为磁感应强度；L 为受力导线长度；I 为电流强度；$\sin O$ 为通电导体与磁场夹角的正弦。

从式中不难看出电磁力 F 的大小与磁感应强度 B 成正比，与导线长度 L 和电流强度 I

也成正比，还和通电导体与磁场的正弦夹角成正比。

在电子天平中，通常选择通电导体与磁场的夹角为 90°，即 sin90°=1；这时通电导体所受的磁场力最大，所以上式可改写成：

$$F=BLI$$

由于上式中的 B、L 在电子天平中均是一定的，也可视为常数，那么电磁力的大小就决定于电流强度的大小了。亦即电流增大，电磁力也增大；电流减少，电磁力也减小。电流的大小是由天平秤盘上所加载荷的大小，也就是被称物体的重力大小决定的。当大小相等方向相反的电磁力与重力达到平衡时，则有：

$$F=mg=BLI$$

上式即为电子天平的电磁平衡原理式。

通俗地讲，就是当秤盘上加上载荷时，使其秤盘的位置发生了相应的变化，这时位置检测器将此变化量通过 PID 调节器和放大器转换成线圈中的电流信号，并在采样电阻上转换成与载荷相对应的电压信号，再经过低通滤波器和模数（A/D）转换器，变换成数字信号给计算机进行数据处理，并将此数值显示在显示屏幕上，这就是电子天平的基本原理。

电子天平的特点是称量准确可靠、显示快速清晰并且具有自动检测系统、简便的自动校准装置以及超载保护等装置。

② 电子天平的种类　现在电子天平的种类很多，按照电子天平的精度及用途可分为以下几种。

a. 电子台秤（图 3-63）　最小称量 0.01g。

图 3-63　电子台秤

图 3-64　电子天平

b. 超微量电子天平　超微量电子天平的最大称量是 2～5g，其标尺分度值小于称量的 10^{-6}，如赛多利斯的 SC2 和 CC6 型电子天平等均属于超微量电子天平。

目前，精度最高的超微量电子天平是德国（前联邦德国）赛多利斯工厂制造的亿分之一克，也就是 0.00000001g（0.01μg）精度的天平，此记录已载入吉尼斯世界纪录大全。

c. 微量天平　微量天平的称量，一般在 3～50g，其分度值小于称量的 10^{-5}，如赛多利斯的 CC21 型电子天平以及赛多利斯的 MC21S 型电子天平等均属于微量电子天平。

d. 半微量天平　半微量电子天平的称量一般在 20～100g，其分度值小于最大称量的 10^{-5}，如赛多利斯的 CC50 型电子天平和赛多利斯早期生产的 M25D 型电子天平等均属于此类。但是这种分类不是很严格，主要看用户需要什么精度和称量的天平。

e. 常量电子天平（图 3-64）　此种天平的最大称量一般在 100～200g，其分度值小于称

量的 10^{-5}，如普利赛斯的 XT220A 与 XT120A 型电子天平和赛多利斯早期的 A120S、A200S 型电子天平均属于常量电子天平。

③ 电子天平的基本构造　目前，电子天平的种类繁多，无论是国产电子天平，还是进口的电子天平，不论是大称量的电子天平，还是小称量的电子天平，精度高的还是精度低的，其基本构造是相同的。主要由以下几个部分组成。

a. 秤盘　秤盘多为金属材料制成，安装在天平的传感器上，是天平进行称量的承受装置。它具有一定的几何形状和厚度，以圆形和方形的居多。使用中应注意卫生清洁，更不要随意掉换秤盘。

b. 传感器　传感器是电子天平的关键部件之一，由外壳、磁钢、极靴和线圈等组成，装在秤盘的下方。它的精度很高也很灵敏。应保持天平称量室的清洁，切忌称样时撒落物品而影响传感器的正常工作。

c. 位置检测器　位置检测器是由高灵敏度的远红外发光管和对称式光敏电池组成的。它的作用是将秤盘上的载荷转变成电信号输出。

d. PID 调节器　PID（比例、积分、微分）调节器的作用就是保证传感器快速而稳定地工作。

e. 功率放大器　其作用是将微弱的信号进行放大，以保证天平的精度和工作要求。

f. 低通滤波器　它的作用是排除外界和某些电器元件产生的高频信号的干扰，以保证传感器的输出为一恒定的直流电压。

g. 模数（A/D）转换器　它的优点在于转换精度高，易于自动调零，能有效地排除干扰，将输入信号转换成数字信号。

h. 微计算机　此部件是电子天平的关键部件。它是电子天平的数据处理部件，具有记忆、计算和查表等功能。

i. 显示器　现在的显示器基本上有两种：一种是数码管的显示器；另一种是液晶显示器。它们的作用是将输出的数字信号显示在显示屏幕上。

j. 机壳　其作用是保护电子天平免受到灰尘等物质的侵害，同时也是电子元件的基座等。

k. 底脚　电子天平的支撑部件，同时也是电子天平水平的调节部件，一般均靠后面两个调整脚来调节天平的水平。

④ 电子天平的正确选购　选择电子天平，主要是考虑天平的称量和灵敏度应满足称量的要求，天平的结构应适应工作的特点。

选择的原则是：既要保证天平不致超载而损坏，也要保证称量达到必要的相对准确度，要防止用准确度不够的天平来称量，以免准确度不符合要求；也要防止滥用高准确度的天平而造成浪费。应从电子天平的绝对精度（分度值 e）上去考虑是否符合称量的精度要求。如选 0.1mg 精度的天平或 0.01mg 精度的天平，切忌不可笼统地说要万分之一或十万分之一精度的天平，因为国外有些厂家是用相对精度来衡量天平的，否则买来的天平无法满足用户的需要。应考虑对称量范围的要求。选择电子天平除了看其精度，还应看最大称量是否满足量程的需要。通常取最大载荷加少许保险系数即可，也就是常用载荷再放宽一些即可，经常称的重量值应在最大称量的中值最好，选择的太小会损坏传感器，造成不必要的经济损失；选择的太大会使称重不准确，影响计量的准确性。不是越大越好。

⑤ 电子天平的正确安装　首先，要选防尘、防震、防潮、防止温度波动的房间作为天平室，对准确度较高的天平还应在恒温室中使用。天平应安放在牢固可靠的工作台上，并选择适当的位置安放，以便于操作。天平安装前，应根据天平的成套性清单清点各部件是否齐

全、完好；对天平的所有部件进行仔细清洁。安装时，应参照天平的说明书，正确装配天平，并校正水平，安装完毕后应再次检查各部分安装是否正常，然后检查电源电压是否符合天平的要求，再插好电源插头。

⑥ 电子天平的正确使用

a. 预热　在开始使用电子天平之前，要求预先开机，即要预热 0.5～1h，有的甚至需要预热 2.5h。如果一天中要多次使用，最好让天平整天开着。这样，电子天平内部能有一个恒定的操作温度，有利于称量过程的准确。

b. 校准（使用前一定要仔细阅读说明书）　电子天平从首次使用起，应对其定期校准。如果连续使用，大致每星期校准一次。校准时必须用标准砝码，有的天平内藏有标准砝码，可以用其校准天平。

校准前，电子天平必须开机预热 1h 以上，并校对水平。校准时应按规定程序进行，否则将起不到校准的作用。

在检定（测试）中往往首次计量测试时误差较大，究其原因，是相当一部分仪器，在较长的时间间隔内未进行校准。

需要指出的是，电子天平开机显示零点并不能说明天平称量的数据准确度符合测试标准，只能说明天平零位稳定性合格。因为衡量一台天平合格与否，还需综合考虑其他技术指标的符合性。

因存放时间较长，位置移动，环境变化或为获得精确测量，天平在使用前一般都应进行校准操作。

校准方法分为内校准和外校准两种。德国生产的沙特利斯、瑞士产的梅特勒、上海产的“JA”等系列电子天平均有校准装置。如果使用前不仔细阅读说明书，很容易忽略“校准”操作，造成较大称量误差。

下面以上海天平仪器厂 JA1203 型电子天平为例说明如何对天平进行外校准。

轻按 CAL 键当显示器出现 CAL-时，即松手，显示器就出现 CAL-100，其中“100”为闪烁码，表示校准砝码需用 100g 的标准砝码。此时就把准备好的“100g”校准砝码放上秤盘，显示器即出现“----”等待状态，经较长时间后显示器出现 100.000g，拿去校准砝码，显示器应出现 0.000g，若出现不是为零，则再清零，再重复以上校准操作（注意：为了得到准确的校准结果，最好重复以上校准）。

c. 正确称量　在使用前调整水平仪气泡至中间位置。

电子天平应按说明书的要求进行预热。

在称重前应检查秤盘下压是否顺畅，有无“蹭连”现象（指传感器与秤盘等部件必须紧固并无粘接现象），否则会影响称重结果。

电子天平称量操作时，应正确使用各控制键及功能键；在操作时，点击按键时用力要适当，更不可使用尖锐的物体猛击按键（因为这样会使天平表皮破裂，导致潮气和粉尘进入秤体和仪表）。

在称重时不要过力，特别是小称量的秤，所称的物品要轻拿轻放，以免损坏传感器，不要将超过额定重量的物体放在秤盘上（因为这样会缩短传感器的使用寿命，更不能猛击传感器）。

选择最佳的积分时间，正确掌握读数和打印时间，以获得最佳的称量结果。

为称重准确，应远离强电磁干扰源，如电焊机、电钻、磁铁、大型电动机等。

当用去皮键连续称量时，应注意天平过载。

使用时应注意观察各公司出品的不同系列产品人性化的智能提示和控制，并进行有效的处理。

在称量过程中应关好天平门。电子天平使用完毕后，应关好天平和门罩，切断电源，罩上防尘罩。

电子天平的维护与保养如下。

a. 电子天平室内应保持清洁、整齐、干燥，不得在室内洗涤、就餐、吸烟等。

b. 将天平置于稳定的工作台上，避免振动、气流及阳光照射。

c. 电子天平开机后如果发现异常情况，应立即关闭天平，并对电源、连线、保险丝、开关、移门、被称物、操作方法等做相应的检查。

d. 称量易挥发和具有腐蚀性的物品时，要盛放在密闭的容器中，以免腐蚀和损坏电子天平。

e. 应定期对天平的计量性能进行检测，进行自校或定期外校，保证其处于最佳状态。

f. 如果电子天平出现故障，应及时检修，不可带“病”工作。不合格的天平应立即停用，并送交专业人员修理。天平经修理、检定合格后，方可使用。

g. 操作天平不可过载使用以免损坏天平。

h. 应经常清理秤盘、外壳和风罩，一般用清洁绸布沾少许乙醇轻擦，不可用强溶剂。天平清洁后，框内应放置无腐蚀性的干燥剂，并定期更换。

i. 若长期不用电子天平时应暂时收藏为好。

j. 电子天平应由专人保管和维护保养，设立技术档案袋，用以存放使用说明书、检定证书、测试记录，定期记录维护保养及检修情况。

3.9 液体体积的量度

(1) 量筒的使用 量筒是用来量取要求不太严格的溶液体积的，它有 5～2000mL 十余种规格。根据不同的需要，实验中可根据所取溶液容积的不同来选用。量筒的使用方法如下。

① 量取液体时，将液体加入量筒（图 3-65），读数时量筒应垂直放置，视线应与液面水平，读取弯月面最低处刻度（图 3-66），视线偏高或偏低均会产生误差。

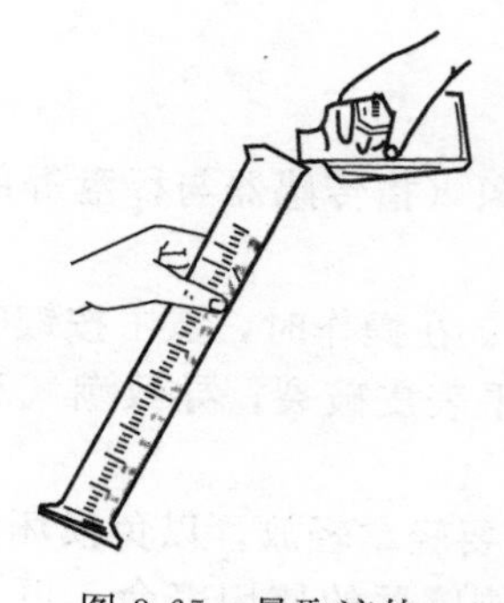

图 3-65 量取液体

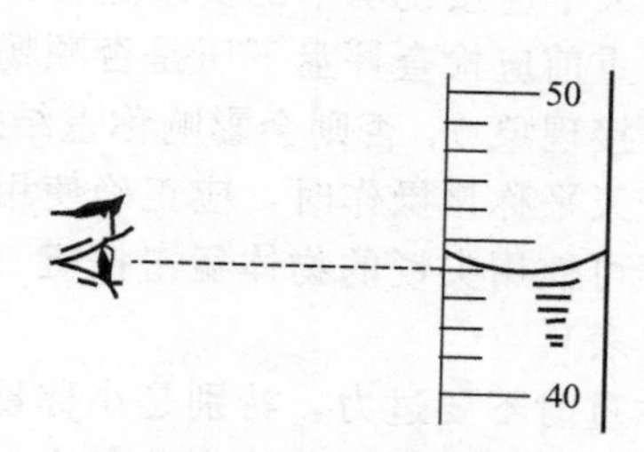

图 3-66 视线与度量的关系

② 量筒不能加热。也不能用做实验（如溶解、稀释等）容器，不允许量热的液体，以防止量筒破裂。

(2) 移液管和吸量管的使用 要求准确地移取一定量的液体时，可以使用移液管和吸量管（图 3-67）。移液管的形状如图 3-67（a）所示。

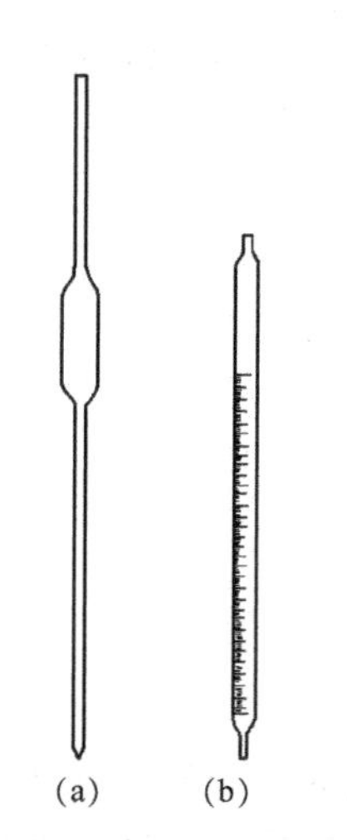

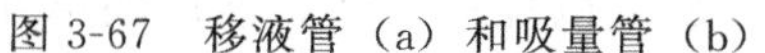

图 3-67　移液管（a）和吸量管（b）

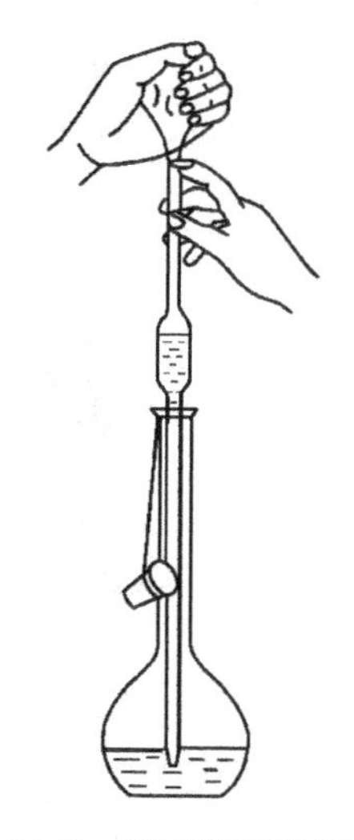

图 3-68　移液管吸取液体

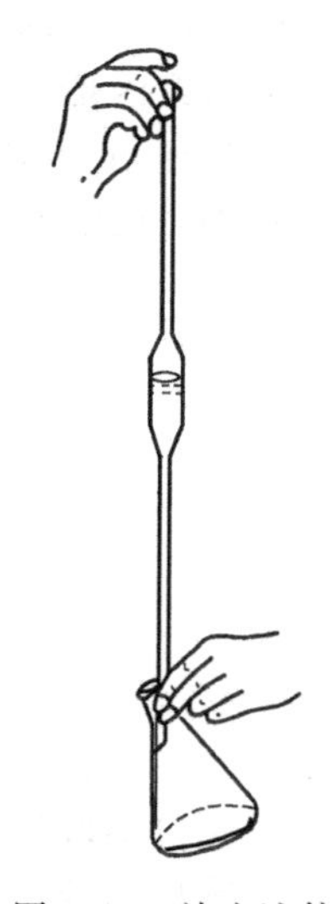

图 3-69　放出液体

玻璃球上部的玻璃管上有一标线，吸入液体的弯月面下沿与此标线相切后，让液体自然放出，所放出液体的总体积就是移液管的容积。一般常用的有 25mL、10mL（20℃或 25℃）等规格，在使液体自然放出时，最后因毛细作用总有一小部分液体留在管口不能流出。这时不要使用外力使之放出，因为校正移液管容量时，就没有考虑这一滴液体，放出液体时把移液管的尖嘴靠在容器壁上，稍等片刻就可以拿开。也有少数移液管上面标有“吹”字，则放出液体时就要把管口的液体吹出。

吸量管［图 3-67（b）］是一种刻有分度的内径均匀的玻璃管（下部管口尖细），容积有 100mL、50mL、25mL、10mL、5mL、2mL 和 1mL 等多种，可以量取非整数的小体积液体，最小分度有 0.1mL、0.02mL 以及 0.01mL 等，量取液体时每次都是从上端 0 刻度开始，放至所需要的体积刻度为止。

移液管和吸量管在使用之前，依次用洗液、自来水、蒸馏水洗至内壁不挂水珠为止，最后用少量被量取的液体洗三遍。

吸取液体时，左手拿洗耳球，右手拇指及中指拿住移液管或吸量管的上端标线以上部分，将洗耳球内部空气排出后，使管下端伸入液面下约 1cm，不应伸入太深，以免外壁沾有过多液体，也不应伸入太浅，以免液面下降时吸入空气。用洗耳球轻轻吸上液体，眼睛注意管中液面的上升情况，移液管和吸量管则随容器中液体液面的下降而往下伸（图 3-68）。当液体上升到标线刻度以上时，迅速用食指堵住上部管口，将移液管从液体中取出，靠在容器壁上，然后稍微放松食指。同时轻轻转动移液管（或吸量管）。使标线以上的液体流回去，当液面的弯月形最低点与标线相切时，就按紧管口，使液体不再流出，取出移液管移入准备接受液体的容器中，仍是其出口尖端接触器壁，让接受容器倾斜而移液管保持直立，抬起食指，使液体自由地顺壁流下（图 3-69），待液体全部流尽后，稍等 15s，取出移液管。

(3) 微量取液器的使用　这种取液器（图 3-70）在生化实验中大量地使用，它们主要用于多次重复的快速定量移液，可以只用一只手操作，十分方便。移液的准确度（即容量误差）为±(0.5％～1.5％)，移液的精密度（即重复性误差）更小些，为≤0.5％。

取液器可分为两种：一种是固定容量的，常用的有 100μL 等多种规格。每种取液器都有其专用的聚丙烯塑料吸头，吸头通常是一次性使用，当然也可以超声清洗后重复使用，而且此种吸头还可以进行 120℃高压灭菌；另一种是可调容量的取液器，常用的有 200μL、500μL 和 1000μL 等几种。

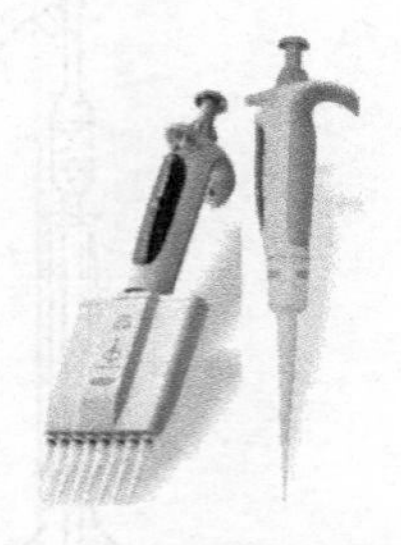

图 3-70 微量取液器

可调式自动取液器的操作方法是用拇指和食指旋转取液器上部的旋钮，使数字窗口出现所需容量体积的数字，在取液器下端插上一个塑料吸头，并旋紧以保证气密，然后四指并拢握住取液器上部，用拇指按住柱塞杆顶端的按钮，向下按到第一停点，将取液器的吸头插入待取的溶液中，缓慢松开按钮，吸上液体，并停留 1～2s（黏性大的溶液可加长停留时间），将吸头沿器壁滑出容器，用吸水纸擦去吸头表面可能附着的液体，排液时吸头接触倾斜的器壁，先将按钮按到第一停点，停留一秒钟（黏性大的液体要加长停留时间），再按压到第二停点，吹出吸头尖部的剩余溶液，如果不便于用手取下吸头，可按下除吸头推杆，将吸头推入废物缸。

使用自动取液器注意以下事项：

① 吸取液体时一定要缓慢平稳地松开拇指，绝不允许突然松开，以防将溶液吸入过快而冲入取液器内腐蚀柱塞而造成漏气；

② 为获得较高的精度，吸头需预先吸取一次样品溶液，然后再正式移液，因为吸取血清蛋白质溶液或有机溶剂时，吸头内壁会残留一层“液膜”，造成排液量偏小而产生误差；

③ 浓度和黏度大的液体，会产生误差；为消除误差，补偿量可由试验确定；补偿量可用调节旋钮改变读数窗的读数来进行设定；

④ 可用分析天平称量所取纯水并进行计算的方法来校正取液器，1mL 蒸馏水 20℃时 0.9982g。

(4) 容量瓶的使用 容量瓶是一个细颈梨形的平底玻璃瓶，带有磨口塞子，颈上有标线。一般的容量瓶都是“量入”容量瓶，标有“In”（过去用“E”表示），当液体充满到瓶颈标线时，表示在所指温度（一般为 20℃）下，液体体积恰好与标称容量相等。另一种是“量出”容量瓶，标有“Ex”（过去用“A”），当液体充满到标线后，按一定的要求倒出液体，其体积恰好与瓶上的标称容量相同，这种容量瓶是用来量取一定体积的溶液用的。使用时应辨认清楚。

容量瓶是用来配制具有准确浓度的溶液时用的，配好的溶液如需保存，应该转移到细口瓶中去。容量瓶在洗涤前应先检查一下瓶塞是否漏水，使用前应检查瓶塞是否漏水。在瓶中放入自来水到标线附近，盖好塞子，左手按住塞子，右手指尖顶住瓶底边缘［图 3-71(a)］倒立 2min，观察瓶塞周围是否有水渗出。将瓶直立后，转动瓶塞约 180°，再试一次。不漏水的容量瓶才能使用。按常规操作把容量瓶洗净，为避免打破塞子，应该用一根线绳或皮筋把塞子系到瓶颈上。

在配制溶液前，应先把称好的固体试样在烧杯中溶解，然后再把溶液从烧杯中转移到容量瓶中［图 3-71(b)］，用蒸馏水多次洗涤烧杯，把洗涤液也转移到容量瓶中，以保证溶质全部转移，缓慢地加入蒸馏水，加到接近标线 1cm 处，等 1～2mim，使附在瓶颈上的水流下。然后用洗瓶或滴管滴加水至标线（小心操作，勿过标线），加水时，视线平视标线。水充满到标线后，盖好瓶塞，将容量瓶倒转，等气泡上升后，轻轻振荡，再倒转过来，重复操作多次，就能使瓶中溶液混合均匀（图 3-72）。

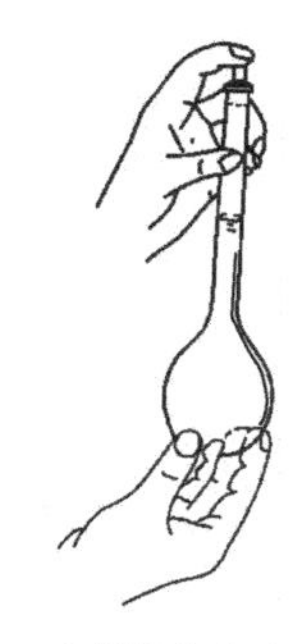

(a) 容量瓶的拿法

(b) 溶液从烧杯转移入容量瓶

图 3-71　容量瓶的拿法及溶液转移

假如固体是经过加热溶解的，那么溶液必须冷却后才能转移到容量瓶中。

假如要将一种已知其准确浓度的浓溶液稀释到另一准确浓度的稀溶液，方法是移取准确量的浓溶液，放入适当的容量瓶中，然后按上述方法冲稀至标线。

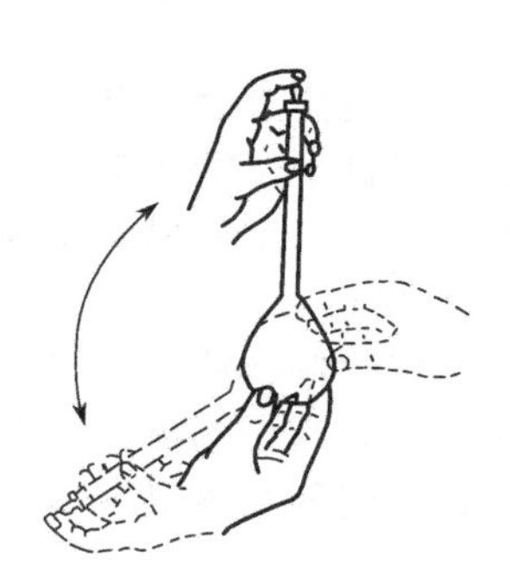

图 3-72　振荡容量瓶

(5) 滴定管的使用　滴定管分酸式滴定管和碱式滴定管两种（图 3-73）。酸式滴定管可装放除碱以及对玻璃有腐蚀作用的溶液以外的溶液，碱式滴定管的下端用橡皮管连接一个带有尖嘴的小玻璃管。橡皮管内装一个玻璃珠，用以堵住溶液。使用时只要用拇指和食指紧控橡皮管半边，轻轻将玻璃珠向另一边挤压，管内便形成一条狭缝，溶液由狭缝流出，根据手指用力的轻重，控制狭缝的大小，从而控制溶液的流出速度。

滴定管在洗涤前应检查是否漏水，玻璃活栓是否转动灵活，若酸式滴定管漏水或活栓转动不灵活，就应拆下活栓，擦干活栓和内壁，重新涂凡士林油。若碱式滴定管漏水，则需要更换玻璃珠或橡皮管。

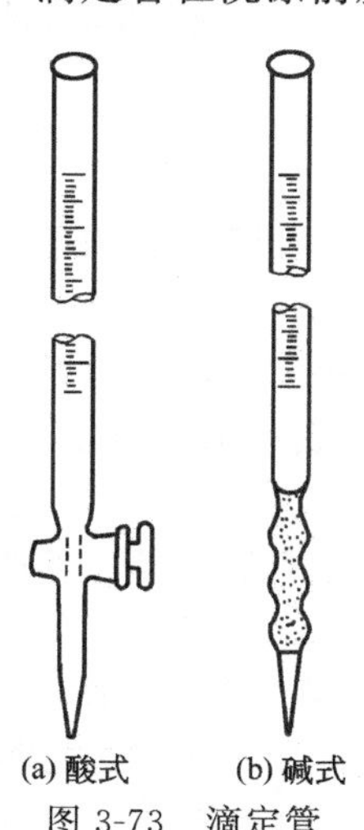

(a) 酸式　(b) 碱式

图 3-73　滴定管

① 活栓涂油方法　在擦干活栓和活栓内壁（图 3-74）之后，用手指蘸少量凡士林擦在活栓粗的一端，沿圆周涂一薄层，尤其在孔的近旁不能涂多（图 3-75）。涂活栓另一端的凡士林最好是涂在活栓内壁上。涂完以后将活栓插入槽内，插时活栓孔应与滴定管平行（图 3-76）。然后向同一方向转动活栓，直到从活栓外面观察，全部呈透明为止（图 3-77）。如发现转动不灵活，活栓内油层出现纹路，表示涂油不够，如有油从活栓缝溢出或进入活栓孔，表示涂油太多。遇到这种情况，都必须重新涂油。

② 滴定管的洗涤　滴定管使用之前必须洗涤干净，要求滴定管洗涤到装满水后再放出来时管的内壁全部为一层薄水膜湿润而不挂有水珠。

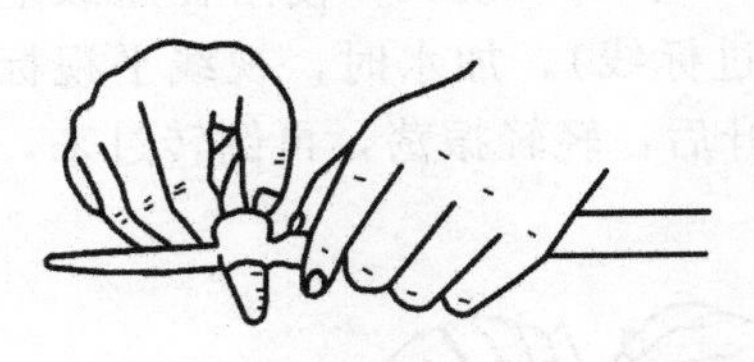

图 3-74　擦干活栓内壁的手法

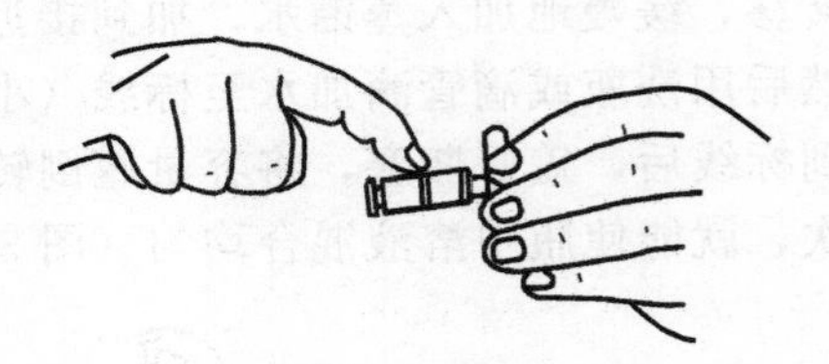

图 3-75　涂油手法

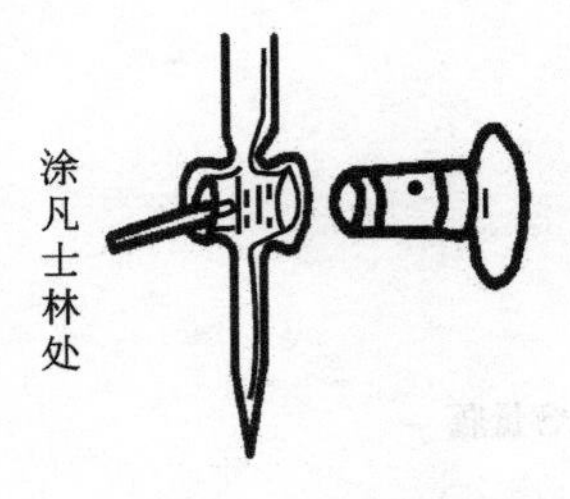

图 3-76　活塞安装

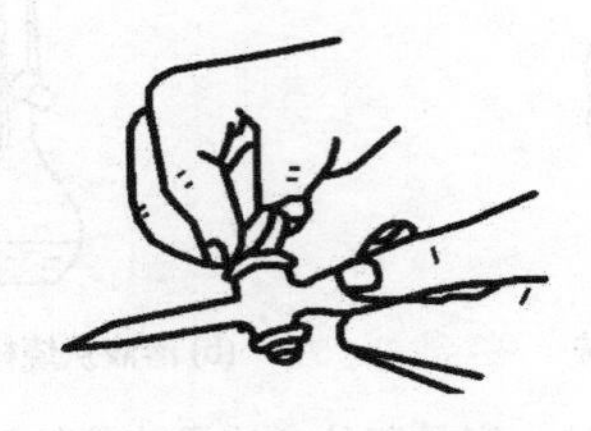

图 3-77　转动活塞

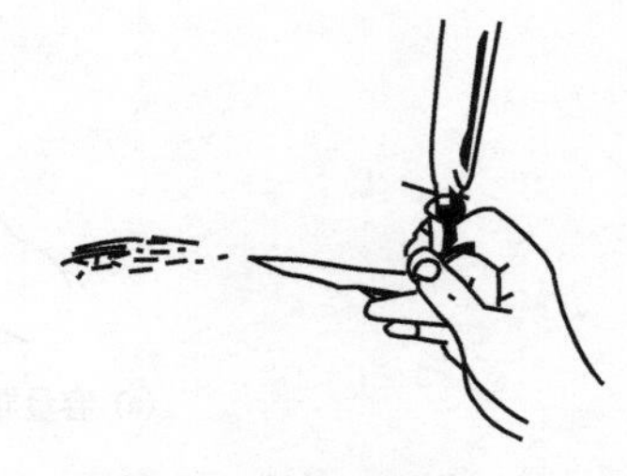

图 3-78　碱式滴定管除气方法

当发现滴定管没有明显污染时，可以直接用自来水冲洗，或用滴定管刷蘸肥皂水刷洗，但要注意刷子不能露出头上的铁丝，也不能向旁侧弯曲，以免划伤内壁，用自来水、蒸馏水洗净之后，一定要用滴定溶液洗三次（每次 5～10mL）。

③ 出口管口气泡的清除　当滴定溶液装入滴定管时，出口管还没有充满溶液，此时将酸式滴定管倾斜约 20°，左手迅速打开活栓使溶液冲出，就能充满全部出口管，假如使用碱式滴定管，则把橡皮管向上弯曲，玻璃尖嘴斜向上方，用两指挤压玻璃珠，使溶液从出口管喷出，气泡随之逸出（图 3-78）。继续一边挤橡皮管。

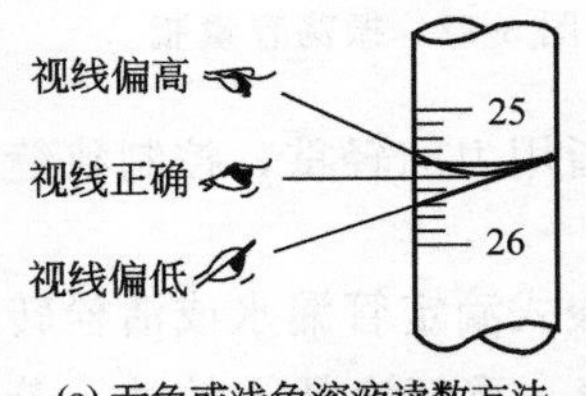

(a) 无色或浅色溶液读数方法

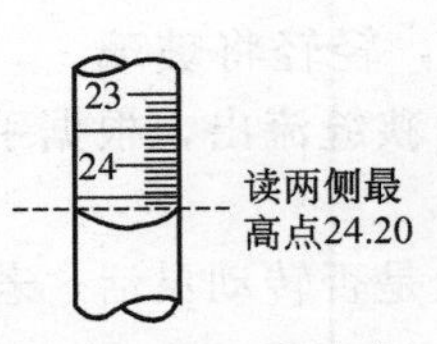

(b) 有色溶液读数方法

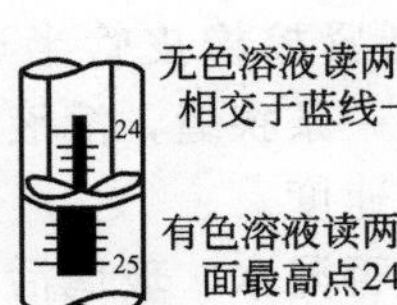

(c) 蓝色线滴定管读数方法

图 3-79　滴定管的读数方法

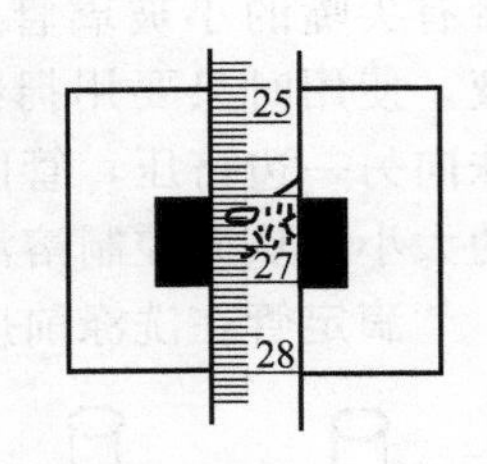

图 3-80　读数卡使用

④ 滴定管读数方法　读数时滴定管必须保持垂直状态，注入或放出溶液后稍等 1～2min，待附着于内壁的溶液流下后再开始读数，常量滴定管读数应读到小数点后第二位毫升数值。如 25.93mL、22.10mL 等。读数时视线必须与液面保持在同一水平，对于无色或浅色溶液，读它们的弯月面下缘最低点的刻度［图 3-79(a)］。对于深色溶液如高锰酸钾、碘水等，可读两侧最高点的刻度［图 3-79(b)］。若滴定管背后有一蓝线（或蓝带），无色溶液这时形成了两个弯月面，并且相交于蓝线的中线处［图 3-79(c)］，读数时即读出交点的刻度，若为深色溶液，则仍读液面两侧最高点的刻度。

为了帮助准确读出弯月面下缘的刻度，可在滴定管后面衬一张“读数卡”，所谓“读数卡”就是一张黑纸或深色纸（约 3cm×15cm）。读数时将它放在滴定管背后，使黑色边缘在弯月面下方约 1mm 左右，此时看到的弯月面反射层呈黑色（图 3-80），读出黑色弯月面下缘最低点的刻度即可。

⑤ 滴定　酸式滴定管的活栓柄向右。滴定管保持垂直，在驱赶出下端玻璃尖管中的气泡，调整好液面高度，并记录了初读数之后，还要将挂在下端尖管出口处的残余液滴除去，才能开始滴定，将滴定管伸入烧杯或锥形瓶内，左手三指从滴定管后方向右伸出，拇指在前方与食指及中指操纵活塞（图 3-81）使液滴逐滴加入，如在锥形瓶内滴定，则右手持瓶颈不断转动；如果在烧杯内滴定，则右手持玻璃棒不断轻轻搅动溶液。碱式滴定管操作见图 3-82，左手握管，拇指在前，食指在后，其他三个指辅助夹住出口管，用拇指和食指捏住玻璃珠部位偏上部分，向右边挤压胶管，使玻璃珠移向手心一侧，使溶液从玻璃珠旁边的空隙流出，注意不要捏玻璃珠下部的胶管，以免空气进入而形成气泡，影响读数。

每次滴定最好都是将溶液装至滴定管的“0.00”mL 刻度上或稍下一点开始，这样可以消除因上下刻度不均匀所引起的误差。

实验结束后，倒出溶液，用自来水、蒸馏水顺序洗涤滴定管，装满蒸馏水，罩上滴定管盖，以备下次使用（或洗后收起）。

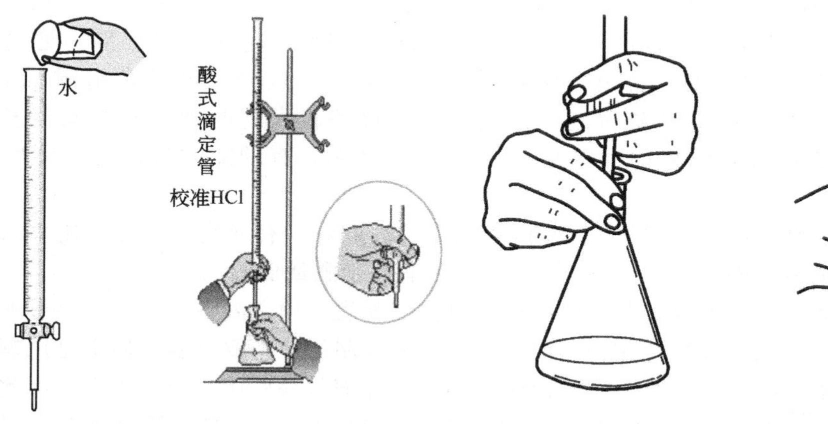

图 3-81　酸式滴定管操作

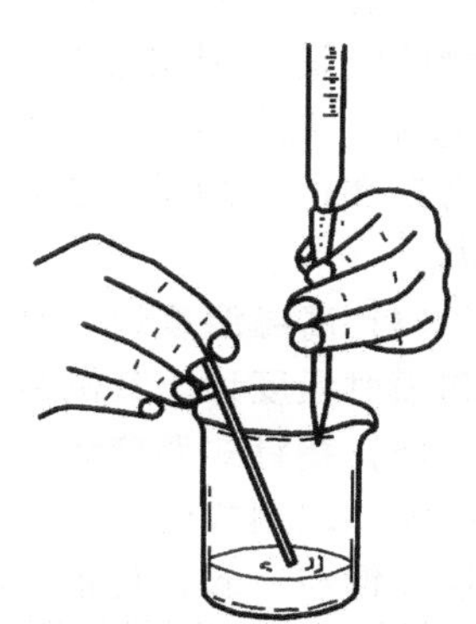

图 3-82　碱式滴定管操作

3.10　温度的测量

3.10.1　温度计的工作原理

温度计是测温仪器的总称。它利用物质的某一物理属性随温度的变化来标志温度。

根据使用目的的不同，已设计制造出多种温度计。任何物质的任一物理属性，只要它随温度的改变而发生单调的、显著的变化，都可用来标志温度而制成温度计。其设计的依据有：利用固体、液体、气体受温度的影响而热胀冷缩的现象；在定容条件下，气体（或蒸气压强）因不同温度而变化；热电效应随温度的变化而变化；电阻随温度的变化而变化；热辐射的影响等。

3.10.2　温度测量仪表

根据所用测温物质的不同和测温范围的不同，有煤油温度计、酒精温度计、水银温度计、气体温度计、电阻温度计、温差电偶温度计、辐射温度计和光测温度计等。

一般的温度测量仪表都有检测和显示两个部分。在简单的温度测量仪表中，这两部分是连成一体的，如水银温度计；在较复杂的仪表中，则分成两个独立的部分，中间用导线连接，如热电偶或热电阻是检测部分，而与之相配的指示和记录仪表是显示部分。

按测量方式，温度测量仪表可分为接触式和非接触式两大类。测量时，其检测部分直接与被测介质相接触的为接触式温度测量仪表；在测量时检测部分不必与被测介质直接接触的为非接触温度测量仪表，它还可用于测运动物体的温度。

(1) 气体温度计 多用氢气或氦气作测温物质，因为氢气和氦气的液化温度很低，接近于绝对零度，故它的测温范围很广。这种温度计精确度很高，多用于精密测量。

(2) 电阻温度计 分为金属电阻温度计和半导体电阻温度计，都是根据电阻值随温度的变化这一特性制成的。金属温度计主要有用铂、金、铜、镍等纯金属的及铑铁、磷青铜合金的；半导体温度计主要用碳、锗等。电阻温度计使用方便可靠，已广泛应用。它的测量范围为－260～600℃。

(3) 温差电偶温度计 是一种工业上广泛应用的测温仪器。利用温差电现象制成。两种不同的金属丝焊接在一起形成工作端，另两端与测量仪表连接，形成电路。把工作端放在被测温度处，工作端与自由端温度不同时，就会出现电动势，因而有电流通过回路。通过电学量的测量，利用已知处的温度，就可以测定另一处的温度。这种温度计多用铜-康铜、铁-康铜、镍铬-康铜、金钴-铜、铂-铑等组成。它适用于温差较大的两种物质之间，多用于高温和低温测量。有的温差电偶能测量高达3000℃的高温，有的能测接近绝对零度的低温。

(4) 高温温度计 是专门用来测量500℃以上温度的温度计，有光测温度计、比色温度计和辐射温度计。其测量范围为500～3000℃以上，不适用于测量低温。

(5) 指针式温度计 是形如仪表盘的温度计，也称寒暑表，用来测室温，是用金属的热胀冷缩原理制成的。它是以双金属片作为感温元件，用来控制指针。双金属片通常是用铜片和铁片铆在一起，且铜片在左，铁片在右。由于铜的热胀冷缩效果要比铁明显得多，因此当温度升高时，铜片牵拉铁片向右弯曲，指针在双金属片的带动下就向右偏转（指向高温）；反之，温度变低，指针在双金属片的带动下就向左偏转（指向低温）。

(6) 玻璃管温度计 玻璃管温度计利用热胀冷缩的原理来实现温度的测量。由于测温介质的膨胀系数与沸点及凝固点的不同，常见的玻璃管温度计主要有：煤油温度计、水银温度计、红钢笔水温度计。它的优点是结构简单，使用方便，测量精度相对较高，价格低廉。缺点是测量上下限和精度受玻璃质量与测温介质的性质限制。且不能远传，易碎。

常用的玻璃温度计一般用玻璃充填水银制成。下端的水银球与上面一根内径均匀的厚壁毛细管相连通，管外刻有表示温度的刻度，分度为1℃和2℃的温度计一般可估计到0.1℃（或0.2℃）的读数，分度为1/10℃的温度计可估计到0.01℃的读数。每支温度计都有一定的测温范围，通常以最高的刻度来表示，如100℃、250℃、360℃等，用石英代替玻璃制成温度计，可测至620℃，任何温度计都不允许测量超过它最高刻度的温度。温度计的水银球玻璃壁很薄，容易破碎，使用时要轻拿轻放，切不可用来当作搅拌棒使用，测量液体温度计，要使水银完全浸在液体中，注意勿使水银球接触容器的底部或侧壁，测量过高温的温度计切不可立即用冷水冲洗。温度计的水银球一旦被打碎，洒出水银，要立即用硫磺粉覆盖。

(7) 压力式温度计 压力式温度计是利用封闭容器内的液体、气体或饱和蒸气受热后产生体积膨胀或压力变化作为测信号。它由温包、毛细管和指示表三部分组成，是最早应用于生产过程温度控制的方法之一。压力式测温系统现在仍然是就地指示和控制温度中应用十分广泛的测量方法。压力式温度计的优点是：结构简单，机械强度高，不怕震动，价格低廉，不需要外部能源。缺点是：测温范围有限制，一般在－80～400℃；热损失大，响应时间较慢；仪表密封系统（温包、毛细管、弹簧管）损坏难于修理，必须更换；测量精度受环境温度、温包安装位置影响较大，精度相对较低；毛细管传送距离有限制。

(8) 转动式温度计 转动式温度计由一个卷曲的双金属片制成。双金属片一端固定，另一端连接着指针。两金属片因膨胀程度不同，在不同温度下，造成双金属片卷曲程度不同，指针则随之指在刻度盘上的不同位置，从刻度盘上的读数便可知其温度。

(9) 半导体温度计 半导体的电阻变化和金属不同，温度升高时，其电阻反而减少，并且变化幅度较大。因此少量的温度变化也可使电阻产生明显的变化，所制成的温度计有较高的精密度，常被称为感温器。

(10) 热电偶温度计 热电偶温度计是由两条不同金属连接着一个灵敏的电压计所组成。金属接点在不同的温度下，会在金属的两端产生不同的电位差。电位差非常微小，故需灵敏的电压计才能测得。由电压计的读数便可知道温度的大小。

(11) 光测温度计 物体温度若高到会发出大量的可见光时，便可利用测量其热辐射的多少以决定其温度，此种温度计即为光测温度计。光测温度计由装有红色滤光镜的望远镜及一组带有小灯泡、电流计与可变电阻的电路制成。使用前，先建立灯丝不同亮度所对应温度与电流计上读数的关系。使用时，将望远镜对正待测物，调整电阻，使灯泡的亮度与待测物相同，从电流计便可读出待测物的温度。

(12) 液晶温度计 用不同配方制成的液晶，其相变温度不同，当其相变时，其光学性质也会改变，使液晶看起来变了色。如果将不同相变温度的液晶涂在一张纸上，则由液晶颜色的变化，便可知道温度大小。液晶温度计的优点是读数容易，缺点则是精确度不足，常用于观赏用鱼缸中，以指示水温。

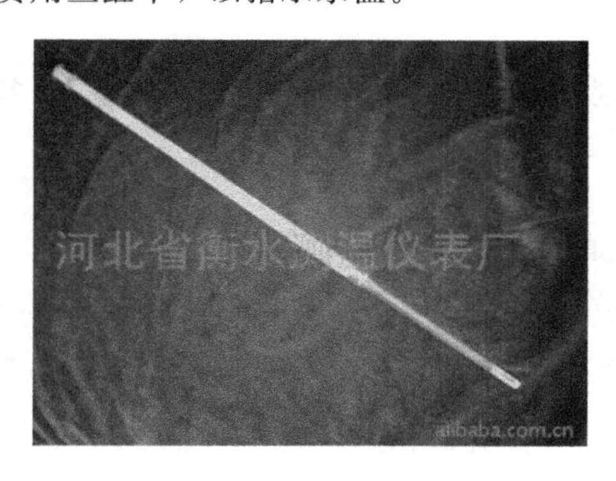

(a) 贝克曼温度计

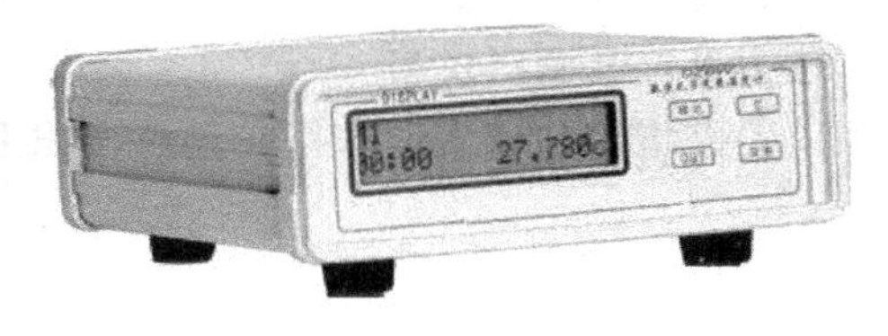

(b) 数字贝克曼(Beckmann)温度计

图 3-83 贝克曼温度计

(13) 贝克曼温度计 贝克曼温度计［图 3-83(a)］是高精度玻璃水银温度计，主刻度尺测温范围 5℃，副刻度尺测温范围－20～＋120℃。主刻度分度值：1%，测量精度为 0.01℃，用放大镜观测，估测精度可达 0.002℃。

贝克曼温度计使用方法如下。

① 首先估计最高使用温度值。

② 将温度计倒置，使水银球和毛细管中的水银徐徐注入毛细管末端的球部，再把温度

计慢慢倾斜，使储槽中的水银与之相连接。

③ 若估计值高于室温，可用温水，或倒置温度计利用重力作用，让水银流入水银储槽，当温度标尺处的水银面到达所需温度时，轻轻敲击，使水银柱在弯头处断开；若估计值低于室温，可将温度计浸于较低的恒温浴中，让水银面下降至温度表尺上的读数正好到达所需温度的估计值，同法使水银柱断开。

注意事项如下。

① 贝克曼温度计由薄玻璃制成，比一般水银温度计长得多，易受损坏。所以一般应放置温度计盒中，或者安装在使用仪器架上，或者握在手中。不应任意放置。

② 调节时，注意勿让它受剧热或剧冷，还应避免重击。

③ 调节好的温度计，注意勿使毛细管中的水银柱再与储槽里的水银相连接。

(14) SWC-II数字贝克曼温度计 SWC-II数字贝克曼温度计使用方法如下。

① 打开电源开关，将温度计的传感器插入待测物中，预热10min。

② 按“测量/保持”按键，使仪器处于测量状态（“测量”指示灯亮）。

③ 按“温度/温差”按键，使仪器处于温度测量状态，此时温度计显示的温度值为待测物的实际温度（数值后有℃符号）。读取该温度作为基温。

④ 根据基温值，调节“基温选择”旋钮于适当的挡位。

⑤ 按“温度-温差”按键，使仪器处于温差测量状态，此时温度计显示的温度值为贝克曼温度（数值后无℃符号），在此条件下可进行温差测量。

⑥ 为方便记录数据，可使用“保持”功能。按“测量/保持”按键，使仪器处于保持状态（“保持”指示灯亮），仪器显示按键时刻的温度值，记录数据后，再按下“测量/保持”按键，使仪器恢复到测量状态（“测量”指示灯亮）。

3.11 压力测量与真空技术

在化工等实验中，经常会遇到压力和真空度的测量，其中包括比大气压力高很多的高压、超高压和比大气压力低很多的真空度的测量。

3.11.1 压力单位及测压仪表

由于压力是指均匀垂直地作用在单位面积上的力，故可用下式表示：

$$p=\frac{F}{S}$$

式中，p 表示压力；F 表示垂直作用力；S 表示受力面积。

根据国际单位制（代号为SI）规定，压力的单位为帕斯卡，简称帕（Pa），1帕为1牛顿每平方米，即：$1\text{Pa}=1\text{N/m}^2$。

帕所表示的压力较小。工程上经常使用兆帕（MPa）。帕与兆帕之间的关系为：

$$1\text{MPa}=1\times10^6\text{Pa}$$

过去使用的压力单位比较多，根据1984年2月27日国务院“关于在我国统一实行法定计量单位的命令”的规定，这些单位将不再使用。在压力测量中，常有表压、绝对压力、负压或真空度之分，工程上所用的压力指示值大多为表压（绝对压力计的指示值除外）。表压是绝对压力和大气压力之差，当被测压力低于大气压力时，一般用负压或真空度来表示，它是大气压力与绝对压力之差，因为各种工艺设备和测量仪表通常是处于大气之中，本身就承受着大气压力。所以，工程上经常用表压或真空度来表示压力的大小。以后所提到的压力，除特别说明外，均指表压或真空度。

测量压力或真空度的仪表，按照其转换原理的不同，可分为以下几类。

(1) 液柱式压力计 根据流体静力学原理，将被测压力转换成液柱高度进行测量。

结构形式：U形管压力计、单管压力计、斜管压力计等。

特点：结构简单、使用方便。

缺点：精度受工作液的毛细管作用、密度及视差等因素的影响，测量范围较窄，一般用来测量较低压力、真空度或压力差。

(2) 弹簧管压力表 弹簧管压力表（图3-84）的测量范围极广，品种规格繁多。按其所使用的测压元件不同，可有单圈弹簧管压力表与多圈弹簧管压力表。除普通弹簧管压力表外，还有耐腐蚀的氨用压力表、禁油的氧气压力表等。将普通弹簧管压力表稍加变化，便可成为电接点信号压力表，它能在压力偏离给定范围时，及时发出信号，以提醒操作人员注意或通过中间继电器实现压力的自动控制。

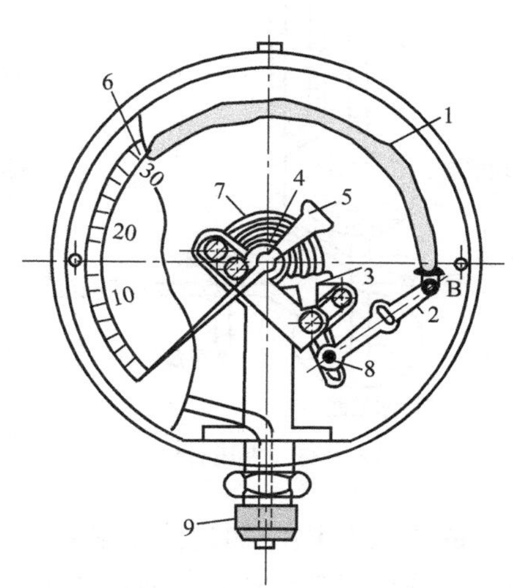

图3-84 弹簧管压力表

1—弹簧管；2—拉杆；3—扇形齿轮；4—中心齿轮；5—指针；6—面板；7—游丝；8—调整螺丝；9—接头

(3) 电气式压力计 电气式压力计是一种能将压力转换成电信号进行传输及显示的仪表。

这种仪表的测量范围较广，分别可测 7×10^{-5} Pa～5×10^{2} MPa的压力，允许误差可至0.2%。

由于可以远距离传送信号，所以在工业生产过程中可以实现压力自动控制和报警，并可与工业控制机联用。

电气式压力计一般由压力传感器、测量电路和信号处理装置所组成。常用的信号处理装置有指示仪、记录仪以及控制器、微处理机等。

(4) 活塞式压力计 它是根据水压机液体传送压力的原理，将被测压力转换成活塞上所加平衡砝码的质量来进行测量的。它的测量精度很高，允许误差可小到0.05%～0.02%。但结构较复杂，价格较贵。一般作为标准型压力测量仪器来检验其他类型的压力计。

3.11.2 真空计

(1) 真空范围划分 10^{-12}～10^{5} Pa。粗真空 10^{3}～10^{5} Pa；低真空 10^{3}～10^{-1} Pa；高真空 10^{-1}～10^{-6} Pa；超高真空 10^{-6}～10^{-12} Pa；极高真空<10^{-12} Pa。

现在真空技术在生产、科研中的用途愈来愈广，在整个真空范围内所采用的测量方法也是多种多样的。

(2) 测量方法

① 基于力的作用原理 U形管，波登管式，波纹管式，膜片式。

② 基于压缩作用原理 麦氏真空计。

③ 基于导热作用原理 电阻真空计，热电偶真空计。

④ 基于电离作用原理 热阴极式，冷阴极式，放射性真空计。

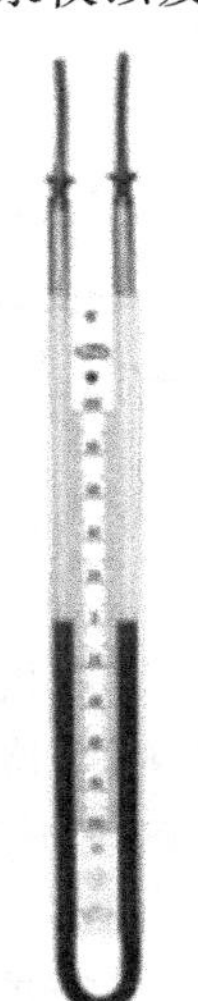

图3-85 U形管真空计

(3) U形管真空计（图3-85） U形管真空计是最简单的真空计。其结构是一根由玻璃管制成的U形管，管中有水银或油，U形管一端接到真空系统上，另一端为大气。随着系统中真空度的升高，U形管真空侧的液面在大气作用下随之上升。这样，依据两管中液面的高度差，就可以测得真空系统中的真空度，即：

$$p=p_a-\rho gh$$

式中，p 为系统中真空度；p_a 为大气压值；ρ 为工作液密度；g 为重力加速度；h 为两液面之差。

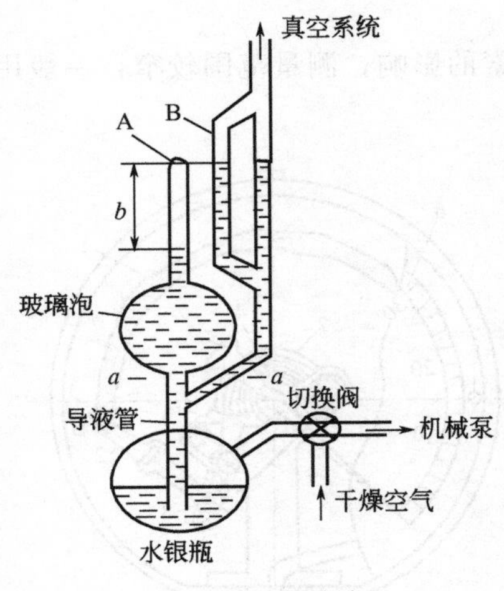

图 3-86 麦氏计

(4) 压缩真空计（麦氏计） 利用波义耳定律，将被测真空系统中一定的残余气体加以压缩，比较压缩前后体积、压力的变化，即能算出真空度。

波义耳-马略特定律是反映气体的体积随压强改变而改变的规律。对于一定质量的气体，在其温度保持不变时，它的压强和体积成反比；或者说，其压强 p 与它的体积 V 的乘积为一常量。

即：$pV=C$（常数）（T 不变时）

或：$p_1V_1=p_2V_2=\cdots=p_nV_n$

实际气体只是在压强不太高、温度不太低的条件下才服从这一定律。

压缩真空计结构如图 3-86 所示。主要由毛细管 A、毛细管 B、玻璃泡、导液管、水银瓶构成。

毛细管 A、玻璃泡及下面一段管子（到 a—a 面为止）的体积为 V_1。测量前需用油封机械泵将水银瓶抽真空，使水银面处于 a—a 位置。这时，玻璃泡与真空系统相通，其压强与真空系统相同，均为 p。转动切换阀门，切断油封机械泵，使水银瓶与干燥空气相通。此时，水银瓶中水银在干燥空气压力作用下，沿导液管上升，充满玻璃泡，然后沿毛细管 A 上升，使玻璃泡和毛细管 A 中气体被压缩到毛细管 A 的顶部，其体积为 V_2。因管 A 中压强高于管 B 中压强，使两个毛细管产生高度差 h，这时，根据波义耳定律：

$$pV_1=(p+h)V_2$$

式中，p 为真空系统中压强。

(5) 电阻真空计 又称皮喇尼真空计。它主要由电阻式规管和测量电路两部分组成。电阻式规管如图 3-87 所示。

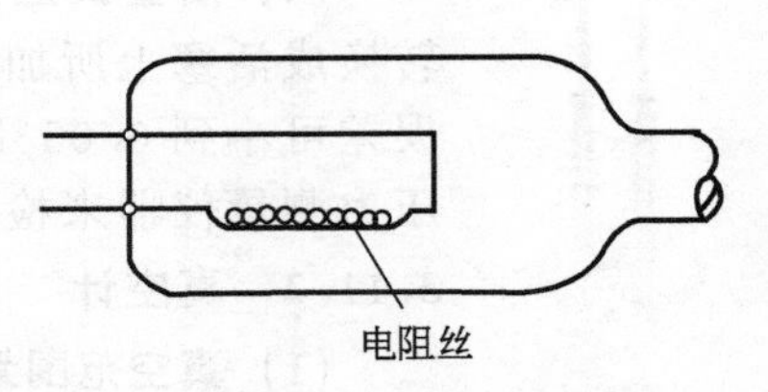

图 3-87 电阻式规管

在电阻规管内封装一只电阻温度系数较大的电阻丝，常用的有钨丝和铂丝。测量时规管与被测真空计系统相连。在较低的压力（小于 13.3Pa）时，热电阻丝的电阻值取决于周围气体的压强。

它主要由玻璃壳、铂丝、热电偶构成。铂丝用于加热热电偶，通以恒定电流，其温度为 100～200℃。热电偶是由镍铬-镍铝或镍-康铜的丝制成的，其作用是在它的加热端与冷端（非加热端）温度不同时，会产生温差电动势。我们是利用真空度不同，气体传热性不同，进而使温差电动势不同的特性来测量真空度的。

通过测量温差电动势，就间接地测得了真空度。热偶计只能测量低的真空度，真空度再高时，压强变化与气体热传导无关，故此真空计不能用于高真空测量。

(6) 电离真空计 电离真空计量程范围为：$1\times10^{-3}\sim5\times10^{-10}$ Torr（1Torr＝

133.322Pa，下同）。

电离真空计诞生于1916年，由巴克利首先研制成功。这种真空计可以远距离测量，易于实现自动记录及控制，由于有炽热的灯丝，不适于测高氧气体。电离真空计是通过在稀薄气体中引起电离然后利用离子电流测量压力。在气体中如果有动能足够大的电子与气体分子相碰撞，它可以从气体分子中击出一个或几个电子使气体分子成为正离子。把这种正离子收集到一个电极上使其产生离子电流，在稀薄气体中，它与气体压力有关。热阴极电离真空计主要由圆筒式热阴极电离规管和测量电路两部分组成。

测量时规管与被测真空系统相连。通电后阴极加热所发射的电子在带正电的加速极作用下，以加速度运动，当电子的动能足够大，在飞向加速极的路途中与管内低压气体分子碰撞，即可使气体分子电离。电离产生的电子和正离子分别在加速极和收集极（带负电位）上形成电流 I_e 和离子流 I_i。当压力足够低（低于 10^{-1}Pa）时，离子电流 I_i 与电子电流 I_e 之比正比于气体的压力 p。

3.12 流量测量

流量是指单位时间内流过管路某一截面的流体的体积或质量，分别称为体积流量或质量流量。流体流量测定对于流量的控制以及物料衡算具有十分重要的意义。流量测定仪表称为流量计。

（1）流量计分类 按照被测量流体，可分为液体流量计和气体流量计。

按照测量方法分类，流量的测量方法可分为直接测量法和采用流量测量仪表的间接测量法。直接测量法是根据流量的定义，借助于测定流体的体积或质量以及对应的流动时间来完成。间接测量法借助于对其他参数的测量来转化为对流量的测量。按测量原理分有力学原理、热学原理、声学原理、电学原理、光学原理、原子物理学原理等。其中根据机械能守恒原理而制作的流量测量仪表主要有标准孔板流量计、文丘里流量计、转子流量计以及自制非标准孔板流量计等。

（2）常用流量计介绍

① 孔板流量计 孔板流量计又称为差压式流量计，是由一次检测件（节流元件）和二次装置（差压变送器和流量显示仪）组成，广泛应用于气体、蒸气和液体的流量测量。具有结构简单、维修方便、性能稳定、使用可靠等特点。

工作原理：充满管道的流体水平流经管道内的节流装置，在节流元件附近造成局部收缩，流速增加，在其上、下游两侧产生静压力差。在已知有关参数的条件下，根据流动连续性原理和伯努利方程可以推导出差压与流量之间的关系而求得流量。其结构原理如图3-88（a）。图3-88（b）为工业用孔板流量计节流检测元件。

② 文丘里流量计 孔板流量计装置简单，但其主要缺点是阻力损失大，文丘里流量计针对孔板流量计的问题，使流量计的管径逐渐缩小，然后逐渐扩大，以减少涡流损失，其构造如图3-89所示。

文丘里流量计工作原理与孔板流量计相似。

③ 转子流量计 转子流量计又称浮子流量计，是变面积式流量计的一种，基于浮子位置的测量实现流量测量。

转子流量计的原理：转子流量计由两个部件组成，一件是从下向上逐渐扩大的锥形管；另一件是置于锥形管中且可以沿管的中心线上下自由移动的转子（图3-90）。当测量流体的

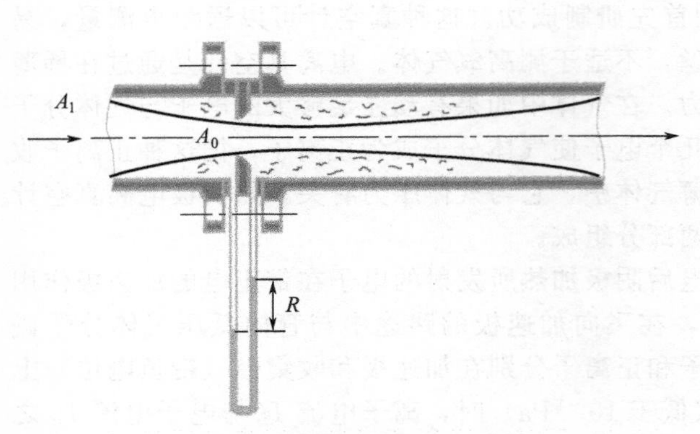

(a) 孔板流量计构造原理图

(b) 孔板流量计节流检测元件

图 3-88 孔板流量计

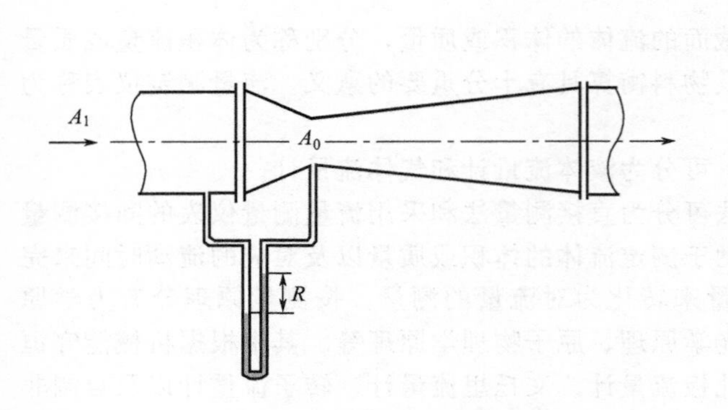

图 3-89 文丘里流量计构造原理图

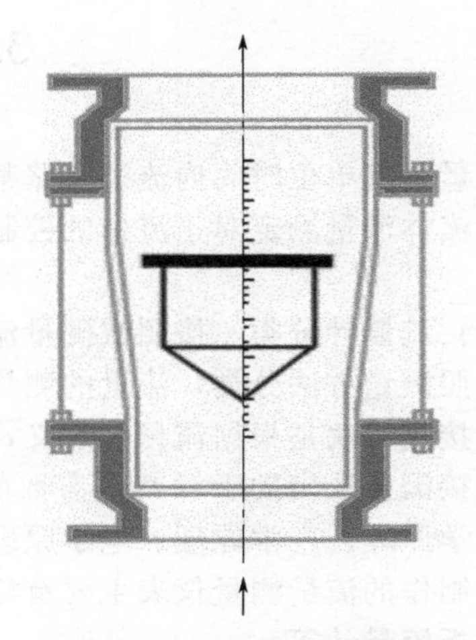

图 3-90 转子流量计构造原理图

流量时，被测流体从锥形管下端流入，流体的流动冲击着转子，并对它产生一个作用力（这个力的大小随流量大小而变化）；当流量足够大时，所产生的作用力将转子托起，并使之升高。同时，被测流体流经转子与锥形管壁间的环形断面，从上端流出。当被测流体流动时对转子的作用力正好等于转子在流体中的重量时（称为显示重量），转子受力处于平衡状态而停留在某一高度。转子在锥形管中的位置高度与所通过的流量有着相互对应的关系。因此，观测转子在锥形管中的位置高度，就可以求得相应的流量值。

转子流量计的转子材料可用不锈钢、铝、青铜等制成。可通过更换转子材料来调节转子流量计量程。

④ 气体流量计　气体流量计安装在管路中记录流过的气体量。通常装于煤气用户中以记录煤气用量，因而俗称煤气表，也可用于其他气体的计量。

气体流量计有干式和湿式两种。干式气体流量计常用的是滑瓣式气表（图 3-91），内部装有皮革或塑料制成的气袋，袋壁能随气体进入或排出而伸缩，通过滑瓣连接到记录仪表，以记录流过的体积。湿式气体流量计的外壳内有一个具有 A、B、C、D 四个室的转鼓（图 3-92）。鼓的下半部浸没于水中。气体依次进入各室，由顶部排出时迫使转鼓转动。转动的次数通过记录器记录，从而得出累计量。

图 3-91　干式气体流量计

图 3-92　湿式气体流量计

3.13　光学测定方法

(1) 光学测定原理　光与物质相互作用可以产生各种光学现象，如光的反射、折射、吸收、散射、偏振以及物质的受激辐射等。通过研究这些光学现象，可以提供原子、分子以及晶体结构等方面的大量信息。例如利用折射率的测量可以检验物质纯度；利用吸光度的测量确定物质的组成；利用旋光度的测量鉴别手性分子以及利用X射线衍射确定晶体结构等，因此光学测量技术具有广泛的应用。在任何光学测量系统中，均包括光源、滤光器、盛样品器和检测器这些部件，对于不同的光学测量，其部件及组合方式不尽相同。

(2) 折射率的测量　折射率是物质的重要参数之一，它是物质内部电子运动状态的反映。纯物质的折射率与物质的本性、测试温度、光源的波长等因素有关，对于混合物或溶液，还与组分的组成有关，因此通过折射率的测定，不仅可以定性地检验物质的纯度，还可以定量分析混合物的组成。此外，物质的摩尔折射率、密度、极性分子的偶极矩等也都与折射率密切相关。

阿贝折射仪是测量物质折射率的专用仪器，该测量方法的主要特点是：无需特殊光源，普通日光即可；棱镜有恒温夹套，可进行恒温测量；试样用量少，测量精确度高；测量快速，操作简单。

(3) 旋光度的测量　某些物质在平面偏振光通过它们时能将偏振光的振动面旋转某一角度，物质的这种性质称为旋光性，转过的角度称为旋光度。具有旋光性的物质有石英晶体、酒石酸晶体、蔗糖的溶液等。使偏振光的振动面向左旋转的物质称为左旋物质，向右旋转的物质称为右旋物质，因此通过旋光仪测量物质的旋光度，可以定性鉴定物质，是研究各向异性晶体和手性分子结构的重要手段。物质的旋光度与物质的性质、测试温度、光经过物质的厚度、光源的波长等因素有关，若被测物质是溶液，当光源波长、温度、厚度恒定时，其旋光度与溶液的浓度成正比，因此通过旋光度的测量还可以定量分析旋光性物质的浓度。

(4) 分子光谱测定　物质的分子具有一系列量子化的能级，当物质受到光的照射后，如果光子的能量 $h\nu$ 恰好等于分子激发到高能级上所需的能量时，此波长的光则被分子吸收。分子光谱法就是利用物质对光的选择性吸收而建立起来的分析方法。根据光波长范围的不同，所使用的分析仪器不尽相同。常用的紫外-可见分光光度法、分子荧光法都是在一定光区进行物质定量分析的方法。而红外光谱则是确定化合物的类别、确定官能团、推测分子结构以及定量分析的有效方法。自旋核在磁场中受到适宜频率的电磁波照射会发生原子核能级的跃迁，同时产生核磁共振信号，在有机化合物中，经常研究的是^{1}H核和^{13}C核的共振吸收谱，所用的核磁共振波谱法是研究具有碳氢元素组成的物质结构的非常有效的方法。在有机化合物的结构鉴定中起着重要作用。实验室常用的仪器有紫外-可见分光光度计、分子荧光光度计、红外光谱仪以及核磁共振波谱仪等。

(5) 原子光谱测定 组成物质的原子受到一定光的照射后，原子外层价电子能量会发生变化，产生电子跃迁，由于不同原子之间结构的特征性，使得这种跃迁具有极强的波长特征性，原子光谱法就是利用这种原子跃迁产生的特征波长进行组成物质元素的定性和定量测定，所用的仪器有原子发射光谱仪、原子吸收光谱仪以及原子荧光光谱仪。可以对物质进行组成元素的定性分析和定量分析，尤其可以进行微量、痕量元素的含量分析。基于原子内层电子特征波长跃迁的原理，X射线荧光光谱可以对物质进行无损定性和定量分析。实验室常用的仪器有原子发射光谱仪、原子吸收光谱仪、原子荧光光谱仪以及X射线荧光光谱仪等。

3.14 电化学测定方法

(1) 电化学测定原理 溶液的电化学性质是指当电流通过溶液构成化学电池时，化学电池的电位、电流、电导和电量等电学性质要随着溶液的化学组成和浓度的不同而不同的性质。而根据物质的电化学性质与被测物质之间某些物理量的关系为计量基础的分析称为电化学分析。

(2) 电化学分析分类

① 电导分析法 以测量溶液的电导（电阻的倒数）为基础的分析方法。常用于鉴定水质纯度，如鉴定锅炉用水、工厂废水和河水等天然水以及实验室制备去离子水和蒸馏水的质量。还可用于化学反应某些中间流程的控制及自动分析。

a. 直接电导法 直接测定溶液的电导（或电阻）值而测出被测物质的浓度。

b. 电导滴定法 一种容量分析方法，通过电导的突变来确定滴定终点，然后计算被测物质的含量。

② 电位分析法及离子选择电极法 用一指示电极和一参比电极与试液组成化学电池，根据电池电动势或指示电极电位的变化进行分析的方法。可以测定物质的解离常数、络合物稳定常数、溶度积常数、活度系数、大气中有害气体（CO_2、SO_2等），并能作为研究热力学、动力学、电化学等基础理论的手段。

a. 直接电位法 直接根据指示电极的电位与被测物质浓度的关系进行分析的方法。

b. 电位滴定法 是一种容量分析方法，通过指示电极电位的突变来确定滴定终点，然后计算被测物质的含量。

③ 伏安法和极谱法 用小面积的电极电解被测物质溶液，以测量电解过程中电流-电压（时间）曲线为基础，以确定被测成分含量的电化学分析法。其中以液态电极如滴汞电极（电极表面做周期性的更新）为工作电极的伏安法叫极谱法。用表面积固定或固态电极做工作电极的称为伏安法，随着极谱分析的发展，又出现了单扫描极谱、交流极谱、方波极谱、脉冲极谱、极谱催化波法及溶出伏安法等技术。

④ 电解分析法　应用外加电源电解试液，电解完成后称量在电极上析出金属的质量，依此进行分析的方法，也称电重量法，可以测定金属和非金属离子以及一些有机物含量。

⑤ 库仑分析法　应用外加电源电解试液，根据电解过程中所消耗的电量来进行分析的方法。可以测定金属和非金属离子以及一些有机物含量。

3.15　搅拌方法

对于非均相间反应，或反应物之一系逐渐滴加时，为尽可能使其迅速均匀混合，以避免因局部过浓、过热而导致其他副反应发生或有机物的分解；有时反应产物是固体，如不搅拌，将影响反应的顺利进行；在这些情况下均需进行搅拌操作。搅拌方法有人工搅拌和机械搅拌。

3.15.1　手工搅拌方法

手工搅拌的工具主要是使用玻璃棒，被搅拌溶液放置于烧杯中，溶液体积不要超过烧杯容积的三分之二处，玻璃棒在溶液中要作圆周运动，搅拌速度要适中，在搅拌过程中玻璃棒始终不能碰触烧杯壁和底部。

3.15.2　机械搅拌方法

(1) 磁力搅拌器　由一根以玻璃或塑料密封的磁棒和一个可旋转的磁铁组成。将磁棒投入盛有待搅拌的反应物容器中，将容器置于内有旋转磁场的搅拌器托盘上，接通电源，由于内部磁铁旋转，容器内磁棒亦随之旋转，达到搅拌的目的。一般的磁力搅拌器都有控制磁铁转速的旋钮及可控制温度的加热装置。

① 无马达的磁力搅拌器（图 3-93）　通过不断改变线圈中电流的方向，从而其旋转磁场，以带动搅拌子旋转。转速从 50～1100r/min，微处理器控制。启动平稳，可以选择一个最佳的搅拌速度级别。

图 3-93　无马达的磁力搅拌器

图 3-94　加热型磁力搅拌器

② 加热型磁力搅拌器　现多为加热型磁力搅拌器（图 3-94）。加热盘材质为铝合金，外表面覆盖一层特殊的保护层，可以最大限度地防止化学试剂腐蚀和机械损坏。使用时，将电磁搅拌棒（聚四氟乙烯包覆磁棒）放入反应容器内，打开电源开关，调节搅拌转速和控温旋钮至适当位置即可。温控范围一般为室温～300℃或更高。

(2) 电动搅拌器　电动搅拌器由支架、带搅拌棒电机和控制器组成。通过控制器可调节搅拌转速、加热强度，通过温控装置可实现自动恒温控制（图 3-95）。搅拌棒通常是用玻璃加工制作的，与电动机的转轴连在一起，搅拌杆必须与电动机的转轴同心且转动灵活，以减少搅拌杆转动时的摆动。在启动搅拌系统前，应首先将调速旋钮调至最小，方可打开电源开关。启动时，缓慢加快搅拌速度至合适速度。在搅拌过程中应随时注意搅拌棒的转动情况，防止搅拌棒因转速过高而振断或从电动机上脱落。用毕，必须将调速旋钮调至最小。使用时必须接地线。若超负荷使用，很易发热而烧毁。平时应注意经常保持清洁干燥，防潮防腐蚀。

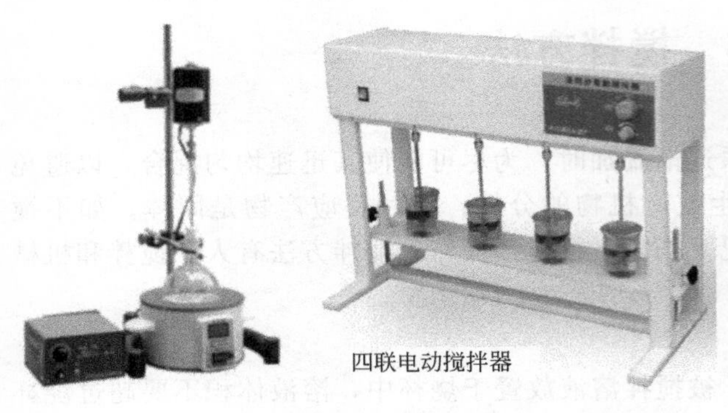

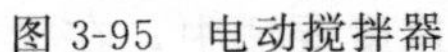

四联电动搅拌器

图 3-95　电动搅拌器

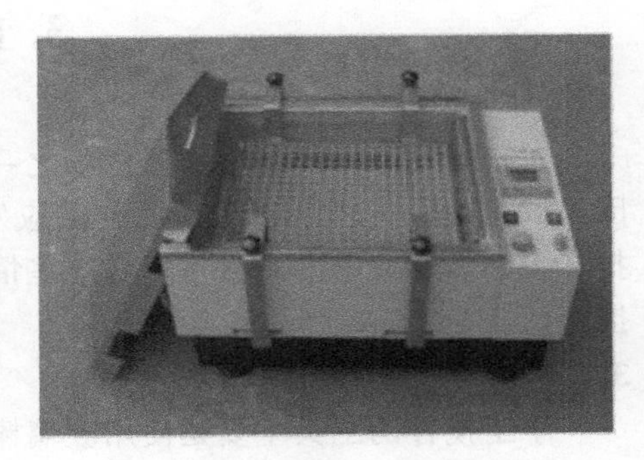

图 3-96　SHZ-A 型水浴恒温振荡器

(3) 振荡器　电动振荡器常用于试样的溶解、成分的浸取、化学反应或吸附作用的加速等。在物相分析、泡沫塑料吸附和萃取分离等操作中应用也较多。根据工作方式，振荡器有漩涡振荡、旋转振荡、水平振荡、翘板振荡等多种振荡器，并有常温和水浴恒温（图 3-96）两种类型，振荡速度可调，振荡时间可以根据实验内容进行设定。

3.16　溶液的配制

3.16.1　一般溶液的配制

(1) 一般溶液的配制　配制试剂溶液时，首先根据所配制试剂纯度的要求，选用不同等级试剂，再根据配制溶液的浓度和数量，计算出试剂的用量。经称量后的试剂置于烧杯中加少量水，搅拌溶解，必要时可加热促使其溶解，再加水至所需的体积，混合均匀，即得所配制的溶液。

用液态试剂或浓溶液稀释成稀溶液时，需先计量试剂或浓溶液的密度，再量取其体积，加入所需的水搅拌均匀即成。

(2) 易水解盐溶液的配制　一些含金属盐类或氧化物遇水易水解，例如氯化锡（Ⅱ）、硝酸铋（Ⅲ）、氯化锑（Ⅲ）等盐，一旦遇水立即生成氢氧化物或碱式盐，所以要配制它们的水溶液时，先将这些物质用少量浓酸溶解，再将需要量的水倒入其酸液中，以抑制水解，才能得到透明的溶液。

(3) 易氧化盐溶液的配制　配制易氧化的盐溶液时，不仅需要酸化溶液，还需加入相应的纯金属，使溶液稳定。例如，配制 $FeSO_4$、$SnCl_2$ 溶液时，需分别加入金属铁、金属锡。

3.16.2　饱和溶液的配制

配制某固体试剂的饱和溶液时，先按该试剂的溶解度数据计算出所需的试剂量和蒸馏水量，称量出比计算量稍多的固体试剂，磨碎后放入水中，长时间搅动直至固体不再溶解为止，这样制得的溶液就可以认为是饱和溶液。对于其溶解度随温度升高而增大的固体，可加热至高于室温（同时搅动），再让其溶液冷却下来，多余的固体析出后所得到的溶液便是饱和溶液。

在配制溶液过程中，加热和搅动都可以加速固体的溶解。搅动不宜太猛烈，搅拌棒不要触及容器底部及器壁。

若配制硫化氢、氯等气体的饱和溶液，只要在常温下把发生出来的硫化氢、氯等气体通入蒸馏水中一段时间即可。

3.16.3 按照国标配制的溶液

（1）化学试剂杂质测定用标准溶液的制备 GB/T 602—2002 规定了化学试剂杂质测定用标准溶液的制备方法。适用于制备单位容积内含有准确数量物质（元素、离子或分子）的溶液，适用于化学试剂中杂质的测定，也可供其他行业选用。

① 一般规定 除另有规定外，所用试剂的纯度应在分析纯以上，所用标准滴定溶液、制剂及制品，应按 GB/T 601—2002、GB/T 603—2002 的规定制备，实验用水应符合 GB/T 6682—92 中三级水规格。

② 杂质测定用标准溶液的量取 杂质测定用标准溶液，应使用分度吸管量取。每次量取时，以不超过所量取杂质测定用标准溶液体积的三倍量选用分度吸管。杂质测定用标准溶液的量取体积应在 0.05～2.00mL。当量取体积少于 0.05mL 时，应将杂质测定用标准溶液按比例稀释，稀释的比例以稀释后的溶液在应用时的量取体积不小于 0.05mL 为准；当量取体积大于 2.00mL 时，应在原杂质测定用标准溶液制备方法的基础上，按比例增加所用试剂和制剂的加入量，增加的比例以制备后溶液在应用时的量取体积不大于 2.00mL 为准。

除另有规定外，杂质测定用标准溶液在常温（15～25℃）下，保存期一般为两个月，当出现浑浊、沉淀或颜色有变化等现象时，应重新制备。

标准中所用溶液以%表示的均为质量分数，只有乙醇（95%）中的%为体积分数。

③ 制备方法 杂质测定用标准溶液的制备方法，具体内容参见 GB/T 602—2002 化学试剂杂质测定用标准溶液的制备。

（2）化学试剂实验方法中所用制剂及制品的制备 GB/T 603—2002 规定了化学试剂实验方法中所用制剂及制品的制备方法。适用于化学试剂分析中所需制剂及制品的制备，也可供其他行业选用。

① 一般规定 除另有规定外，所用试剂的纯度应在分析纯以上，所用标准滴定溶液、杂质测定用标准溶液，应按 GB/T 601—2002、GB/T 602—2002 的规定制备，实验用水应符合 GB/T 6682—92 中三级水的规格。

当溶液出现浑浊、沉淀或颜色变化等现象时，应重新制备。

所用溶液以%表示的均指质量分数；只有“乙醇（95%）”中的%为体积分数。

② 制备方法 具体内容参见 GB/T 603—2002 化学试剂实验方法中所用制剂及制品的制备。

3.16.4 缓冲溶液的配制

许多化学反应必须在一定酸度下进行，而随着反应开始或外界因素影响，溶液酸度会发生变化，直接影响反应的顺利进行。缓冲溶液是一种能抵抗少量强酸、强碱和水的稀释而保持 pH 值基本不变的溶液。

（1）缓冲溶液的组成 缓冲溶液一般是由具有同离子效应的弱酸及其共轭碱或弱碱及其共轭酸，以及有不同酸度的两性物质组成的。

弱酸及其共轭碱：如 Ac＋NaAc、H_2CO_3＋$NaHCO_3$、H_3PO_4＋NaH_2PO_4；

弱碱及其共轭酸：如 $NH_3 \cdot H_2O + NH_4Cl$；

多元酸的酸式酸根及其共轭碱：如 $NaHCO_3 + Na_2CO_3$、$NaH_2PO_4 + Na_2HPO_4$ 等；

两性物质：如 $NaHCO_3$、NaH_2PO_4；

高浓度的强酸、高浓度强碱也具有缓冲作用。

用来配制缓冲溶液的试剂又称缓冲剂。

(2) 缓冲溶液的类别 缓冲溶液根据用途不同分成以下几种。

① pH 基准试剂定值用一级 pH 标准缓冲溶液　这种缓冲液用于 pH 基准试剂的定值和高精密度 pH 计的校准。相当于 IUPAC 的 C 级。此级试剂用无液接界电池的双氢电极测定 pH 值，方法的准确度为±0.005pH 值，这种试剂一般由国家控制厂家生产，中国计量科学院检测。

② pH 基准试剂测定值用 pH 标准缓冲溶液　用于 pH 基准试剂配制的溶液，用于 pH 计的校准。相当于 IUPAC 的 D 级，各试剂厂家以一级 pH 基准试剂为标准，用有液接界电池的双氢电极测定其 pH 值，方法的准确度为±0.01pH 值。

③ 化学品 pH 值测定用标准缓冲溶液　pH 标准缓冲溶液是一整套标准溶液，其 pH 范围从 1.0～13.0，在 pH1.0～10.0 范围内每隔 0.1pH 就有一个标准溶液；在pH10.0～13.0 范围内每隔 0.2pH 就有一个标准溶液。这种溶液可用作比色法测定 pH 值的标准及酸碱指示剂变色域测定的标准溶液，准确度为±0.03pH，它没有 pH 基准试剂准确度高，所以不适用于 pH 计的校正，又缓冲量低，也不适用于常量络合滴定用缓冲溶液。

④ 络合滴定用缓冲溶液　该缓冲溶液是为络合滴定分析所用，pH 范围略宽，但缓冲量要大，以满足缓冲络合滴定过程中释放出来的酸。如氨水-氯化铵、六亚甲基四胺-盐酸等。

⑤ 挥发性缓冲溶液　这类缓冲溶液一般用于电泳分离、柱色谱分离，常用甲酸、乙酸吡啶类、吗啉类试剂配制而成。

⑥ 生化研究用缓冲溶液　这类缓冲溶液是生化分析专用的缓冲溶液，一般用于 DNA、蛋白质等生物大分子研究过程中 pH 值的控制，pH 值范围均在 5～8 之间。如 4-吗啉乙磺酸、4-吗啉丙磺酸、三羟甲基氨基甲烷、巴比妥钠等。

(3) 缓冲溶液的配制原则 在实际工作中，常常需要配制一定 pH 值的缓冲溶液。为使所配缓冲溶液符合要求，应按下述原则和步骤进行。

① 选择合适的缓冲试剂　所配缓冲溶液的 pH 值应在所选缓冲对的缓冲范围（$pH = pK_a \pm 1$）内，且 pK_a（或 pK_b）并尽量接近所需控制的 pH（或 pOH）值，这样配制的缓冲溶液具有较大的缓冲容量。

实际工作中，选择缓冲溶液的情况如下。

pH 0～2：用强酸控制酸度。

pH 2～12：用共轭酸碱对缓冲溶液控制酸度。

pH 12～14：用强碱控制酸度。

如需要利用同一缓冲体系在较为广泛的 pH 范围内起缓冲作用，可选用多元酸和多元酸盐组成的缓冲体系。

② 所选缓冲试剂对反应无干扰　所选缓冲试剂不能与溶液中的主要作用物质发生作用。特别是药用缓冲溶液，缓冲试剂不能与主药发生配伍禁忌。另外，在加温灭菌和储存期内要稳定，不能有毒性等。

③ 缓冲溶液要有足够的缓冲容量　缓冲容量主要由总浓度来调节。总浓度太低，缓冲容量就太小；总浓度太高，造成浪费，并且也没有必要。在实际工作中，总浓度一般可在 0.050～0.5mol/L。

计算所需缓冲对的量、配制缓冲溶液：选定缓冲对并确定了其总浓度后，可根据缓冲溶液有关公式计算出所需酸和共轭碱的量。

一般为方便计算和配制，常常使用相同浓度的共轭酸、碱溶液，分别取不同体积混合配制缓冲溶液。

④ 校正　按上述方法计算、配制的缓冲溶液，其 pH 的实际值与计算值之间具有一定的差异，因此在需要精确控制时必须进行校正。一般可用 pH 计或精密 pH 试纸对所配缓冲溶液进行校正。其原因是上述计算没有考虑离子强度的影响，如果考虑离子强度的影响，则计算结果与实验值就非常接近。

为保证 pH 值的准确度，标准缓冲溶液必须使用 pH 基准试剂配制。同时，水的纯度要高，一般要用重蒸馏水，如配制碱性的标准缓冲溶液，还要除掉重蒸馏水中的 CO_2。

标准缓冲液一般可保存 2～3 个月，但发现有浑浊、发霉或沉淀等现象时，不能继续使用。

标准缓冲溶液的 pH 值与温度关系见表 3-6。

表 3-6　标准缓冲溶液的 pH 值与温度关系

溶液温度/℃	磷苯二甲酸盐	中性磷酸盐	硼酸盐
5	4.01	6.95	9.39
10	4.00	6.92	9.33
15	4.00	6.90	9.27
20	4.01	6.88	9.22
25	4.01	6.86	9.18
30	4.02	6.85	9.14
35	4.03	6.84	9.10
40	4.04	6.84	9.07
45	4.05	6.83	9.04
50	4.06	6.83	9.01
55	4.08	6.84	8.99
60	4.10	6.84	8.96

3.17　溶解与沉淀

(1) 试样的溶解　溶解固体时，常用加热、搅拌等方法加快溶解速度。当固体物质溶解于溶剂时，如固体颗粒太大，可在研钵中研细。搅拌可加速溶质的扩散，从而加快溶解速度。对一些溶解度随温度升高而增加的物质来说，加热对溶解过程有利。

在试管中溶解固体时，可用振荡试管的方法加速溶解，振荡时不能上下，也不能用手指堵住管口来回振荡。

在烧杯中用溶剂溶解试样时，加入溶剂时应先把烧杯适当倾斜，然后把量筒嘴靠近烧杯壁，让溶剂慢慢顺着杯壁流入；或通过玻璃棒使溶剂沿玻璃棒慢慢流入，以防杯内溶液溅出而损失。溶剂加入后，用玻璃棒搅拌，使试样完全溶解。对溶解时会产生气体的试样，则应先用少量水将其润湿成糊状，用表面皿将杯盖好。然后用滴管将试剂自杯嘴逐滴加入，以防生成的气体将粉状的试样带出。对于需要加热溶解的试样，加热时要盖上表面皿，要防止溶液剧烈沸腾和迸溅。加热后要用蒸馏水冲洗表面皿和烧杯内壁，冲洗时也应使水顺杯壁流下。在实验的整个过程中，盛放试样的烧杯要用表面皿盖上，以防脏物落入。放在烧杯中的玻璃棒，不要随意取出，以免溶液损失。

(2) 沉淀 沉淀剂的加入：加入沉淀剂的浓度、加入量、温度及速度应根据沉淀类型而定。如果是一次加入的，则应沿烧杯内壁或沿玻璃棒加到溶液中，以免溶液溅出。加入沉淀剂时通常是左手用滴管逐滴加入，右手用玻璃棒轻轻搅拌溶液，使沉淀剂不至于局部过浓。

沉淀剂加完后，玻璃棒不要取出，同时应检查沉淀是否完全，方法是：将溶液静止后，在上层清液中加入1滴沉淀剂，观察滴液处有无浑浊，若无浑浊，说明沉淀已完全，如有浑浊，则补加沉淀剂至沉淀完全为止。

3.18 蒸发、浓缩与结晶

在化合物的制备中，经常要用到蒸发（浓缩）、结晶与重结晶、溶液与结晶（沉淀）的分离（过滤、离心分离）、洗涤和干燥等一系列的操作，必须熟练掌握，现分述于后。

(1) 蒸发（浓缩） 当溶液很稀而所制备的物质的溶解度又较大时，为了能从中析出该物质的晶体，必须通过加热，使水分不断蒸发，溶液不断浓缩；蒸发到一定程度时冷却，就可析出晶体。

常用的蒸发容器是蒸发皿，其蒸发的面积较大，有利于快速浓缩。蒸发皿内所盛液体的量不应超过其容积的2/3。

蒸发浓缩应视溶质的性质可分别采用直接加热或水浴加热的方法进行。若无机物对热是稳定的，可以用煤气灯（应先预热）、电热套直接加热。对于固态时带有结晶水或低温受热易分解的物质，由它们形成的溶液的蒸发浓缩一般只能在水浴上间接加热。

随着水分的蒸发，溶液逐渐被浓缩，浓缩的程度取决于溶质溶解度的大小及对晶粒大小的要求。当物质的溶解度较大时，必须蒸发到溶液表面出现晶膜时才停止，冷却后即可结晶出大部分溶质。当物质的溶解度较小或高温时溶解度较大而室温时溶解度较小，此时不必蒸发到液面出现晶膜就可冷却。如结晶时希望得到较大的晶体，就不宜浓缩到太大的浓度。

(2) 结晶与重结晶 大多数物质的溶液蒸发到一定浓度下冷却，就会析出溶质的晶体。

从溶液中析出的晶体的颗粒大小与结晶条件有关。如果溶液的浓度较高，溶质在水中的溶解度随温度下降而显著减小时，冷却得越快，那么析出的晶体就越细小，否则就得到较大颗粒的结晶。搅拌溶液和静止溶液可以得到不同的效果，前者有利于细小晶体的生成；后者有利于大晶体的生成。

利用不同物质在同一溶剂中的溶解度差异，可以对含有杂质的化合物进行纯化，所谓杂质是指含量较低的一些物质，它们包括不溶性的机械杂质和可溶性的杂质两类，在实际操作中是先在加热情况下使被纯化的物质溶于一定量的水中，形成饱和溶液，趁热过滤，除去不溶性机械杂质，然后使滤液冷却，此时被纯化的物质已经是过饱和，从溶液中结晶析出，而对于可溶性杂质来说，远未达到饱和状态，仍留在母液中，过滤使晶体与母液分离，便得到较纯净的晶体物质，这种操作过程就叫做重结晶。如果一次重结晶达不到纯化的目的，可以进行二次重结晶，有时甚至要进行多次重结晶操作才能得到纯净的化合物。

重结晶纯化物质的方法只适用于那些溶解度随温度上升而增大的化合物，对于其溶解度受温度影响很小的化合物则不适用。

从纯度的要求来说，细小晶体的生成有利于生成物纯度的提高，因为它不易裹入母液或别的杂质，而粗大晶体，特别是结成大块的晶体的形成，则不利于纯度的提高。

如果溶液容易发生过饱和现象，则可以用搅拌、摩擦器壁或投入几粒小晶体（晶种）等办法，使形成结晶中心，过量的溶质便会全部结晶析出。

选择适宜的溶剂是重结晶操作的关键，通常根据“相似相溶”原理来选择。

较为详尽的重结晶基本原理与操作参见 3.23 有机化合物的分离和提纯部分。

3.19 固液分离技术

实验室中溶液与沉淀的分离常用的方法有三种：倾析法、过滤法和离心分离法。

3.19.1 倾析法

当沉淀的结晶颗粒较大或相对密度较大，静置后容易沉降至容器的底部时，可用倾析法分离或洗涤，倾析的操作与转移溶液的操作是同时进行的，洗涤时，可在盛有沉淀的容器内加入少量洗涤剂（常用蒸馏水、酒精等），充分搅拌后静置，沉降，再小心地倾析出洗涤液，如此重复操作两三遍，即可洗净沉淀。

3.19.2 过滤法

过滤是最常用的分离方法之一，当溶液和沉淀的混合物通过过滤器（如滤纸）时，沉淀就留在过滤器上，溶液则通过过滤器而漏入接收的容器中，过滤所得的溶液叫做滤液。

(1) 滤纸的选用 滤纸是用精制木浆或棉浆等纯纤维制成的具有良好过滤性能的纸。我国国家标准《化学分析滤纸》（GB/T 1914—93）规定了定量滤纸和定性滤纸产品的分类、型号和技术指标以及实验方法。

化学实验室中常用的有定量分析滤纸和定性分析滤纸两种。两者的差别在于灼烧后的灰分质量不同。

定量滤纸的灰分很低，又称为无灰滤纸。以直径 12.5cm 定量滤纸为例，每张滤纸的质量约 1g，灼烧后其灰分的质量不超过 0.1mg（小于或等于常量分析天平的感量），在重量分析法中可以忽略不计。而定性滤纸灼烧后有相当多的灰分，不适于重量分析。

滤纸外形有圆形和方形两种。常用的圆形滤纸有 ϕ7cm 、ϕ9cm 、ϕ11cm 等规格，方形滤纸都是定性滤纸，有 60cm×60cm 、30cm×30cm 等规格。

按过滤速度和分离性能的不同，又分为快速、中速和慢速三种，滤纸盒上贴有滤速标签，快速为黑色或白色纸带，中速为蓝色纸带，慢速为红色或橙色纸带。

按国家标准 GB 1514 和 GB 1515 所规定的技术指标列于表 3-7 和表 3-8。

表 3-7 定量滤纸

项目		规定		
		快速	中速	慢速
		201	202	203
面质量/(g/m^2)		80±4.0	80±4.0	80±4.0
分离性能(沉淀物)		氢氧化铁	碳酸锌	硫酸钡
过滤速度/s	不大于	30	60	120
湿耐破度(水柱)/mm	不小于	120	140	160
灰分/%	不大于	0.01	0.01	0.01
标志(盒外纸条)		白色	蓝色	红色
圆形纸直径/mm		55,70,90,110,125,180,230,270		

表 3-8 定性滤纸

项 目		规 定		
		快速	中速	慢速
		101	102	103
面质量/(g/m²)		80±4.0	80±4.0	80±4.0
分离性能(沉淀物)		氢氧化铁	碳酸锌	硫酸钡
过滤速度/s	不大于	30	60	120
灰分/%	不大于	0.15	0.15	0.15
水溶性氯化物/%	不大于	0.02	0.02	0.02
含铁量(质量分数)/%	不大于	0.003	0.003	0.003
标志(盒外纸条)		白色	蓝色	红色
圆形纸直径/mm		55,70,90,110,125,180,230,270		
方形纸尺寸/mm		600×600,300×300		

在实验过程中，应当根据沉淀的性质和数量，合理地选用滤纸。

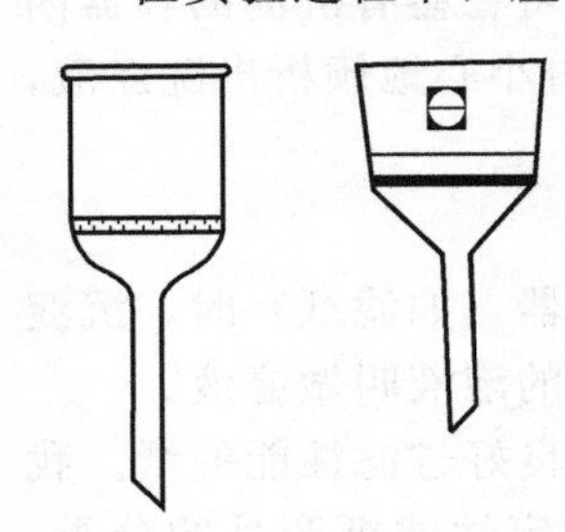

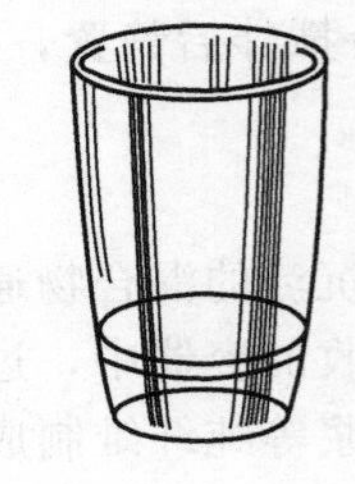

图 3-97 烧结玻璃漏斗

(2) 烧结过滤器 有些浓的强酸、强碱或强氧化性的溶液，过滤时不能使用滤纸，因为它们和滤纸作用而破坏滤纸，这时可用纯涤纶布或尼龙布代替滤纸，也可使用烧结过滤器。烧结过滤器是一类由颗粒状的玻璃、石英、陶瓷、金属或塑料等经高温烧结，并具有微孔的过滤器。其中最常用的是烧结玻璃漏斗，它的底部是用玻璃砂在 873K 左右烧结成的多孔片，故又称玻璃砂芯滤器，有漏斗式和坩埚式两种（图 3-97）。

从 1990 年开始实施新的标准，规定在每级孔径的上限值前置以字母“P”表示（表 3-9）。各种滤器都有不同的规格，例如容量、高度、直径和滤片牌号等。

表 3-9 玻璃滤器新旧编号对照与用途

微孔编号	相当于原编号	微孔最大直径/μm	用 途 简 介
P250	0 号	160～250	气体扩散，极粗沉淀微粒过滤
P160	1 号	100～160	液体中气体扩散，粗过滤，液体扩散
P100	2 号	40～100	较粗沉淀物过滤，较粗气体洗涤和扩散沉淀物过滤，水银过滤
P40	3 号	16～40	分析过滤，较细沉淀物过滤，气体细过滤
P16	4 号	10～16	精细分析过滤，细沉淀物过滤
P10	5 号	4～10	极细沉淀物的过滤

这种漏斗在化学实验室中常见的规格有四种，即 1 号、2 号、3 号、4 号。可以根据沉淀颗粒不同来选用。

玻璃滤器应配合吸滤瓶使用，坩埚式滤器可通过特制的橡皮座接在吸滤瓶上，操作同减压过滤。

使用时应注意如下事项。

① 新的滤器使用前要经酸洗、抽滤、水洗。酸洗时以热盐酸或铬硫酸先行抽滤，并立即用蒸馏水洗净。经过这个预处理，滤器中灰尘等的外来杂质可以除去。

② 玻璃滤器不能用以过滤浓氢氟酸、热浓磷酸、热或冷的浓碱液。这些试剂将溶解滤片的微粒，使滤孔增大，并造成滤片脱裂。也不宜过滤浆状沉淀（会堵塞砂芯细孔）、不易溶解的沉淀（因沉淀无法清洗，如二氧化硅）。

③ 滤片的厚度是兼顾到过滤的速率和必要的机械强度而确定的。因此，在减压和受压的情况下使用时，滤片两面的压力差不允许超过 $1kgf/cm^2$ （98kPa）。

④ 出于滤器几何形状的特殊和熔接边缘的存在，为防止裂损和滤片脱落，故在升温或冷却时必须十分缓慢。干燥后，要在烘箱中降至温热后再取出。

⑤ 若用作重量分析，则洗涤干净后不能用手直接接触，而要用洁净的软纸衬垫着拿。将其放在烧杯中，在烧杯口搁三只玻璃钩，再盖上表面皿，置于烘箱中烘干（烘干温度与烘沉淀的温度同），直至恒重。

（3）玻璃砂芯滤器洗涤法 玻璃砂芯滤器在使用以后，有一部分沉淀物在过滤进行时被留存在玻璃砂芯的微孔中，必须及时有效地给以清洗，才能继续使用。洗涤时先尽量倒出沉淀，再用适当的洗涤剂（能溶解或分解沉淀）浸泡。不能用去污粉洗涤，也不能用硬物擦划滤片。玻璃砂芯滤器的洗涤方法由于砂芯微孔大小的不同，和沉淀物颗粒大小的不一，大致有以下三种方法。

① 水压冲洗法 将需要洗涤的玻璃砂芯过滤漏斗倒置，把下支管用橡皮管连接于自来水开关上，开放自来水，使水流急速冲入漏斗，压入微孔中，把微孔中的沉淀物冲洗出来。这种方法对于 P100 以上的玻璃砂芯滤器最为适应。

② 减压抽洗法 将玻璃砂芯过滤坩埚或漏斗倒置于圆筒中，筒内满注适当的清洁液，将过滤瓶进行减压，使圆筒内之清洁液在减压况下急速通过砂芯微孔，把存在于微孔中的沉淀物溶解而被抽洗出来，这个方法对 P40 以下之玻璃砂芯滤器特别有效。

③ 化学洗涤法 针对不同的沉淀物，可采用各种有效的洗涤液先行处理，然后用蒸馏水冲洗干净，再予烘干。常用的洗涤液列于表 3-10。

表 3-10 玻璃滤器常用洗涤液

沉淀物	有 效 洗 涤 液
脂肪、脂膏	四氯化碳或适当的有机溶剂
黏胶、葡萄糖	盐酸、热氨、5%～10%碱液或热硫酸和硝酸的混合液
有机物质	混有重铬酸盐的温热硫酸或含有少量硝酸钾和高氯酸钾的浓硫酸，放置过夜
氧化亚铜、铁斑	混有高氯酸钾的热浓盐酸
硫酸钡	100℃浓硫酸
汞渣	热浓硝酸
硫化汞	热王水
氯化银	氨或硫代硫酸钠的溶液
铝质或硅质残渣	先用 2%氢氟酸继用浓硫酸洗涤，立即用蒸馏水再用丙酮漂洗。重复漂洗至无酸痕为止
二氧化锰	硝酸-双氧水

（4）常压过滤法 此法最为简便和常用，先把滤纸折叠成四层并剪成扇形（图形滤纸不必再剪）。如果漏斗的规格不标准（非 60°角），滤纸和漏斗将不密合，这时需要重折滤纸，把它折成一个适当的角度。展开后可成大于 60°角的锥形，或成小于 60°角的锥形，根据漏斗的角度来选用，使滤纸与漏斗密合，然后撕去一小角，用食指把滤纸按在漏斗内壁上，用水湿润滤纸，并使它紧贴在壁上，轻压滤纸，赶走气泡。加水至滤纸边缘使之形成水柱（即漏斗颈中充满水）。若不能形成完整的水柱，可一边用手指堵住漏斗下口一边稍掀起三层那一边的滤纸，用洗瓶在滤纸和漏斗之间加水，使漏斗颈和锥体的大部分被水充满，然后一边轻轻按下掀起的滤纸，一边断续放开堵在出口处的手指，即可形成水柱。滤液以本身的重量引漏斗内液体下漏使过滤大为加速。气泡的存在将延缓液体在漏斗颈内流动而减缓过滤的速度，漏斗中滤纸的边缘应略小于漏斗的边缘（图 3-98）。过滤时应注意，漏斗要放在漏斗架

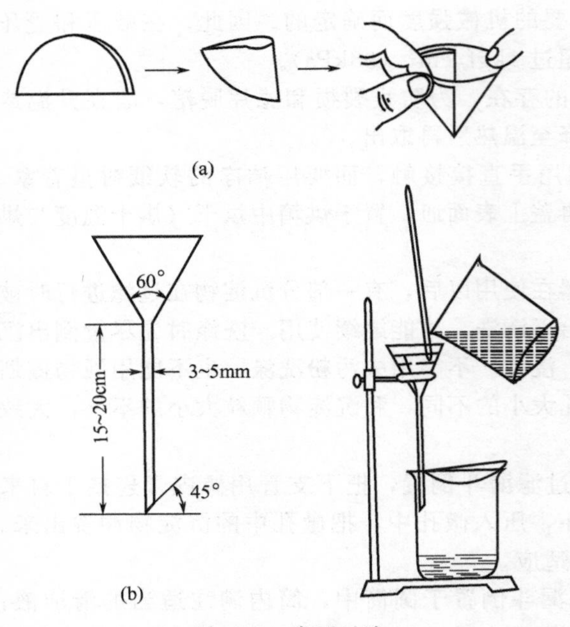

图 3-98　常压过滤

上，漏斗颈要靠在接收容器的壁上，先转移溶液，后转移沉淀，转移溶液时，应把它滴在三层滤纸处并使用玻璃棒引流，每次转移量不能超过滤纸高度的 2/3。

如果需要洗涤沉淀，则等溶液转移完毕后往盛着沉淀的容器中加入少量洗涤剂，充分搅拌并放置，待沉淀下降后，把洗涤液转移入漏斗，如此重复做三遍，再把沉淀转移到滤纸上，对于残留在烧杯内的最后少量沉淀，可按图 3-99 所示的方法将其完全转移到滤纸上。即用左手拿住烧杯，玻璃棒放在杯嘴上，以食指按住玻璃棒，烧杯嘴朝向漏斗倾斜，玻璃棒下端指向滤纸三层部分，右手持洗瓶吹出液流冲洗烧杯内壁，使杯内残留的沉淀随液流沿玻璃棒流入滤纸内。沉淀完全移转至滤纸上后，在滤纸上进行最后洗涤，用洗瓶吹出细小缓慢的液流，从滤纸上部沿漏斗壁螺旋式向下吹洗，如图 3-100 所示，使沉淀集中到滤纸锥体的底部直到沉淀洗净为止。

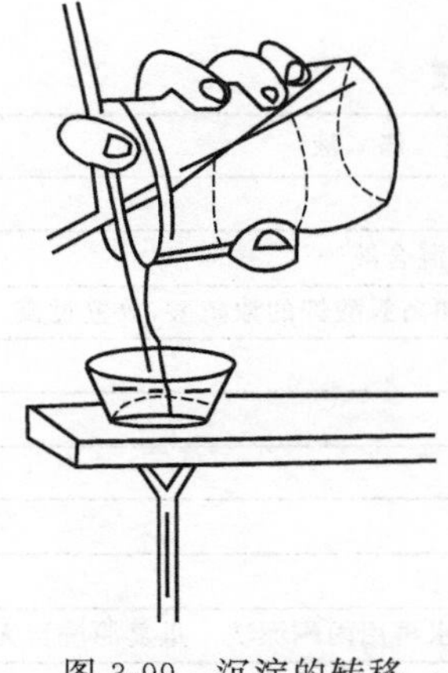
图 3-99　沉淀的转移

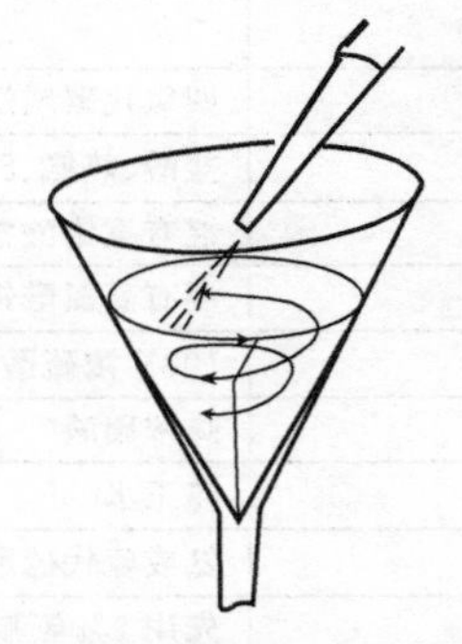
图 3-100　漏斗中沉淀的洗涤

洗涤时贯彻少量多次的原则，洗涤效率才高，检查滤液中的杂质含量，可以判断沉淀是否已经洗涤干净。

(5) 减压过滤（简称抽滤）　在减压过滤装置图 3-101 中，水泵中急速的水流不断将空气带走，从而使吸滤瓶内压力减小，在布氏漏斗内的液面与吸滤瓶内造成一个压力差，提高了过滤的速度，在连接水泵的橡皮管和吸滤瓶之间安装一个安全瓶，用以防止因关闭水阀或水泵内流速的改变的自来水倒吸，进入吸滤瓶将滤液沾污并冲稀，也正因为如此，在停止过滤时，应该首先从吸滤瓶上拔掉橡皮管，然后才关闭自来水龙头，以防止自来水吸入瓶内，抽滤用的滤纸应比布氏漏斗的内径略小，但又能把瓷孔全部盖没，将滤纸放入并湿润后，慢慢打开水龙头，先抽气使滤纸紧贴，然后才往漏斗内转移溶液，其他操作与常压过滤相似。

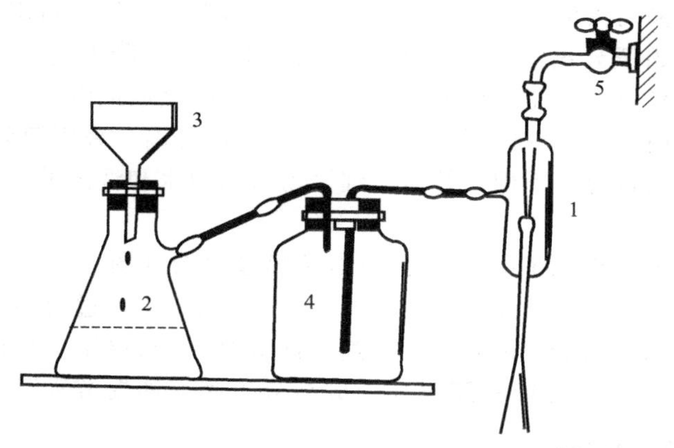

图 3-101　减压过滤的装置

1—水泵；2—吸滤瓶；3—布氏漏斗；4—安全瓶；5—自来水龙头

图 3-102　水循环真空泵

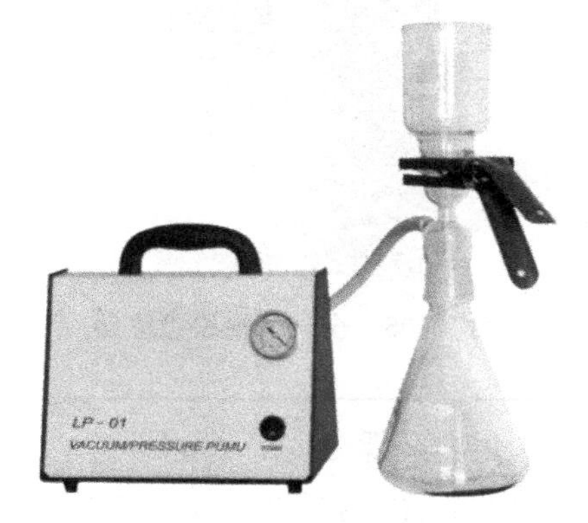

图 3-103　真空抽滤系统

水循环真空泵（图 3-102）是以循环水作为工作流体的喷射泵，是利用流体射流产生负压而设计的一种大功率多头同时抽气的新型循环水式多用真空泵，具有不用油、无污染、功率大、噪声低、方便灵活、节水省电等优点。此泵同时还能向反应装置中提供循环冷却水，特别是在水压不足或缺水源的实验室更显之优越。该泵操作简单，打开电源开关接上抽气橡皮管即可抽气，用毕后，拔掉抽气橡皮管后关闭电源开关。真空抽滤系统（图 3-103）则是利用真空泵直接抽出瓶内空气，产生负压。

（6）热过滤　如果溶液中的溶质在温度下降时很易大量结晶析出，而我们又不希望它在过滤过程中留在滤纸上，这时就要趁热进行过滤，过滤时可把玻璃漏斗放在铜质的热漏斗内（图 3-104），热漏斗内装有热水，以维持溶液的温度。也可以在过滤前把普通漏斗放在水浴上用蒸汽加热，然后使用，此法比较简单易行，另外，热过滤时选用的漏斗颈

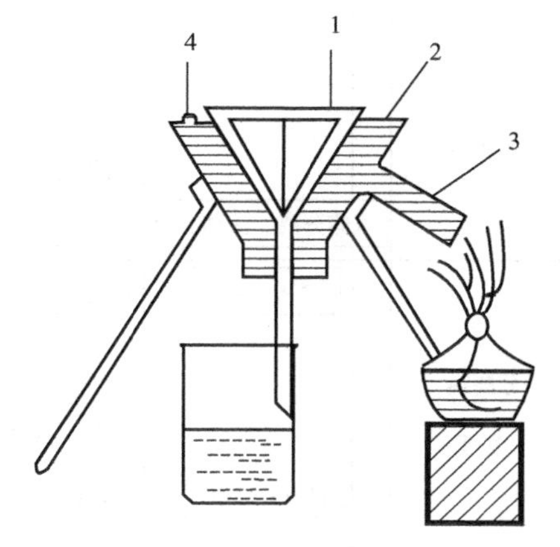

图 3-104　热过滤漏斗与操作（热漏斗）

1—玻璃漏斗；2—铜制外套；3—铜支管；4—注水孔

部愈短愈好，以免过滤时溶液在漏斗颈内停留过久，因散热降温，析出晶体而发生堵塞。

(7) 超细粉末的固液分离 由于超细粉末颗粒很细，沉降太慢，同时颗粒常常带有电荷，更使沉降困难。传统的过滤介质如滤布、滤网、烧结金属或陶瓷，都只能分离颗粒尺寸大于约 1μm 的固体颗粒。对于制备超细粉末涉及的固液分离，采用膜分离过滤技术和电渗、电泳脱水技术是理想的选择。下面只针对超细微粉浓缩脱水和洗涤的工艺要求，着重介绍膜微滤。

微滤实质上与普通过滤没有区别，它采用换膜过滤器（图 3-105），也以膜两侧的压差作为过滤的推动力，只是过滤介质膜（图 3-106）的孔径更小，过滤更精密。滤膜截留微粒的作用局限于膜的表面。关于膜的孔径及用途见图 3-107。从材质上可区分为有机膜及无机膜。有机膜的主要品种有：纤维素酯膜、合成高分子膜（如聚芳香酰胺、聚砜、聚四氟乙

图 3-105 全玻璃换膜过滤器

图 3-106 微孔滤膜（带外包装）

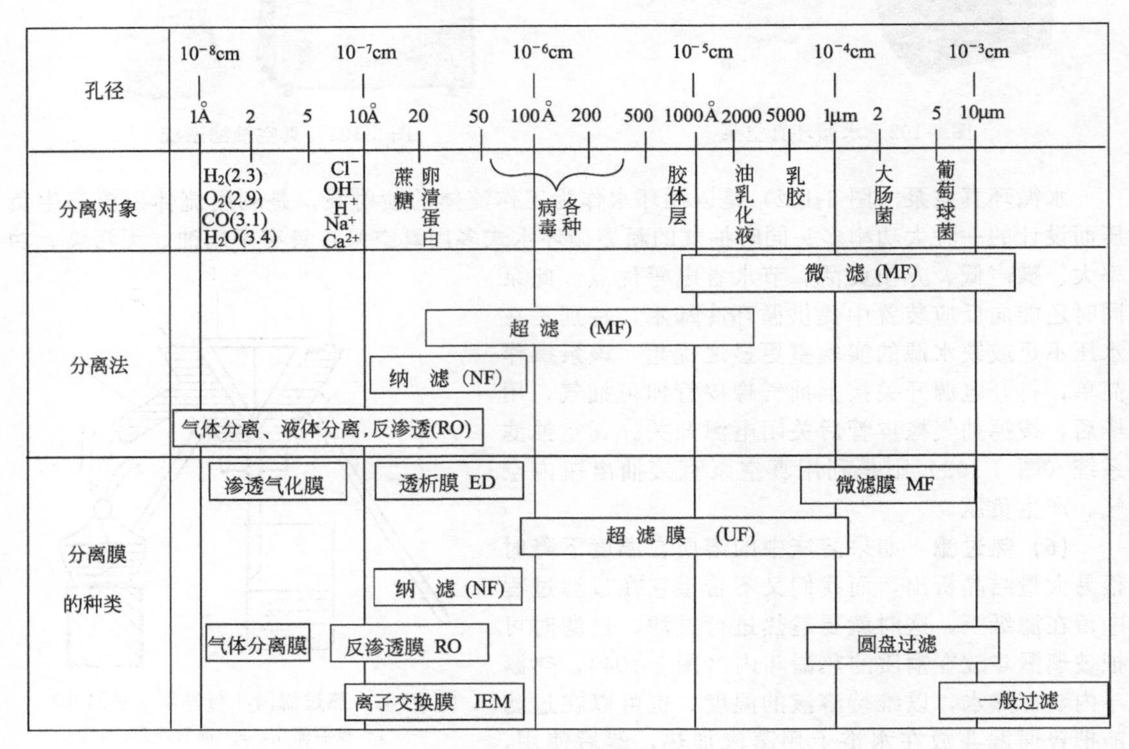

图 3-107 膜过滤图谱

烯、聚丙烯、聚碳酸酯等)。无机膜:主要由 Al_2O_3、ZrO_2、碳质、碳化硅、不锈钢、镍等制成。

3.19.3 离心分离法

当被分离沉淀的量很少时,可以应用离心分离,实验室内常用电动离心机(图 3-108)把要分离的混合物放在离心管中,再把离心管装入离心机的套管内,在对面的套管内则放一盛有与其等体积水的离心管,使离心机旋转一阶段后,使其自然停止旋转,通过离心作用,沉淀就紧密地聚集在离心管底部而溶液在上部用滴管将溶液吸出,如需洗涤,可往沉淀中加入少量洗涤剂,充分搅拌后再离心分离,重复操作两三遍即可。

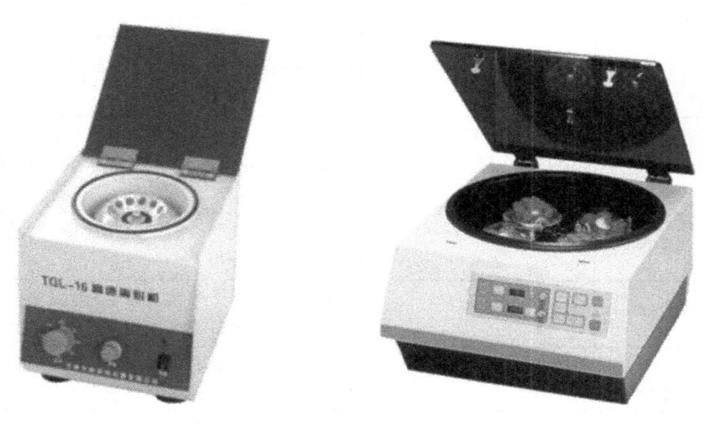

图 3-108 电动离心机

3.20 固体的干燥

固体干燥主要是除去固体表面的水分及有机溶剂。最简单的方法是采用自然晾干或吸附的方法。

晾干是将要干燥的样品放在表面皿或敞开的容器中,使其在空气中慢慢晾干。有些带结晶水的晶体不能烘烤,可以用有机溶剂洗涤后晾干。吸附是将样品放在装有各种类型干燥剂的干燥器中进行干燥。有些易吸水潮解或需要长时间保持干燥的固体应放在干燥器内。

如果分离出来的沉淀对热是稳定的,需要干燥时可把沉淀放在表面皿上,在电烘箱中烘干,也可把它放在蒸发皿上,用水浴或煤气灯加热烘干。

(1) 常用干燥剂 见表 3-11。

(2) 干燥器 干燥器带有磨口的玻璃盖子。为了使干燥器密闭,在盖子磨口处均匀地涂上一层凡士林。干燥器中带孔的圆板将干燥器分为上下两室,上室放被干燥的物体,下室装干燥剂。干燥剂不宜过多,约占下室的一半即可,否则可能沾污被干燥的物体,影响分析结果。因不同的干燥剂具有不同的蒸气压,常根据被干燥物的要求加以选择。最常用的干燥剂有硅胶、CaO、无水 $CaCl_2$、$Mg(ClO_4)_2$、浓 H_2SO_4 等。硅胶是硅酸凝胶(组成可用通式 $x SiO_2 \cdot y H_2O$ 表示),烘干除去大部分水后,得到白色多孔的固体,具有高度的吸附能力。为了便于观察,将硅胶放在钴盐溶液中浸泡,使之呈粉红色,烘干后变为蓝色。蓝色的硅胶具有吸湿能力,当硅胶变为粉红色时,表示已经失效,应重新烘干至蓝色。

表 3-11 常用的干燥剂

干燥剂	酸-碱性质	与水作用的产物	说 明①
$CaCl_2$	中性	$CaCl_2 \cdot H_2O$ $CaCl_2 \cdot 2H_2O$ $CaCl_2 \cdot 6H_2O$	脱水量大,作用快,效率不高。$CaCl_2$ 颗粒大,易与干燥后的溶液分离,为良好的初步干燥剂。不可用于干燥醇类、胺类或酚类、酯类和酸类。氯化钙六水合物在 30℃以上失水
Na_2SO_4	中性	$Na_2SO_4 \cdot 7H_2O$ $Na_2SO_4 \cdot 10H_2O$	价格便宜,脱水量大,作用慢,效率低。为良好的常用初步干燥剂。物理外观为粉状,需把干燥后溶液过滤分离。$Na_2SO_4 \cdot 10H_2O$ 在 33℃以上失水
$MgSO_4$	中性	$MgSO_4 \cdot H_2O$ $MgSO_4 \cdot 7H_2O$	比 Na_2SO_4 作用快、效率高。为一般良好的干燥剂。$MgSO_4 \cdot 7H_2O$ 在 48℃以上失水
$CaSO_4$	中性	$CaSO_4 \cdot 1/2H_2O$	脱水量小但作用很快、效率高。建议先用脱水量大的干燥剂作为溶液的初步干燥。$CaSO_4 \cdot 1/2H_2O$ 加热 2～3h 即可失水
$CuSO_4$	中性	$CuSO_4 \cdot H_2O$ $CuSO_4 \cdot 3H_2O$ $CuSO_4 \cdot 5H_2O$	较 $MgSO_4$、Na_2SO_4 效率高,但比两者价格都贵
K_2CO_3	碱性	$K_2CO_3 \cdot 3/2H_2O$ $K_2CO_3 \cdot 2H_2O$	脱水量及效率一般。适用于酯类、腈类和酮类,但不可用于酸性有机化合物
H_2SO_4	碱性	$H_3O^+ + HSO_4^-$	适用于烷基卤化物和脂肪烃,但不可用于烯类、醚类及弱碱性物质。脱水效率高
P_2O_5	酸性	HPO_3 $H_4P_2O_7$ H_3PO_4	见硫酸说明。也适用于醚类、芳香卤化物以及芳香烃类。脱水效率极高。建议将溶液先经预干燥。干燥后溶液可通过蒸馏与干燥剂分开
CaH_2	酸性	$H_2 + Ca(OH)_2$	效率高但作用慢。适用于碱性、中性或弱酸性化合物。不能用于对碱敏感的物质。建议先将溶液通过初步干燥。干燥后的溶液通过蒸馏与干燥剂分开
Na	酸性	$H_2 + NaOH$	效率高但作用慢。不可用于对碱土金属或碱敏感的化合物。应练习掌握分解过量的干燥剂。溶液需先进行初步干燥后再用金属钠干燥。干燥后溶液可用蒸馏与干燥剂分开
BaO 或 CaO	酸性	$Ba(OH)_2$ 或 $Ca(OH)_2$	作用慢但效率高。适用于醇类及胺类而不适用于对碱敏感的化合物。干燥后可把溶液蒸馏而与干燥剂分开
KOH 或 NaOH	酸性	溶液	快速有效,但应用范围几乎限于干燥胺类
3A 或 4A 分子筛②	中性	能牢固吸着水分	快速、高效。需将液体经初步干燥后再用。干燥后把溶液蒸馏以与干燥剂分开。分子筛为硅酸铝的商品名称,具有一定直径小孔的结晶型结构。3A、4A 分子筛的孔径大小仅允许水或其他小分子(如氨分子)进入。水由于水化而被牢牢吸着。水化后分子筛可在常压或减压下 300～320℃加热活化

① 脱水量为一定质量干燥剂所能除去的水量，而效率则为水合干燥剂平衡时的水量。

② 为分子筛孔径的大小，现以 Å 为单位。

干燥剂的加入见图 3-109。启盖时，左手扶住干燥器，右手握住盖上的圆球，向前推开干燥器盖，不可向上提起（见图 3-110）。搬动干燥器时必须按图 3-111 的方法，防止盖子跌落打碎。

经高温灼烧后的坩埚必须放在干燥器中冷却至与天平室温度一致后才能称量。若直接放在空气中冷却，则会吸收空气中的水汽而影响称量结果。当高温坩埚放入干燥器后，不能立即盖紧盖子。一方面因为干燥器中的空气因高温而剧烈膨胀，推动干燥器盖，有时甚至会将器盖推落打碎；另一方面，当干燥器中的空气从高温降到室温后，压力大大降低，器盖很难打开。即使打开了，也可能由于空气流的冲入将坩埚中的被测物冲散使分析失败。

图 3-109　干燥剂加入

图 3-110　打开干燥器

图 3-111　搬动干燥器

3.21　气体的发生与收集

(1) 气体的发生　实验室中常用启普发生器（图 3-112）来制备氢气、二氧化碳和硫化氢等气体。

$$Zn+H_2SO_4(6mol/L) = ZnSO_4+H_2\uparrow$$

$$CaCO_3+2HCl(稀) = CaCl_2+CO_2\uparrow+H_2O$$

$$FeS+2HCl(6mol/L) = FeCl_2+H_2S\uparrow$$

启普发生器是由一个葫芦状的玻璃容器和球形漏斗组成，固体药品放在中间圆球内，可在固体下面放些玻璃丝来承受固体，以免固体掉至下部球内，酸从球形漏斗 1 加入，使用时只要打开活塞 3，由于压力差，酸液自动下降进入中间球 2 内，与固体接触而生成气体，要停止使用时，只要关闭活塞，继续发生的气体会把酸液从中间球内压入下球及球形漏斗内，使酸液与固体不再接触而停止反应，下次使用时，只要重新打开活塞即可，使用十分方便。

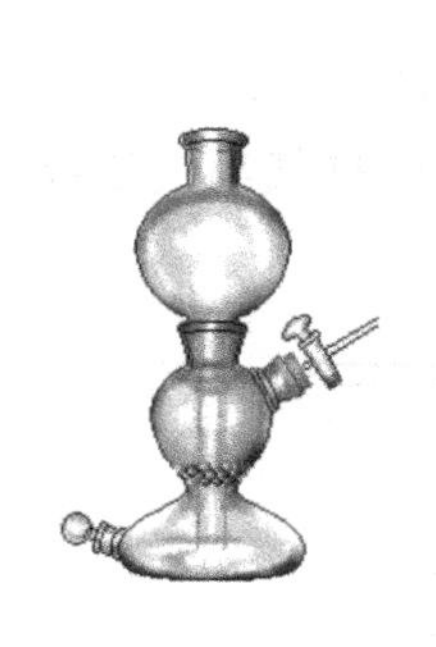

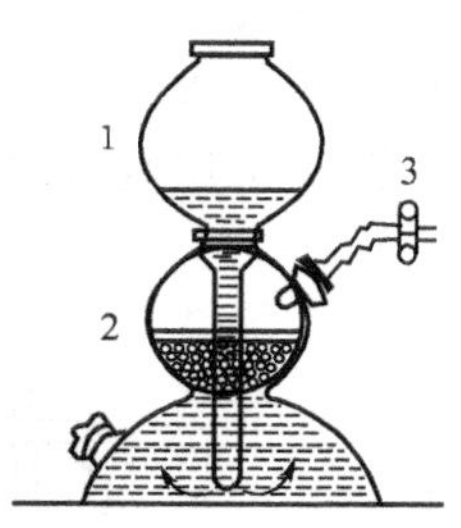

Ⅰ.扭开活塞时的情形　Ⅱ.关闭活塞时的情形

图 3-112　启普发生器

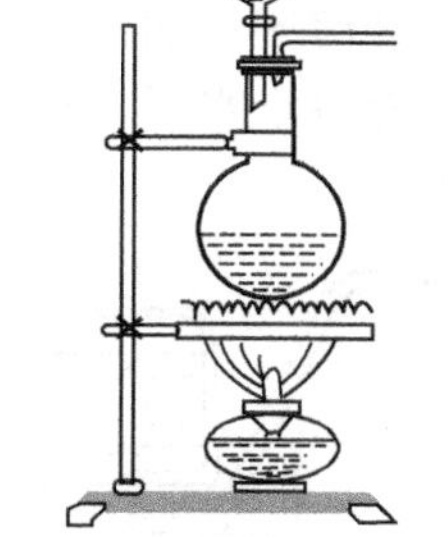

图 3-113　气体发生的装置

启普发生器中的酸液长期使用后会变稀，此时，可把下球侧口的玻璃塞（有的是橡皮塞）拔下，倒掉废酸，塞好塞子，再向球形漏斗中加入新的酸液，若固体需要更换时，先倒出酸液，再拔去中间球侧的塞子，将原来的固体残渣从侧口取出，更换新的固体。

启普发生器不能加热，装入的固体反应物必须是较大的颗粒，不适用小颗粒或粉末的固体反应物，所以制备氯化氢、氯气、二氧化硫等气体就不能使用启普发生器，而用图 3-113 所示的气体发生装置。

$$2KMnO_4+16HCl(浓) = 5Cl_2\uparrow+2MnCl_2+2KCl+8H_2O$$

$$NaCl + H_2SO_4(浓) = HCl\uparrow + NaHSO_4$$
$$Na_2SO_3 + 2H_2SO_4(浓) = SO_2\uparrow + 2NaHSO_4 + H_2O$$

把固体加在蒸馏瓶内，把酸液装在分液漏斗中，使用时，打开分液漏斗下面的活塞，使酸液均匀地滴加在固体上，就产生气体，当反应缓慢或不发生气体时，可以微加热，如果加热后仍不起反应，则需要更换药品。

实验室中发生的气体常常带有酸雾和水汽，所以在要求高的实验中就需要净化和干燥，通常用洗气瓶（图 3-114）和干燥塔（图 3-115）来进行，一般是让发生出来的气体先通过水洗以洗去酸雾，然后再通过浓硫酸吸去水汽，如二氧化碳的净化和干燥就是这样进行的。氢气的净化要复杂一些，因为发生氢气的原料（锌粒）中常含有硫、砷等杂质，所以在氢气发生过程中常夹杂有硫化氢、砷化氢等气体，要采用高锰酸钾溶液、醋酸铅溶液的办法除去硫和砷，酸气也同时除去，最后再通过浓硫酸干燥。有些气体是还原性的或碱性的，就不能用浓酸来干燥，如硫化氢、氨气等，它们可分别用无水氯化钙（干燥硫化氢）或氢氧化钠固体（干燥氨气）来干燥。

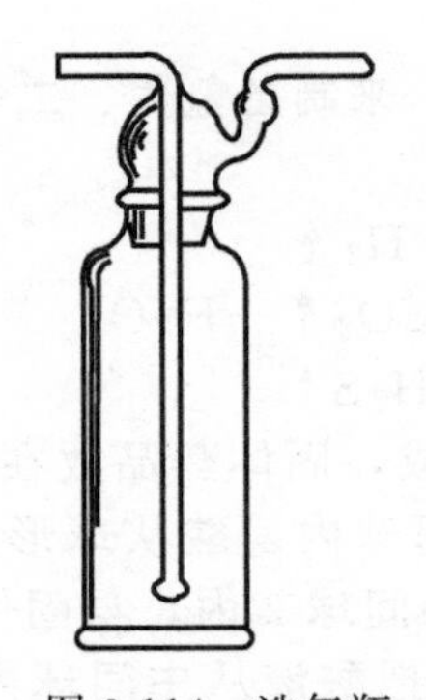
图 3-114　洗气瓶

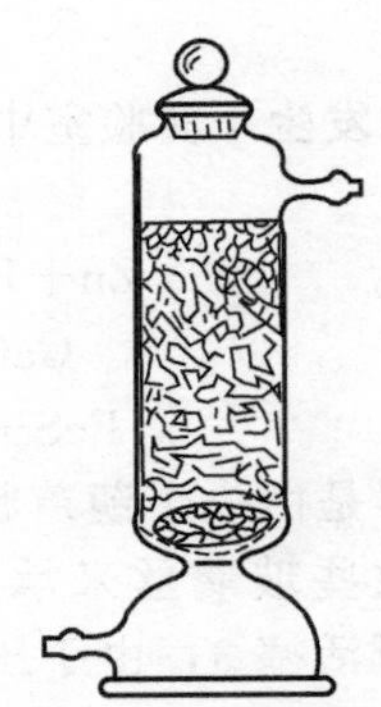
图 3-115　干燥塔

(2) 气体的收集　通常气体的收集有以下几种方法。

① 在水中溶解度很小的气体（如氢气、氧气），可用排水集气法收集（图 3-116）。

② 易溶于水而比空气轻的气体（如氨），可用瓶口向下的排气集气法收集（图 3-117）。

③ 能溶于水而比空气重的气体（如氯、二氧化碳等），可用瓶口向上的排气集气法收集（图 3-118）。

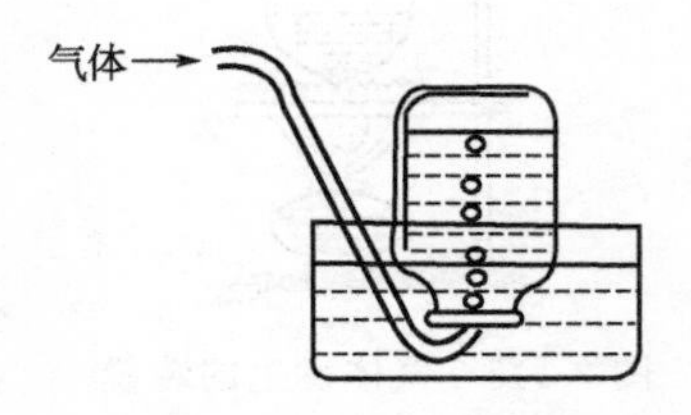

图 3-116　排水集气法

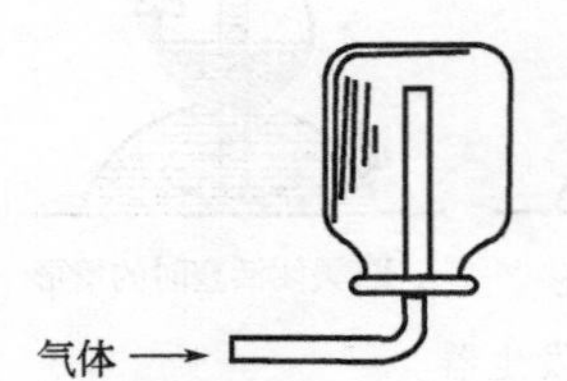

图 3-117　排气集气(比空气轻)法

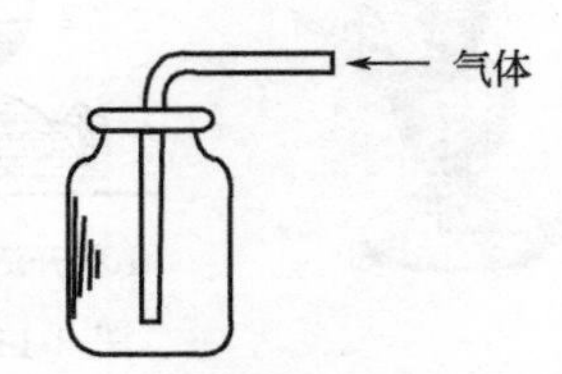

图 3-118　排气集气(比空气重)法

(3) 气体钢瓶　气体钢瓶是储存压缩气体的特制耐压钢瓶。通常有铸钢的、低合金钢的等，见图 3-119。

钢瓶中的气体是在一些工厂中充入的，氧、氮、氩来源于液态空气的分馏，氢来源于水的电解，氯来源于合成氨工厂等。氢气、氧气、氮气、空气等在钢瓶中呈压缩气状态，二氧化碳、氨、氯、石油气等在钢瓶中呈液化状态。乙炔钢瓶内装有多孔性物质（如木屑、活性炭等）和丙酮，乙炔气体在压力下溶于其中。

图 3-119　气体钢瓶

图 3-120　氢气减压器

在实验室中，我们可以通过气体钢瓶提供所需气体。使用时，通过减压阀（图 3-120）有控制地放出气体。由于钢瓶的内压很大（有的高达 15MPa），而且有些气体易燃或有毒，所以在使用钢瓶时要注意以下几点。

① 钢瓶应存放在阴凉、干燥、远离热源（如阳光、暖气、炉火）的地方，避免日光直晒，氢气钢瓶应放在与实验室隔开的气瓶房内，可燃性气体钢瓶必须与氧气钢瓶分开存放，实验室中应尽量少放钢瓶。

② 搬运钢瓶时要旋上瓶帽，套上橡皮圈，轻拿轻放，防止摔碰或剧烈振动。

③ 使用钢瓶时，如直立放置，应有支架或用铁丝绑住，以免摔倒；如水平放置，应垫稳，防止滚动，决不可使油或其他易燃性有机物沾在钢瓶上（特别是气门嘴和减压器）。

④ 使用钢瓶中的气体时，需用减压器（气压表）。可燃性气体的钢瓶，其气门螺纹是反扣的（如氧气、乙炔气）。不燃或助燃性气体钢瓶（氮、氧等），其气门螺纹是正扣的，各种气体的气压表不得混用，以防爆炸。开启气门时应站在减压表的另一侧，以防减压表脱出而被击伤。

减压表由指示钢瓶压力的总压力表、控制压力的减压阀和减压后的分压力表三部分组成。使用时应注意，把减压表与钢瓶连接好（勿猛拧!）后，将减压表的调压阀旋到最松位置（即关闭状态）。然后打开钢瓶总气阀门，总压力表即显示瓶内气体总压。检查各接头（用肥皂水）不漏气后，方可缓慢旋紧调压阀门，使气体缓缓送入系统。使用完毕时，应首先关紧钢瓶总阀门，排空系统的气体，待总压力表与分压力表均指到 0 时，再旋松调压阀门。如钢瓶与减压表连接部分漏气，应加垫圈使之密封，切不能用麻丝等物堵漏，特别是氧气钢瓶及减压表绝对不能涂油，这更应特别注意，以防燃烧引起事故。

⑤ 钢瓶内的气体决不能全部用完，一定要保留 0.05MPa 以上的残留压力（减压阀表压）。可燃性气体如乙炔应剩余 0.2～0.3MPa，以防重新灌气时发生危险。

⑥ 用可燃性气体时，一定要有防止回火的装置（有的减压表带有此种装置）。在导管中塞细铜丝网，管路中加液封可以起保护作用。

⑦ 钢瓶应定期试压检验（一般钢瓶 3 年检验 1 次）。逾期未经检验或锈蚀严重时，不得使用，漏气的钢瓶不得使用。

⑧ 为了避免把各种气体混淆而用错气体（这会发生很大事故），全国统一规定了瓶身、横条以及标字的颜色，以资区别。表 3-12 为我国气瓶常用的标记。

表 3-12 我国气瓶常用标记

气体类别	瓶身颜色	横条颜色	标字颜色	气体类别	瓶身颜色	横条颜色	标字颜色
氮	黑	棕	黄	氯	草绿	白	白
空气	黑		白	氨	黄		黑
二氧化碳	黑		黄	乙炔	白		红
氧	天蓝		黑	其他一切可燃气体	红		
氢	深绿	红	红	其他一切不可燃气体	黑		

(4) 氮氢空一体机 氮氢空一体机［图 3-121(a)］集生产氮、氢、空气于一身，可取代传统的高压钢瓶。可单独使用，也可同时使用；可间断使用，也可连续使用。只需启动电源开关即可产气，输出流量稳定，并设有多级保护装置，安全、可靠。

(a) NHA-500 氮氢空一体机

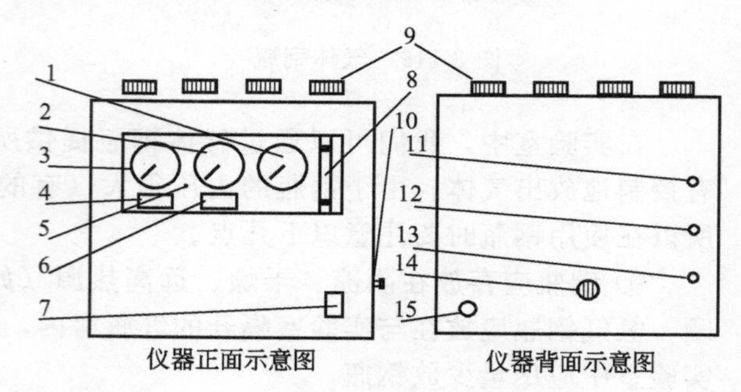

(b) 氮氢空一体机示意图

图 3-121 氮氢空一体机

1—空气压力表；2—氮气压力表；3—氢气压力表；4—氢气流量显示；5—电解指示灯；6—氮气流量显示；7—电源开关；8—液位显示；9—过滤器；10—氮气排空阀；11—氢气出气口；12—氮气出气口；13—空气出气口；14—稳压阀；15—电源线

使用方法如下。

① 加电解液 取出备件中氢氧化钾全部倒入一容器内，然后加入二次蒸馏水或去离子水 500mL 作为母液，充分搅拌，等电解液完全冷却后待用。打开储液桶盖，将冷却后的电解液（母液）倒入储液桶内，然后再加入二次蒸馏水或去离子水，不要超过上限水位线，也不要低于下线，盖上外盖。

② 将仪器背面氢气出口、氮气出口、空气出口的密封螺母取下（请将其保存好，以便今后检查仪器之用）。用外径为 ϕ3mm 气路管将仪器的氢气出口、氮气出口、空气出口与用气仪器的对应进气口连接好，不能漏气，若相应的气源不用，则将密封螺母拧紧即可。

③ 接通电源，使用氮气时，应先将侧面上的氮气排空阀打开，排空运行 20～30min（以保证氮气的纯度，此时 N_2 的数字显示应在 500 左右）后拧紧排空阀。以后每次使用氮气都要先排空运行 20～30min。

④ 工作完毕后先关闭电源开关，打开氮气排空阀。

注：仪器使用一段时间后，电解液会逐渐减少，当电解液位接近下限时，应及时补水，此时只需加入二次蒸馏水即可，加液或加水时液位不要超过上限，也不能低于下限。若更换电解液，使用浓度为 10%左右的氢氧化钾溶液。

3.22 有机化学实验常用装置

常见的有机化学实验装置通常由加热、搅拌、冷却、滴液、干燥、测温、气体吸收等功能中的若干个功能单元组成。灵活运用功能单元的原理，巧妙选择实验仪器，可以组合出具有多种功能的实验装置。

(1) 回流装置 回流装置包括加热、冷却两个功能单元，受热液体在烧瓶中气化，在冷凝管中被冷却液化而流回烧瓶中［图 3-122(a)］。常用于加热到回流温度进行的有机反应、重结晶、天然产物的提取等操作中。加热回流时，冷凝管中溶剂的气-液界面不得高于冷凝管高度的 1/3。图 3-122(b) 是可以隔绝潮气的回流装置。若回流中无不易冷却物放出，也可将气球套在冷凝管的上口，来隔绝潮气渗入。如无需防潮，可以去掉球形冷凝管顶端的干燥管。图 3-122(c) 为带有气体吸收的回流装置，适用于回流时有水溶、腐蚀性气体（如氯化氢、溴化氢、二氧化硫等）产生的实验。图 3-122(d) 为带有水分器的回流装置，适用于除去反应中生成水的操作，有利于平衡向生成产物的方向进行。

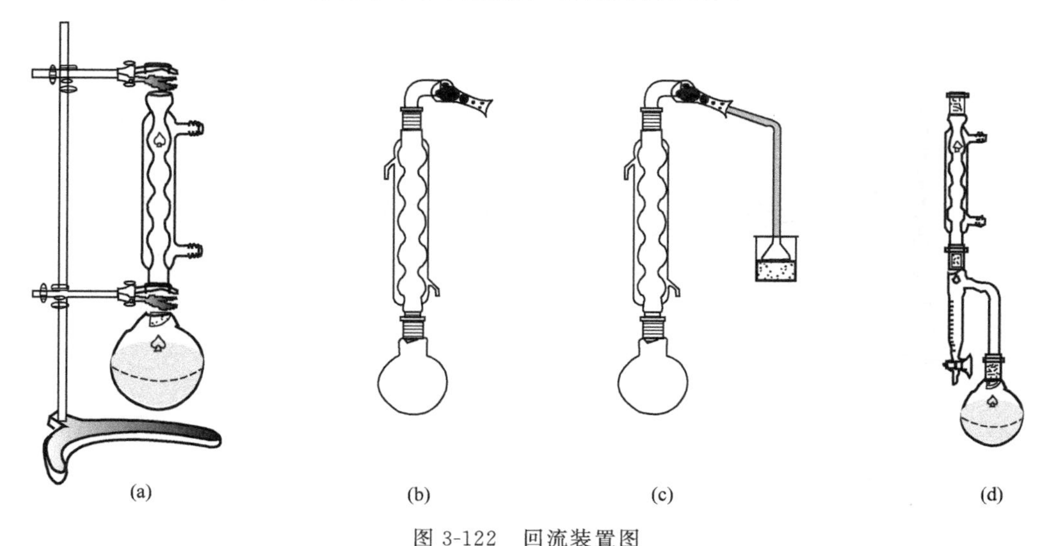

图 3-122 回流装置图

回流加热前应先放入沸石，根据瓶内液体的沸点，可选用水浴、油浴或石棉网直接加热等方式。回流的速率应控制在液体蒸气浸润不超过两个球为宜。

(2) 蒸馏装置 蒸馏是分离两种以上沸点相差较大的液体（至少 30℃以上）和除去或回收有机溶剂的常用方法。蒸馏装置包括加热、测温、冷却、接收 4 个功能单元。液体在烧瓶中受热气化，扩散至冷凝管中被冷却而液化，流入接收瓶。

图 3-123(a) 是最常用的蒸馏装置，由于这种装置出口处与大气相通，可能逸出馏液蒸气，在蒸馏低沸点、易挥发液体时，需将接液管的支管连上橡胶管，并通向水槽或室外。若将支管口接上干燥管，可用作防潮的蒸馏。

图 3-123(b) 是应用空气冷凝管的蒸馏装置，用于蒸馏沸点在 140℃以上的液体；若此时使用直型水冷凝管，由于液体蒸气温度较高而会使冷凝管炸裂。

图 3-123(c) 为蒸除较大量溶剂的装置，由于液体可自滴液漏斗中不断地加入，既可调节滴入和蒸出的速度，又可避免使用较大的蒸馏瓶。

图 3-123(d) 为带有分馏柱的蒸馏装置。

图 3-123(e) 为水蒸气蒸馏装置。

图 3-123(f) 为减压蒸馏装置。操作时，蒸馏前要加沸石，防止液体因过热而产生暴沸。在结束蒸馏时切忌不能将体系蒸干，以避免安全隐患，尤其是醚类溶剂。

(3) 旋转蒸发仪 由马达带动可旋转的蒸发器（圆底烧瓶）、冷凝器和接收器组成（见

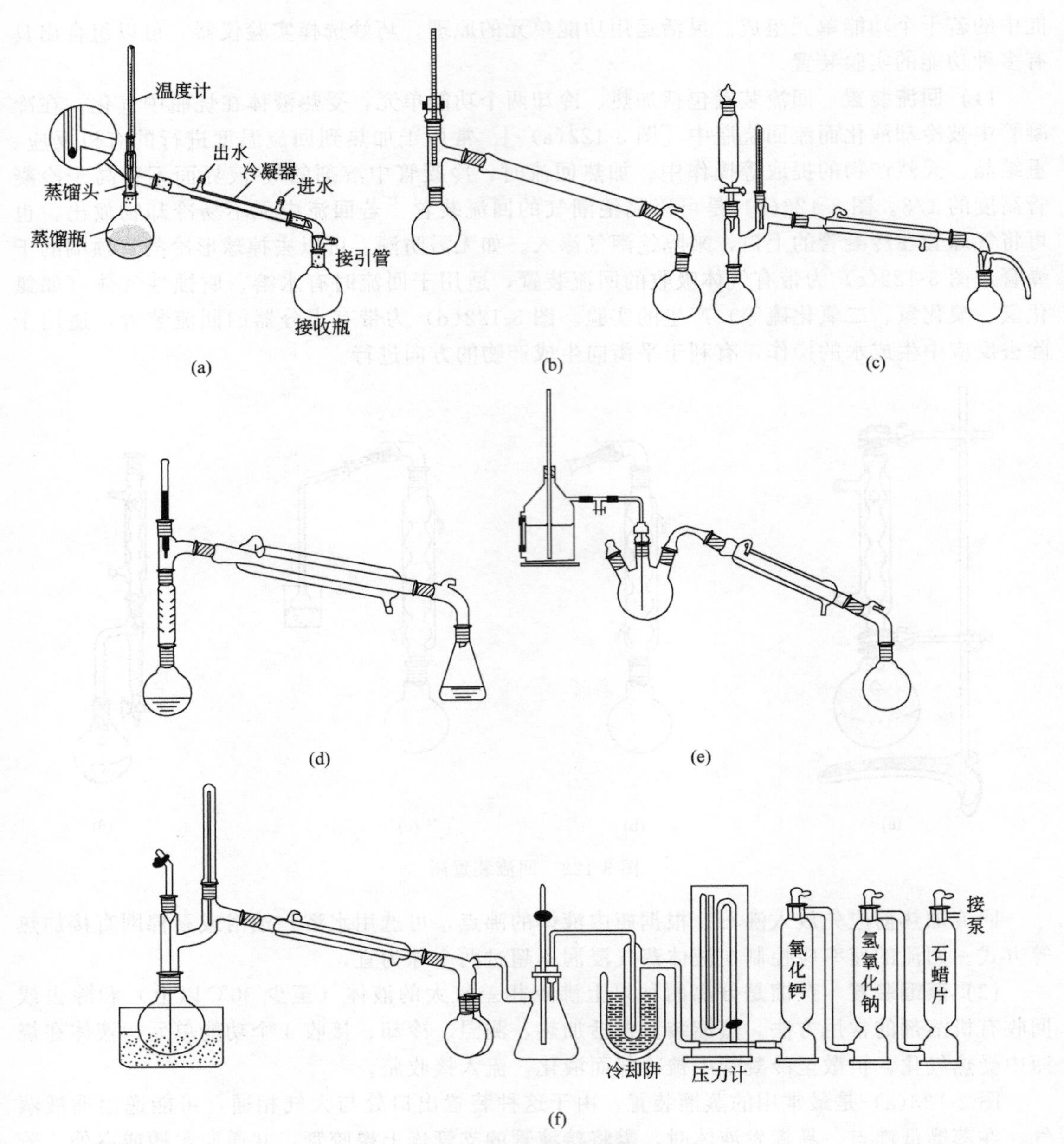

图 3-123 蒸馏装置

图 3-124)，可在常压或减压下操作，可一次进料，也可分批吸入蒸发料液。由于蒸发器的不断旋转，可免加沸石而不会暴沸。蒸发器旋转时，会使料液的蒸发面大大增加，加快了蒸发速度。主要用于在减压条件下连续蒸馏大量易挥发性溶剂。尤其对萃取液的浓缩和色谱分离时接收液的蒸馏。在冷凝管与减压泵之间有一三通活塞，当体系与大气相通时，可以将蒸馏烧瓶、接液烧瓶取下，转移溶剂，当体系与减压泵相通时，则体系应处于减压状态。使用时，应先减压，再开动电动机转动蒸馏烧瓶，结束时，应先停机，再通大气，以防蒸馏烧瓶在转动中脱落。作为蒸馏的热源，常配有相应的恒温水槽。

(4) 气体吸收装置 图 3-125 为气体吸收装置，用于吸收反应过程中生成的有刺激性和水溶性的腐蚀性或有毒气体（例如氯化氢、二氧化硫等）。

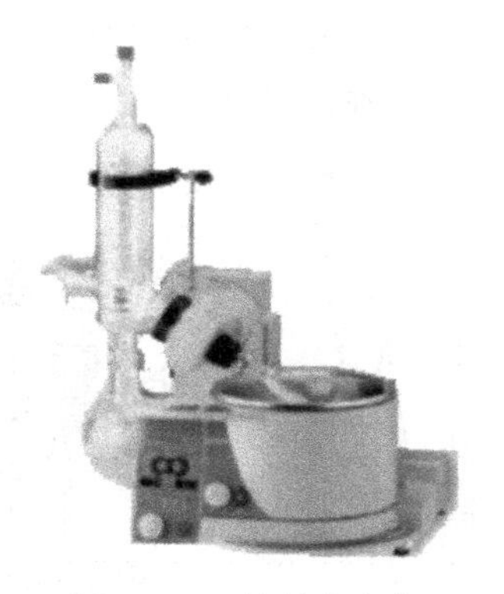

图 3-124 旋转蒸发仪

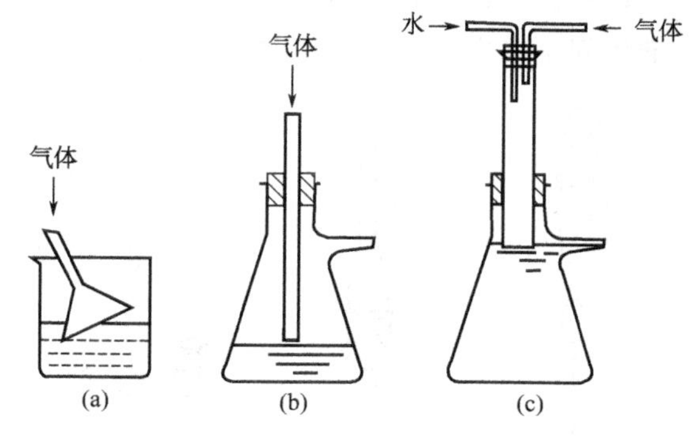

图 3-125 气体吸收装置

图 3-125(a) 和图 3-125(b) 可作少量气体的吸收装置。

图 3-125(a) 中的玻璃漏斗应略微倾斜使漏斗口一半在水中，一半在水面上。这样，既能防止气体逸出，亦可防止水被倒吸至反应瓶中。若反应过程中有大量气体生成或气体逸出很快时，可使用图 3-125(c) 的装置，水自上端流入（可利用冷凝管流出的水）抽滤瓶中，在恒定的平面上溢出。粗的玻璃管恰好伸入水面，被水封住，以防止气体逸入大气中。

(5) 搅拌与密封装置 为保证搅拌得平稳，机械搅拌一般都安装在三口瓶的中间口上，回流或滴加装置安装在边口上，必要时也可用多口瓶。

机械搅拌的搅拌棒通常由玻璃、聚四氟乙烯制成，或在不锈钢外镀聚四氟乙烯，见图 3-126。其中图 3-126(a)、图 3-126(b) 两种可以容易地用玻璃棒弯制；图 3-126(c) 较难制作；图 3-126(d) 中半圆形搅拌叶可用聚四氟乙烯制成。图 3-126(c) 和图 3-126(d) 的优点是可以伸入细颈瓶中，且搅拌效果较好。图 3-126(e) 为桨式搅拌棒，适用于两相不混溶的体系，其优点是搅拌平稳，搅拌效果好。

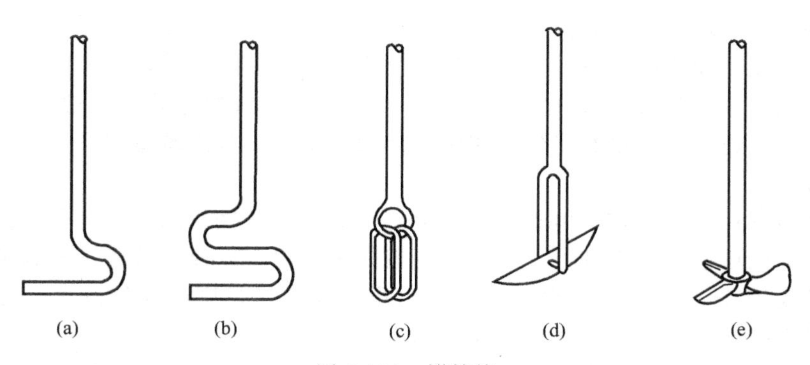

图 3-126 搅拌棒

密封装置主要是在搅拌操作中防止反应物外逸而采取的密封措施。图 3-127(a) 是液体密封装置，常用的密封液体是水、液体石蜡、甘油。图 3-127(b) 是简易密封装置，外管是内径比搅拌棒略粗的玻璃管，上接标准磨口，将约 2cm、内径与搅拌棒粗细适合的橡皮管套于玻璃管上端，然后自玻璃管下端插入搅拌棒。这样，固定在玻璃管上端的橡皮管与搅拌棒紧密接触，达到密闭的效果。在搅拌棒和橡皮管之间滴入少量甘油，对搅拌棒可起润滑和密闭作用。这种简易密封装置一般在减压（1.3～1.6kPa）时也可使用。

搅拌棒的上端用橡皮管与电动机轴连接，下端接近三颈瓶底部约 3～5mm 处，搅拌时要避免搅拌棒与玻璃管相碰。在进行操作时应将中间瓶颈用铁夹夹紧，从仪器的正面和侧面仔细检查，进行调整，使整套仪器端正垂直，先缓慢开动搅拌器实验运转情况。当搅拌棒和玻璃管间不发出摩擦的响声时，仪器装配才合格，否则需要再进行调整。

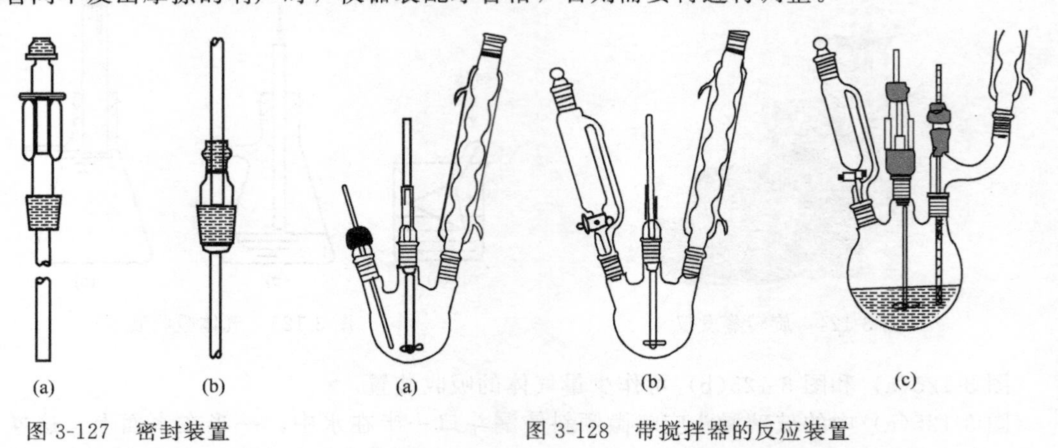

图 3-127　密封装置

图 3-128　带搅拌器的反应装置

图 3-128(a) 是简单的搅拌、回流装置，同时可测量反应的温度。

图 3-128(b) 是可同时进行搅拌、回流、测量反应的温度和恒压自滴液漏斗加入液体的实验装置。

图 3-128(c) 中的搅拌器采用了简易密封装置，在搅拌下，进行加热回流。

机械搅拌速度快，强度大，但安装麻烦，搅拌过程中搅拌棒会不可避免地震颤，在快速转动中可能使玻璃搅拌棒断裂，具有一定的潜在危险性。因此，在非均相反应的一般搅拌中，电磁搅拌逐步代替了机械搅拌。若需要处理高黏度产物中的悬浮固体，或进行大量制备（大于 2L 的反应体系），或需要高速搅拌时，则必须使用机械搅拌。

如果反应物是低黏度的液体或固体量很少，可以用电磁搅拌，其优点是易于密封，不占用瓶口，搅拌平稳。现在的电磁搅拌器大多与加热相结合，具备加热、搅拌、控温等多种功能，使用十分方便。使用时，只要将磁棒投入反应器中，将反应器置于搅拌台上即可，具有安全性高、使用方便、操作简单的特点。对于 2L 以内非均相体系，电磁搅拌是理想的选择。电磁搅拌尤其适合于微量有机化学实验和涉及对空气、水汽敏感的且具有高度反应活性化合物的反应。

电磁搅拌器利用垂直固定于电动机转轴上旋转的条形磁铁带动玻璃容器里搅拌磁棒进行工作。搅拌磁棒的中心是一根铁条，其外包裹聚四氟乙烯，以保证铁条不被腐蚀。搅拌磁棒有条形的，长度为 5～50mm，根据反应瓶的大小选择适当长度的搅拌磁棒。此外，还有比较小的三角形搅拌磁棒，用于尖底反应瓶中物料的搅拌。

在使用电磁搅拌器时，首先选择合适的搅拌磁棒，缓慢加快搅拌速度，使得磁棒既能有效地搅拌，且在玻璃容器里不跳动，防止磁棒因剧烈跳动而击碎玻璃容器。

(6) 仪器装置与拆卸　用铁夹将玻璃仪器依次固定于铁架台上。铁夹的双钳应贴有橡皮、绒布或缠上石棉绳、布条等软性物质。不能用铁钳直接夹玻璃仪器，否则铁钳容易夹坏玻璃仪器。用铁夹夹玻璃仪器时，先用左手手指将双钳夹紧，右手拧紧铁夹螺丝，待夹钳手指感到螺丝触到双钳时，即可停止旋动，做到夹物不松不紧。

以回流装置［图 3-128(a)］为例，安装仪器时先根据热源高度用铁夹夹住圆底烧瓶瓶颈，垂直固定于铁架台上。铁架台应正对实验台外面，不要歪斜（若铁架台歪斜、重心不一致，装置则不稳）。然后将球形冷凝管下端正对烧瓶口用铁夹垂直固定于烧瓶上方，再放松铁夹，将冷凝管放下，使磨口磨塞塞紧后，再将铁夹稍旋紧以固定冷凝管（铁夹位于冷凝管中部偏上）。用合适的橡皮管连接冷凝管，进水口在下方，出水口在上方。最后在冷凝管顶端装置干燥管。

仪器安装顺序为：先下后上，从左到右。做到正确、整齐、稳妥、端正，其轴线应与实验台边沿平行。拆卸则与之相反。

3.23　有机化合物的分离和提纯

3.23.1　重结晶及过滤

通过有机合成得到的固体有机化合物往往不纯，常夹杂一些副产物、未反应的原料及催化剂等。纯化这类物质的有效方法通常是重结晶，一般过程为：将固体有机物在一定温度下（溶剂的沸点或接近于沸点）溶解在溶剂中，制成接近饱和的浓溶液，若有机物的熔点较溶剂沸点低，则应制成在熔点温度以下的饱和溶液。

若溶液含有色杂质，可加适量活性炭煮沸脱色。

热过滤以除去其中不溶性杂质及活性炭。

将滤液冷却，使结晶从过饱和溶液中析出，而可溶性杂质仍留在母液中。

抽气过滤，从母液中将结晶分出，洗涤结晶以除去吸附的母液。所得的结晶经干燥后测定熔点。如发现其纯度不符合要求，可重复上述操作，直至熔点不再改变为止。

(1) 重结晶的基本原理　随着温度升高，固体有机物在溶剂中的溶解度增大。将固体有机物溶解在热的溶剂中并达到饱和，冷却后，由于溶解度降低，溶液变成过饱和而析出结晶。利用溶剂对被提纯物质及杂质的溶解度不同，可以使被提纯物质从过饱和溶液中析出。而让杂质全部或大部分留在溶液中（若杂质在溶剂中的溶解度极小，则配成饱和溶液后被过滤除去），从而达到提纯目的。

假设某固体混合物由 9.5g 被提纯物质 A 和 0.5g 杂质 B 组成。选择溶剂进行重结晶，室温时 A、B 在某溶剂中的溶解度分别为 S_A 和 S_B，通常存在着下列情况。

杂质较易溶解（$S_B>S_A$），设室温下 $S_B=2.5g/100mL$，$S_A=0.5g/100mL$，如果 A 在此沸腾溶剂中的溶解度为 9.5g/100mL，则使用 100mL 溶剂即可使混合物在沸腾时全溶。将此滤液冷却至室温时可析出 9g（不考虑操作上的损失）A，而 B 留在母液中。A 的回收率为 94.7%。如果 A 在此沸腾溶剂中的溶解度更大，例如 A 在此沸腾溶剂中的溶解度为 47.5g/100mL，则只需使用 20mL 溶剂即可使混合物在沸腾时全溶，这时滤液可以析出 9.4g 的 A，B 仍可留在母液中，A 的回收率可达 98.9%。因此，杂质在冷时的溶解度大而产物在冷时的溶解度小，或溶剂对产物的溶解性能随温度的变化大，都有利于提高回收率。

杂质较难溶解（$S_B<S_A$），设室温下 $S_B=0.5g/100mL$，$S_A=2.5g/100mL$，A 在沸腾溶液中的溶解度仍为 9.5g/100mL，则在 100mL 溶剂重结晶后的母液中含有 2.5g 的 A 和 0.5g 的 B，析出 7g 的 A，A 的回收率为 73.6%。但这时，即使 A 在沸腾溶剂中的溶解度更大，使用的溶剂也不能再少了，否则杂质 B 也会部分析出，就必须再次重结晶。如果混合物中的杂质含量很多，则重结晶的溶剂量就要增加，或者重结晶的次数要增加，致使操作过程冗长，回收率极大地降低。

两者溶解度相等（$S_A=S_B$），设在室温下皆为 2.5g/100mL，若也用 100mL 溶剂重结晶，仍可得到 7g 纯 A。但如果这时杂质含量很多，则用重结晶分离产物就比较困难。在 A 和 B 含量相等时，重结晶法就不能用来分离产物了。

在任何情况下，杂质的含量过多都是不利的（杂质太多还会影响结晶速度，甚至妨碍结晶的生成)。一般重结晶只适用于纯化杂质含量在5%以下的固体有机混合物，所以对反应粗产物直接重结晶是不适宜的，必须先采用其他方法（例如萃取、水蒸气蒸馏、减压蒸馏等）进行初步提纯，然后再用重结晶提纯。

在进行重结晶时，选择理想的溶剂是一个关键，理想的溶剂必须具备下列条件：①不与被提纯物质起化学反应；②被提纯物质的溶解度随温度变化而显著变化，即在较高温度时能溶解多量的被提纯物质，而在室温或更低温度时，只能溶解很少量的该种物质；③对杂质的溶解度非常大（使杂质留在母液中不随提纯物晶体一同析出）或非常小（杂质在热过滤时被滤去）；④能给出较好的结晶；⑤溶剂的沸点较低，容易挥发，易与结晶分离除去；⑥无毒或毒性很小，便于操作，不污染环境；⑦价格低。重结晶常用的溶剂见表3-13。

表3-13 重结晶常用的溶剂

名称	沸点/℃	闪点/℃	密度/(g/mL)	水中溶解度	名称	沸点/℃	闪点/℃	密度/(g/mL)	水中溶解度
水	100		1		甲苯	110.6	4.4	0.87	不溶
甲醇	65	10	0.79	溶	环己烷	80.8	−6	0.78	不溶
乙醇	78	12	0.79	溶	二氧六环	101.3	12	1.03	溶
95%乙醇	78.1		0.804	溶	二氯甲烷	40.8		1.34	微溶
异丙醇	82.4	12	0.79	溶	1,2-二氯乙烷	83.8	13	1.24	微溶
四氢呋喃	66	−17	0.89	溶	氯仿	61.2		1.49	不溶
丙酮	56.2	−18	0.79	溶	四氯化碳	76.8		1.59	不溶
冰醋酸	117.9	40	1.05	溶	硝基甲烷	101.2		1.14	溶
乙醚	34.5	−45	0.71	溶	甲乙酮	79.6	2	0.81	溶
石油醚	30～60	−56	0.64	不溶	乙腈	81.6	6	0.78	溶
乙酸乙酯	77.1	−4	0.90	7.9%(质量浓度)	己烷	69	−23	0.66	不溶
苯	80.1	−11	0.88	不溶	戊烷	36	−49	0.63	不溶

当几种溶剂都合适时，则应根据结晶的回收率、操作的难易、溶剂的毒性、易燃性和价格等来选择。

当一种物质在一些溶剂中的溶解度太大，而在另一些溶剂中的溶解度又太小，不能选择到一种合适的溶剂时，常可使用混合溶剂而得到满意的结果。所谓混合溶剂，就是把对此物质溶解度很大的和溶解度很小的而又能互溶的两种溶剂（例如水和乙醇）混合起来，这样可获得新的良好的溶解性能。用混合溶剂重结晶时，可先将待纯化物质在接近良溶剂的沸点时溶于良溶剂中（在此溶剂中极易溶解）。若有不溶物，趁热滤去，若有色，则用适量（如1%～2%）活性炭煮沸脱色后趁热过滤。于此热溶液中小心地加入热的不良溶剂（物质在此溶剂中溶解度很小），直至所出现的浑浊不再消失为止，再加入少量良溶剂或稍热使恰好透明。然后将混合物冷却至室温，使结晶从溶液中析出，有时也可将两种溶剂先行混合，如1∶1的乙醇和水，则其操作和使用单一溶剂时相同。常用的混合溶剂有：水-甲醇、水-乙醇、水-乙酸、水-丙酮、水-二氧六环、乙醇-乙醚、乙醇-丙酮、乙醇-氯仿、乙醇-石油醚、乙醇-苯、石油醚-丙酮、石油醚-苯、石油醚-乙醚等。

(2) 重结晶的实验操作

① 溶剂的选择　在重结晶时，需要根据物质在该溶剂中的溶解情况，确定合适的溶剂。一般化合物可以查阅手册或词典中的溶解度或通过实验来选用溶剂。

选择溶剂时，必须考虑被溶物质的成分与结构。因为溶质易溶于结构与其近似的溶剂中。

按溶剂的结构分为质子溶剂和非质子溶剂。分子中含有氢键（例如含 O—H 键或 N—

H 键）的溶剂称为质子溶剂。分子中没有氢键的溶剂称为非质子溶剂。O—H、N—H 键的 O 和 N 都有孤对电子，因此质子溶剂既是氢键的给体，又是氢键的受体，如 H_2O、ROH、RNH_2 等。非质子溶剂不是氢键的给体，有些是氢键的受体，如 CH_3COCH_3、$HCON(CH_3)_2$等，有些也不是氢键的受体，如 C_6H_6、n-C_7H_{16}等。

极性物质较易溶于极性溶剂中，难溶于非极性溶剂中。例如含羟基的化合物，在大多数情况下能溶于水；但随着碳链增长，在水中的溶解度显著降低，在碳氢化合物中的溶解度却会增加。

溶剂的最后选择只能用实验方法来决定。取 0.1g 待重结晶的固体粉末于小试管中，逐滴加入溶剂，并不断振荡。若加入的溶剂量达 1mL 仍未见全溶，可小心加热至沸腾（必须严防溶剂着火!）。若能全溶于 1mL 冷的或温热的溶剂中，则此溶剂不适用。若不能溶于 1mL 沸腾溶剂，需分批加入溶剂（每次 0.5mL），并加热使沸腾。若溶剂量达到 4mL，仍然不能全溶，必须寻求其他溶剂。若结晶不能自行析出，可用玻璃棒摩擦液面下的试管壁，或以冷水冷却，使结晶析出。若结晶仍不析出，则此溶剂也不适用。若能正常析出结晶，必须注意析出结晶的量。对几种溶剂用同法比较后，选用结晶收率最好的溶剂来进行重结晶。

② 溶解及热过滤　将待重结晶物质放入锥形瓶中，加入较需要量（据查得的溶解度数据或溶解度实验所得结果）稍少的适宜溶剂，加热至微，并保持一段时间，若未完全溶解，可逐渐添加溶剂，每次加入后均需再加热使溶液沸腾，直至物质全溶（注意判断是否有不溶性杂质存在，以免加过多的溶剂）。要保证产品的纯度和高的回收率，溶剂的用量是关键。虽然从减少溶解损失来考虑，溶剂应尽可能避免过量；但在热过滤时会引起很大的麻烦和损失，特别是当待结晶物质的溶解度随温度改变而变化很大时更是如此。因为在操作过程中，会因挥发而使溶剂量减少，或因温度降低而使溶质析出，因而要比需要量多加 20%左右的溶剂。

为避免溶剂挥发及可燃溶剂着火或中毒，应在锥形瓶上安装回流冷凝管，可在冷凝管的上端添加溶剂。据溶剂的沸点和可燃性，选择适当的加热方式。当溶质全溶后，即可趁热过滤（若含有色杂质，则需加活性炭脱色。这时应移去热源，使溶液稍冷，再加入活性炭，并煮沸 5～10min，然后趁热过滤）。

过滤易燃溶剂的溶液时，必须熄灭附近的火源。为加快过滤速度，应选用颈粗而短的玻璃漏斗，以避免晶体在颈部析出造成堵塞。过滤前，应将漏斗在烘箱中预热，待过滤时才将漏斗取出放在铁圈中（或放在盛滤液的锥形瓶上）。用水作溶剂时，将盛滤液的锥形瓶加热，利用热蒸汽对漏斗保温。在漏斗中放一折叠滤纸（图 3-129）。在过滤即将开始前，先用少量热溶剂湿润，以免干滤纸吸收溶液中的溶剂，使结晶析出而堵塞滤纸孔。过滤时，漏斗上应盖表面皿（凹面向下），减少溶剂挥发。盛滤液的容器一般用锥形瓶，只有水溶液才可收集在烧杯中！如过滤进行顺利，只有很少的结晶在滤纸上析出（若结晶在热溶剂中溶解度很大，可用少量热溶剂洗下，否则还是弃之为好，以免得不偿失）。结晶较多时，必须用刮刀将结晶刮回到原来的瓶中，再加适量的溶剂溶解并过滤。滤毕后，用洁净的塞子塞住盛溶液的锥形瓶，放置冷却。

若溶液稍经冷却就会析出结晶，或过滤的溶液较多，则最好应用热水漏斗。热水漏斗要用铁夹固定好并预先加热，过滤易燃的有机溶剂时一定要熄灭火焰！

③ 脱色　粗制的有机物常含有色杂质，在重结晶时，杂质虽可溶于沸腾的溶剂中，但当冷却析出结晶时，部分杂质又会被结晶吸附，使产物带色。溶液中有时存在某些树脂状物质或不溶性杂质的悬浮物，使溶液浑浊，常常不能用一般的过滤方法除去。在溶液中加入少量活性炭，并煮沸 5～10min（不能将活性炭加到已沸腾的溶液中，以免溶液暴沸而自容器

冲出)。活性炭可吸附有色杂质、树脂状物质以及不溶性悬浮物。趁热过滤除去活性炭，冷却溶液便能得到较好的结晶。活性炭在水溶液中的脱色效果较好，也可在任何有机溶剂中使用，但在烃类等非极性溶剂中效果较差。也可采用硅藻土等或柱色谱来除去杂质。

使用活性炭时，量要适当，必须避免过量太多，因为它也能吸附一部分被纯化的物质。所以活性炭的用量应视杂质的多少而定，一般为干燥粗产品质量的1%～5%。假如这些数量的活性炭不能使溶液完全脱色，则可再用1%～5%的活性炭重复上述操作。活性炭的用量选定后，最好一次脱色完毕，以减少操作损失。过滤时选用的滤纸质量要好、紧密，以免活性炭透过滤纸进入溶液中。

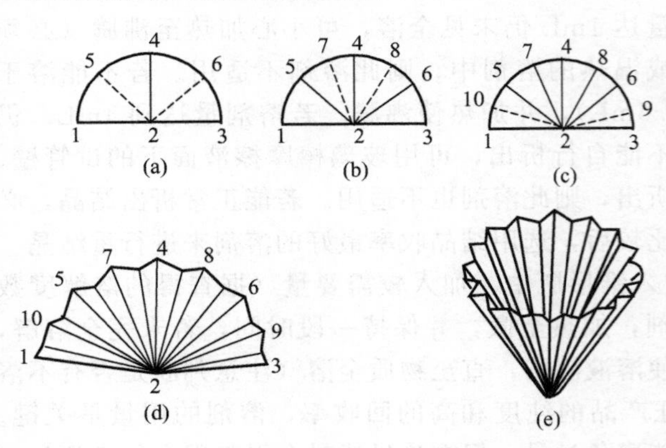

图 3-129 折叠滤纸的方法

④ 折叠滤纸 将选定的圆滤纸先一折为二，再沿2、4折成1/4。然后将1、2的边沿折至4、2；2、3的边沿折至2、4，分别在2、5和2、6处产生新的折纹［图3-129(a)］。继续将1、2折向2、6；2、3折向2、5，分别得到2、7和2、8的折纹［图3-129(b)］。同样以2、3对2、6；1、2对2、5分别折出2、9和2、10的折纹［图3-129(c)］。最后在8个等分的每一个小格中间以相反方向［图3-129(d)］折成16等分。得到折扇一样的排列。再在1、2和2、3处各向内折一小折面，展开后即得到折叠滤纸［或称扇形滤纸，图3-129(e)］。在折纹集中的圆心处，折时切勿重压，否则滤纸的中央在过滤时容易破裂。在使用前，应将折好的滤纸翻转并整理好后再放入漏斗中，这样可避免被手指弄脏的一面接触滤过的滤液。

⑤ 结晶 若将滤液在冷水浴中迅速冷却并剧烈搅动时，会得到颗粒很小的晶体。小晶体包含杂质较少，但其表面积较大，吸附于其表面的杂质较多。若希望得到均匀而较大的晶体，可将滤液（如在滤液中已析出结晶，可加热使之溶解）在室温或保温下静置使之缓缓冷却。这样得到的结晶往往比较纯净。

有时滤液中有焦油状物质或胶状物，使结晶不易析出，或有时因形成过饱和溶液也不析出结晶。在这种情况下，可用玻璃棒摩擦器壁以形成粗糙面，使溶质分子呈定向排列从而形成结晶，此过程较在平滑面上迅速和容易；或者投入晶种（同一物质的晶体，若无此物质的晶体，可用玻璃棒蘸少许溶液稍干后即会析出晶体），供给定型晶核，使晶体迅速形成。

有时被纯化的物质呈油状析出，油状物质长时间静置或足够冷却后虽也可以固化，但这样的固体往往含有较多杂质（杂质在油状物中溶解度常较在溶剂中的溶解度大；其次，析出的固体中还会包含一部分母液），纯度不高，用溶剂大量稀释，虽可防止油状物生成，但将使产物大量损失。这时可将析出油状物的溶液加热重新溶解，然后慢慢冷却。当油状物析出时便剧烈搅拌混合物，使油状物在均匀分散的状况下固化，这样包含的母液就大大减少。但最好还是重新选择溶剂。

⑥ 抽滤 一般采用布氏漏斗进行抽滤将结晶从母液中分离出来。抽滤瓶的侧管用较耐压的橡皮管和水泵相连（最好中间接一安全瓶，再和水泵相连，以免操作不慎，使泵中的水倒流）。布氏漏斗中铺圆形滤纸并紧贴于漏斗底壁，用少量溶剂把滤纸润湿，然后打开水泵将滤纸吸紧，防止固体在抽滤时自滤纸边沿吸入瓶中。借玻璃棒之助，将容器中液体和晶体分批倒入漏斗中，并用少量滤液洗出黏附于容器壁上的晶体。关闭水泵前，先将抽滤瓶与水

泵间连接的橡皮管拆开，或将安全瓶上的活塞打开接通大气，以免水倒流入吸滤瓶中。

用溶剂洗涤布氏漏斗中的晶体，以除去存在于晶体表面的母液，否则干燥后仍会使结晶沾污。用重结晶的同一溶剂进行洗涤，用量应尽量少，以减少溶解损失。先暂时停止抽气，在晶体上加少量溶剂；用玻璃棒小心搅动（不要使滤纸松动），使晶体润湿。静置一会儿，待晶体均匀地被浸湿后再进行抽气。为使溶剂和结晶更好地分开，在抽气的同时用清洁的玻璃塞倒置在结晶上并用力挤压，一般重复洗涤 1～2 次即可。如重结晶溶剂的沸点较高，先用原溶剂至少洗涤 1 次，再用低沸点的溶剂洗涤，使最后的结晶产物易于干燥（此溶剂必须能和第一种溶剂互溶而对晶体是不溶或微溶）。

过滤少量晶体时，可用玻璃钉漏斗，以抽滤管代替抽滤瓶。玻璃钉漏斗上的滤纸应较玻璃钉的直径略大，滤纸以溶剂润湿后进行抽气并用玻璃棒挤压使滤纸的边沿紧贴在漏斗上。

抽滤后所得的母液如还有用处，可移置于其他容器中。较大量的有机溶剂一般应用蒸馏法回收。如母液中溶解的物质不容忽视，可将母液适当浓缩。回收得到一部分纯度较低的晶体，测定它的熔点，以决定是否可供直接使用，或需进一步提纯。

⑦ 结晶的干燥　抽滤和洗涤后的结晶，表面上还吸附有少量溶剂，尚需采用适当方法进行干燥。重结晶后的产物需要通过测定熔点来检验其纯度，在测定熔点前，晶体必须充分干燥，否则熔点会下降。固体的干燥方法很多，可根据重结晶所用的溶剂及结晶的性质来选择。常用的方法有以下几种。

晾干：将抽干的固体物质转移到表面皿上铺成薄薄的一层，再用一张滤纸覆盖以免灰尘沾污，然后在室温下放置，一般需要几天才能彻底干燥。

烘干：一些对热稳定的化合物，可以在低于该化合物熔点或接近溶剂沸点的温度下进行干燥。常用红外灯、烘箱或蒸汽浴等方式进行加热。必须注意，由于溶剂的存在，结晶可能在较其熔点低得多的温度下就开始熔融了，因此必须十分注意控制温度并经常翻动晶体。

用滤纸吸干：有时晶体吸附的溶剂在过滤时很难抽干，这时可将晶体放在几层滤纸上，再用滤纸挤压以吸出溶剂。此法的缺点是晶体上易沾污一些滤纸纤维。

干燥器中干燥：见本节干燥部分。

3.23.2 蒸馏

蒸馏是提纯液体物质和分离混合物的一种常用方法。通过蒸馏还可以测出化合物的沸点，所以蒸馏对鉴定纯粹的液体有机化合物也具有一定的意义。

(1) 蒸馏的基本原理　液体分子由于分子运动有从表面逸出的倾向，这种倾向随着温度的升高而增大。若将液体置于密闭的真空体系中，液体分子持续不断地逸出，在液面上部形成蒸气，最后使分子自液体逸出与由蒸气中回到液体中的速度相等，此时液面上的蒸气达到饱和，称为饱和蒸气，它对液面所施的压力称为饱和蒸气压。液体的蒸气压只与温度有关，即液体在一定温度下具有一定的蒸气压。这是指液体与它的蒸气平衡时的压力，与体系中存在的液体和蒸气的绝对量无关。

液体的蒸气压随温度升高而增大（图 3-130），当液体的蒸气压增大到与外界压力（大气压力）相等时，有大量气泡从液体内部逸出，即沸腾。此时的温度称为液体的沸点。沸点与外界压力的大小有关。通常所说的沸点是在 0.1MPa 压力下液体的沸腾温度，在其他压力下的沸点应注明压力。如水的沸点为 100℃，即在 0.1MPa 压力下，水在 100℃时沸腾，在 85.3kPa 时，水在 95℃沸腾，表示为 95℃/85.3kPa。

将液体加热至沸腾，使液体变为蒸气，然后使蒸气冷却再凝结为液体，这两个过程的联合操作称为蒸馏。蒸馏可将易挥发和不易挥发的物质分开，也可将沸点不同的液体混合物分开，但各组分的沸点必须相差很大（至少 30℃以上）才能达到较好的分离效果。在常压下

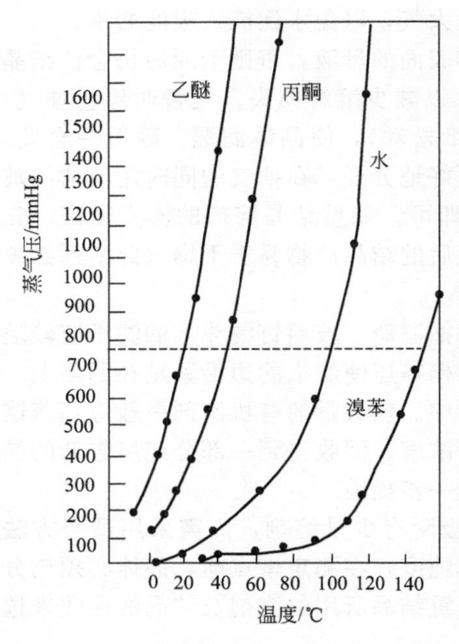

图 3-130 温度与蒸气压关系图
（1mmHg=133.322Pa，下同）

进行蒸馏时，由于大气压往往不是恰好为 0.1MPa，因而严格说来，应对观察到的沸点加校正，但由于偏差一般很小，即使大气压相差 2.7kPa，这项校正值也不过±1℃，可以忽略不计。

将盛有液体的烧瓶加热，在液体底部和玻璃受热的接触面上有蒸气的气泡形成。溶解在液体内部的空气或以薄膜形式吸附在瓶壁上的空气有助于这种气泡的形成，玻璃的粗糙面也起促进作用。这些小气泡（气化中心）可作为大的蒸气气泡的核心。在沸腾时，液体释放大量蒸气至小气泡中。待气泡中的总压力超过大气压，并足够克服由于液柱所产生的压力时，蒸气的气泡就上升逸出液面。假如在液体中有许多小空气泡或其他的气化中心时，液体就可平稳地沸腾。如果液体中几乎不存在空气，瓶壁又非常洁净和光滑，形成气泡就非常困难。这样，加热时，可能液体温度超过沸点很多也不沸腾——“过热”，一旦有气泡形成，因液体在此温度时的蒸气压已远远超过大气压和液柱压力之和，上升的气泡增大得非常快，甚至将液体冲溢出瓶外，产生“暴沸”。因而在加热前应加入助沸物来引入气化中心以保证沸腾平稳。助沸物一般是表面疏松多孔、吸附空气的物体，如素瓷片、沸石或人造沸石等，也可用几根一端封闭的毛细管（毛细管要有足够的长度，可将封口端搁在蒸馏瓶的颈部，开口端朝下）。在任何情况下，切忌将助沸物加至接近沸腾的液体中，否则常因突然放出大量蒸气而将液体从蒸馏瓶口喷出造成危险。如果加热前忘记加助沸物，补加时必须先移去热源，待液体冷至沸点以下方可加入。如果沸腾中途停止过，在重新加热前应加入新的助沸物。因为起初加入的助沸物在加热时逐出了部分空气，冷却时吸附了液体，可能已经失效。另外，如果采用浴液间接加热，浴温不要超过蒸馏液沸点 20℃，这种加热方式不但可大大减少瓶内蒸馏液中各部分之间的温差，而且可使蒸气的气泡不仅从烧瓶的底部上升，也可沿着液体的边沿上升，可减少过热的可能。

纯粹的液体有机化合物在一定的压力下具有一定的沸点，但具有固定沸点的液体不一定都是纯粹的化合物，因为某些有机化合物常和其他组分形成二元或三元共沸混合物，它们也有一定的沸点。不纯物质的沸点则取决于杂质的物理性质以及它和纯物质间的相互作用。若杂质是不挥发的，则溶液的沸点比纯物质的沸点略有提高（但在蒸馏时，实际上测量的并不是溶液的沸点，而是逸出蒸气与其冷凝液平衡时的温度，即馏出液的沸点而不是瓶中蒸馏液的沸点）。若杂质是挥发性的，则蒸馏时液体的沸点会逐渐上升；或者由于两种或多种物质组成了共沸点混合物，在蒸馏过程中温度保持不变，停留在某一范围内。因此，沸点的恒定并不一定意味着它是纯粹化合物。

（2）蒸馏的实验操作

① 蒸馏装置 常用的蒸馏装置由蒸馏瓶、温度计、冷凝管（待蒸液体的沸点低于 140℃时，采用直型冷凝管；沸点高于 140℃时，采用空气冷凝管）、接液管（蒸馏易吸潮液体时，在接液管支管处连接干燥管）和接收瓶组成（若磨口不合适，需借助于大小接头连接）。磨口温度计可直接插入蒸馏头，普通温度计通常借助于温度计旋塞固定在蒸馏头的上口处。温度计水银球的上限应和蒸馏头侧管的下限相齐。冷凝水应从冷凝管的下口流入，上口流出，

以保证冷凝管的套管中始终充满水。使用带支管的接液管以免造成封闭体系，使体系压力过大而发生爆炸。所用仪器必须清洁干燥，规格合适。

首先根据蒸馏物的量，选择大小合适的蒸馏瓶。待蒸馏液体的体积一般为蒸馏瓶容积的1/3～2/3。

仪器的安装顺序一般是先从热源开始，在铁台上放好热浴装置，然后安装蒸馏瓶。使用水浴或油浴时，瓶底应距水浴（或油浴）槽底1～2cm。将蒸馏瓶用铁夹垂直夹好，安装蒸馏头。安装冷凝管时，应先调整它的位置使与已装好的蒸馏瓶高度相适应并与蒸馏头的侧管同轴，然后松开固定冷凝管的铁夹，移动冷凝管使之与蒸馏头的侧管连接。铁夹不应夹得太紧或太松，以夹住后稍用力尚能转动为宜。铁夹内通常垫以橡胶等软性物质，以免夹破仪器。在冷凝管尾部通过接液管连接接收瓶（锥形瓶或圆底烧瓶，事先称重）。

安装仪器的顺序一般是自下而上，从左到右。做到准确端正，横平竖直。无论从正面或侧面观察，全套仪器的轴线都要在同一平面内。铁架台应整齐地置于仪器的背面。可将安装仪器概括为四个字，即稳、妥、端、正。稳——稳固牢靠；妥——妥善安装，消除一切不安全因素；端——端正美观；正——正确地使用和选用仪器。

② 蒸馏操作

加料：将待蒸馏液通过玻璃漏斗小心倒入蒸馏瓶中，避免液体从支管流出。加入几粒沸石，安装温度计。检查仪器的各部分连接是否紧密和妥当。接通冷凝管的冷却水。

加热：加热后，蒸馏瓶中液体逐渐沸腾，蒸气逐渐上升，温度计的读数也略有上升。当蒸气的顶端达到温度计水银球部位时，温度计读数急剧上升。这时应适当调整电压，使加热速度略为减慢，蒸气顶端停留在原处，使瓶颈上部和温度计受热，使水银球上液滴和蒸气温度达到平衡。然后再稍稍加大电压，进行蒸馏。控制加热温度，调节蒸馏速度，通常以1～2滴/s为宜。在整个蒸馏过程中，应使温度计水银球上有被冷凝的液滴。此时的温度即为液体与蒸气平衡的温度，温度计的读数就是馏出液的沸点。蒸馏时热浴温度不能太大，否则会在蒸馏瓶的颈部造成过热现象，使一部分液体的蒸气直接受热，这样由温度计读得的沸点会偏高；同时，蒸馏也不能进行得太慢。否则温度计的水银球不能为馏出液蒸气充分浸润而使温度计上所读得的沸点偏低或不规则。

观察沸点及收集馏液：蒸馏前，至少要准备2个接收瓶。因为在达到预期物质的沸点之前，沸点较低的液体先蒸出，这部分馏液称为“前馏分”或“馏头”。蒸完前馏分，当温度趋于稳定，蒸出的就是较纯的物质，这时应更换一个洁净干燥的接收瓶接收，记录这部分液体开始馏出时和最后一滴时温度计的读数，即为该馏分的沸程（沸点范围）。一般液体中或多或少地含有一些高沸点杂质，在所需要的馏分蒸出后，若再继续升高加热温度，温度计的读数会显著上升，若维持原来的加热温度，则无馏液蒸出，温度会突然下降。此时应停止蒸馏。即使杂质含量极少，也不要蒸干，以免蒸馏瓶破裂及发生其他意外事故。

蒸馏完毕，先应停止加热，然后停止通水，拆下仪器。拆除仪器的顺序和安装的顺序相反，先取下接收器，然后拆下接液管、冷凝管、蒸馏头和蒸馏瓶等。

液体的沸程常可代表它的纯度。纯粹的液体沸程一般不超过1～2℃，对于合成的产品，因大部分是从混合物中采用蒸馏法提纯，因蒸馏法的分离能力有限，故在普通有机化学实验中收集的沸程较宽。

3.23.2.1　水蒸气蒸馏

水蒸气蒸馏是分离纯化有机物的常用方法之一。适用于分离那些在其沸点附近易分解的物质，尤其是在反应产物中有大量树脂状杂质的情况下，效果较一般蒸馏或重结晶好。使用这种方法时，被提纯物质应该不溶（或几乎不溶）于水，在沸腾下长时间与水共存而不起化学变化，在100℃左右时必须具有一定的蒸气压（一般不小于1.33kPa）。

(1) 水蒸气蒸馏的基本原理 当与水不相混溶的物质与水一起存在时，根据道尔顿(Dalton)分压定律，整个体系的蒸气压为各组分蒸气压之和，即：$p=p_A+p_B$，其中，p为总的蒸气压；p_A为水的蒸气压；p_B为与水不相混溶物质的蒸气压。当p等于外界大气压时，此时的温度即为它们的共沸点。此沸点必定较任一个组分的沸点都低。因此，在常压下应用水蒸气蒸馏，能在低于100℃将高沸点组分与水一起蒸出。蒸馏时混合物的共沸点保持不变，直至其中一组分几乎完全移去（因p与混合物中二者间的相对量无关），温度才上升至留在瓶中液体的沸点。混合物蒸气中各气体分压（p_A，p_B）之比等于它们的物质的量之比。即：$n_A/n_B=p_A/p_B$（n_A，n_B表示此两物质在一定容积的气相中的物质的量），而$n_A=m_A/M_A$，$n_B=m_B/M_B$，M_A，M_B为A和B的相对分子质量。因此$m_A/m_B=M_A p_A/M_B p_B$，可见，这两种物质在馏液中的相对质量与它们的蒸气压和相对分子质量成正比。

水具有低的相对分子质量和较大的蒸气压，其乘积$M_A p_A$是小的。这样就有可能用来分离较高相对分子质量和较低蒸气压的物质。例如溴苯和水不相混溶，沸点为135℃，当和水一起加热至95.5℃时，水和溴苯的蒸气压分别为86.1kPa和15.2kPa，总压力为0.1MPa，此时液体开始沸腾。水和溴苯的相对分子质量分别为18和157，则$m_A/m_B=6.5/10$。即蒸出6.5g水就能带出10g溴苯，溴苯占馏分的61%。上述关系式只适用于与水不互溶的物质，而实际上很多化合物在水中或多或少有些溶解。因此这样的计算只是近似的。例如苯胺和水在98.5℃时，蒸气压分别为5.73kPa和94.8kPa。从计算得到，馏出液中苯胺应占23%，但实际上所得到的比例比较低，这主要是苯胺微溶于水，导致水的蒸气压降低。

溴苯和水的蒸气压之比近于1∶6，而溴苯的相对分子质量较水大8倍。所以馏出液中溴苯较水多。那么是否相对分子质量越大就越好呢？相对分子质量越大的物质一般状况下蒸气压也越低，虽然某些物质相对分子质量较水大几十倍，如果它在100℃左右的蒸气压只有0.013kPa或者更低，就不能应用水蒸气蒸馏。利用水蒸气蒸馏来分离提纯物质时，要求此物质在100℃左右的蒸气压至少在1.33kPa左右。如果蒸气压在0.13～0.67kPa，则在馏液中仅占1%，甚至更低。为使馏出液中的含量增高，应设法提高此物质的蒸气压，即提高温度，使蒸气的温度超过100℃，可采用过热水蒸气蒸馏。例如苯甲醛（沸点178℃）进行水蒸气蒸馏时，在97.9℃沸腾（$p_A=93.8$kPa，$p_B=7.5$kPa），馏液中苯甲醛占32.1%。假如导入133℃过热蒸汽，这时苯甲醛的蒸气压可达29.3kPa，因而只要有71kPa的水蒸气压，就可使体系沸腾。因此$m_A/m_B=41.7/100$，馏液中苯甲醛的含量可提高到70.6%。

采用过热水蒸气蒸馏还具有水蒸气冷凝少的优点，为防止过热蒸汽冷凝，可在盛物的瓶下以油浴保持和蒸汽相同的温度。

过热蒸汽蒸馏可用于在100℃时具有0.13～0.67kPa的物质。例如在分离苯酚的硝化产物中，邻硝基苯酚可用水蒸气蒸馏蒸出。蒸完邻位产物后，若提高蒸汽温度，也可蒸出对位产物。

(2) 水蒸气蒸馏的实验操作 常用水蒸气蒸馏的简单装置见蒸馏装置部分图3-123(e)所示。蒸气发生器（也可用三颈瓶）通常盛水量以其容积的3/4为宜。如果太满，沸腾时水将冲至烧瓶。安全玻璃管几乎插到发生器的底部。当容器内气压太大时，水可沿着玻璃管上升，以调节内压。如果系统发生阻塞，水会从管的上口喷出。此时应检查导管是否被堵塞。

蒸馏部分通常是用500mL以上的长颈圆底烧瓶。为了防止瓶中液体因跳溅而冲入冷凝管内，应将烧瓶的位置向发生器的方向倾斜45°。瓶内液体不宜超过其容积的1/3。蒸气导入管的末端应弯曲，使之垂直地正对瓶底中央并伸到接近瓶底。蒸气导出管（弯角约 30°）孔径最好大一些，一端插入双孔塞，露出约 5mm，另一端和冷凝管连接。馏液通过接液管进入接收器内。接收器外围可用冷水浴冷却。

水蒸气发生器与圆底烧瓶之间应装上一个 T 形管。在 T 形管下连一个弹簧夹，以便及时除去冷凝下来的水滴。应尽量缩短水蒸气发生器与圆底烧瓶之间距离，以减少水汽的冷凝。

进行水蒸气蒸馏时，先将混合液（或混有少量水的固体）置于三颈瓶中，加热水蒸气发生器，沸腾后将弹簧夹夹紧，使水蒸气均匀地进入三颈瓶。为使蒸气不致在三颈瓶中冷凝而积累过多，必要时可对三颈瓶加热。控制加热速度，使蒸气能全部在冷凝管中冷凝下来。如果随水蒸气挥发的物质具有较高的熔点，冷凝后易于析出固体，则应调小冷凝水的流速，使之冷凝后保持液态。假如已有固体析出，且接近阻塞时，可暂停冷凝水的流通，甚至需要将冷凝水暂时放去，使物质熔融随水流入接收器中。当冷凝管夹套中需要重新通入冷却水时，应小心而缓慢，以免冷凝管因骤冷而破裂。万一冷凝管被阻塞，应立即停止蒸馏，并设法疏通（如用玻璃棒将堵塞的晶体捅出或用电吹风的热风吹化结晶，也可在冷凝管夹套中灌热水使之熔出）。

在蒸馏过程中需要中断或蒸馏完毕后，一定要先打开螺旋夹使通大气，方可停止加热，否则三颈瓶中的液体将会倒吸到水蒸气发生器中。在蒸馏过程中，如发现安全管中的水位迅速上升，则表示系统中发生了堵塞。应立即打开螺旋夹，然后移去热源。待排除了堵塞后再继续进行水蒸气蒸馏。

在 100℃左右蒸气压较低的化合物可用过热蒸汽进行蒸馏。在 T 形管和烧瓶之间串联一段铜管（最好是螺旋形）。用火焰加热铜管以提高蒸气的温度，烧瓶用油浴保温。也可用图 3-131 所示的装置进行。其中 A 是为了除去蒸气中冷凝下来的液滴，B 是用几层石棉纸裹住的硬质玻璃管，下面用鱼尾灯焰加热。C 是温度计套管，内插温度计。烧瓶外用油浴或空气浴维持和蒸气一样的温度。

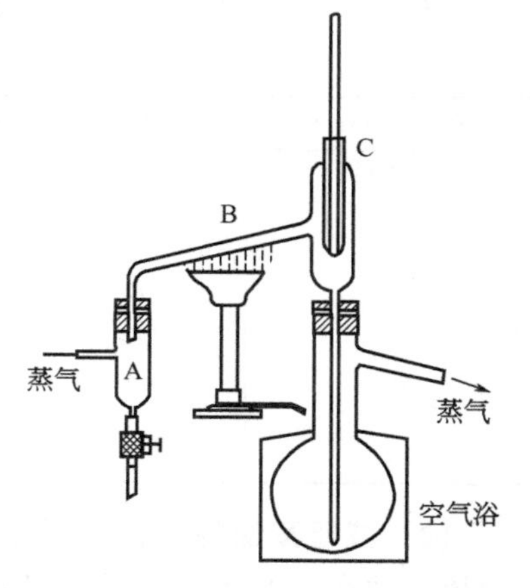

图 3-131　过热水蒸气蒸馏装置

3.23.2.2　减压蒸馏

减压蒸馏是分离和提纯有机化合物的一种重要方法，特别适用于那些在常压蒸馏时未达沸点即已受热分解、氧化或聚合的物质。

(1) 减压蒸馏的基本原理　液体的沸点是指它的蒸气压等于外界大气压时的温度。所以液体沸腾的温度随外界压力的降低而降低。通过真空泵连接盛有液体的容器，使液体表面上的压力降低，即可降低液体的沸点。这种在较低压力下进行蒸馏的操作称为减压蒸馏。

物质的沸点与压力有关，若在文献中查不到与减压蒸馏选择的压力相应的沸点，可根据经验曲线（图 3-132），找出该物质在此压力下的沸点（近似值），如二乙基丙二酸二乙酯在常压下的沸点为 218～220℃，想知道减压至 2.67kPa（20mmHg）时的沸点，在图 3-132 中间的直线上找出相当于 218～220℃的点，将此点与右边直线上 2.67kPa 处的点连成直线，延长此直线与左边的直线相交，交点所示的温度就是其在 2.67kPa 时的沸点（约为 105～110℃）。

给定压力下的沸点还可以近似地从公式 $\lg p = A + B/T$ 求出。p 为蒸气压；T 为沸点（热力学温度）；A、B 为常数。如以 $\lg p$ 为纵坐标、$1/T$ 为横坐标作图，可以近似地得到

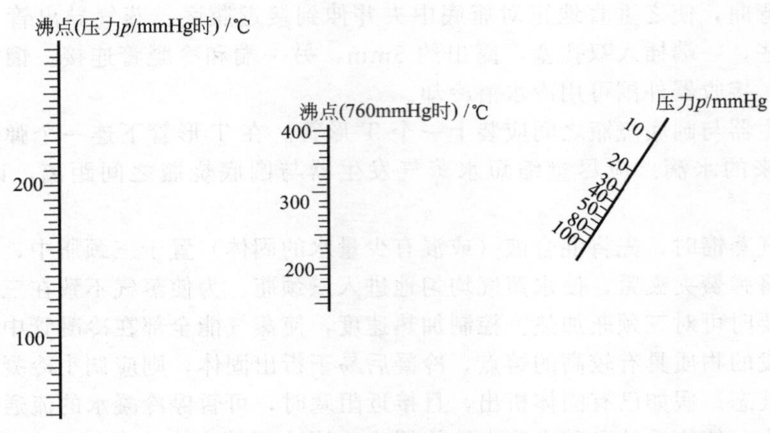

图 3-132　液体在常压下的沸点与减压下的沸点与减压下的近似关系图

一直线。可从两组已知的压力和温度算出 A 和 B 的数值。再将所选择的压力代入上式算出液体的沸点。

表 3-14 列出了水和一些有机物在不同压力下的沸点。从中可以看出，当压力降低到 2.67kPa（20mmHg）时，大多数有机物的沸点比常压 0.1MPa（760mmHg）的沸点低 100～120℃左右；当减压蒸馏在 1.33～3.33kPa（10～25mmHg）之间进行时，大体上压力每相差 0.133kPa（1mmHg），沸点约相差 1℃。当要进行减压蒸馏时，预先粗略地估计出相应的沸点，对具体操作和选择合适的温度计与热浴都有一定的参考价值。

表 3-14　水和某些有机物在常压和不同压力下的沸点　　单位：℃

压力/mmHg	水	氯苯	苯甲醛	水杨酸乙酯	甘油	蒽
760	100	132	179	234	290	354
50	38	54	95	139	204	225
30	30	43	84	127	192	207
25	26	39	79	124	188	201
20	22	34.5	75	119	182	194
15	17.5	29	69	113	175	186
10	11	22	62	105	167	175
5	1	10	50	95	156	159

(2) 减压蒸馏的装置　减压蒸馏的装置图见蒸馏装置部分图 3-123(f)，由蒸馏、抽气（减压）及在它们之间的保护和测压装置 3 部分组成。

① 蒸馏部分　蒸馏瓶连接克氏蒸馏头（或用克氏蒸馏瓶），克氏蒸馏头有两个颈，其目的是为了避免减压蒸馏时瓶内液体由于沸腾而冲入冷凝管。一颈中插入温度计，另一颈中插入一根毛细管。毛细管的长度恰好使其下端距瓶底 1～2mm，上端连有一段带螺旋夹的橡皮管，以调节进入空气的量，使有极少量的空气进入液体，呈微小气泡冒出，作为液体沸腾的气化中心，使蒸馏平稳进行。接收器可用蒸馏瓶或抽滤瓶充任，切不可用平底烧瓶或锥形瓶。蒸馏时若要收集不同的馏分而又不中断蒸馏，则可用两尾或多尾接液管，多尾接液管的几个分支管与圆底烧瓶连接。转动多尾接液管，就可使不同的馏分进入指定的接收器中。

据蒸出液体的沸点不同，选用合适的热浴和冷凝管。如果蒸馏的液体量不多而且沸点甚高，或是低熔点的固体，也可不用冷凝管，而克氏瓶的支管通过接液管直接连接接收瓶。蒸馏沸点较高的物质时，最好用石棉绳或石棉布包裹蒸馏瓶的两颈，以减少散热。控制热浴的温度，使它比液体的沸点高 20～30℃左右。

② 抽气部分　抽气使用的仪器主要是水泵和真空泵，若不要求很低的压力时，可用水泵。水泵由玻璃或金属制成，其效能与其构造、水压及水温有关。如果水泵的构造好且水压又高，抽空效率可达 1067～3333Pa（8～25mmHg）。水泵所能抽到的最低压力理论上相当于当时水温下的水蒸气压力。例如，水温 25℃、20℃、10℃ 时，水蒸气的压力分别为 3192Pa、2394Pa、1197Pa。用水泵抽气时，应在水泵前装上安全瓶，以防水压下降，水流倒吸；停止抽气前，应先放气，然后关水泵。也可用水循环泵代替简单的水泵，它还可提供冷凝水，有利于节约用水，这对用水不易保证的实验室更为方便、实用。

真空泵（图 3-133）的效能决定于油泵的机械结构与真空泵油的好坏（油的蒸气压必须很低）。好的真空泵能抽至真空度为 13.3Pa，真空泵结构较精密，工作条件要求较严。蒸馏时，如果有挥发性物质、水或酸的蒸气，都会损坏真空泵。因为挥发性有机物蒸气被油吸收后，会增大油的蒸气压，影响真空效能。而酸性蒸气会腐蚀真空泵的构件。水蒸气凝结后与油形成的乳浊液影响真空泵的正常工作，因此使用时必须注意保护真空泵。一般使用时，系统的压力常控制在 0.67～1.33kPa 之间，因为在沸腾液体表面上要获得 0.67kPa 以下的压力比较困难。这是由于蒸气从瓶内的蒸发面逸出而经过瓶颈和支管（内径为 4～5mm）时，需要有 0.13～1.07kPa 的压力差，要获得较低的压力，应选用短颈和支管粗的克氏蒸馏瓶。

图 3-133　真空泵（油泵）

在真空泵前还应连接安全瓶，瓶上的两通活塞供调节系统压力及放气之用。减压蒸馏的整个系统必须保持密封不漏气，选用橡皮塞的大小及钻孔都要十分合适。所有橡皮管最好用真空橡皮管。各磨口玻塞部位都应仔细涂好真空脂。

当用真空泵进行减压时，为了防止易挥发的有机溶剂、酸性物质和水汽进入泵内，必须在接收器与泵之间顺次安装冷却阱和吸收塔，以免污染真空泵油、腐蚀机件致使真空度降低。将冷却阱置于盛有冷却剂的广口保温瓶中，冷却剂的选择随需要而定，可用冰-水、冰-盐、干冰与丙酮等。后者能使温度降至－78℃。若用铝箔将干冰-丙酮的敞口部分包住，能使用较长时间，十分方便。吸收塔（又称干燥塔）通常设 2 个，前一个装无水氯化钙（或硅胶），后一个装粒状氢氧化钠。有时为吸除烃类气体，再加一个装石蜡片的吸收塔。

③ 压力计　实验室通常采用水银压力计来测量减压系统的压力。

图 3-134(b) 为开口式水银压力计，两臂汞柱高度之差即为大气压力与系统压力之差。因此蒸馏系统内的实际压力（真空度）应是大气压力减去此压力差。封闭式水银压力计［图 3-134(a)］，两臂液面高度之差为蒸馏系统的真空度。测定压力时，可将管后木座上的滑动标尺的零点调到右臂的汞柱顶端线上，这时左臂的汞柱顶端线所指示的刻度即为系统的真空度。

开口式压力计较笨重，读数方式也较麻烦，但比较正确。封闭式的比较轻巧，读数方便，但常常因为有残留空气以致不够准确，需用开口式来校正。使用时应避免水或其他污物进入压力计内，否则将严重影响其准确度。

因汞蒸气有毒（虽然常温下蒸气压很低），近年来机械真空表和电子真空表的应用日趋广泛。最常见的机械真空表为医用真空表，它简单、轻便、价廉，从指针的偏转角度读数，量程为 0～0.1MPa，用大气压减去读数即得系统内的压强，因而需同大气压力计一同使用。它的主要缺点是刻度过于粗略，精确度不高。

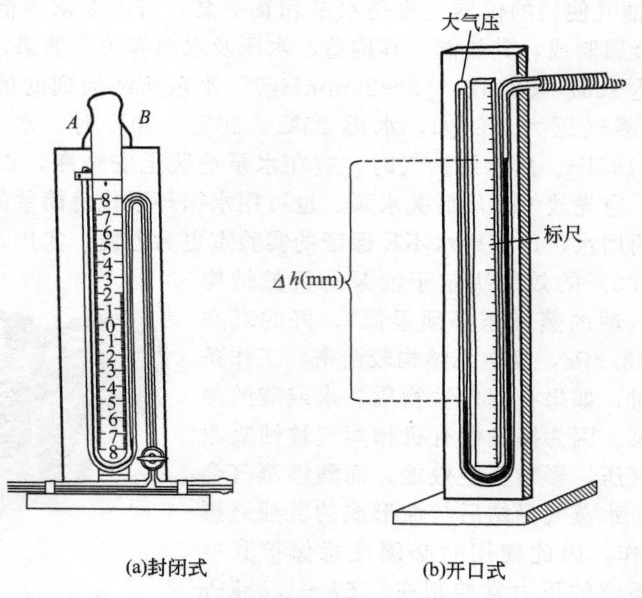

图 3-134　水银压力计

数字式低真空测压仪采用精密差压传感器将压力信号转变成电信号，经低漂移、高精度的集成运算和放大后再转换成数字显示出来。具有体积小、重量轻、寿命长、精确度高、可任意选择毫米汞柱（mmHg）或千帕（kPa）等压强单位的优点，唯价格较贵。使用该类真空表时应当注意保持仪器周围无气流或强的电磁场干扰，仪表的吸气孔不可吸入水或其他杂物，一经校零之后，在使用过程中不可再轻易调零。

在实验室里，可利用小推车来安放油泵、保护及测压设备。车中有两层，底层放置泵和马达，上层放置其他设备。这样既能缩小安装面积，又便于移动。

④ 减压蒸馏操作　当被蒸馏物中含有低沸点的物质时，应先进行普通蒸馏，然后用水泵减压蒸去低沸点物质，最后再用油泵减压蒸馏。

将待蒸馏的液体（不超过容积的 1/2）置于克氏蒸馏瓶中，按蒸馏装置图装好仪器，旋紧毛细管上的螺旋夹，打开安全瓶上的二通活塞，开启真空泵（如用水泵，这时应开至最大流量）。逐渐关闭二通活塞，从压力计上观察系统的真空度。如果是因为漏气（而不是因水泵、油泵本身效率的限制）而不能达到所需的真空度，必须检查各部分塞子和橡皮管的连接是否紧密。必要时可用熔融的固体石蜡密封（密封应在解除真空后才能进行）。如果超过所需的真空度，可小心地旋转二通活塞，慢慢地引进少量空气，以调节至所需的真空度。调节毛细管上的螺旋夹，使液体中有连续平稳的小气泡通过（如无气泡，可能因为毛细管已阻塞，应予更换）。开启冷凝水，选用合适的热浴加热。加热时，克氏瓶的圆球部位至少应有 2/3 浸入浴液中。控制浴温比待蒸馏液体的沸点约高 20～30℃，且馏出速度 1～2 滴/s。在蒸馏过程中，密切注意温度计和压力的读数和蒸馏情况，并做好记录。纯物质的沸点范围一般不超过 1～2℃，如果起始蒸出的馏分比要收集物质的沸点低，应在蒸至接近预期温度时调换接收器（使用两尾或多尾接液管，通过转动多尾接液管，可使不同的馏分进入指定的接收器中）。要特别注意真空泵的转动方向。如果真空泵接线位置搞错，会使泵反向转动，导致水银冲出压力计，污染实验室。

蒸馏完毕或蒸馏过程中需要中断时（例如调换毛细管、接收瓶），应先撤去热源与热浴，待稍冷后，渐渐打开二通活塞，使压力计中的汞柱缓缓地恢复原状以解除真空，然后松开毛细管上的螺旋夹（防止液体吸入毛细管），待系统内外压力平衡后，方可关闭油泵。否则，由于系统中的压力较低，油泵中的油就有吸入干燥塔的可能。

3.23.2.3 简单分馏

应用分馏柱将几种沸点相近的混合物进行分离的方法称为分馏，在化学工业和实验室中被广泛应用。精密的分馏设备能将沸点相差仅 1～2℃的混合物分开，利用蒸馏或分馏来分离混合物的原理一样，分馏实际上就是进行多次蒸馏。

（1）分馏的基本原理 将几种沸点不同而可以互溶的液体混合物加热，当其总蒸气压等于外界压力时，就开始沸腾气化，易挥发物质的成分在蒸气中较在原混合液中多。为了简化，仅讨论二组分理想溶液的情况，即在理想溶液中，同种分子间与不同分子间的相互作用相同，各组分在混合时不产生热效应，体积不发生改变。理想溶液遵守拉乌尔定律，溶液中每一组分的蒸气压等于此纯物质的蒸气压和它在溶液中的摩尔分数的乘积。即：$p_A = p_A^\ominus x_A$，$p_B = p_B^\ominus x_B$（p_A，p_B 分别为溶液中 A 和 B 组分的分压，$p_A^\ominus$，$p_B^\ominus$ 分别为纯 A 和纯 B 的蒸气压，x_A、x_B 分别为溶液中 A、B 的摩尔分数）。溶液的总蒸气压 $p = p_A + p_B$。

据道尔顿分压定律，气相中每一组分的蒸气压和它的摩尔分数成正比。因此在气相组分蒸气的成分为：$x_A^{气} = p_A/(p_A + p_B)$；$x_B^{气} = p_B/(p_A + p_B)$。则组分 B 在气相和溶液中的相对浓度之比为：

$$x_B^{气}/x_B = 1/(x_B + x_A p_A^\ominus / p_B^\ominus)$$

在溶液中 $x_A + x_B = 1$，若 $p_A^\ominus = p_B^\ominus$，液相的成分和气相的成分完全相同，则 A 和 B 就不能用蒸馏（或分馏）来分离。如果 $p_A^\ominus > p_B^\ominus$，沸点较低的在气相中的浓度较在液相中的大（在 $p_A^\ominus < p_B^\ominus$ 时，也可作类似的讨论）。在将此蒸气冷凝后得到的液体中，B 的组分比在原来的液体中多（这种气体冷凝的过程就相当于蒸馏的过程）。如果将所得的液体再进行气化，在它的蒸气经冷凝后的液体中，易挥发的组分又将增加。如此多次重复，最终就能将这两个组分分开（凡形成共沸点混合物者不在此例）。分馏就是利用分馏柱来实现这一“多次重复”的蒸馏过程。分馏柱主要是一根长而垂直、柱身有一定形状的空管，或者在管中填以特制的填料。目的是要增大液相和气相接触的面积，提高分离效率。当沸腾着的混合物进入分馏柱（工业上称为精馏塔）时，因沸点较高的组分易被冷凝，所以冷凝液中就含有较多较高沸点的物质，而蒸气中低沸点的成分就相对地增多。冷凝液向下流动时又与上升的蒸气接触，二者之间进行热量交换，即上升的蒸气中高沸点的物质被冷凝下来，低沸点的物质仍呈蒸气上升；而在冷凝液中低沸点的物质则受热气化，高沸点的仍呈液态。如此经多次的液相与气相的热交换，使低沸点的物质不断上升，最后被蒸馏出来，高沸点的物质则不断流回加热的容器中，从而将沸点不同的物质分离。所以在分馏时，柱内不同高度的各段，其组分比例不同。相距越远，组分的差别就越大，也就是说，在柱的动态平衡情况下，沿着分馏柱存在着组分梯度。

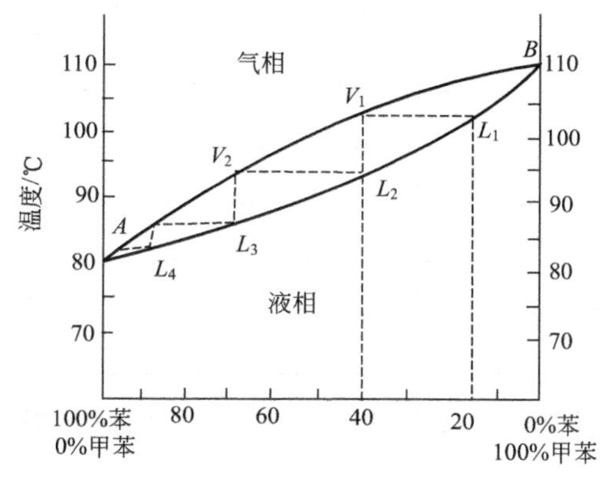

图 3-135 苯-甲苯溶液的沸点-组成曲线图

应用恒压下沸点-组成曲线图（称为相图，表示两组分体系中相的变化情况）来理解分馏原理。通常它是用实验测定在各温度时气液平衡状况下的气相和液相组成，然后以横坐标表示组成，纵坐标表示温度而作出的（如果是理想溶液，则可直接由计算作出）。

图 3-135 是大气压下的苯-甲苯溶液的沸点-组成图，从图 3-135 中可以看出，由苯 20%和甲

苯 80%组成的液体（L_1）在 102℃时沸腾，和此液相平衡的蒸气（V_1）组成约为苯 40%和甲苯 60%。将此组成的蒸气冷凝成同组成的液体（L_2），则与此溶液成平衡的蒸气（V_2）组成约为苯 60%和甲苯 40%。显然如此继续重复，即可获得接近纯苯的气相。

在分馏过程中，有时可能得到与单纯化合物相似的混合物。它也具有固定的沸点和固定的组成。其气相和液相的组成也完全相同，因此不能用分馏法进一步分离。这种混合物称为共沸混合物（或恒沸混合物）。它的沸点（高于或低于其中的每一组分）称为共沸点（或恒沸点）。

图 3-136 和图 3-137 分别是具有最低和最高共沸点混合物的沸点-组成曲线图。共沸混合物虽不能用分馏来进行分离，但它不是化合物，它的组成和沸点要随压力而改变，用其他方法破坏共沸组分后再蒸馏可以得到纯粹的组分。表 3-15 列出了几种常见的共沸混合物。

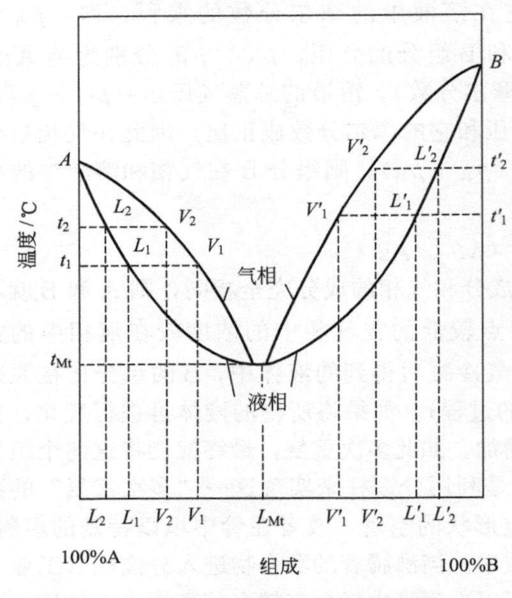

图 3-136 具有最低共沸点混合物的沸点-组成曲线

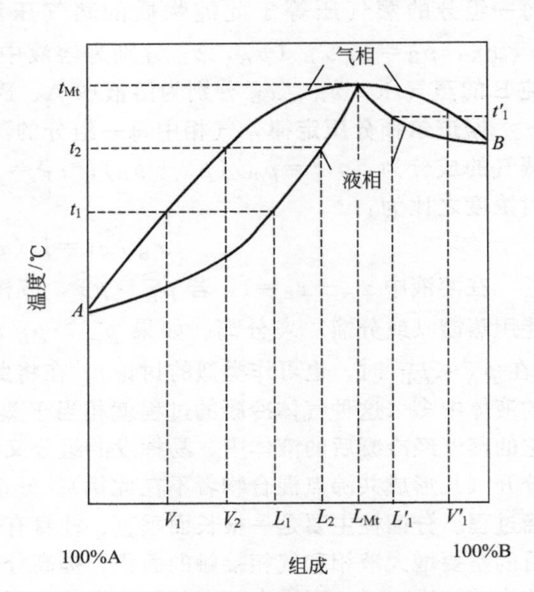

图 3-137 具有最高共沸点混合物的沸点-组成曲线

表 3-15 几种常见的共沸混合物

组成(沸点/℃)		共沸混合物		组成(沸点/℃)	共沸混合物	
		沸点/℃	各组分含量/%		沸点/℃	各组分含量/%
二元共沸混合物	水(100)	78.2	4.4	水(100)	108.6	79.8
	乙醇(78.5)		95.6			
	水(100)	69.4	8.9	氯化氢(-83.7)		20.2
	苯(80.1)		91.1			
	乙醇(78.5)	67.8	32.4	丙酮(56.2)	64.7	20.0
	苯(80.1)		67.6	氯仿(61.2)		80.0
三元共沸混合物	水(100)	64.6	7.4	水(100)	90.7	29.0
	乙醇(78.5)		18.5	丁醇(117.7)		8.0
	苯(80.1)		74.1	乙酸丁酯(126.5)		63.0

（2）简单分馏装置 简单的分馏装置由热源、蒸馏器、分馏柱、冷凝管和接收器 5 部分组成（图 3-138）。

分馏柱的种类较多。有机化学实验中常用的有填充式分馏柱和刺形分馏柱［又称韦式

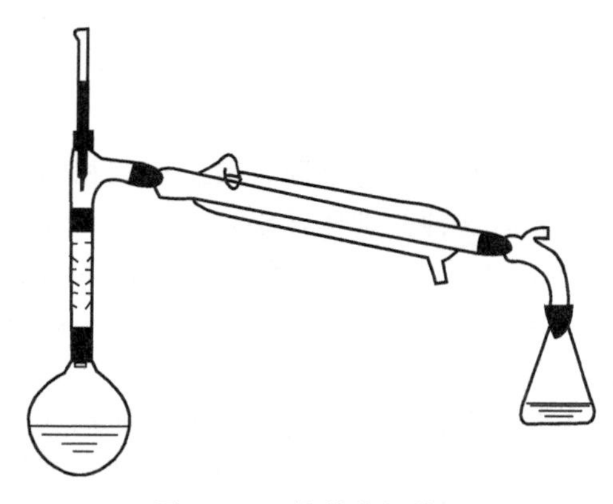
图 3-138 简单分馏装置

(Vigreux) 分馏柱]。填充式分馏柱是在柱内填上各种惰性材料，以增加表面积。填料包括玻璃珠，玻璃管，陶瓷或螺旋形、马鞍形、网状等各种形状的金属片或金属丝。它效率较高，适合于分离沸点差距较小的混合物。韦氏分馏柱结构简单，较填充式黏附的液体少，缺点是较同样长度的填充柱分馏效率低，适合于分离少量且沸点差较大的液体。若欲分离沸点相距很近的液体化合物，则必须使用精密分馏装置。无论用哪种分馏柱，都应防止回流液体在柱内聚集，否则会减少液体和上升蒸气的接触，或者上升蒸气把液体冲入冷凝管中造成“液泛”。为避免这种情况，通常在分馏柱外包裹石棉绳、石棉布等以保持柱内温度，提高分馏效率。

安装操作与蒸馏类似。调节夹子使分馏柱垂直，装上冷凝管并夹好，夹子一般不宜夹得太紧，以免应力过大造成仪器破损。连接接液管、接收瓶并用橡皮筋固定，但切勿不可使橡皮筋支持太重的负荷。如接收瓶较大或分馏过程中需接收较多的蒸出液，则最好在接收瓶底垫上用铁圈支持的石棉网，以免发生意外。

(3) 简单分馏操作 简单分馏操作和蒸馏大致相同，按蒸馏装置图，将待分馏的混合物放入圆底烧瓶中，加入沸石。柱的外围可用石棉绳包裹，以减少柱内热量的散发，减少风和室温的影响。选用合适的热浴加热，液体沸腾后要注意调节浴温，使蒸气慢慢升入分馏柱，约 10～15min 后蒸气到达柱顶（可用手摸柱壁，若烫手表示蒸气已达该处）。待有馏出液滴出后，调节浴温使蒸出液体的速度控制在 2～3 滴/s，可得到比较好的分馏效果，待低沸点组分蒸完后，再渐渐升高温度。当第二个组分蒸出时，沸点迅速上升。上述情况是假定分馏体系有可能将混合物组分进行严格的分馏。如果不是这种情况，一般有相当大的中间馏分（除非沸点相差很大）。

为很好地进行分馏，必须注意下列几点：

① 分馏一定要缓慢进行，控制好恒定的蒸馏速度；

② 有相当量的液体自柱流回烧瓶中，即选择合适的回流比；

③ 必须尽量减少分馏柱的热量损失和波动。

3.23.3 升华

(1) 升华的基本原理 升华是指物质自固态不经过液态直接转变成蒸气的现象。然而对有机化合物的提纯来说，重要的却是蒸气不经过液态而使物质直接转变成固态，达到纯化的目的。因此，不管物质蒸气是由固态直接气化，还是由液态蒸发而产生的，只要是物质从蒸气不经过液态而直接转变成固态的过程也都称之为升华。一般对称性较高的固态物质具有较高的熔点，且在熔点温度以下具有较高的蒸气压（高于 2.67kPa），易于用升华来提纯。

利用升华可除去不挥发性杂质，或分离不同挥发度的固体混合物。升华常可得到较高纯度的产物，但操作时间长，损失也较大，在实验室里只用于较少量（1～2g）物质的纯化。

用升华方法精制的物质，必须满足：

① 被精制的固体有较高的蒸气压，在不太高温度下具有高于 67kPa（20mmHg）的蒸气压；

② 杂质的蒸气压应与被纯化的固体化合物的蒸气压之间有显著差异。

为了了解和控制升华条件，就必须研究固、液、气三相平衡（图 3-139）。图中 *ST* 表示固相与气相平衡时固体的蒸气压曲线，TW 是液相与气相平衡时液体的蒸气压曲线，两曲线在 T 处相交；TV 曲线表示固、液两相平衡时的温度和压力，压力对熔点的影响并不太大，这一曲线和其他两曲线在 T 处相交，此点为三相点，此时固、液、气三相同时并存。

熔点是固、液两相在大气压下平衡时的温度。在三相点时的压力是固、液、气三相的平衡蒸气压，所以三相点时的温度和正常的熔点有些差别。但这种差别非常小，通常只有几分之一度。因此在一定压力范围内，TV 曲线偏离垂直方向很小。在三相点以下，物质只有固、气两相。若降低温度，蒸气就不经过液态而直接变成固态，若升高温度，固态也不经过液态而直接变成蒸气。因此一般的升华操作应在三相点以下的温度进行。若某物质在三相点温度以下的蒸气压很高，气化速率很大，就很容易地从固态直接变为蒸气，且此物质蒸气压随温度降低而显著下降，稍降低温度即能由蒸气直接转变成固态，则此物质可容易地在常压下用升华方法来提纯。例如六氯乙烷（三相点温度186℃，压力104kPa）在185℃时蒸气压已达0.1 MPa，因而在低于186℃时就可由固相直接挥发成蒸气，不经过液态阶段。樟脑（三相点温度179℃，压力49.3kPa）在160℃时蒸气压为29.1kPa，即未达熔点，已有相当高的蒸气压，只要缓缓加热，使温度维持在179℃以下，就可不经熔化而直接蒸发，蒸气遇到冷的表面就凝结成为固体，这样蒸气压可始终维持在49.3kPa以下，直至挥发完毕。像樟脑这样的固体物质，三相点平衡蒸气压低于0.1MPa，如果加热很快，使蒸气压超过了三相点平衡的蒸气压，这时固体就会熔化成为液体。如继续加热至蒸气压到0.1MPa时，液体就开始沸腾。

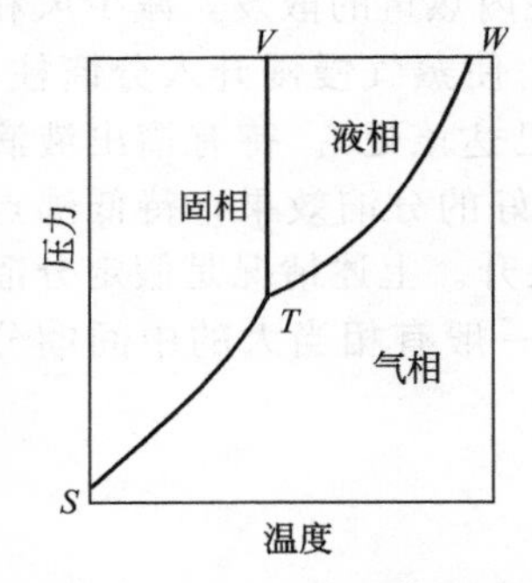

图 3-139　物质三相平衡图

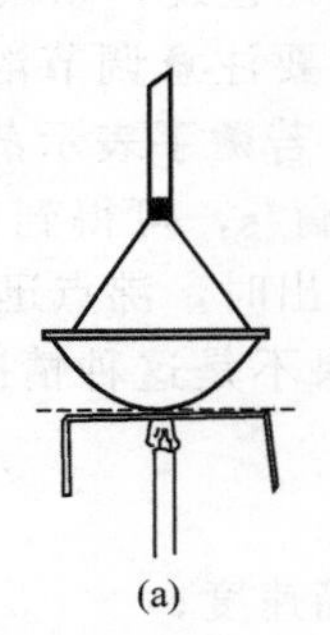

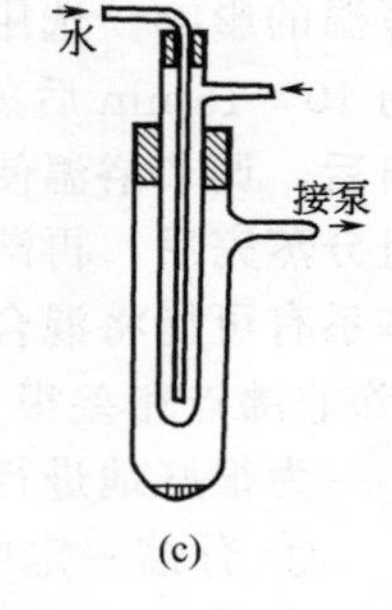

图 3-140　几种升华装置

有些物质在三相点时的平衡蒸气压比较低（为了方便，可以认为三相点时的温度及平衡蒸气压与熔点的温度及蒸气压相差不多）。例如苯甲酸熔点122℃，蒸气压为0.8kPa，萘熔点80℃，蒸气压为0.93kPa。这时如果也用上述方法升华，就不能得到满意的升华产率。例如萘加热到80℃时熔化，而其相应的蒸气压很低，当蒸气压达到0.1MPa（218℃）开始沸腾。若使大量萘全部转变成为气态，就必须保持它在218℃左右，但这时萘的蒸气冷却后转变为液态。除非达到三相点（此时的蒸气压为0.93kPa）时，才转变为固态。在三相点温度时，萘的蒸气压很低（萘的分压：空气分压＝7：753），因此升华的收率很低。为提高升华的收率，对于萘等类似化合物，可进行减压升华。也可以采用一个简单有效的方法：将化合物加热至熔点以上，使具有较高的蒸气压，同时通入空气或惰性气体带出蒸气，促使蒸发速度增快；并可降低被纯化物质的分压，使蒸气不经液化阶段而直接凝为固体。

（2）升华的实验操作

① 常压升华　最简单的常压升华装置如图3-140(a) 所示。在蒸发皿中放置粗产物，上面覆盖一张刺有许多小孔的滤纸（最好在蒸发皿的边缘上先放置大小合适的用石棉纸做成的

窄圈，以支持此滤纸）。将大小合适的玻璃漏斗倒扣在滤纸上，漏斗的颈部塞有玻璃毛或脱脂棉，以减少蒸气逃逸。在石棉网上渐渐加热蒸发皿（最好用砂浴或其他热浴），小心控制浴温低于被升华物质的熔点，使其慢慢升华。蒸气通过滤纸小孔上升，冷却后凝结在滤纸上或漏斗壁上。必要时外壁可用湿布冷却。

在空气或惰性气体流中进行升华的装置见图 3-140(b)，在锥形瓶上配有两孔塞，一孔插入玻璃管以导入空气或惰性气体，另一孔插入接液管，接液管的另一端伸入圆底烧瓶中，烧瓶口塞一些棉花或玻璃毛。当物质开始升华时，通入空气或惰性气体，带出的升华物质遇到冷水冷却的烧瓶壁就凝结在壁上。

② 减压升华　减压升华装置如图 3-140(c) 所示，将固体物质放在吸滤管中，然后将装有“冷凝管”的橡皮塞紧密塞住管口，利用水泵或油泵减压，接通冷凝水流，将吸滤管浸在水浴或油浴中加热，使之升华。

3.23.4　萃取

(1) 萃取的基本原理　萃取是用来提取或纯化有机化合物的常用操作之一。应用萃取可以从固体或液体混合物中提取出所需要的物质，也可以用来洗去混合物中少量杂质。通常称前者为“抽提”或“萃取”，后者为“洗涤”。

萃取是利用物质在两种不互溶（或微溶）溶剂中溶解度或分配比的不同来进行分离、提取或纯化的一种操作。将含有机物的水溶液用有机溶剂（与水不互溶或微溶）萃取时，有机物就在两相间进行分配。在一定温度下，此有机物在有机相和在水相中的浓度之比为一常数，即所谓“分配定律”。假如一物质在两液相 A 和 B 中的浓度分别为 c_A 和 c_B，则在一定温度下，$c_A/c_B=K$，K 为分配系数，是一常数，它可以近似地看作为此物质在两溶剂中溶解度之比。

设在体积为 V 的水中溶解质量为 W_0 的有机物，每次用体积为 S 与水不互溶的有机溶剂重复萃取。W_1 为萃取 1 次后留在水溶液中的物质量，则在水中的浓度和在有机相中的浓度就分别为 W_1/V 和 $(W_0-W_1)/S$，两者之比等于 K，即：

$$\frac{W_1/V}{(W_0-W_1)\ /S}=K \text{ 或 } W_1=\frac{W_0KV}{KV+S}$$

令 W_2 为 2 次萃取后在水中的剩余量，则有：

$$\frac{W_2/V}{(W_1-W_2)\ /S}=K \text{ 或 } W_2=W_1=\frac{KV}{KV+S}=W_0\left(\frac{KV}{KV+S}\right)^2$$

显然，萃取 n 次后的剩余量 W_n 应为

$$W_n=W_0\left(\frac{KV}{KV+S}\right)^n$$

当用一定量的溶剂萃取时，总是希望在水中的剩余量越少越好。由于 $KV/(KV+S)$ 恒小于 1，所以 n 越大，W_n 就越小，把溶剂分成几份作多次萃取比用全部量的溶剂作一次萃取为好。必须注意，上面的式子只适用于几乎不溶于水的溶剂（如苯、四氯化碳或氯仿等）。对于与水有少量互溶的溶剂（如乙醚等），上面的式子只是近似的，但也可以近似地指出预期的结果。

(2) 萃取的实验操作　溶液中物质的萃取最常使用的萃取仪器为分液漏斗。操作时应选择容积较液体体积大 1 倍以上的分液漏斗，把活塞擦干，在离活塞孔稍远处薄薄地涂上一层润滑脂（切勿涂得太多或使润滑脂进入活塞孔中），塞好活塞，把活塞旋转几圈，使润滑脂均匀分布（看上去透明）。于漏斗中放入水摇荡，检查塞子与活塞是否渗漏，确认不漏水时方可使用。然后将漏斗放在固定于铁架台的铁圈中，关好活塞，将待萃取的水溶液和萃取剂

（一般为溶液体积的1/3）依次自上口倒入漏斗中，塞紧寨子（注意塞子不能涂润滑脂）。取下分液漏斗，用右手手掌顶住漏斗顶塞并握住漏斗，左手握住漏斗活塞处，大拇指压紧活塞，把漏斗放平前后摇振（开始时，摇振要慢）。摇振几次后，将漏斗的上口向下倾斜，下部支管指向斜上方（朝向无人处），左手握在活塞支管处，用拇指和食指旋开活塞，从支管口释放出漏斗内的压力（也称放气）。以乙醚萃取水溶液中的物质为例，在振摇后乙醚可产生40～66.7kPa的蒸气压，加上分液漏斗中空气和水蒸气压，漏斗中的压力就大大超过了大气压。如不及时放气，塞子就可能被顶开造成喷液。待漏斗中过量的气体逸出后，将活塞关闭再进行振摇。如此重复放气至只有很小压力后，再剧烈振摇2～3min，再将漏斗放回铁圈中静置。待两层液体完全分开后，打开顶部的玻璃塞，再将活塞缓缓旋开，下层液体自活塞放出。分液时一定要尽可能分离干净，两相间出现一些絮状物也应同时放去。然后将上层液体从分液漏斗的上口倒出，切不可从活塞放出，以免被残留在漏斗颈上的水溶液所沾污。将水溶液倒回分液漏斗中，再用新的萃取剂萃取。为判断哪层是水溶液，可任取其中一层的少量液体于试管中，滴加少量自来水，若分为两层，说明该液体为有机相；若加水后不分层，则是水溶液。萃取次数取决于分配系数，一般为3～5次。将萃取液合并，加入过量的干燥剂干燥。过滤，蒸除溶剂，萃取所得的有机物视其性质可利用蒸馏、重结晶等方法进行纯化。

萃取时，可利用“盐析效应”提高萃取效果，即在水溶液中先加入一定量的电解质（如氯化钠），以降低有机物在水中的溶解度。

上述操作中的萃取剂是有机溶剂，是依据“分配定律”使有机化合物从水溶液中被萃取出来。另外一类萃取原理是利用它能与被萃取物质起化学反应。这种萃取通常用于从化合物中移去少量杂质或分离混合物，操作方法与上面所述相同，常用的此类萃取剂如5%氢氧化钠水溶液、5%或10%的碳酸钠、碳酸氢钠溶液、稀盐酸、稀硫酸及浓硫破等。碱性萃取剂可以从有机相中移出有机酸，或从有机相中除去酸性杂质（使酸性杂质形成钠盐溶于水中）。稀盐酸及稀硫酸可从混合物中萃取出有机碱性物质或用于除去碱性杂质。浓硫酸可应用于从饱和烃中除去不饱和烃、从卤代烷中除去醇及醚等。

萃取时，特别是当溶液呈碱性时，常常会产生乳化现象，有时由于存在少量轻质的沉淀、溶剂互溶、两液相的相对密度相差较小等原因，也可能使两液相不能很清晰地分开，这样很难将它们完全分离。用来破坏乳化的方法有：

① 较长时间地静置；

② 若因两种溶剂（水与有机溶剂）能部分互溶而发生乳化，可以加入少量电解质（如氯化钠），利用盐析作用加以破坏，在两相相对密度相差很小时，也可以加入食盐，以增加水相的相对密度；

③ 若因溶液碱性而产生乳化，可加入少量稀硫酸或采用过滤等方法除去；

④ 根据不同情况，还可以加入其他破坏乳化的物质如乙醇、磺化蓖麻油等。

萃取溶剂的选择应根据被萃取物在此溶剂中的溶解度而定。同时要易于和溶质分离。最好使用低沸点溶剂。一般水溶性较小的物质可用石油醚萃取；水溶性较大的可用苯或乙醚；水溶性极大的用乙酸乙酯等。第一次萃取时，使用溶剂的量常要较以后几次多一些，这主要是为了补足由于它稍溶于水而引起的损失。

当有机化合物在原溶剂中比在萃取剂中更易溶解时，就必须使用大量溶剂并多次萃取。为了减少萃取溶剂的量，最好采用连续萃取，其装置有两种：一种适用于自较重的溶液中用较轻溶剂进行萃取（如用乙醚萃取水溶液）；另一种适用于自较轻的溶液中用较重溶剂进行萃取（如氯仿萃取水溶液）。它们的过程可以明显地从图3-141(a)、图3-141(b)中看出，其中图 3-141(c) 是兼具图 3-141(a)、图 3-141(b) 功能的装置。

对于固体物质的萃取，通常采用浸出法或采用脂肪提取器（索氏提取器）。前者是靠溶剂长期地浸润溶解而将固体物质中的需要物质浸出来。这种方法虽不需要任何特殊器皿，但效率不高，而且溶剂的需要量较大。

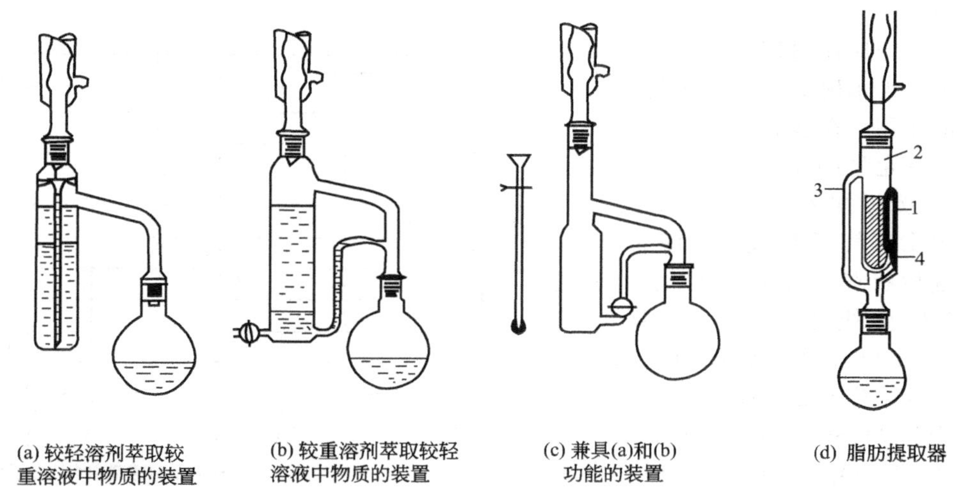

图 3-141 连续萃取装置

脂肪提取器［图 3-141(d)］是利用溶剂回流及虹吸原理，使固体物质连续不断地为纯的溶剂所萃取，因而效率较高。萃取前应先将固体物质研细，以增加溶剂浸润的面积，然后将固体物质放在滤纸套 1 内，置于提取器 2 中。提取器的下端磨口和盛有溶剂的烧瓶连接，上端接冷凝管。当溶剂沸腾时，蒸气通过玻璃管 3 上升，被冷凝管冷凝成为液体，滴入提取器中，当溶剂液面超过虹吸管 4 的最高处时，即虹吸流回烧瓶，因而萃取出溶于溶剂的部分物质。就这样利用溶剂回流和虹吸作用，使固体的可溶物质富集到烧瓶中。然后用其他方法将萃取到的物质从溶液中分离出来。

3.23.5 干燥

对有机化合物进行波谱分析或定性、定量化学分析之前，以及测定固体有机物熔点前，都必须使它完全干燥，否则将会影响结果的准确性；液体有机物在蒸馏前也必须先行干燥以除去水分，以减少前馏分；有时为了破坏某些液体有机物与水生成的共沸物；另外，有些有机化学反应需要在“绝对”无水条件下进行，不但所用的原料及溶剂要干燥，而且还要防止空气中的潮气侵入反应容器。因此在有机化学实验中，试剂和产品的干燥具有十分重要的意义。

(1) 干燥的基本方法 干燥方法可分为物理法和化学法两种。

物理法有吸附、分馏、利用离子交换树脂和分子筛等脱水干燥以及利用共沸蒸馏将水分带走等方法。离子交换树脂是一种不溶于水、酸、碱和有机物的高分子聚合物。如苯磺酸钾型阳离子交换树脂是由苯乙烯和二乙烯基苯共聚后经磺化、中和等处理的细圆珠状粒子，内有很多孔隙，可以吸附水分子。将其加热至 150℃以上，被吸附的水分子又将释出，分子筛是多水硅铝酸盐的晶体，晶体内部有许多孔径大小均一的孔道和占本身体积一半左右的孔穴，它允许小的分子“躲”进去，从而达到将不同大小的分子“筛分”的目的。例如 4 A 型分子筛是一种硅铝酸钠［$NaAl(SiO_3)_2$］，微孔的表观直径约 0.42nm，能吸附直径 0.4nm 的分子。5A 型的是硅铝酸钙钠［$Na_2SiO_3 \cdot CaSiO_3 \cdot Al_2(SiO_3)_3$］，微孔表观直径为

0.5nm，能吸附直径为 0.5nm 的分子（水分子直径为 0.3nm，CH_4 的直径为 0.49nm）。吸附水分子的分子筛可经加热至 350℃以上进行解吸后重新使用。

化学法是以干燥剂来进行脱水，其脱水作用又可分为两类：①与水可逆地结合生成水合物，如氯化钙、硫酸镁等；②与水发生不可逆的化学反应而生成新的化合物，如金属钠、五氧化二钒。

实验室中应用最广泛的是第一类干燥剂。现以无水硫酸镁为例来讨论这类干燥剂的作用。在装有压力计的真空容器中放置一定量的无水硫酸镁，保持室温 25℃，缓缓加入水，得到水的蒸气压，画出水蒸气压-组成图（图 3-142）。*A* 点为起始状态，加入水后，水的蒸气压沿 *AB* 直线上升至 *B*，开始有 $MgSO_4 \cdot H_2O$ 生成。如再加入水，压力沿 *BC* 可保持不变。直到无水 $MgSO_4$ 全部转变为 $MgSO_4 \cdot H_2O$ 止。在 *C* 点开始形成 $MgSO_4 \cdot 2H_2O$，此时存在着两种固相（$MgSO_4 \cdot H_2O$ 和 $MgSO_4 \cdot 2H_2O$）间的平衡，压力保持恒定，直至 $MgSO_4 \cdot H_2O$ 全部转变为二水合物（*E* 点）为止，依此类推，压力上升至 *F*，开始形成四水合物，最后至 *M* 点，全部形成了七水合物，如果七水合物在恒温（25℃）以下抽真空渐渐移去水分，也可获得相同的曲线。这些结果用下面的平衡式来表示。

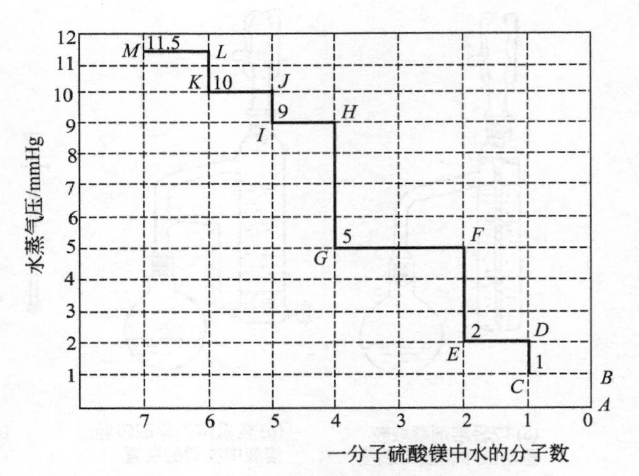

图 3-142　含有不同结晶水硫酸镁的蒸气压图

$$MgSO_4 + H_2O \rightleftharpoons MgSO_4 \cdot H_2O \quad 0.13kPa$$
$$MgSO_4 \cdot H_2O + H_2O \rightleftharpoons MgSO_4 \cdot 2H_2O \quad 0.27kPa$$
$$MgSO_4 \cdot 2H_2O + 2H_2O \rightleftharpoons MgSO_4 \cdot 4H_2O \quad 0.67kPa$$
$$MgSO_4 \cdot 4H_2O + H_2O \rightleftharpoons MgSO_4 \cdot 5H_2O \quad 1.2kPa$$
$$MgSO_4 \cdot 5H_2O + H_2O \rightleftharpoons MgSO_4 \cdot 6H_2O \quad 1.33kPa$$
$$MgSO_4 \cdot 6H_2O + H_2O \rightleftharpoons MgSO_4 \cdot 7H_2O \quad 1.5kPa$$

由此可知，0.13kPa 的压力是指在 25℃时 $MgSO_4 \cdot H_2O$ 和无水 $MgSO_4$ 存在平衡时的压力，与两者的相对量无关，当温度为 50℃时，上述体系的平衡水蒸气压力就会上升。

用无水硫酸镁来干燥含水的有机液体时，无论加入多少无水 $MgSO_4$，在 25℃时所能达到最低的蒸气压力为 0.13kPa，也就是说，全部除去水分是不可能的。如加入的量过多，会使有机液体的吸附损失增多，如加入量不足，不能达到一水合物，则其蒸气压就要比 0.13kPa 高，这就是在萃取时一定要将水层尽可能分离除净，在蒸馏时会有前馏分的原因。通常这类干燥剂成为水合物需要一定的平衡时间，即液体有机物进行干燥时需要放置。干燥剂吸收水分是可逆的，温度升高时，蒸气压亦升高。因此为缩短生成水合物的平衡时间，干燥时常在水浴上加热，然后再在尽量低的温度放置，以提高干燥效果。同样，液体有机物在进行蒸馏以前，必须将这类干燥剂滤去。

（2）液体有机化合物的干燥

① 干燥剂的选择　对液体有机化合物进行干燥，通常是利用干燥剂直接与其接触，因此所用干燥剂必须与该物质不发生化学反应或催化作用，不溶解于该液体中。例如：酸性物质不能使用碱性干燥剂，而碱性物质则不能用酸性干燥剂。有的干燥剂能与某些被干燥的物

质生成络合物，如氯化钙易与醇类、胺类形成络合物，因而不能用来干燥这些液体。强碱性干燥剂如氧化钙、氢氧化钠能催化某些醛类或酮类发生缩合、自动氧化等反应，也能使酯类或酰胺类发生水解反应，氢氧化钾（钠）还能显著地溶解于低级醇中。

在选用干燥剂时，还应考虑干燥剂的吸水容量和干燥效能。吸水容量是指单位重量干燥剂所吸收的水量；干燥效能是指达到平衡时液体干燥的程度。对于形成水合物的无机盐干燥剂，常用吸水后结晶水的蒸气压来表示。例如，硫酸钠能形成 10 个结晶水的水合物，其吸水容量达 1.25（1g 无水硫酸钠大约可吸水 1.25g）。氯化钙最多能形成 6 个结晶水的水合物，吸水容量为 0.97。两者在 25℃时水蒸气压分别为 0.26kPa 及 0.04kPa。因此，硫酸钠的吸水量较大，干燥效能弱；而氯化钙的吸水量较小，但干燥效能强。所以在干燥含水量较多而又不易干燥的（含有亲水性基团）化合物时，常先用吸水量较大的干燥剂，除去大部分水分，再用干燥性能强的干燥剂干燥。此外，选择干燥剂还要考虑干燥速度和价格，常见干燥剂的性能及应用范围见表 3-16。

表 3-16　常见干燥剂的性能与应用范围

干燥剂	吸水作用	吸水容量	干燥效能	干燥速度	应用范围
氯化钙	形成 $CaCl_2 \cdot nH_2O$，$n=1,2,4,6$	0.97（以 $CaCl_2 \cdot 6H_2O$ 计）	中等	较快，但吸水后表面为薄层液体覆盖，长时间放置为宜	不能用来干燥醇、酚、胺、酰胺及某些醛、酮。工业品中可能含氢氧化钙或氧化钙，不能用来干燥酸
硫酸镁	形成 $MgSO_4 \cdot nH_2O$，$n=1,2,4,5,6,7$	1.05（以 $MgSO_4 \cdot 7H_2O$ 计）	较弱	较快	中性，可代替氯化钙，并可以用来干燥酯、醛、酮、腈、酰胺等
硫酸钠	$Na_2SO_4 \cdot 10H_2O$	1.25	弱	较快	中性，用于有机液体的初步干燥
硫酸钙	$CaSO_4 \cdot 0.5H_2O$	0.06	强	快	中性，与硫酸镁（钠）配合，作最后干燥
碳酸钾	$K_2CO_3 \cdot 0.5H_2O$	0.2	较弱	慢	弱碱性，用于干燥醇、酮、酯、胺及杂环等碱性化合物，不适于酸、酚及其他酸性化合物
氢氧化钾（钠）	溶于水	—	中等	快	弱碱性，用于干燥胺、杂环等碱性化合物，不能用于干燥醇、酯、醛、酮、酸、酚等
钠	生成 NaOH 和 H_2	—	强	快	限于干燥醚、烃类中痕量水分。同时切成小块或压成钠丝
氧化钙	生成 $Ca(OH)_2$	—	强	较快	干燥低级醇类
五氧化二磷	反应生成 H_3PO_4	—	强	快，但吸水后表面为黏浆液覆盖，操作不便	适于干燥醚、烃、卤代烃、腈等中的痕量水分。不适用于醇、酸、胺、酮等
分子筛	物理吸附	—	强	快	各类有机物的干燥

② 干燥剂的用量　例如：室温下水在乙醚中的溶解度约为 1%～1.5%，用 $CaCl_2$ 来干燥 100mL 含水乙醚时，假定 $CaCl_2$ 全部转化为六水合物，吸水容量是 0.97，$CaCl_2$ 的理论

用量至少要 1g。但实际上则远较 1g 多，因为萃取时，乙醚层的水分不可能完全分净，其中还有悬浮的细微水滴。另外，达到高水合物需要的时间很长，往往不能达到它应有的吸水容量，干燥剂的实际用量是大大过量的（100mL 含水乙醚常需用 7～10g $CaCl_2$）。水在苯中的溶解度极小（约 0.05%），理论上讲只需很小量的 $CaCl_2$，实际用量较多，但少于干燥乙醚的用量。干燥其他液体时，可从溶解度手册查出水在其中的溶解度（若查不到，可从它在水中溶解情况来推测），或根据它的结构（在极性有机物中水的溶解度较大，有机分子若含有能与氧原子配位的基团时，水的溶解度亦大）来估计干燥剂的用量。一般含亲水性基团的（如醇、醚、胺等）化合物所用的干燥剂要过量多些。因干燥剂也能吸附一部分液体，所以干燥剂的用量应控制得严些。必要时，先加入吸水量较大的干燥剂，过滤后再用干燥效能较强的干燥剂。一般干燥剂的用量为每 10mL 液体约需 0.5～1g，但由于液体中的水分含量不等，干燥剂的质量、颗粒大小和温度等不同以及干燥剂也可能吸一些副产物（如氯化钙吸收醇）等诸多原因，很难规定具体的数量，上述数据仅供参考。操作者应细心积累这方面的经验，在实际操作中，干燥一定时间后，观察干燥剂的形态，若它的大部分棱角还清楚可辨，这表明干燥剂的量已足够了。各类有机物常用的干燥剂见表 3-17。

表 3-17　各类有机物常用的干燥剂

化合物类型	干燥剂	化合物类型	干燥剂	化合物类型	干燥剂
烃	$CaCl_2$, Na, P_2O_5	醛	$MgSO_4$, Na_2SO_4	硝基化合物	$CaCl_2$, $MgSO_4$, Na_2SO_4
卤代烃	$CaCl_2$, $MgSO_4$, Na_2SO_4, P_2O_5	酮	K_2CO_3, $CaCl_2$, $MgSO_4$, Na_2SO_4	胺	KOH, NaOH, CaO, K_2CO_3
醇	K_2CO_3, CaO, $MgSO_4$, Na_2SO_4	酯	$MgSO_4$, Na_2SO_4, K_2CO_3		
醚	$CaCl_2$, Na, P_2O_5	酸、酚	$MgSO_4$, Na_2SO_4		

③ 实验操作　干燥前应将待干燥液体中的水分尽可能分离干净。宁可损失一些有机物，不可有任何可见的水层。将液体置于锥形瓶中，取适量的干燥剂直接放入液体中（干燥剂颗粒大小要适宜，太大时，因表面积小吸水很慢，且干燥剂内部不起作用；太小时，则因表面积大大不易过滤，吸附有机物多），塞上磨口塞，振摇片刻。若发现干燥剂附着瓶壁，互相黏结，则表示干燥剂不够，应继续添加；若有机液体中存在较多的水分，有可能出现少量的水层（例如在用氧化钙干燥时），必须将此水层分去或用吸管将水层吸去，再加入一些干燥剂。放置一段时间（至少 0.5 h，最好放置过夜），并时时振摇。有时在干燥前，液体虽浑浊，经干燥后变为澄清，这并不一定说明它已不含水分，澄清与否和水在该化合物中的溶解度有关。然后将已干燥的液体通过置有折叠滤纸的漏斗直接滤入烧瓶中进行蒸馏。对于某些干燥剂，如金属钠、石灰、五氧化二磷等，由于它们和水反应后生成比较稳定的产物，有时可不必过滤而直接进行蒸馏。

利用分馏或二元、三元共沸混合物除去水分属于物理方法。对于不与水生成共沸混合物的有机物，例如甲醇和水的混合物，由于沸点相差较大，用精密分馏柱即可完全分开。有时利用某些有机物可与水形成共沸混合物的特性，向待干燥的有机物中加入另一有机物，在蒸馏时逐渐将水带出，从而达到干燥的目的。例如，工业上制备无水乙醇的方法之一就是将苯加到 95%乙醇中进行共沸蒸馏。也可应用离子交换树脂脱水来制备无水乙醇。

(3) 固体有机化合物的干燥　固体有机化合物的干燥一般是在放置了干燥剂的干燥器中进行，干燥器又分普通干燥器和真空干燥器两种。

① 普通干燥器　盖与缸身之间的平面经过磨砂，在磨砂处涂以润滑脂，使之密闭。缸中有多孔瓷板，瓷板下面放置干燥剂，上面放置盛有待干燥样品的表面皿等。

② 真空干燥器　干燥效率较普通干燥器好。真空干燥器上有玻璃活塞，用以抽真空，

活塞下端呈弯钩状，口向上，防止在通向大气时，因空气流入太快将固体冲散。最好另用一表面皿覆盖盛有样品的表面皿。在水泵抽气过程中，干燥器外围最好能用金属丝（或用布）围住，以保证安全。

干燥剂应按样品所含的溶剂来选择。例如，五氧化二磷可吸水，生石灰可吸水或酸，无水氯化钙可吸水或醇；氢氧化钠吸收水和酸，石蜡片可吸收乙醚、氯仿、四氯化碳和苯等。有时在干燥器中同时放置两种干燥剂，如在底部放浓硫酸（在 1L 浓硫酸中溶有 18g 硫酸钡的溶液放在干燥器底部，如已吸收了大量水分，则硫酸钡就沉淀出来，表明已不再适用于干燥而需要重新更换）。另用浅的器皿盛氢氧化钠放在磁板上，这样来吸收水和酸，效率更高。

真空恒温干燥箱适用于大量物质的干燥。

3.23.6 色谱法

色谱法是分离、纯化和鉴定有机化合物的重要方法之一，具有极其广泛的用途。早期用此法来分离有色物质时，得到颜色不同的色层。色层（谱）一词由此而得名。但现在被分离的物质无论有色与否，都能适用。因此，色谱一词早已超出了原来含义。

色谱法的基本原理是利用混合物中各组分在某一物质中的吸附或溶解性能（即分配）的不同，或其他亲和作用性能的差异，使混合物的溶液流经该种物质，进行反复的吸附或分配等作用，从而将各组分分开。流动的溶液称为流动相；固定的物质称为固定相（可以是固体或液体）。根据组分在固定相中的作用原理不同，可分为吸附色谱、分配色谱、离子交换色谱、排阻色谱等；根据操作条件的不同，又可分为柱色谱、纸色谱、薄层色谱、气相色谱及高效液相色谱等类型。气相色谱及高效液相色谱见《仪器分析》。

3.23.6.1 薄层色谱

薄层色谱（Thin Layer Chromatography，TLC）是一种微量、快速而简单的色谱法，兼备了柱色谱和纸色谱的优点。适用于小量样品（几到几十微克，甚至 0.01mg）的分离；在制作薄层板时，若把吸附层加厚，将样品点成一条线，则可分离多达 500μg 的样品，又可用来精制样品。特别适用于挥发性较小或在较高温度易发生变化而不能用气相色谱分析的物质。

常用的薄层色谱有吸附色谱和分配色谱。一般能用硅胶或氧化铝薄层色谱分开的物质，也能用硅胶或氧化铝柱色谱分开；凡用硅藻土和纤维素作支持剂的分配柱色谱能分开的物质，也可分别用硅藻土和纤维素薄层色谱展开，因此薄层色谱常用作柱色谱的先导。

薄层色谱是在洗涤干净的玻璃板（7.5cm×2.5cm）上均匀地涂一层吸附剂或支持剂，待干燥、活化后将样品溶液用管口平整的毛细管滴加于离薄层板一端约 1cm 处的起点线上，晾干或吹干后置薄层板于盛有展开剂的展开槽内，浸入深度约 0.5cm。待展开剂前沿离顶端约 1cm 附近时，将色谱板取出，干燥后喷以显色剂，或在紫外灯下显色。记录原点至主斑点中心及展开剂前沿的距离，计算比移值（R_f）：

$$R_f=\frac{\text{溶质的最高浓度中心至原点中心的距离}}{\text{溶剂前沿至原点中心的距离}}$$

最常用薄层吸附色谱的吸附剂是氧化铝和硅胶，分配色谱的支持剂为硅藻土和纤维素。

硅胶是无定形多孔性物质，略具酸性，适用于酸性物质的分离和分析。例如：“硅胶 H”——不含黏合剂；“硅胶 G”——含煅石膏黏合剂；“硅胶 HF_{254}”——含荧光物质，可于波长 254nm 紫外线下观察荧光；“硅胶 GF_{254}”——既含煅石膏又含荧光剂。与硅胶相似，氧化铝也因含黏合剂或荧光剂而分为氧化铝 G、氧化铝 GF_{254} 及氧化铝 HF_{254}。

黏合剂除可用煅石膏（$2CaSO_4 \cdot H_2O$）外，还可用淀粉、羧甲基纤维素钠。通常将加黏合剂的薄层板称为硬板，不加黏合剂的称为软板。

薄层吸附色谱和柱吸附色谱一样，化合物的吸附能力与它们的极性成正比，具有较大极性的化合物吸附较强，因而 R_f 值较小。因此利用化合物极性的不同，可将一些结构相近或顺、反异构体分开。

(1) 薄层板的制备 薄层板质量直接影响色谱的结果。薄层应尽量均匀而且厚度(0.25～1mm) 要固定。否则，在展开时溶剂前沿不齐，色谱结果也不易重复。薄层板分为干板和湿板。湿板的制法有以下两种。

① 平铺法 用商品或自制的薄层涂布器进行制板，它适合于科研工作中数量较大、要求较高的需要。如无涂布器，可将调好的吸附剂平铺在玻璃板上，也可得到厚度均匀的薄层板。适合于教学实验的是一种简易平铺法。取 2.5g 硅胶 G 与 7mL 0.5%～1%的羧甲基纤维素的水溶液在烧杯中调成糊状物，铺在清洁干燥的载玻片上，用手轻轻在玻璃板上来回摇振，使表面均匀平滑，室温晾干后进行活化。2.5g 硅胶大约可铺 7.5cm×2.5cm 载玻片 4 块。

② 浸渍法 把两块干净玻璃片背靠背贴紧，浸入调制好的吸附剂中，取出后分开、晾干。

(2) 薄层板的活化 把涂好的薄层板于室温晾干后，放在烘箱内加热活化，活化条件根据需要而定。硅胶板一般在烘箱中渐渐升温，维持 105～110℃活化 30min。氧化铝板在 200℃烘 4 h 可得活性Ⅱ级的薄层，150～160℃烘 4 h 可得活性Ⅲ～Ⅳ级的薄层。薄层板的活性与含水量有关，其活性随含水量的增加而下降。

氧化铝板活性的测定：将偶氮苯 30mg，对甲氧基偶氮苯、苏丹黄、苏丹红和对氨基偶氮苯各 20mg，溶于 50mL 无水四氯化碳中，取 0.02mL 溶液滴加于氧化铝薄层板上，用无水四氯化碳展开，算出比移值，根据表 3-18 中所列的各染料的比移值确定其活性。

表 3-18 氧化铝活性与各偶氮染料比移值的关系

活性级别 / 偶氮染料	勃劳克曼活性级的 R_f 值			
	Ⅱ	Ⅲ	Ⅳ	Ⅴ
偶氮苯	0.59	0.74	0.85	0.95
对甲氧基偶氮苯	0.16	0.49	0.69	0.89
苏丹黄	0.01	0.25	0.57	0.78
苏丹红	0.00	0.10	0.33	0.56
对氨基偶氮苯	0.00	0.03	0.08	0.19

硅胶板活性的测定：取对二甲氨基偶氮苯、靛酚蓝和苏丹红各 10mg，溶于 1mL 氯仿中，将此混合液点于薄层上，用正己烷-乙酸乙酯（体积比 9∶1）展开。若能将三种染料分开，并且按比移值对二甲氨基偶氮苯＞靛酚蓝＞苏丹红，则与Ⅱ级氧化铝的活性相当。

(3) 点样 将样品溶于低沸点溶剂（丙酮、甲醛、乙醇、氯仿、苯、乙醚或四氯化碳）配成 1%溶液。点样前，先用铅笔在薄层板上距一端 1cm 处轻轻画一条线作为起始线，然后用内径小于 1mm 管口平整的毛细管吸取样品，在起始线上小心点样，斑点直径一般不超过 2mm；若溶液太稀，一次点样往往不够，需重复点样，应待前次点样的溶剂挥发后方可重点，以防样点过大，造成拖尾、扩散等现象，影响分离效果。若在同一板上点几个样，样点间距应为 1～1.5cm。待样点干燥后，方可进行展开。点样要轻，不可刺破薄层。

样品的用量对物质的分离效果有很大影响，所需样品的量与显色剂的灵敏度、吸附剂的种类、薄层厚度均有关。样品太少时，斑点不清难以观察，若样品太多，往往出现斑点太大或拖尾，以致不容易分开。

(4) 展开 薄层色谱展开剂的选择和柱色谱一样，主要根据样品的极性、溶解度和吸附剂的活性等因素来考虑。溶剂的极性越大，对化合物的洗脱力越大，R_f 值也越大。薄层色谱用的展开剂绝大多数是有机溶剂。

薄层色谱的展开需在密闭容器中进行。为使溶剂蒸气迅速达到平衡，可在展开槽内衬一滤纸。常用的展开槽有：长方形盆式和广口瓶式，展开方式有下列几种。

① 上升法　用于含黏合剂的色谱板，将色谱板垂直于盛有展开剂的容器中。

② 倾斜上行法　色谱板倾斜 15°角，适用于无黏合剂的软板。含黏合剂的色谱板可以倾斜 45°～60°角。

③ 下降法　展开剂放在圆底烧瓶中，用滤纸或纱布等将展开剂吸到层板的上端，使展开剂沿板下行，这种连续展开的方法适用于 R_f 值小的化合物。

④ 双向色谱法　使用方形玻璃板铺制薄层，样品点在角上，先向一个方向展开。然后转动 90°角的位置，再换另一种展开剂展开。这样，成分复杂的混合物可以得到较好的分离效果。

⑤ 定位与显色　薄层展开到一定程度后取出，经挥发或用吹风机吹去展开剂就可以进行定位与显色了。

a. 光学检出法　包括自然光法和紫外线法。光学检出法使用方便，不破坏被分离化合物，是首选的定位与显色方法。

自然光法即在自然光（波长 400～800nm）下根据有色物质的颜色斑点定位。紫外线法是在紫外灯下（波长 254nm 或 365nm）观察斑点定位。有些样品在紫外灯照射下自身能够发出荧光，可以观测到样品的斑点；对紫外有吸收的样品（所用薄层板硅胶为 HF_{254}，紫外灯照射下薄层板发出绿色荧光），由于一部分光被化合物分子吸收，减弱了紫外线对吸附剂的辐射强度，即减弱了薄层产生的荧光，使样品斑点呈暗色。

b. 蒸气显色法　用碘蒸气、挥发性酸（如盐酸、硝酸、醋酸）或挥发性碱（如氨水、乙二胺）做显色剂。将几粒碘置于密闭容器中，待容器充满碘的蒸气后，将展开后的色谱板放入，碘与展开后的有机化合物可逆地结合，在几秒钟到数秒钟内化合物斑点的位置呈黄棕色。但是当色谱板上仍含有溶剂时，由于碘蒸气亦能与溶剂结合，致使色谱板显淡棕色，而展开后的有机化合物则呈现较暗的斑点。色谱板自容器内取出后，呈现的斑点一般在 2～3s 消失。因此必须立即用铅笔标出化合物的位置。多数有机化合物吸附碘蒸气会显示不同程度的黄棕色斑点（0.5%碘的氯仿溶液）。当化合物定位后在空气中放置时，碘挥发后不破坏被分离化合物。碘蒸气显色法与紫外法结合，灵敏度高于该两法的单独使用。对颜色受 pH 值影响的有机化合物可以用挥发性酸或挥发性碱做显色剂。

c. 试剂显色法　通过有机物与显色剂的显色反应进行定位。显色剂可以分成两类：一类是检查一般有机化合物的通用显色剂；另一类是根据化合物分类或特殊官能团设计的专属性显色剂。通用显色剂有以下几种。

腐蚀性的显色剂如浓硫酸、浓盐酸和浓磷酸等。硫酸显色常用的有四种溶液：硫酸-水（1∶1）溶液；硫酸-甲醇或乙醇（1∶1）溶液；1.5mol/L 硫酸溶液与 0.5～1.5mol/L 硫酸铵溶液，喷后 110℃烤 15min，不同有机化合物显不同颜色。

中性 0.05%高锰酸钾溶液　易还原性化合物在淡红背景上显黄色。

碱性高锰酸钾试剂　还原性化合物在淡红色背景上显黄色。溶液Ⅰ：1%高锰酸钾溶液；溶液Ⅱ：5%碳酸钠溶液；溶液Ⅰ和溶液Ⅱ等量混合应用。

酸性高锰酸钾试剂　喷 1.6%高锰酸钾浓硫酸溶液（溶解时注意防止爆炸），于 180℃加热薄层 15～20min。

酸性重铬酸钾试剂　喷 5%重铬酸钾浓硫酸溶液，必要时 150℃加热薄层。

5%磷钼酸乙醇溶液　喷后120℃烘烤，还原性化合物显蓝色，再用氨气熏，则背景变为无色。

铁氰化钾-三氯化铁试剂 还原性物质显蓝色，再喷2mol/L盐酸溶液，则蓝色加深。溶液Ⅰ：1%铁氰化钾溶液；溶液Ⅱ：2%三氯化铁溶液；临用前将溶液Ⅰ和溶液Ⅱ等量混合。

3.23.6.2　柱色谱

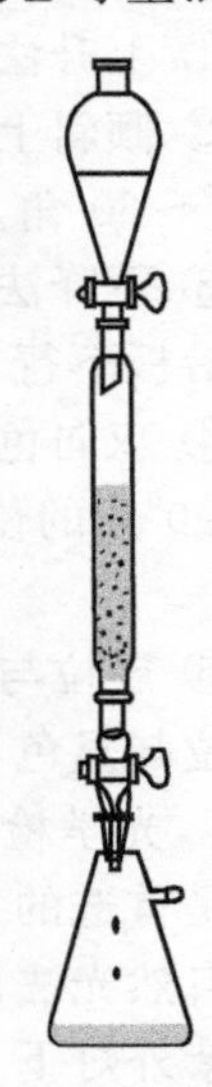

图 3-143　柱色谱

柱色谱（柱上层析）见图3-143。常用的有吸附柱色谱和分配柱色谱两类，前者常用氧化铝和硅胶作固定相；在分配柱色谱中以硅胶、硅藻土和纤维素作为支持剂，以吸收较大量的液体作固定相，支持剂本身不起分离作用。

吸附柱色谱通常在玻璃管中填入表面积很大、经过活化的多孔性和粉状的固体吸附剂。当待分离的混合物溶液流过吸附柱时，各种成分同时被吸附在柱的上端。当洗脱剂流下时，由于不同化合物吸附能力不同，被洗脱的速度也不同，于是形成了不同层次，即溶质在柱中自上而下按对吸附剂亲和力大小分别形成若干色带，再用溶剂洗脱时，已经分开的溶质可以从柱上分别洗出收集，或者将柱吸干，挤出后按色带分割开，再用溶剂将各色带中的溶质萃取出来。对不显色化合物分离时，可用紫外线照射后所呈现的荧光来检查，或在用溶剂洗脱时，分别收集洗脱液，逐个加以检定。

(1) 吸附剂　常用的吸附剂有氧化铝、硅胶、氧化镁、碳酸钙和活性炭等。吸附剂一般需经纯化和活性处理，颗粒大小应当均匀。对吸附剂来说粒子小、表面积大，吸附能力就高，但是颗粒小时，溶剂的流速就慢，因此应根据实际分离需要而定。供柱色谱使用的氧化铝有酸性、中性和碱性3种。酸性氧化铝是用1%盐酸浸泡后，用蒸馏水洗，至氧化铝的悬浮液pH为4，用于分离酸性物质；中性氧化铝的pH约为7.5，用于分离中性物质；碱性氧化铝的pH约为10，用于分离胺或其他碱性化合物。

大多数吸附剂能强烈地吸水，且水分易被其他化合物置换，使吸附剂的活性降低，通常用加热方法活化吸附剂。氧化铝随表面含水量不同而分成各种活性等级。活性等级的测定一般采用勃劳克曼（Brockmann）标准测定法，据氧化铝对有机染料吸附能力大小分为5级(见表3-19)，测定方法如下（取6种染料）。

甲：偶氮苯；乙：对甲氧基偶氮苯；丙：苏丹黄（系统命名：1-苯基偶氮-2-萘酚）；丁：苏丹红，即1-[4-（邻甲苯基偶氮）邻甲苯基偶氮]-2-萘酚；戊：对氨基偶氮苯；己：对羟基偶氮苯。苏丹红的结构为：

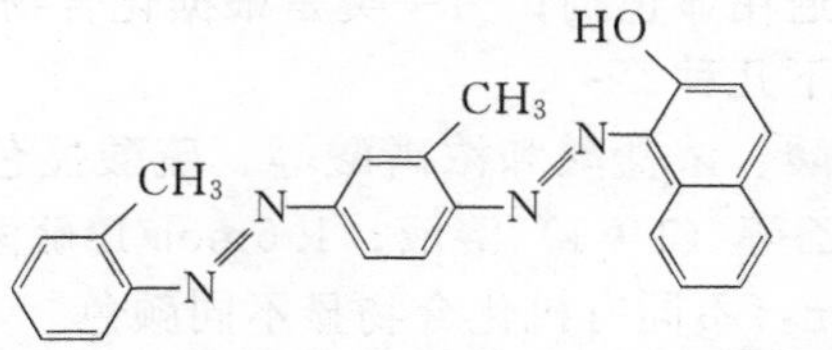

在上述6种染料中分别取相邻两个各20mg溶于10mL的无水苯中，用无水石油醚稀释至50mL，配成5种溶液。溶液a：甲 + 乙；溶液b：乙 + 丙；溶液c：丙 + 丁；溶液d：丁 + 戊；溶液e：戊 + 己。

在内径1.5cm的色谱柱底部放入一团脱脂棉，将氧化铝装填至5cm高，上面用圆形滤纸覆盖，加入染料溶液10mL，待溶液液面流至滤纸时加入20mL苯和石油醚混合液（体积比1∶4）洗脱。洗脱完毕后，根据各染料的位置，由表3-19查出相应氧化铝活性级别。Ⅰ

级活性最高，吸附力最强；Ⅴ级吸附能力最弱。

化合物的吸附性与其极性成正比，分子中含有极性较大的基团时，吸附性也较强，氧化铝对各种化合物的吸附能力次序为：酸和碱＞醇、胺、硫醇＞酯、醛、酮＞芳香族化合构＞卤代物、醚＞烯＞饱和烃。

表 3-19 氧化铝的吸附等级

等级		Ⅰ	Ⅱ		Ⅲ		Ⅳ		Ⅴ	
溶液号数		a	a	b	b	c	c	d	d	e
色谱柱中染料位置	上层	乙		丙		丁		戊		己
	下层	甲	乙	乙	丙	丙	丁	丁	戊	戊
洗脱出的溶液			甲		乙		丙		丁	
氧化铝的含水量		0	3%		6%		10%		15%	

例如：可以根据邻和对硝基苯胺的极性不同，对其混合物进行分离。邻硝基苯胺的偶极距为 4.45D（$1D=3.334\times10^{-30}C\cdot m$），而对位异构体则为 7.1 D，因此邻位异构体首先被洗脱下来。

（2）溶剂 通常根据被分离物中各种成分的极性、溶解度和吸附剂的活性等来选择溶剂。先将待分离的样品溶于一定体积的溶剂（选用的溶剂极性应低，体积要小）中。若样品在低极性溶剂中溶解度很小，可加入少量极性较大的溶剂，使溶液体积不致太大。首先使用极性较小的溶剂，使最容易脱附的组分分离。然后加入不同比例的极性溶剂配成的洗脱剂，将极性较大的化合物洗脱下来。常用洗脱剂的极性按如下次序递增：己烷和石油醚＜环己烷＜四氯化碳＜三氯乙烯＜二硫化碳＜甲苯＜苯＜二氧甲烷＜氯仿＜乙醚＜乙酸乙酯 ＜丙酮＜丙醇＜乙醇＜甲醇＜水＜吡啶＜乙酸。

所用溶剂必须纯粹和干燥，否则会影响吸附剂的活性和分离效果。吸附柱色谱的分离效果不仅依赖于吸附剂和洗脱剂的选择，而且与色谱柱有关。吸附剂用量为被分离样品量的 30～40 倍，若需要时可增至 100 倍；柱高和直径之比一般是 7.5∶1，装柱可采用湿法和干法两种，干法装柱是将干吸附剂倒入柱内，填装均匀，然后加入少量溶剂，无论采用哪种方法装柱，都不要使吸附剂有裂缝或气泡，否则影响分离效果，一般说来湿法装柱较干法紧密均匀。

3.23.6.3 纸色谱

纸色谱（纸上层析）属于分配色谱的一种。主要用于多功能团或高极性化合物如糖、氨基酸等的分析和分离。通常选用特制的滤纸如新华 1 号滤纸作为固定相——水的支持剂，流动相则是含有一定比例水的有机溶剂，即展开剂。

先将色谱滤纸在展开溶剂的蒸气中放置过夜，在滤纸一端 2～3cm 处用铅笔划好起始线，然后将待分离的样品溶液点在起始线上，待样品溶剂挥发后，将滤纸的另一端悬挂在展开槽的玻璃勾上，使滤纸下端与展开剂接触，展开剂通过毛细管作用沿纸条上升，当展开剂前沿接近滤纸上端时，将滤纸取出，记下溶剂前沿位置，晾干。若各组分是有色的，滤纸条上就有各种颜色的斑点显出。

R_f 值随被分离化合物的结构、固定相与流动相的性质、温度以及纸的质量等因素而变化。当温度、滤纸等实验条件固定时，R_f 就是一个特有的常数，因而可作定性分析的依据。由于影响 R_f 值的因素很多，实验数据往往与文献记载不完全相同，因此在鉴定时常常采用标准样品作对照。此法一般适用于微量有机物质（5～500mg）的定性分析，分离出来的色点也能用比色方法定量。

纸色谱展开的方法除上述介绍的上升法外，还有下降法，如圆形纸色谱法和双向纸色谱法等。

对于分离无色的混合物时，通常将展开后的滤纸风干后，置于紫外灯下观察是否有荧光，或者根据化合物的性质，喷上显色剂，观察斑点位置，与TLC显色方法相似。

3.23.7 外消旋体的拆分

外消旋体是由等量对映异构体混合而成的，对映异构体除旋光性有差别外，其他物理性质都相同。因此，不能用一般的分离方法来分离外消旋体。

1849年，法国生物学家巴斯德（Pasteur）在研究酒石酸时，用放大镜仔细地观察其晶体结构，并小心翼翼地用镊子从酒石酸盐外消旋体中分离出旋光性质不同的两种晶体。这是人类首次发现分子的不对称性并成功地通过手工拆分出对映异构体。采用手工拆分对映异构体实在是一件不容易的工作，它要求结晶形态具有明显的不对称性，而且晶体的体积要足够大。事实上，手工拆分法只是在实验室中偶尔采用，应用最广的拆分法当数化学拆分法。其基本原理是首先将对映体转变为非对映体，然后利用非对映体之间其他物理性质差异，使用一般方法分离，再将所得非对映体转变成原来的旋光化合物，即达到拆分的目的。用于拆分对映体的旋光性化合物称为拆分剂。化学拆分法常用于酸性和碱性外消旋体的拆分。

拆分酸性外消旋体常用旋光性生物碱，如（—)-麻黄碱、（—)-马钱子碱等；拆分碱性外消旋体常用旋光性酸，如酒石酸、樟脑-β-磺酸等。

如果被拆分对象不带酸（或碱）性基团，例如外消旋醇，则可先导入酸性基团，然后按拆分酸性外消旋体的方法拆分。例如，拆分旋光性醇类化合物时，可先使醇与邻苯二甲酸作用生成单酯，然后用碱性拆分剂拆分。

3.24 有机化合物的物理常数测定及结构表征

3.24.1 熔点测定及温度计校正

当结晶物质加热到一定的温度，固态转变为液态，此时的温度可视为该物质的熔点。熔点的严格定义应为固液两态在大气压力下达到平衡时的温度。纯粹的固体有机化合物一般有固定的熔点。在一定压力下，固液两态之间的变化非常敏锐，自初熔至全熔（熔点范围称为熔程）不超过0.5～1℃。如含有杂质，则其熔点往往降低，熔程也较长。这对于鉴定纯粹固体有机物具有很大价值，同时根据熔程长短又可定性地看出该化合物的纯度。

(1) 熔点测定的基本原理 在一定温度和压力下，某物质的固液两相可能发生3种情况：固相迅速转化为液相（固体熔化）；液相迅速转化为固相（液体固化）；固相液相同时并存。某一温度时哪种情况占优势，可从物质的蒸气压与温度的曲线图来理解。

图3-144(a) 表示固体的蒸气压随温度升高而增大的曲线；图3-144(b) 表示该液态物质的蒸气压-温度曲线；将曲线图3-144(a) 和图3-144(b) 加合，即得到图3-144(c) 曲线。由于固相的蒸气压随温度变化的速率较相应的液相大，两曲线在M处相交，只有当温度为T_M时，固液两相的蒸气压才一致，此时固液两相共存，T_M即为该物质的熔点。当温度高于T_M时，固相的蒸气压较液相的蒸气压大，就可使所有的固相转变为液相；低于T_M时，则由液相转变为固相。这就是纯粹晶体物质有固定和敏锐熔点的原因。一旦温度超过T_M，甚至只有几分之一度时，如有足够的时间，固体就可全部转变为液体。因此要精确测定熔点，在接近熔点时加热速度一定要慢，升温速度不能超过1～2℃/min，这样，才能使整个熔化过程尽可能接近于两相平衡的条件。当有杂质存在（假定两者不成固溶体）时，根据拉乌耳（Raoult）定律，在一定的压力和温度下，在溶剂中增加溶质的量会导致溶剂蒸气分压

降低［图 3-144 中 $M_1L'_1$］，因此该物质的熔点较纯粹者低。例如，α-萘酚熔点为 95.5℃，如加入少量萘（熔点 80℃），萘溶于 α-萘酚的液相中，导致 α-萘酚的蒸气压下降，α-萘酚固液两相的平衡点被破坏，固相迅速地转变为液相。只有温度下降才能使固液两相重新达到平衡。从图 3-145 中可以看出，固体 α-萘酚的蒸气压和萘-α-萘酚溶液中 α-萘酚的蒸气压依它们各自的曲线下降，在 M_1 处相交，此时液相中 α-萘酚的蒸气压才能与其纯粹固相的蒸气压一致。一旦温度超过了 T_M，即全部转变为液相，因此它较纯 α-萘酚的熔点低。若将 α-萘酚与萘以不同比例混合，测其熔点，可得一曲线。曲线 AC 表示在 α-萘酚中逐渐加入萘，直至萘的摩尔分数为 0.605 时 α-萘酚熔点的降低情况。曲线 BC 表示在萘中逐渐加入 α-萘酚，直至 α-萘酚的摩尔分数为 0.395 萘熔点的降低情况。曲线中交叉点 C 为最低共熔点（图 3-146），这时的混合物能像纯粹物质一样在一定的温度时熔化，但不是一种化合物，是一种均匀的机械混合物（在固体析出时可以从显微镜下观察到两个组分不同的晶体）。

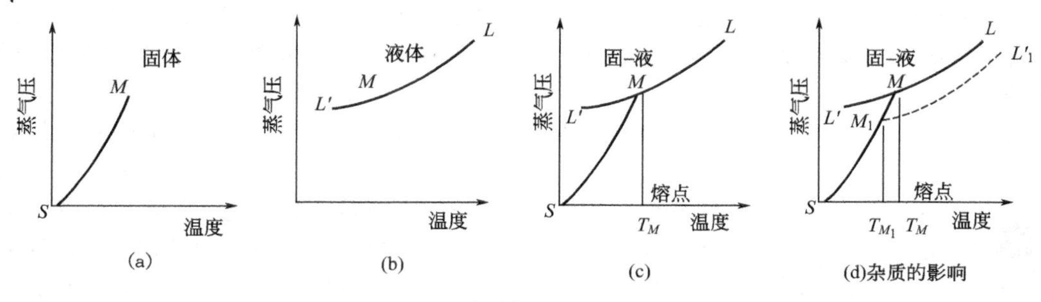

图 3-144　物质的蒸气压与温度的曲线

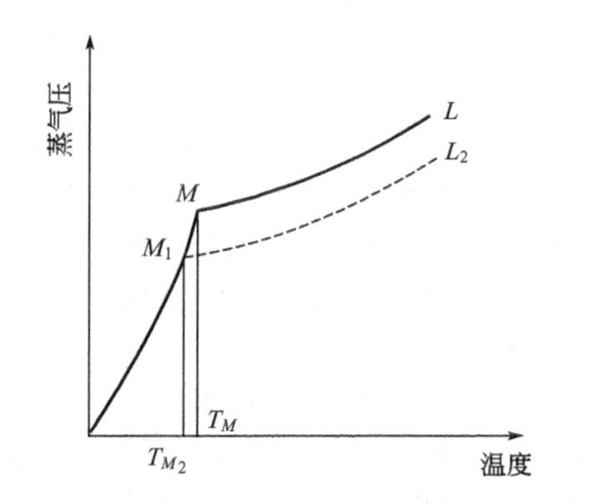

图 3-145　α-萘酚混有少量萘的蒸气压与温度的曲线

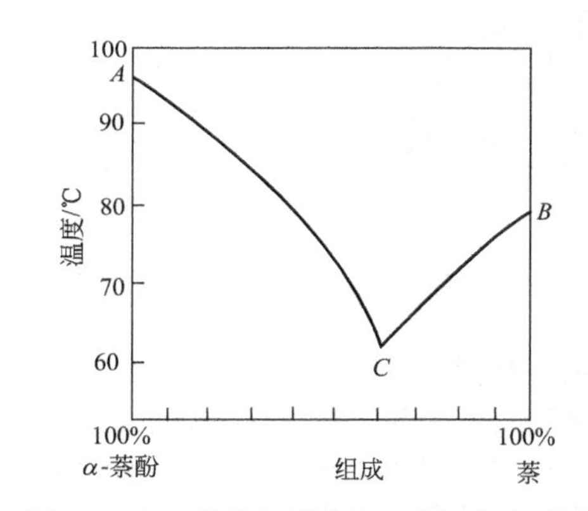

图 3-146　α-萘酚与萘的熔点与组成关系图

假设含少量萘的 α-萘酚的全熔温度为 T_{M_1}，当混合物加热到 61℃开始熔化，固相中剩下纯 α-萘酚，继续加热过程中，α-萘酚不断熔入，液相的组分不断改变，使液相中萘的浓度相对降低，固液平衡所需的温度也随之上升。当温度超过 T_{M_1} 时即全部熔化。若有杂质，固液平衡点就不是一个温度点，而是 61℃～T_{M_1} 的一段，其间固相和液相平衡的相对量在改变。杂质不但使初熔温度降低，还会使熔程变长。测熔点时一定要记录初熔和全熔温度。在实际测定熔点的过程中，如杂质很少，就看不到真正的初熔过程，可能观察的熔程并不一定很长。

通常将熔点相同的两物质混合后测定熔点，如无降低现象即认为两物质相同（至少测定 3 种比例，即 1∶9，1∶1 和 9∶1），但有时（如形成新的化合物或固溶体）两种熔点相同的不同物质混合后熔点并不降低或反而升高。虽然混合熔点的测定由于有少数例外情况而不绝对可靠，但对于鉴定有机化合物仍有很大的实用价值。

(2) 熔点的测定 熔点的测定一般用毛细管熔点测定法。用毛细管法测出的熔点除了受样品纯度的影响外，还受到晶体颗粒的大小、样品的多少、装入毛细管中样品的紧密程度，以及加热液体浴的速度等因素的影响。

① 样品的装填 取少许待测干燥样品（约 0.1g）于干燥清洁的表面皿上，用玻璃钉研成细末后聚成小堆。将熔点管开口端向下垂直插入样品堆中，即有少许样品挤入毛细管中。然后把熔点管开口端向上在桌面上轻轻敲击，使样品落入并填紧管底。将熔点管从玻璃管（长约 30～40cm，垂直于另一干净的表面皿上）上端自由落下。为使管内装入约 2～3mm 紧密结实的样品，需如此重复数次。一次不宜装入太多，否则不易夯实。样品一定要研得极细，装得结实，以使热量的传导迅速且均匀。装入样品如有空隙，则传热不均匀，影响测定结果。拭去粘于管外的粉末以免粘污浴液。对于蜡状样品，应选用较大口径（约 2mm）的熔点管以解决研细及装管的困难。测定易升华物质的熔点时，应将熔点管开口端烧熔封闭，以免升华。

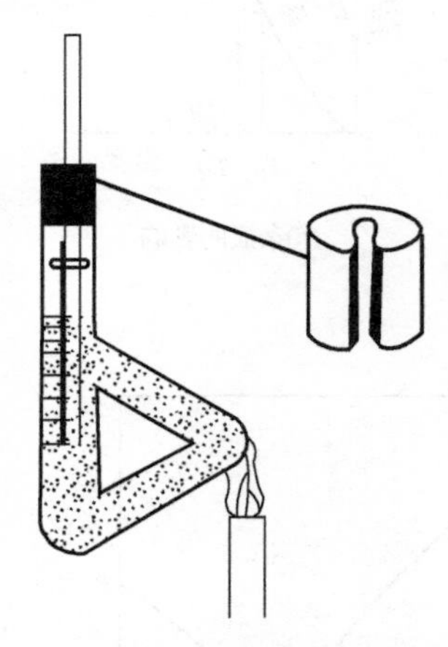

图 3-147 毛细管法测定熔点

② 仪器装置和加热液体（浴液） 在实验室中常用的毛细管法测定熔点装置主要用提勒（Thiele）管。提勒（Thiele）管又称 b 形管，如图 3-147 所示。管口装有侧开口胶塞，温度计插入其中，刻度应面向胶塞开口，其水银球位于 b 形管上下两叉管口之间，将装好样品的熔点管用少许浴液黏附于温度计下端，使样品部分置于水银球侧面中部。b 形管内装入加热液体（浴液），其液面高度达上叉管处即可。在图 3-147 示的部位加热，受热的浴液作沿管上升运动，从而促成了整个 b 形管内浴液呈对流循环，使得温度较为均匀。

另外可用双浴式，将试管经开口胶塞插入 250mL 烧瓶内至离瓶底约 1cm 处，试管口也配一个侧开口胶塞，插入温度计，其水银球距试管底 0.5cm。瓶内装入浴液（约占烧瓶体积的 2/3），试管内也放入一些浴液（插入温度计后，其液面高度与瓶内相同）。熔点管黏附于温度计水银球旁（和 b 形管中相同）。

所用浴液为易导热液体。熔点在 220℃以下的，可采用浓硫酸作为浴液。高温时，浓硫酸将分解放出三氧化硫及水。长期不用的熔点浴应先逐渐加热除去吸入的水分，如加热过快，有冲出的危险。当有机物和其他杂质触及硫酸时，会使硫酸变黑，有碍熔点的观察，可加入少许硝酸钾共热脱色。

磷酸（可用于 300℃以下）、石蜡油或有机硅油等亦可用作浴液。将 7 份浓硫酸和 3 份硫酸钾或 5.5 份浓硫酸和 4.5 份硫酸钾在通风橱中一起加热，直至固体溶解，应用范围为 220～320℃。将 6 份浓硫酸和 4 份硫酸钾混合，可使用至 365℃，但此类加热液体不适用于测定低熔点的化合物，因为它们在室温下呈半固态或固态。如果在 140℃以下，可用甘油或液体石蜡。

③ 熔点的测定 将提勒管垂直夹于铁架上，按前述方法装配，当以浓硫酸为浴液时，用温度计蘸取少许硫酸滴于熔点管上端外壁上，即可使之黏着（或剪取一小段橡皮管，套在温度计和熔点管的上部），毛细管中的样品应位于水银球中间。

将黏附有熔点管的温度计小心地伸入浴液中。用酒精灯在提勒管弯曲支管的底部以小火在图 3-147 所示部位缓缓加热。开始时升温速度可以较快（每分钟上升 5～6℃），到距熔点

10～15℃时，调整升温速度约1～2℃/min。愈接近熔点升温速度应愈慢，每分钟约0.2～0.3℃（掌握升温速度是准确测定熔点的关键）。这是为了保证有充分的时间让热量由管外传至管内，使固体熔化；且有利于减小因观察者不能同时观察温度和样品的变化情况带来的误差。仔细观察温度上升和毛细管中样品的情况。记录样品开始塌落并有液相（俗称出汗）产生时（初熔）和固体完全消失熔化成透明液体时（全熔）的温度计读数，即为该化合物的熔程。注意观察，初熔前是否有萎缩或软化、放出气体以及其他分解现象。例如某样品在120℃时开始萎缩，121℃时有液滴出现，在123℃时全部液化，应记录如下：熔点121～123℃，120℃时萎缩。

要注意观察在加热过程中是否有萎缩、变色、发泡、升华、炭化等现象，并作如实记录。每个样品至少要测定两次。每次测定都必须用新的熔点管另装样品，不得将已测过熔点的毛细管冷却，待其中样品固化后再作第二次测定用，因为有时某些物质会产生部分分解，或转变成具有不同熔点的其他结晶形式。

测定未知物的熔点应同时装填2～3根毛细管。先对样品进行1次粗测。加热速度可以稍快，确定大致的熔点范围后，待浴温冷至熔点以下约30℃左右，再另取熔点管作精密的测定。

进行混合样品熔点的测定至少要测定三种比例（1∶9、1∶1和9∶1）。

特殊试样熔点的测定如下。a. 易升华的化合物：装好试样将上端也封闭起来，因为压力对于熔点影响不大，所以应用封闭的毛细管测定熔点其影响可忽略不计。b. 易吸潮的化合物：装样动作要快，装好后立即将上端在小火上加热封闭，以免在测定熔点的过程中，试样吸潮使熔点降低。c. 易分解的化合物：有的化合物遇热时常易分解，如产生气体、炭化、变色等。由于分解产物的生成，使化合物混入一些分解产物的杂质，熔点会有所下降。分解产物生成的多少与加热时间的长短有关。因此，测定易分解样品，其熔点与加热快慢有关。如将酪氨酸慢慢升温，测得熔点为280℃，快速加热测得的熔点为314～318℃。硫脲的熔点，缓慢加热为167～172℃，快速加热则为180℃。为了能重复测得熔点，对易分解的化合物熔点测定，常需要作较详细的说明，用括号注明“分解”。

应注意温度计不能在高温时取出突然冷却。应在温度计冷却后，用废纸擦去硫酸，用水冲洗，否则水银柱迅速下降，往往会引起汞柱断成数段或温度计破裂。加热的液体（浴液）必须冷却后才可倒入回收瓶中。

熔点测好后，温度计的读数必须对照温度计校正图进行校正。

④ 温度计校正　用以上方法测定熔点时，温度计的读数与熔点真实值之间常有一定的偏差。这可能是由于温度计的质量造成的。一般温度计的毛细孔径不一定很均匀，有时刻度也不很精确；其次，温度计有全浸式和半浸式两种，全浸式温度计的刻度是在温度计的汞线全部均匀受热下刻出的，而在熔点测定时仅有部分汞线受热；另外温度计经长期使用，玻璃可能发生变形使刻度不准。为了进行准确测量，应对所有温度计进行校正。校正温度计的方法有以下两种。

比较法：选一支标准温度计与要进行校正的温度计在同一条件下测定温度，比较其所指示的温度值。

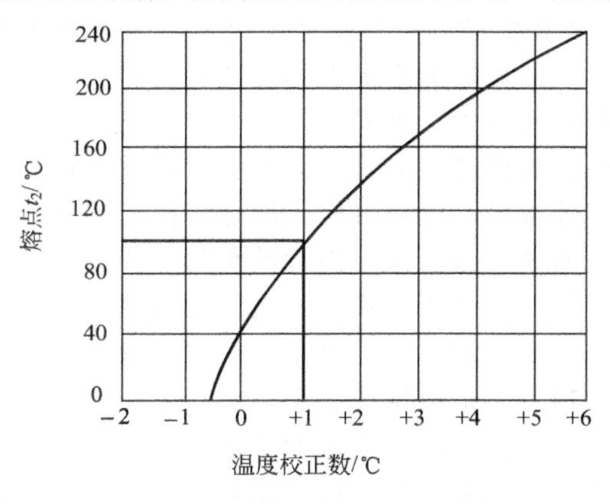

图3-148　定点法温度计刻度校正示意图

定点法（图3-148）：选择数种已知准确熔点

的标准样品，测定它们的熔点，以观察到的熔点（t_2）为纵坐标，以此熔点（t_2）与准确熔点（t_1）之差（Δt）作为横坐标，从图中求得校正后的正确温度误差值，例如测得的温度为100℃，则校正后应为101.3℃。

采用定点法校正温度计的标准样品见表3-20校正时可以具体选择。

注意事项：熔点管必须洁净。如含有灰尘等，能产生4～10℃的误差。熔点管底未封好会产生漏管。样品粉碎要细，填装要实，否则产生空隙，不易传热，造成熔程变大。样品不干燥或含有杂质，会使熔点偏低，熔程变大。样品量太少不便观察，而且熔点偏低；太多会造成熔程变大，熔点偏高。升温速度应慢，让热传导有充分的时间。升温速度过快，熔点偏高。熔点管壁太厚，热传导时间长，会产生熔点偏高。

表3-20　样品化合物的熔点

化合物	熔点/℃	化合物	熔点/℃	化合物	熔点/℃
水-冰	0	间二硝基苯	90.02	水杨酸	159
α-萘胺	50	二苯乙二酮	95-96	对苯二酚	173～174
二苯胺	54～55	乙酰苯胺	114.3	3,5-二硝基苯甲酸	205
对二氯苯	53.1	苯甲酸	122.4	蒽	216.2～216.4
苯甲酸苄酯	71	尿素	132.7	酚酞	262～263
萘	80.55	二苯基羟基乙酸	151	蒽醌	286(升华)

3.24.2　沸点及其测定

(1) 沸点测定的原理　沸点是液体化合物的重要物理常数之一，在使用、分离和纯化液体化合物过程中，具有很重要的意义。液体化合物受热时，其蒸气压升高，当蒸气压达到与外界大气压时，液体沸腾。此时的温度称为该化合物在此压力下的沸点。物质的沸点与该物质所受的外界压力（大气压）有关。外界压力增大，沸点升高；若减小外界的压力，沸点就降低。因此，讨论或报道一个化合物的沸点时一定要注明测定沸点时外界的大气压，以便与文献值比较。作为一条经验规律，在0.1MPa（760mmHg）附近时，多数液体当压力下降1.33kPa（10mmHg），沸点约下降0.5℃。在较低压力时，压力每降低一半，沸点约下降10℃。

(2) 沸点的测定　沸点测定分常量法与微量法两种。

常量法的装置与蒸馏操作相同［见图3-123(a)］，被测物质置于蒸馏瓶中，加热时蒸馏瓶中液体逐渐沸腾，温度计读数也逐渐上升，当液体从冷凝管被蒸出后，温度计水银球上的液滴温度与蒸气温度达到平衡，此时温度计的读数就是液体的沸点，液体不纯时沸程很长（常超过3℃），在这种情况下无法测定其沸点，应先提纯，再进行测定。

微量法测定沸点的装置可用熔点测定的装置（见图3-147）。置1～2滴液体样品于沸点管的外管中，液柱高约1cm。放入内管，将沸点管用小橡皮圈附于温度计旁，放入浴中加热。加热时，内管中会有小气泡缓缓逸出，在到达该液体的沸点时，将有一连串的小气泡快速地逸出。此时可停止加热，使浴温自行下降，气泡逸出的速度即渐渐减慢。在气泡不再冒出而液体刚要进入内管的瞬间（即最后一个气泡刚欲缩回至内管中时），表示毛细管内的蒸气压与外界压力相等，此时的温度即为该液体的沸点。为校正起见，待温度降下几度后再非常缓慢地加热，记下刚好出现大量气泡时的温度。两次温度计读数相差应该不超过1℃。

3.24.3　折射率的测定

(1) 折射率测定的原理　光在不同介质中的传播速率不同。当光从一种介质进入另一种介质，如果它的传播方向与两种介质的界面不垂直，则光的传播方向在界面处发生改变，这种现象称为光的折射现象。根据折射定律，波长一定的单色光，在确定的外界条件（如温度、压力等）下，从一个介质A进入另一个介质B时，入射角α和折射角β（图3-149）的正弦之比和这两个介质折射率N（介质A的）与n（介质B的）成反比（即：$\sin\alpha/\sin\beta=n/N$）。

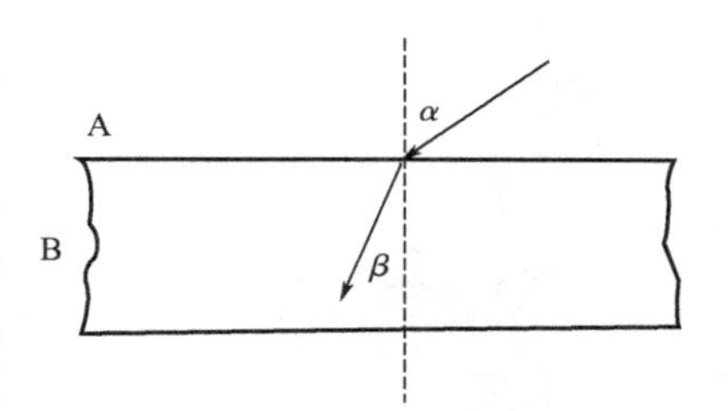

图3-149　光通过界面时的折射

若介质A是真空，测定其$N=1$，于是$n=\sin\alpha/\sin\beta$。所以某介质的折射率，就是光线从真空进入该介质时的入射角和折射角的正弦之比。这种折射率称为该介质的绝对折射率。通常测定的折射率都是以空气作为比较的标准。

折射率是有机化合物最重要的物理常数之一，作为液体物质纯度的标准，它比沸点更为可靠。利用折射率，可鉴定未知化合物。如果一个化合物是纯的，那么就可以根据所测得的折射率排除考虑中的化合物，从而识别出这个未知物来。折射率也可用于确定液体混合物的组成。在蒸馏液体混合物且当各组分的沸点彼此接近时，可利用折射率来确定馏分的组成。因为当组分的结构相似和极性小时，混合物的折射率和物质的量组成之间常呈线性关系。例如，由1mol四氯化碳和1mol甲苯组成的混合物，$n_D^{20}=1.4822$。而甲苯和四氯化碳的n_D^{20}分别为1.4994和1.4651。所以，分馏此混合物时，可利用这一线性关系求得馏分的组成。

物质的折射率不但与它的结构和光线波长有关，而且也受温度、压力等因素的影响。所以折射率的表示需注明所用的光线和测定时的温度，常用n_D^t表示。D是以钠灯的D线（5893nm）作光源，t是温度。例如n_D^{20}表示20℃时，该介质对钠灯的D线的折射率。由于通常大气压的变化，对折射率的影响不显著，只在很精密的工作中，才考虑压力的影响。

一般地说，当温度增高1℃时，液体有机化合物的折射率就减少$3.5\times10^{-4}\sim5.5\times10^{-4}$。某些液体，特别是测求温度与其沸点相近时的折射率，其温度系数可达7×10^{-4}。在实际工作中，往往把某一温度下测定的折射率换算成另一温度下的折射率。为了便于计算，一般采用4×10^{-4}为温度系数。这个粗略计算，所得的数值可能有误差，但却有参考价值。

(2) 阿贝折光仪及操作方法　当光由介质A进入介质B，若介质A对于介质B是疏物质，即$n_A<n_B$时，则折射角β必小于入射角α，当入射角α为90°时，$\sin\alpha=1$，这时折射角达到最大值，称为临界角，用β表示。很明显，在一定波长和条件下，β也是一个常数，它与折射率的关系是：$n=1/\sin\beta$。可见通过测定临界角β，就可以得到折射率，这就是阿贝（Abbe）折光仪的基本光学原理。

为了测定β值，阿贝折光仪采用了“半明半暗”的方法（图3-150），就是让单色光由0°～90°的所有角度从介质A射入介质B，这时介质B中临界角以内的整个区域均有光线通过，是明亮的；而临界角以外的全部区域没有光线通过，是暗的，明暗两区域的界线十分清楚。如果在介质B的上方用一目镜观测，就可看见一个界线十分清晰的半明半暗的像。

介质不同，临界角就不同，目镜中明暗两区的界线位置也不同。如果在目镜中刻上一“十”字交叉线，改变介质B与目镜的相对位置，使每次明暗两区的界线总是与“十”字交叉线的交点重合，通过测定其相对位置（角度），并经换算，便可得到折射率（阿贝折光仪的标尺上所刻的读数即是换算后的折射率，可直接读出）。同时阿贝折光仪有消色散装置，可直接使用日光，测得的数字与钠光线所测得的一样。

使用折光仪应注意下列几点。

阿贝折光仪的量程为1.3000～1.7000，精密度为±0.0001；测量时应注意保温套温度是否正确。如欲测准至±0.0002，则温度应控制在±0.1℃的范围内。

仪器在使用或储藏时，均不应曝于日光中，不用时应用黑布罩住。

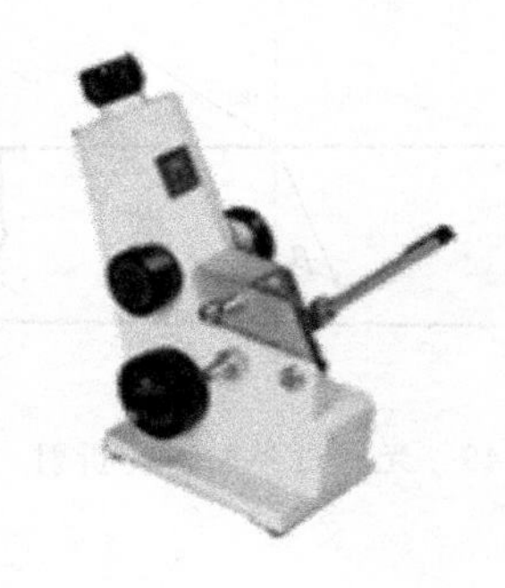

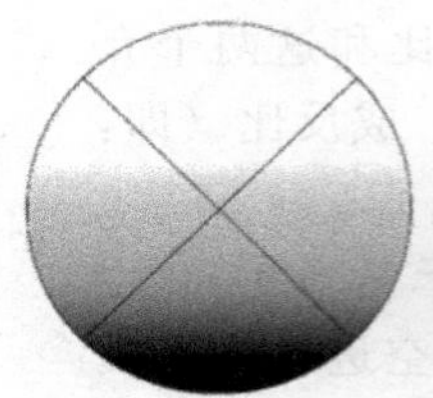

调节右边旋扭直到出现
有明显的分界线为止

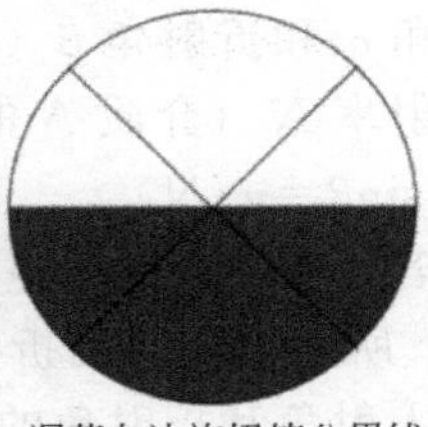

图 3-150　阿贝（Abbe）折光仪

折光仪的棱镜必须注意保护，不能在镜面上造成刻痕。滴加液体时，滴管的末端切不可触及棱镜。

在每次滴加样品前应洗净镜面；在使用完毕后，也应用丙酮或95%乙醇洗净镜面，待晾干后再闭上棱镜。

对棱镜玻璃、保温套金属及其间的胶合剂有腐蚀或溶解作用的液体，均应避免使用。

不能在较高温度下使用。

对于易挥发或易吸水样品测量有些困难；另外对样品的纯度要求也较高。

不同温度下水与乙醇的折射率（钠灯的D线）见表3-21。

表 3-21　不同温度下水与乙醇的折射率（钠灯的D线）

温度/℃	水的折射率	乙醇的折射率	温度/℃	水的折射率	乙醇的折射率
14	1.33348		26	1.33241	1.35803
16	1.33333	1.36210	28	1.33219	1.35721
18	1.33317	1.36129	30	1.33192	1.35639
20	1.33299	1.36048	32	1.33164	1.35557
22	1.33281	1.35967	34	1.33136	1.35474
24	1.33262	1.35885			

3.24.4　旋光度的测定

(1) 旋光度测定的原理　旋光分子具有实物与其镜像不能重叠的特点，即“手征性”(Chirality)，大多数生物碱和生物体内的大部分有机分子都是光活性的。旋光度是指光学活性物质使偏振光的振动平面旋转的角度。旋光度对于研究具有光学活性分子的构型及确定某些反应机理具有重要的作用。在给定条件下，将测得的旋光度通过换算，即可得知光学活性物质特征的物理常数比旋光度，比旋光度对鉴定旋光性化合物是不可缺少的，并且可计算出旋光性化合物的光学纯度。

定量测定溶液或液体旋光程度的仪器称为旋光仪（图3-151），其工作原理见图3-152，主要由光源、起偏镜、样品管和检偏镜组成。光源为炽热的钠光灯。起偏镜和检偏镜由两块光学透明的方解石黏合而成，也称尼科尔棱镜，其作用是使自然光通过后产生平面偏振光。普通光是在所有平面振动的电磁波，尼科尔棱镜就像一个栅栏，只有和棱镜晶轴平行的平面振动的光才能通过棱镜。这种只在一个平面振动的光叫作平面偏振光（简称偏光）。样品管（长度有1dm和2dm等）装待测的旋光性液体或溶液（旋光度较小或溶液浓度较稀的样品，最好采用2dm的样品管）。当偏光通过盛有旋光性物质的样品管后，因物质的旋光性使偏光不能通过检偏镜，必须将检偏镜扭转一定角度后才能通过。检偏镜的转动角度即为该物质在此浓度的旋光度。使偏振光平面向右旋转（顺时针方向）的旋光性物质叫作右旋体，向左旋

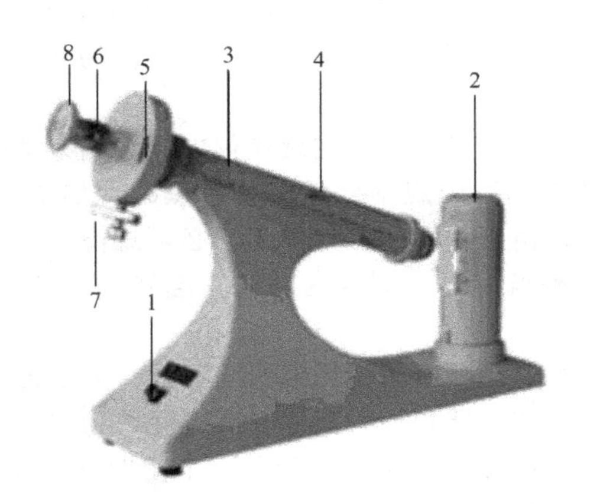

图 3-151 旋光仪

1—开关；2—钠光源；3—镜筒；4—镜筒盖；5—刻度游盘；
6—视度调节螺旋；7—刻度盘转动手轮；8—目镜

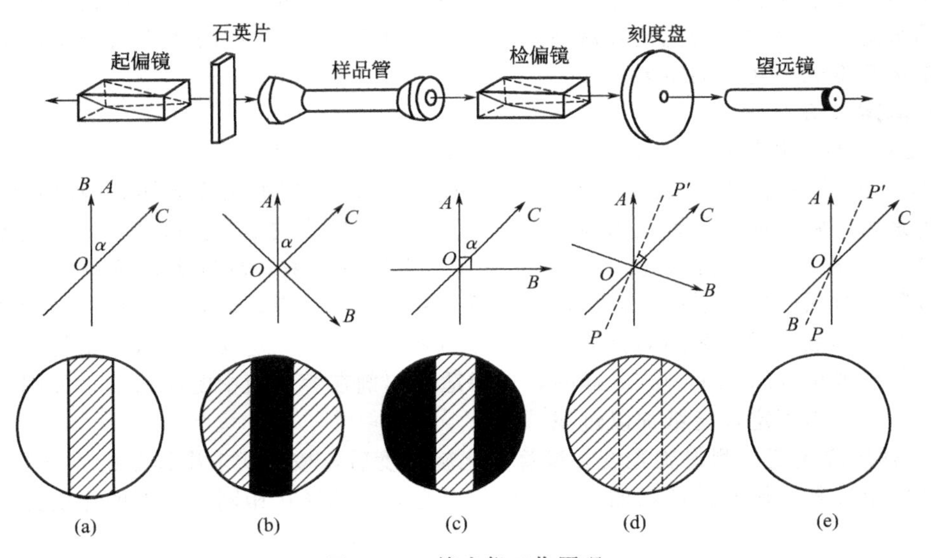

图 3-152 旋光仪工作原理

转（反时针方向）的叫左旋体。

物质的旋光度与测定时所用溶液的浓度、样品管长度、温度、所用光源的波长及溶剂的性质等因素有关。因此，常用比旋光度［α］来表示物质的旋光性。当光源、温度和溶剂固定时，［α］等于单位长度、单位浓度物质的旋光度［α］。比旋光度是一个只与分子结构有关的表征旋光性物质的特征常数。溶液的比旋光度与旋光度的关系为：

$$[\alpha]_{\lambda}^{t}=\alpha/(cl)$$

式中，$[\alpha]_{\lambda}^{t}$ 表示旋光性物质在 t（℃）、光源波长为 λ 时的比旋光度；α 为标尺盘转动角度的读数，即旋光度；l 为旋光管的长度，单位以分米（dm）表示；c 为溶液浓度，以 1mL 溶液所含溶质的质量表示。表示比旋光度时通常还需标明测定时所用的溶剂。如测定的旋光活性物质为纯液体，比旋光度 $[\alpha]_{\lambda}^{t}=\alpha/(dl)$，$d$ 为纯液体的密度（g/cm^3）。

为了准确测定旋光度的大小，测定时通常在视野中分出三分视场。当检偏镜的偏振面与通过棱镜的光的偏振面平行时，我们通过目镜可观察到当中明亮，两旁较暗；若检偏镜的偏振面与起偏镜偏振面平行时，可观察到当中较暗，两旁明亮，只有当检偏镜的偏振面处于 $1/2\phi$（半暗角）的角度时，视场内明暗相等，这一位置作为零度，使标尺上 0°对准刻度盘 0°。

旋光仪是利用检偏镜来测定旋光度的。在旋光仪中，起偏镜是固定的，若调节检偏镜与起偏镜的夹角 $\theta=90°$，则从检偏镜中观察到的视场呈黑暗。如果在起偏镜和检偏镜之间放一盛有旋光性物质的样品管，由于物质的旋光作用，必须将检偏镜也相应地旋转，这样视场才能重新恢复黑暗。当旋转检偏镜时，刻度盘随之一起转动，其旋转的角度可从刻度盘上读出。

如果没有比较，凭肉眼难以判断一个视场的明暗程度，为了提高观测精度，通常采取三分视场法：在起偏镜后的中部装一狭长的石英片，其宽度约为视野的 1/3。由于石英片具有旋光性，从石英片透过的那一部分偏振光被旋转了一个角度 φ（称为半暗角）。可以选择在三分视场消失的位置处测量旋光度。具体办法是：在样品管中装满无旋光性的蒸馏水，调节检偏镜的角度使三分视场消失，将此角度作为零点。若在样品管中换以旋光性被测样品，则必须将检偏镜转动某一角度 α，才能使三分视场消失，此角度 α 即是被测样品的旋光度。

测定时，调节视场内明暗相等，以使观察结果准确。一般在测定时选取较小的半暗角，由于人的眼睛对弱照度的变化比较敏感，视野的照度随半暗角 ϕ 的减小而变弱，所以在测定中通常选几度到十几度的结果。

(2) 测定方法

① 接通电源　接通电源 5min 后，钠光灯发光正常，即可开始测定。

② 校正仪器零点　即在旋光管未放进样品时和充满蒸馏水或待测样品的溶剂时，观察零度视场是否一致，如不一致说明零点有误差，应在测量读数中减去或加上这一偏差值。

③ 测试　根据需要选择长度适宜的样品管，充满待测液，旋好螺丝盖帽使不漏水，螺帽不宜过紧，过紧使玻盖引起应力，影响读数。将旋光管拭净，放入旋光仪内。旋转视度调节旋钮，所得读数与零点之间的差值即为试样的旋光度。应测定几次，取其平均值。

测定时要准确称取 0.1～0.5g 样品，选择适当溶剂在容量瓶中配制溶液，如因样品导致溶液不清亮时，需用定性滤纸加以过滤。

④ 计算比旋光度　测得旋光度并换算为比旋光度后，按下式求出样品的光学纯度(°P)。光学纯度的定义是：旋光性产物的比旋光度除以光学纯试样在相同条件下的比旋光度。

$$°P=[\alpha]^{t}_{\text{D观测值}}/[\alpha]^{t}_{\text{D理论值}}\times 100\%$$

3.24.5　红外光谱

鉴定天然有机化合物与合成得到的有机化合物的结构是有机化学工作者的重要任务之一。在有机化学发展过程中，人们曾借助化学方法了解有机化合物结构的某些信息。这种经典方法具有样品和试剂的消耗量大、步骤多和周期长等缺点，且鉴定一个复杂结构的化合物往往非常困难，有的甚至需要长达数十年的时间。随技术的进步，波谱法已成为研究有机化合物结构的重要手段。其中，紫外光谱、红外光谱、核磁共振谱和质谱的应用最广。波谱法具有微量、快速及不破坏被测试样品的结构等优点，大大地促进了复杂有机化合物的研究和有机化学的发展。

红外光谱（Infrared Spectroscopy，简称 IR）主要用来鉴定分子中含有哪些官能团，以及鉴定两个有机化合物是否相同。结合其他波谱技术，可在较短的时间内测定未知物的结构。

(1) 红外光谱的基本原理　IR 用来测定某化合物所吸收的红外线的频率或波长。一般最有用的频率范围是 $4000\sim650\text{cm}^{-1}$（波数），波长为 $2.5\sim15\mu\text{m}$，也称中红外区。频率常用波数（$\ddot{\nu}=1/\lambda\times10^{4}$）来表示，所对应的能量范围为 41.86～4.186kJ/mol，相当于分子振动能级跃迁所吸收的能量。分子吸收红外线能，使分子的振动由基态激发到高能态产生红外吸收光谱。其横坐标为频率或波长，纵坐标为吸收率或透过率。因分子振动能级跃迁的同时，伴随着转动能级的跃迁，吸收峰为宽的谱带而不是类似原子吸收光谱中的锐线吸收。由于仪器和操作条件不同，红外光谱中吸收峰的强度也有所差异，但其相对强度一般是可靠的。

组成分子的原子像由弹簧连接起来的一组球的集合体，弹簧的强度对应于不同的化学键，大小不等的球对应于质量不同的原子。分子中化学键存在两种基本振动形式（伸缩和弯曲振动）。伸缩振动伴随着键长的伸长和缩短，需要较高的能量，往往在高频区产生吸收，弯曲振动包括面内和面外弯曲振动，伴随着键角的扩大和缩小，需要较低的能量，通常在低频区产生吸收。分子中各种振动能级的跃迁是量子化的。用连续改变频率的红外线照射分子，当分子中某化学键的振动频率和红外线的振动频率相同时，就产生红外吸收。只有那些偶极矩的大小和方向发生变化的振动，才能产生红外吸收，称为红外光谱的选择规律。

如果忽略分子的其余部分，把化学键看成是用弹簧连接起来的质量为 m_1 和 m_2 的两个小球，弹簧的质量忽略不计，就可以近似地把双原子的伸缩振动看作简谐振动，从而利用双原子的振动公式来理解化学键的振动。振动频率以波数表示，则

$$\ddot{\upsilon}=[k(1/m_1+1/m_2)]^{0.5}/(2\pi c)$$

其中，c 为光速；k 为键的力常数；m_1、m_2 为原子的质量。将 m_1、m_2 换算成原子的相对原子质量 M_1、M_2，将 π、c 的值代入，得到：$\ddot{\upsilon}=1303\ [K(1/M_1+1/M_2)\ ]$。其中 $K=k\times10^{-5}$dyn/m（1dyn$=10^{-5}$N，下同）。$(1/M_1+1/M_2)$ 或 K 的值愈大，$\ddot{\upsilon}$ 也愈大，即吸收带的频率越高。

K 与键能和键长有关，键能愈大，键长愈短，K 值愈大。单键、双键、叁键的 K 值分别为 4～6N/m，8～12N/m，12～28N/m。由于伸缩振动与力常数成正比，所以它们的红外吸收分别在 1200～800cm^{-1}、1680～262cm^{-1}、2260～220cm^{-1}区域范围内。

原子质量愈轻，振动愈快，频率愈高，组成 O—H、N—H、C—H 键的原子中都有一个相对原子质量最小的氢，因此，这些键的伸缩振动均出现在高频区（3700～2850cm^{-1}）。

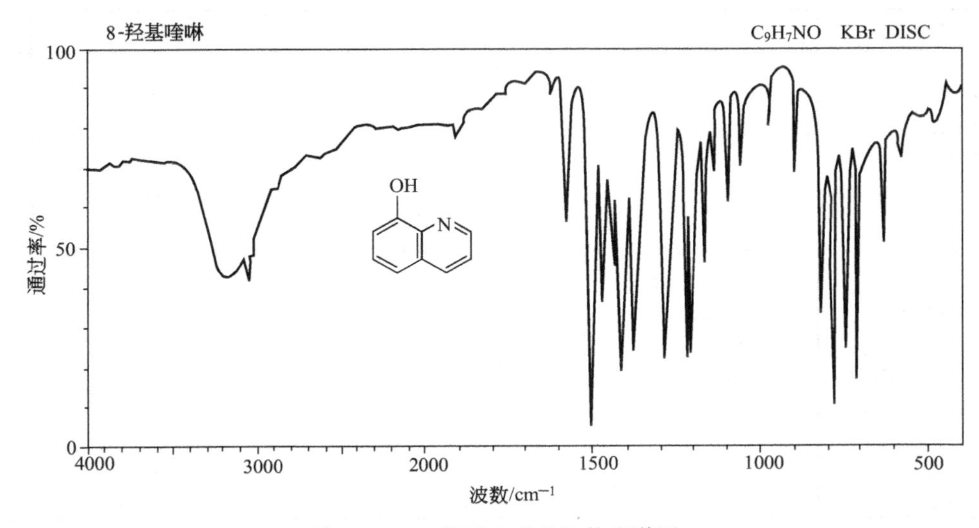

图 3-153　8-羟基喹啉的红外光谱图

(2) 红外光谱的测定方法　运用红外光谱仪（或红外分光光度计）的原理与紫外分光光度计类似。双臂红外光谱仪的光源通常是电阻丝或电加热棒。从光源发出的红外线被反射镜

分成两个强度相同的光束，一束为参考光束，一束通过样品称为样品光束。两束光交替地经反射后射入分光棱镜或光栅，使其成为波长可选择的红外线，然后经过一狭缝连续进入检测器，以检测红外线的相对强度。样品光束通过样品池被其中的样品不同程度地吸收了某些频率的红外线，因而在检测器内产生了不同强度的吸收信号，并以吸收峰的形式记录下来（图3-153）。由于玻璃和石英能几乎全部吸收红外线，因此通常用金属卤化物（氯化钠或氯化钾）的晶体来制作样品池和分光棱镜。

红外光谱仪可测定气体、液体和固体样品。对液体样品最简单的是液膜法，将1滴样品夹在两个盐片之间使之成为极薄的液膜，滴入样品后应将盐片压紧并轻轻转动，以保证液膜无气泡，也可将液体放入样品池中测定。

固体样品的测定可采用两种方法：一种为石蜡油研糊法，将约2～3mg的固体样品与1～2滴石蜡油在玛瑙研体中研磨成糊状，使样品均匀分散在石蜡油中，然后把糊状物夹在两个盐片间进行测定，缺点是石蜡油在$2900cm^{-1}$、$1465cm^{-1}$和$1380cm^{-1}$附近有强烈吸收。另一种方法为KBr压片法，将2～3mg样品与约300mg无水KBr于玛瑙研体中研细后放在金属模具中，在真空下用压机加压制成薄片，可以得到没有杂质吸收的红外光谱，缺点是卤盐易吸水，有时难免在$3720cm^{-1}$附近产生吸收，对样品中是否存在羟基容易产生怀疑。

样品必须保证无水并有高纯度（混合物样品的解析例外），否则由于杂质和水的吸收，使谱图变得无意义。水在$3710cm^{-1}$和$1630cm^{-1}$吸收，且对金属卤化物制作的样品池有腐蚀作用。

(3) 红外光谱解析 不同化合物中相同的官能团和化学键在红外光谱图中有大致相同的吸收频率，一般称之为官能团或化学键的特征吸收频率。特征吸收频率受分子具体环境的影响较小，在比较窄狭的范围出现，彼此之间极少重叠，且吸收强度较大，很容易辨认，这是红外光谱用于分析化合物结构的重要依据。表3-22列出了常见的官能团和某些化学键的特征吸收频率。

表3-22 常见官能团和化学键的特征吸收频率

基团	频率/cm^{-1}	强度	基团	频率/cm^{-1}	强度
烷基			芳烃基		
C—H(伸缩)	2853～2962	m/s	Ar—H(伸缩)	约3030	v
$—CH(CH_3)_2$	1380～1385,1365～1370	s	芳环取代类型(C—H		
$—C(CH_3)_2$	1385～1395	m	面外弯曲)		
	约1365	s	一取代	690～710,730～770	v,s
烯烃基			邻二取代	735～770	s
C—H(伸缩)	3010～3095	m	间二取代	680～725,750～810	s
C═C(伸缩)	1620～1680	v	对二取代	790～840	s
$R—CH═CH_2$	985～1000,905～920	s	醇、酚和羧酸		
$R_2C═CH_2$	880～900	s	OH(醇、酚)	3200～3600	宽,s
(*Z*)—RCH═CHR	675～730	s	OH(羧酸)	2500～3600	宽,s
(*E*)—RCH═CHR	960～975	s	醛、酮、酯和羧酸		
炔烃基			C═O(伸缩)	1690～1750	s
≡CH(伸缩)	约3300	s	胺 N—H(伸缩)	3300～3500	m
C≡C(伸缩)	2100～2260	v	腈 C≡N(伸缩)	2200～2600	m

注：s—强；m—中；v—不定。

通常把红外光谱分为官能团区和指纹区。波数4000～$2400cm^{-1}$频率范围为官能团区，主要由于分子的伸缩振动引起的，常见官能团在这个区域内一般有特定吸收峰。低于

$1400cm^{-1}$的区域为指纹区，由化学键的弯曲振动和部分单键的伸缩振动引起，吸收峰的数目较多，吸收带的位置和强度随化合物而异，如同人们彼此有不同的指纹一样，许多结构类似的化合物，在指纹区仍可找到它们之间的差异，因此指纹区对鉴定化合物起着非常重要的作用。如未知物红外光谱图中的指纹区与某一标准样品相同，就可以断定它和标准样品是同一化合物。

分析红外谱图的顺序是先官能团区，后指纹区；先高频区，后低频区；先强峰，后弱峰。先在官能团区找出最强峰的归属，再在指纹区找出相关峰。对许多官能团来说，往往不是存在一个而是存在一组彼此相关的峰。目前人们对已知化合物的红外光谱图已陆续汇集成册，给鉴定未知物带来了极大的方便。如果未知物和某已知物具有完全相同的红外光谱，那么此未知物的结构也就确定了。红外光谱只能确定一个分子所含的官能团，即化合物的类型，要确定分子的结构，还必须借助其他波谱数据，甚至化学方法的配合。

3.24.6 核磁共振谱

核磁共振谱（Nuclear Magnetic Resonance Spectroscopy，简称 NMR）在测定分子结构上起了非常重要的作用，特别是对碳架上的不同氢原子，通过 NMR 可以准确测定其位置及数目。

（1）核磁共振的原理 许多原子核具有核自转的特性，化学家最感兴趣的是 H 和^{13}C。氢核（即质子）可以看作是一个旋转的球形带电质点，它有一定的磁矩，其方向与旋转轴重合。如把质子置于外加磁场中时，它的磁矩相对于外加磁场有两种排列。与外加磁场同向的是稳定的低能态，反向的是高能态。两种自旋状态的能量差 ΔE 与外加磁场的强度成正比 [$\Delta E=(h/2\pi)\ rH_0$]，r 为质子特征常数；h 为普朗克常数；H_0 为外加磁场的强度。

用一定频率的无线电波照射处于磁场中的氢核，当无线电波提供的能量等于 ΔE 时，就会使氢核发生转向，由低能态跃迁到高能态，即发生“共振”，此时核磁共振仪产生吸收信号。能量的吸收可以用电的形式测量，并以峰谱的形式记录下来，这种由于氢核吸收能量引起的共振现象称为氢核磁共振（^1H NMR）。改变外加磁场的强度（扫场）或改变无线电波频率（扫频），都会达到质子转向的目的。因频率差更易正确测定，实际工作中通常用扫频的方法。

（2）屏蔽效应与化学位移 有机化合物中的质子周围还有电子，这些电子在外界磁场的作用下产生环流，产生对抗外加磁场的感应磁场，使质子“感受”到的磁场产生增大和减小效应，这取决于质子在分子中的位置和化学环境。若感应磁场与外加磁场反向，质子感受到的磁场将减少百万分之几，产生屏蔽效应。屏蔽得越多，对外加磁场的感受越少，与屏蔽较小的质子相比，在较高的磁场才发生共振吸收。相反，如感应磁场与外加磁场同向，质子“感受”到的磁场增加了，受到去屏蔽效应。质子在分子中的位置不同，将在不同强度处发生共振吸收，称之为化学位移。

化学位移难以精确测量，有机化合物中质子所经受的屏蔽效应可以用它对标准物四甲基硅烷（TMS）来进行比较。选用 TMS 作标准化合物有以下几个优点：①沸点低（bp27℃），回收样品较容易；②易溶于有机溶剂；③信号为单一尖峰，而且这个信号的磁场比一般有机化合物的信号磁场高，信号不会互相重叠。

化学位移一般用信号位置与 TMS 信号位置差表示，其计算方法为：

化学位移（δ）＝（信号位置－TMS 的信号位置）$\times 10^6$/核磁共振仪所用频率

多数有机物的氢质子信号发生在 0～10（δ）或 0～598 Hz 范围内。

表 3-23 为一些常见基团质子的化学位移。不同的化学位移代表了不同化学环境的不同类型的质子。例如在乙酸苄酯中，亚甲基的氢在较低场吸收（δ 值 4.99），而甲基上的氢则

在高场吸收（δ 值 1.96），这种状况的产生是由于电负性强的氧和苯环吸电子的结果，而苯环上的氢在更低场（δ 值 7.27）产生吸收，则是苯环 π 电子环流所引起的各向异性的结果。

表 3-23　常见基团中质子的化学位移

质子类别	δ	质子类别	δ
R—CH_3	0.9	Ar—H	7.3 ± 0.1
R_2CH_2	1.2	RCH_2X	3 ～ 4
R_3CH	1.5	O—CH_3	3.6±0.3
═CH—CH_3	1.7 ± 00.1	—OH	0.5 ～ 5.5
≡C—CH_3	1.8 ± 0.1	—$COCH_3$	2.2 ± 0.2
Ar—CH_3	2.3 ± 0.1	R—CHO	9.8 ± 0.3
═CH_2	4.5 ～ 6	R—COOH	11 ± 1
≡CH	2 ～ 3	—NH_2	0.5 ～ 4.5

在核磁共振谱图中，每组峰的面积与产生这组信号的质子数目成正比。如果把各组信号的面积进行比较，就能确定各种类型质子的相对数目。近代的核磁共振仪可以将每个吸收峰的面积进行电子积分，并在谱图上记录下积分曲线。

(3) 自旋裂分　分子中位置相近的质子之间自旋的相互影响称为自旋-自旋偶合（Spin-spin Coupling），自旋偶合使核磁共振信号分裂为多重峰，称为自旋-自旋裂分（Spin-spin Splitting）。相邻两个峰之间的距离称为偶合常数，以 J 表示，单位为 Hz。偶合常数的大小与核磁共振仪所用的频率无关。质子分裂信号的峰数是有规律的，当与某一个质子邻近的质子数为 n 时，该质子核磁共振信号裂分为 $n+1$ 重峰，其强度也随裂分发生有规律的变化。当两个质子之间相隔三个共价键时，自旋偶合最强，这种偶合称为三键偶合，四键偶合在 60 MHz 的核磁共振仪中一般检测不出来。化学环境相同的等性质子彼此之间也不产生自旋裂分。

(4) 核磁共振谱的解析　一般来说，首先根据谱图中所出现的信号数目确定分子中含有几种类型的质子；其次根据谱图中各类质子的 δ 值判断质子的类型，在 $\delta=7$ 附近的低场出现的吸收峰通常表明苯环质子的存在；通过测量积分曲线的阶梯高度，以确定各类质子之间的比例；最后观察和分析各组峰的裂分情况，通过偶合常数 J 和峰型确定彼此偶合的质子。在分析了上述信息之后，常常可以写出符合所有这些数据的一个或几个结构式。这时如果要确证这个未知化合物的结构，往往还要结合有关的物理常数、化学性质以及其他谱图的数据等才能予以判定。

测定有机化合物的核磁共振谱一般用液体样品或在溶液中进行，溶剂本身一般不含氢原子。常用的溶剂有 CCl_4、CS_2、$CDCl_3$ 及 D_2O 等。最常用的内标是 TMS，它在样品溶液中的含量为 1%～4%（以体积计）。如用重水作溶剂时，由于 TMS 不溶于水，可选用 2,2-二甲基-2-硅戊烷磺酸钠［$(CH_3)_3SiCH_2CH_2CH_2SO_3Na$］代替。

3.24.7　紫外与可见光谱

紫外光谱（UV，或称近紫外光谱）是指波长在 200～400nm，可见光谱则是波长在 400～800nm 的电磁波吸收光谱。属于 π 电子（或孤对电子）的跃迁。并不是所有的有机化合物都能给出它们的吸收光谱，具有共轭双键结构的化合物和芳香族化合物才能给出光谱。只有一个双键（或非共轭的几个孤立双键）的化合物，其吸收波长小于 200nm，因能被空气中的氧所吸收，只能在真空中进行工作，被称为真空紫外。由于真空紫外线的测定操作不便，而且仪器复杂，在实际工作中不常使用。若把红外光谱和紫外光谱结合起来分析，对化合物的鉴定和新化合物结构的研究可以起到相互补充的作用。紫外光谱常用作有紫外吸收的化合物的定量测定，也是进行反应动力学研究的重要手段之一。

以波长 λ（nm）为横坐标，以紫外、可见光线的吸收强度 A（有时也称消光系数 E 或摩尔吸收度 ε）为纵坐标作图，就得到紫外或可见光谱图。

（1）紫外与可见光谱的基本原理 有机化合物分子中的原子绝大部分以共价键的形式相连。共价键主要分两种形式，单键称为 σ 健，双键及叁键除含有一个 σ 键外，还分别具有一个 π 键和两个与电子运动平面互相垂直的 π 键。σ 键和 π 键中电子的运动各有不同形式的成键轨道，分别称为 σ 轨道和 π 轨道。每一种成键轨道必然伴随着一个对应的反键轨道（用 σ^* 和 π^* 表示之）。

由原子的价电子相互作用生成 σ 键和 π 键都要放出大量的能量，因此，稳定分子中各原子的成键电子都分布在能量较低的 σ 轨道和 π 轨道，而电子如要进入 σ^* 和 π^* 轨道，则需要比键能更高的能量。所以，通常 σ^* 或 π^* 是空的。此外，生成 σ 键比生成 π 键要放出更多的能量，即 σ 与 σ^* 轨道的能量差比 π 与 π^* 轨道的能量差要大得多。所以 π 电子或原子的孤对电子（称 n 电子）发生跃迁时，一般都是 $\pi \rightarrow \pi^*$ 或 $n \rightarrow \pi^*$ 跃迁。

电子从成键跃迁到反键轨道，一方面需要很高的能量；另一方面，能级的跃迁是量子化的。因此，只能吸收其合适能量的光子，才能在瞬间跃迁到反键轨道。$\sigma \rightarrow \sigma^*$ 和 $\pi \rightarrow \pi^*$ 跃迁，吸收的波长都在真空紫外部分，只有 $n \rightarrow \pi^*$ 跃迁是在近紫外线的范围内。但是，如有两个以上共轭双键时，则 $\pi \rightarrow \pi^*$ 跃迁的能级便大为降低，而使其最大的吸收波长出现在近紫外区。例如共轭多烯化合物的吸收光谱与其共轭的双键个数 n 的关系如下：

$H \mathord{+} CH = CH \mathord{+}_n H$ 的吸收波长（nm）

$n \quad = 1 \qquad 2 \qquad 3 \qquad 4$

$\lambda_{max} = 165 \quad 217 \quad 258 \quad 286$

电子能级的跃迁是量子化的，其光谱理应成条线状。但事实并非如此，而是成带状的宽峰。其原因是：当电子能级跃迁时，总是伴随各种可能的转动和振动能级的跃迁。这样就是在一个特定的光波范围内，出现数量极多的吸收线或小吸收带，合并成宽的吸收带了。

$\pi \rightarrow \pi^*$ 跃迁的摩尔消光系数 ε [L/(mol·cm)] 一般是很高的，大部分在 5000 到几十万之间。而 $n \rightarrow \pi^*$ 跃迁则小得多，从 10 到几百。这是由于 n 电子轨道与 π 电子轨道垂直，这种跃迁称为禁忌跃迁。

（2）紫外吸收光谱在有机化学中的应用 紫外光谱对鉴定化合物的结构来说远没有红外光谱重要。但紫外光谱也有其特点，对测定化合物中某一部分的结构单元很有帮助，而且还有一些别的用途。

① 检测化合物的结构特征 如果一个未知化合物在近紫外线区是“透明”的 [$\varepsilon < 10$L/(mol·cm)]，则说明不存在共轭系统、芳香结构或 $n \rightarrow \pi^*$、$n \rightarrow \sigma^*$ 等易于跃迁的基团。如果有吸收光谱，则根据其图形，有些可以通过经验计算规律，推测可能的结构，然后再通过查阅相关图谱等手段来予以确证。氯霉素分子中含有硝基苯结构，便是由它的紫外吸收光谱来发现的。

对甲基苯乙酮在 230～270nm 有一个较宽的吸收带，$\lambda_{max} = 252$nm。在香芹酮有两个吸收带，λ_{max} 分别是 239nm、320nm。除 λ_{max} 外，还常常报告吸收强度 A 或摩尔吸收度 ε。例如：对甲基苯乙酮在甲酸溶液中的 $\lambda_{max} = 252$nm，$A = 0.57$，$\varepsilon = 12300$L/(mol·cm)。在化学文献中，常常可以看到以下形式报告 UV 数据：对甲基苯乙酮 $\lambda_{max CH_3OH} = 252$nm {lg$\varepsilon$ [L/(mol·cm)] $= 4.09$}。在测纯度时，也可以用下列形式记载 UV 数据。如在异丙醇中测定维生素 A 时，在 325nm 处有一个最大吸收；使用的浓度为 1%，吸收池厚度为 1cm，测得的吸收强度（或消光系数）A 为 1530。则可以写成入 $\lambda_{max(CH_3)_2CHOH} = 325$nm，$A_{1cm}^{1\%} =$

1530；或 $\lambda_{max(CH_3)_2CHOH}=325nm$，$E_{1cm}^{1\%}=1530$。

a. 共轭分子的紫外光谱　只含一个 C═C 和隔离 C═C 的化合物吸收波长在 200nm 以下。例如乙烯的 λ_{max}为 171nm，1,4-戊二烯的 λ_{max}为 178nm。这种较短波长的紫外线，由于它们在空气中有吸收，因而用一般紫外光谱仪不能进行测量，需要在真空下进行测量。如果化合物中含有共轭体系，如 C═C—C═C、C═C—C═O、C═C—C═N 等，紫外线的吸收要向长波方向移动，例如 1,3-丁二烯的 λ_{max}是 217nm [ε=21000L/(mol·cm)]，2-丁烯醛 λ_{max}为 220nm [ε=15000L/(mol·cm)]。分子中含有的共轭双键越多，λ_{max}就越长。在有 8 个以上共轭双键时，它的 λ_{max}在可见光区域，因此可以看到化合物的颜色。例如：β-胡萝卜素（β-Carotene）有 11 个彼此共轭的双键，λ_{max}为 497nm。不饱和化合物和共轭不饱和化合物的最大吸收波长见表 3-24。

表 3-24　不饱和化合物和共轭不饱和化合物的最大吸收波长

化合物	λ_{max}/nm	ε/[L/(mol·cm)]	λ_{max}/nm	ε/[L/(mol·cm)]
乙烯	171	15530		
1-辛烯	177	12600		
1-辛炔	185	2000		
1,3-丁二烯	217	21000		
1-丁烯-3-炔	228	7800		
1,4-戊二烯	178			
环己烯	182	7600		
1,3-环戊二烯	239	3400		
1,3-环己二烯	256	8000		
乙醛			290	16
丙酮	188	900	279	15
丙烯醛	210	11400	315	26
2-丁烯醛	220	15000	322	25
甲基乙烯基酮	212.5	7100	320	27

b. 芳香化合物的紫外光谱　苯和烷基苯在紫外区域有 2 个吸收带，其中一个吸收带在 200nm 附近，吸收强度较大。另一个吸收带称为 B 吸收带（Benzenoid，苯类），在 260nm 附近。B 吸收带的特点是吸收强度弱｛lgε [L/(mol·cm)] =2 左右｝，但有精细结构（即由几个吸收峰组成的吸收带），也叫做精细结构吸收带。许多芳香化合物都有这样的吸收带。苯的紫外光谱在 234～269nm 之间有 6 个吸收峰。其中最大的一个是 $\lambda_{max}=255nm$ [ε=230L/(mol·cm)]。当苯环上连接着产生共轭体系的取代基时，这两个吸收带都要向长波方向移动。例如：苯 [$\lambda_{max}=198nm$，ε=3000L/(mol·cm)；$\lambda_{max}=255nm$，ε=230L/(mol·cm)]、苯乙烯 [$\lambda_{max}=244nm$，ε=12000L/(mol·cm)；$\lambda_{max}=282nm$，ε=450L/(mol·cm)] 和苯乙酮 [$\lambda_{max}=240nm$，ε=13000L/(mol·cm)；$\lambda_{max}=278nm$，ε=1100L/(mol·cm)；$\lambda_{max}=319nm$，ε=50L/(mol·cm)]。多环芳烃的 B 吸收带移向长波方向，在直线形稠环芳烃中这种移动非常明显。例如：苯的 $\lambda_{max}=255nm$ [ε=230L/(mol·cm)]，萘的 $\lambda_{max}=314nm$ [ε=316L/(mol·cm)]，蒽的 $\lambda_{max}=380nm$ [ε=7900L/(mol·cm)]，并四苯的 $\lambda_{max}=480nm$ [ε=11000L/(mol·cm)]，并五苯的 $\lambda_{max}=580nm$ [ε=12600L/(mol·cm)]。苯、萘、蒽的 λ_{max}在紫外区域，是无色的。并四苯和并五苯的 λ_{max}在可见光区，是有色的。并四苯为橙黄色，并五苯为紫色。

一个化合物的红外光谱可显示分子中存在着哪些官能团，而一个化合物的紫外光谱则告诉我们这些官能团之间的关系。例如几个官能团之间是否相互共轭，以及在共轭体系中取代基的位置、种类和数目等。在决定一个未知有机化合物的结构时，紫外光谱可提供一些补充数据，进一步确证核磁共振和红外光谱所推定的结果。

② 对化合物纯度的鉴定　由于一般能吸收紫外线的物质，其 ε 值都很高，所以一些对近紫外线透明的溶剂或化合物如其中的杂质能吸收近紫外线的，只要 $\varepsilon>2000\mathrm{L/(mol\cdot cm)}$，检查的灵敏度便能达到 0.005%。例如乙醇在紫外和可见光区域没有吸收带，若杂有少量苯时，则在 255nm 处有一个吸收。又如环己烷中，常含有苯杂质，如果这样，在靠近 255nm 处便有吸收峰出现。因此用这一方法来检查是否存在不必要的物质是很方便和灵敏的。

③ 对一些化合物的定量测定　一个有紫外吸收的有机化合物，其摩尔吸收度 ε 与吸收强度 A 之间的关系为：$\varepsilon=A/(cL)$。其中，c 为吸收物质溶液的物质的量浓度；L 为吸收池的厚度，cm。另外还知道，$A=\lg I_0/I$，式中，I_0 为入射光强度，I 为透射光的强度。

由于一般具有紫外光谱化合物的 ε 值都很高，且重复性好。因此用作定量分析，要比用红外光谱法灵敏和准确。例如维生素 A 的紫外吸收光谱数据是：$\lambda_{\max(CH_3)_2CHOH}=325\mathrm{nm}$。$E_{1\mathrm{cm}}^{1\%}=1530$。根据此数据，如果在测定一个维生素 A 粗产品时，它在 325nm 的消光系数是 $E_{1\mathrm{cm}}^{1\%}=1208$，于是得维生素 A 粗产品纯度是 79.5%。

除了利用消光系数 E 以外，在文献中还常见到 ε（或 $\lg\varepsilon$），也可以利用这些数据来测定有机化合物的含量。

3.25 滴定分析

将已知准确浓度的标准溶液滴加到被测物质的溶液中直至所加溶液物质的量按化学计量关系恰好反应完全，然后根据所加标准溶液的浓度和所消耗的体积以及被测物质溶液的体积，计算出被测物质含量的分析方法称为滴定分析法。由于这种测定方法是以测量溶液体积为基础，故又称为容量分析。

3.25.1 滴定分析的基本术语

(1) 标准溶液　在进行滴定分析过程中，已知准确浓度的试剂溶液称为标准溶液。

(2) 滴定　滴定时，将标准滴定溶液装在滴定管中（因而又常称为滴定剂），通过滴定管逐滴加入到盛有一定量被测物溶液（称为被滴定剂）的锥形瓶中进行测定，这一操作过程称为“滴定”。

(3) 化学计量点　当加入的标准滴定溶液的量与被测物的量恰好符合化学反应式所表示的化学计量关系时，称反应到达“化学计量点”（以 s_p 表示）。

(4) 终点误差　滴定时，指示剂改变颜色的那一点称为“滴定终点”（以 e_p 表示）。误差称为“终点误差”。

3.25.2 滴定分析法的分类

(1) 酸碱滴定法　它是以酸、碱之间质子传递反应为基础的一种滴定分析法。可用于测定酸、碱和两性物质。其基本反应为：

$$H^+ + OH^- = H_2O$$

(2) 络合滴定分析　它是以络合反应为基础的一种滴定分析法。可用于对金属离子进行测定。若采用 EDTA 作络合剂，其反应为：

$$M+Y = MY$$

式中，M 表示金属离子；Y 表示 EDTA 的阴离子。

(3) 氧化还原滴定法　它是以氧化还原反应为基础的一种滴定分析法。可用于对具有氧化还原性质的物质或某些不具有氧化还原性质的物质进行测定，如重铬酸钾法测定铁，其反应如下：

$$Cr_2O_7^{2-}+6Fe^{2+}+14H^+ \xlongequal{} 2Cr^{3+}+6Fe^{3+}+7H_2O$$

(4) 沉淀滴定法 它是以沉淀生成反应为基础的一种滴定分析法。可用于对 Ag^+、CN^-、SCN^- 及类卤素等离子进行测定，如银量法，其反应为：

$$Ag^+ + Cl^- \xlongequal{} AgCl$$

3.25.3 滴定分析法对滴定反应的要求和滴定方式

(1) 滴定分析法对滴定反应的要求 反应要按一定的化学反应式进行，即反应应具有确定的化学计量关系。反应必须定量进行，通常要求反应完全程度≥99.9%。反应速度要快。对于速度较慢的反应，可以通过加热、增加反应物浓度、加入催化剂等措施来加快。有适当的方法确定滴定的终点。

(2) 滴定方式

① 直接滴定法 凡能满足滴定分析要求的反应都可用标准滴定溶液直接滴定被测物质。例如用 NaOH 标准滴定溶液可直接滴定 HCl、H_2SO_4 等试样。

② 返滴定法 又称回滴法，是在待测试液中准确加入适当过量的标准溶液，待反应完全后，再用另一种标准溶液返滴剩余的第一种标准溶液，从而测定待测组分的含量。

这种滴定方式主要用于滴定反应速度较慢或反应物是固体，加入符合计量关系的标准滴定溶液后，反应常常不能立即完成的情况。例如，Al^{3+} 与 EDTA（一种络合剂）溶液反应速度慢，不能直接滴定，可采用返滴定法。

③ 置换滴定法 置换滴定法是先加入适当的试剂与待测组分定量反应，生成另一种可滴定的物质，再利用标准溶液滴定反应产物，然后由滴定剂的消耗量、反应生成的物质与待测组分等物质的量的关系计算出待测组分的含量。

这种滴定方式主要用于因滴定反应没有定量关系或伴有副反应而无法直接滴定的测定。例如，用 $K_2Cr_2O_7$ 标定 $Na_2S_2O_3$ 溶液的浓度时，就是以一定量的 $K_2Cr_2O_7$ 在酸性溶液中与过量的 KI 作用，析出相当量的 I_2，以淀粉为指示剂，用 $Na_2S_2O_3$ 溶液滴定析出的 I_2，进而求得 $Na_2S_2O_3$ 溶液的浓度。

④ 间接滴定法 某些待测组分不能直接与滴定剂反应，但可通过其他的化学反应，间接测定其含量。例如，溶液中 Ca^{2+} 几乎不发生氧化还原的反应，但利用它与 $C_2O_4^{2-}$ 作用形成 CaC_2O_4 沉淀，过滤洗净后，加入 H_2SO_4 使其溶解，用 $KMnO_4$ 标准滴定溶液滴定 $C_2O_4^{2-}$，就可间接测定 Ca^{2+} 含量。

3.25.4 基准物质

可用于直接配制标准溶液或标定溶液浓度的物质称为基准物质。作为基准物质必须具备以下条件。

① 组成恒定并与化学式相符。

② 纯度足够高（达 99.9%以上），杂质含量应低于分析方法允许的误差限。

③ 性质稳定，不易吸收空气中的水分和 CO_2，不分解，不易被空气所氧化。

④ 有较大的摩尔质量，以减少称量时的相对误差。

⑤ 试剂参加滴定反应时，应严格按反应式定量进行，没有副反应。

3.25.5 标准滴定溶液的配制与标定

(1) 标准滴定溶液配制的一般规定 除另有规定外，所用试剂的纯度应在分析纯以上，所用制剂及制品应按 GB/T 603—2002 的规定制备，实验用水应符合 GB/T 6682—92 中三级水的规格。

制备的标准滴定溶液的浓度除高氯酸外，均指 20℃时的浓度。标准滴定溶液标定、直接制备和使用时所用分析天平、砝码、滴定管、容量瓶、单标线吸管等均必须定期校正。

在标定和使用标准滴定溶液时，滴定速度一般应保持在 6～8mL/min。

称量工作基准试剂的质量数值小于等于 0.5g 时，按精确至 0.01mg 称量；数值大于 0.5g 时，按精确至 0.1mg 称量。

制备标准滴定溶液的浓度值应在规定浓度值的±5%范围以内。

标定标准滴定溶液的浓度时，必须两人进行实验，分别各做四平行，每人四平行测定结果极差的相对值（指测定结果的极差值与浓度平均值的比值，以“%”表示）不得大于重复性临界极差 [$C_rR_{95}(4)$] 的相对值 0.15%，两人共八平行测定结果极差的相对值不得大于重复性临界极差 [$C_rR_{95}(8)$] 的相对值 0.18%。取两人八平行测定结果的平均值为测定结果。在运算过程中保留五位有效数字，浓度值报出结果取四位有效数字。

重复性临界极差 [$C_rR_{95}(n)$] 在 GB/T 11792—89 中定义为：一个数值，在重复性条件下，几个测试结果的极差以 95%的概率不超过此数。重复性临界极差计算式 [$C_rR_{95}(n)$] = $f(n)\sigma_r$，式中，临界极差系数 [$f(n)$] 在 GB/T 11792—89 中已列表（见表 3-25）提供。σ_r 为总体极差相对值标准偏差，又称重复性标准差。这里重复性条件是指用同一测试方法对同一材料在同一实验室由同一操作者使用相同设备并在短时间间隔内相互独立进行的测试。重复性是指：在相同条件下，对同一测量进行连续多次测量所得结果之间的一致性。上述“一致性”是可以用这一条件下测量结果的分散性定量表述的。分散性的量最常用的是标准差。根据有限次数 n 次的测量结果，按贝塞尔公式计算出来的实验标准差即称之为重复性标准差。

标准偏差的计算式为：

$$\sigma_r=\sqrt{\frac{\sum(x_i-\overline{x})^2}{n-1}}$$

这一公式称为贝塞尔公式。

表 3-25 临界极差系数 $f(n)$

n	$f(n)$	n	$f(n)$	n	$f(n)$	n	$f(n)$
2	2.8	7	4.2	12	4.6	17	4.9
3	3.3	8	4.3	13	4.7	18	4.9
4	3.6	9	4.4	14	4.7	19	5.0
5	3.9	10	4.5	15	4.8	20	5.0
6	4.0	11	4.6	16	4.8		

注：临界极差系数是 $X_{max}-X_{min}/\sigma$ 分布的 95%分位数。X_{max} 与 X_{min} 分别是来自标准差为 σ 的正态分布总体、样本量为 n 的样本中的最大值与最小值。

重复性临界极差的相对值是指重复性临界极差与浓度平均值的比值，以“%”表示。

标准滴定溶液浓度平均值的扩展不确定度一般不应大于 0.2%，可根据需要报出。

GB/T 601—2002 对标准滴定溶液浓度平均值的扩展不确定度提出了要求，但是否需要进行不确定度的计算，由用户根据实际情况决定。若要给出不确定度，则首次制备标准滴定溶液时要进行不确定度的计算，日常制备不必每次计算，但当实验条件（如人员、计量器具、环境等）改变时，应重新进行不确定度的计算。在 GB/T 601—2002 附录 B（资料性附录）中列出了标准滴定溶液浓度平均值不确定度的影响因素、计算方法和表示方式。具体内容可参见 GB/T 601—2002 附录 B（资料性附录）。

当对标准滴定溶液浓度值的准确度有更高要求时，可使用二级纯度标准物质或定值标准物质代替工作基准试剂进行标定或直接制备，并在计算标准滴定溶液浓度值时，将其质量分数代入计算式中。

标准滴定溶液的浓度小于等于 0.02mol/L 时，应于临用前将浓度高的标准滴定溶液用煮沸并冷却的水稀释，必要时重新标定。

除另有规定外，标准滴定溶液在常温（15～25℃）下保存时间一般不超过两个月，当溶液出现浑浊、沉淀、颜色变化等现象时，应重新制备。

储存标准滴定溶液的容器，其材料不应与溶液起理化作用，壁厚最薄处不小于 0.5mm。所用溶液以%表示的均为质量分数，只有乙醇（95%）中的（%）为体积分数。

(2) 标准滴定溶液的标定方法与计算 GB/T 601—2002 中标准滴定溶液浓度的标定方法大体上有四种方式：第一种是用工作基准试剂标定标准滴定溶液的浓度；第二种是用标准滴定溶液标定标准滴定溶液的浓度；第三种是将工作基准试剂溶解、定容、量取后标定标准滴定溶液的浓度；第四种是用工作基准试剂直接制备的标准滴定溶液。

① 第一种方式　包括：氢氧化钠、盐酸、硫酸、硫代硫酸钠、碘、高锰酸钾、硫酸铈、乙二胺四乙酸二钠 [c(EDTA)=0.1mol/L，0.05mol/L]、高氯酸、硫氰酸钠、硝酸银、亚硝酸钠、氯化锌、氯化镁、氢氧化钾-乙醇共 15 种标准滴定溶液。

GB/T 601—2002 规定使用工作基准试剂（其质量分数按 100%计）标定标准滴定溶液的浓度。当对标准滴定溶液浓度值的准确度有更高要求时，可用二级纯度标准物质或定值标准物质代替工作基准试剂进行标定，并在计算标准滴定溶液浓度时，将其纯度值的质量分数代入计算式中，因此计算标准滴定溶液的浓度值（c）[数值以摩尔每升（mol/L）表示] 按下式计算：

$$c=\frac{mw\times 1000}{(V_1-V_2)M}$$

式中，m 为工作基准试剂质量的准确数值，g；w 为工作基准试剂质量分数的数值，%；V_1 为被标定溶液体积的数值，mL；V_2 为空白实验被标定溶液体积的数值，mL；M 为工作基准试剂摩尔质量的数值，g/mol。

② 第二种方式　包括：碳酸钠、重铬酸钾、溴、溴酸钾、碘酸钾、草酸、硫酸亚铁铵、硝酸铅、氯化钠共 9 种标准滴定溶液。

计算标准滴定溶液的浓度值（c）[数值以摩尔每升（mol/L）表示] 按下式计算：

$$c=\frac{(V_1-V_2)c_1}{V}$$

式中，V_1 为标准滴定溶液体积的数值，mL；V_2 为空白实验标准滴定溶液体积的数值，mL；c_1 为标准滴定溶液浓度的准确数值，mol/L；V 为被标定标准滴定溶液体积的数值，mL。

③ 第三种方式　包括：乙二胺四乙酸二钠标准滴定溶液 [c(EDTA)=0.02mol/L]。

计算标准滴定溶液的浓度值（c）[数值以摩尔每升（mol/L）表示] 按下式计算：

$$c=\frac{\left(\frac{m}{V_3}\right)V_4w\times 1000}{(V_1-V_2)M}$$

式中，m 为工作基准试剂质量的准确数值，g；V_3 为工作基准试剂溶液体积的数值，mL；V_4 为量取工作基准试剂溶液体积的数值，mL；w 为工作基准试剂质量分数的数值，%；V_1 为被标定溶液体积的数值，mL；V_2 为空白实验被标定溶液体积的数值，mL；M

为工作基准试剂摩尔质量的数值，g/mol。

④ 第四种方式　包括：重铬酸钾、碘酸钾、氯化钠共 3 种标准滴定溶液。

计算标准滴定溶液的浓度值（c）[数值以摩尔每升（mol/L）表示] 按下式计算：

$$c=\frac{mw\times 1000}{VM}$$

式中，m 为工作基准试剂质量的准确数值，g；w 为工作基准试剂质量分数的数值，%；V 为标准滴定溶液体积的数值，mL；M 为工作基准试剂摩尔质量的数值，g/mol。

《化学试剂标准滴定溶液的制备》详细内容参见中华人民共和国国家标准（GB/T 601—2002）。

3.25.6　滴定分析仪器规范操作

(1) 读数　读数时视线必须与液面保持在同一水平面上。对于无色或浅色溶液，读它们弯月面下缘最低点的刻度；对于深色溶液如高锰酸钾、碘水等，可读两侧最高点的刻度。若滴定管的背后有一条蓝带，这时无色溶液就形成了两个弯月面，并且相交于蓝线的中线上，读数时即读此交点的刻度；若为深色溶液，则仍读液面两侧最高点的刻度。为了使读数清晰，也可在滴定管后衬一张纸片为背景，形成较深的弯月面读取弯月面的下缘，这样不受光线影响，容易观察。每次滴定最好都是将溶液装至滴定管的“0.00”毫升刻度或稍下一点开始，这样可消除因上下刻度不均匀所引起的误差。读数应读至毫升小数后第二位，即要求估计到 0.01mL。

(2) 滴定操作（参见 3.9 液体体积的量度（5）滴定管的使用）　使用酸式滴定管时，左手握滴定管，其无名指和小指向手心弯曲，轻轻地贴着出口部分，用其余三指控制活塞的转动。注意不要向外用力，以免推出活塞造成漏水，应使活塞稍有一点向手心的回力。使用碱式滴定管时，仍以左手握管。其拇指在前，食指在后，其他三指辅助夹住出口管。用拇指和食指捏住玻璃珠所在部位，向右边挤压橡皮管，使玻璃珠移至手心一侧，这样，使溶液可从玻璃珠旁边空隙流出。注意不要用力捏玻璃珠，也不要使玻璃珠上下移动，不要捏玻璃珠下部橡皮管，以免空气进入而形成气泡，影响读数。滴定一般在锥形瓶中进行，滴定管下端伸入瓶中约 1cm，必要时也可在烧杯中进行。左手按前述方法操作滴定管，右手的拇指、食指和中指拿住锥形瓶颈，沿同一方向按圆周摇动锥瓶，不要前后振动。边滴边摇，两手协同配合，开始滴定时，无明显变化，液滴流出的速度可以快一些，但必须成滴而不能成线状流出，滴定速度一般控制在 3～4 滴/s，注意观察标准溶液的滴落点。随着滴定的进行，滴落点周围出现暂时性的颜色变化，但随着摇动锥形瓶，颜色变化很快。当接近终点时，颜色变化消失较慢，这时应逐滴加入，加一滴后把溶液摇匀，观察颜色变化情况，再决定是否还要滴加溶液。最后应控制液滴悬而不落，用锥形瓶内壁把液滴靠下来（这时加入的是半滴溶液），用洗瓶吹洗锥形瓶内壁，摇匀。如此重复操作直至颜色变化半分钟不消失为止，即可认为到达终点，滴定结束后，滴定管内剩余的溶液应弃去，不要倒回原瓶中。然后依次用自来水、蒸馏水冲洗数次，倒立夹在滴定管架上。或者，洗后装入蒸馏水至于刻度以上，再用小烧杯或口径较粗试管倒盖在管口上，以免滴定管污染，便于下次使用。

3.26　重量分析基本操作

根据被测组分和试样其他组分的分离方法不同可分成三种方法：沉淀法、气化法、电解法。沉淀法是重量分析中的主要方法，这种方法是称样后把样品溶解，然后将被测组分定量形成难溶沉淀，再把沉淀过滤、洗涤、烘干、灼烧，最后称重，计算它的含量。

3.26.1 样品的溶解

这里主要指易溶于水或酸的样品溶解操作。

① 准备好洁净的烧杯、合适的搅拌棒（搅拌棒的长度应高出烧杯 5～7cm）和表面皿（表面皿的大小应大于烧杯口）。烧杯内壁和底不应有划痕。

② 称入样品后，用表面皿盖好烧杯。

③ 溶样时应注意：溶样时若无气体产生，可取下表面皿，将溶剂沿杯壁或沿着下端紧靠杯壁的搅拌棒加入烧杯，边加边搅拌，直至样品全溶解。然后盖上表面皿。

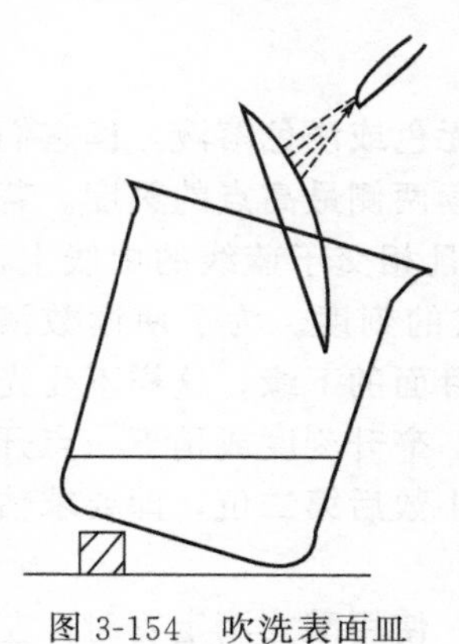

图 3-154　吹洗表面皿

溶样时若有气体产生（如碳酸钠加盐酸），应先加少量水润湿样品，盖好表面皿，由烧杯嘴与表面皿的间隙处滴加溶剂。样品溶解后，用洗瓶吹洗表面皿的凸面，流下来的水应沿杯壁流入烧杯。

溶解样品时，若需要加热，应盖好表面皿。停止加热时，应吹洗表面皿和烧杯壁（图 3-154）。

若样品溶解后必须加热蒸发，可在杯口放上玻璃三角或在杯沿上挂三个玻璃钩，再放表面皿。

3.26.2 沉淀

根据所形成沉淀的性状（晶型或非晶型），选择适当的沉淀条件。

(1) 晶型沉淀　在热溶液中进行沉淀，必要时将溶液稀释。

操作时，左手拿滴管加沉淀剂溶液。滴管口应接近液面，勿使溶液溅出。滴加速度要慢，接近沉淀完全时可以稍快。与此同时，右手持搅拌棒充分搅拌，但需注意不要碰到烧杯的壁或底。

应检查沉淀是否完全。方法是：静置，待沉淀下沉后，于上层清液液面加少量沉淀剂，观察是否出现浑浊。

沉淀完全后，盖上表面皿，放置过夜或在水浴上加热 1h 左右，使沉淀陈化。

(2) 非晶型沉淀　沉淀时宜用较浓的沉淀剂溶液，加沉淀剂和搅拌速度都可快些，沉淀完全后要用热蒸馏水稀释，不必放置陈化。

沉淀所需试剂应事先准备好。加入液体试剂时应沿烧杯壁或沿搅拌棒加入，勿使溶液溅出。沉淀剂一般用滴管逐滴加入，并同时搅拌，以减少局部过饱和现象，搅拌时不要用搅拌棒敲打和刻划杯壁。若需要在热溶液中进行沉淀，最好在水浴上加热。

3.26.3 过滤和洗涤

对于过滤后只要烘干即可进行称量的沉淀，则可采用微孔玻璃坩埚过滤。若沉淀需经灼烧称重则应选无灰定量滤纸过滤（若滤纸的灰分过重，则需进行空白校正）。

3.26.3.1 无灰定量滤纸过滤

根据沉淀的性质选择合适致密程度的滤纸：胶状沉淀 $Fe_2O_3 \cdot xH_2O$ 等疏松的无定形沉淀，沉淀体积庞大，难于洗涤，应选用质松孔大的快速滤纸；$BaSO_4$、CaC_2O_4 等细晶型沉淀应选用致密孔小的慢速滤纸。沉淀越细，所选用的滤纸就越致密。

滤纸的大小要与沉淀的多少相适应：过滤后，漏斗中的沉淀一般不要超过滤纸圆锥高度的 1/3，最多不得超过 1/2。细晶型沉淀应选直径较小（7～9cm）、致密的慢速滤纸。无定形沉淀易选用直径较大的（9～11cm）的快速滤纸。

(1) 漏斗的选择　重量分析使用的漏斗是长颈漏斗。

应选用锥体角度为60°、颈口倾斜角度为45°的长颈漏斗。颈长一般为15～20cm，颈的直径通常为3～5mm左右为宜。

漏斗的大小要与滤纸的大小相适应，滤纸的上缘应低于漏斗上沿0.5～1cm。将沉淀转移至滤纸中后，沉淀高度不得超过滤纸的1/3 。

(2) 沉淀的过滤和洗涤 沉淀的过滤一般分为三个步骤。

① 用倾注法尽可能地过滤上层清液，避免沉淀过早堵塞滤纸上的空隙，影响过滤速度。并洗涤沉淀数次，为加速过滤和提高洗涤效率，过滤时尽可能不搅起沉淀。

② 把沉淀转移到漏斗上。

③ 洗净玻璃棒和烧杯内壁，将沉淀转移完全。

此三步操作一定要一次完成，不能间断，若时间间隔过久，沉淀会干涸，粘成一团，就几乎无法洗涤干净了，尤其是过滤胶状沉淀时更应如此。

过滤前，把有沉淀的烧杯倾斜静置，但玻璃棒不要靠在烧杯嘴处，因为烧杯嘴处可能粘有少量沉淀。待沉淀下降后，轻轻拿起烧杯，勿搅动沉淀，将上层清液沿玻璃棒倾入漏斗中，进行过滤。

过滤时，左手拿起烧杯到漏斗正上方，右手轻轻从烧杯中拿出玻璃棒，将玻璃棒下端碰一下烧杯内壁，使悬在玻璃棒下端的液体流回烧杯，然后将烧杯嘴紧贴着玻璃棒；并使玻璃棒垂直向下，玻璃棒的下端尽可能靠近滤纸三层处但不接触滤纸（图3-155）（不要将玻璃棒对着滤纸锥体的中心或一层处，以免液流将滤纸冲破）。慢慢地沿玻璃棒将溶液倾注于漏斗上，每次倾入的溶液量一般只充满滤纸的2/3，最多加到滤纸边缘以下约5mm处。滤液再多，少量沉淀因毛细管作用越过滤纸上缘，造成损失。应控制倾注的速度，使沉淀上层清液的倾注过程最好一次完成。暂停倾泻溶液时，应先把烧杯扶正，扶正时要保持玻璃棒垂直且与烧杯嘴紧贴，使烧杯嘴沿玻璃棒向上提起，逐渐使烧杯直立后，才可与玻璃棒分开，这样才能使最后一滴液体顺着玻璃棒流下，不至沿着烧杯嘴流到烧杯外面去。

带沉淀的烧杯放置方法如图3-156所示，烧杯下放一块木头，使烧杯倾斜，以利沉淀和清液分开，待烧杯中沉淀澄清后，继续倾注，重复上述操作，直至上层清液倾完为止。

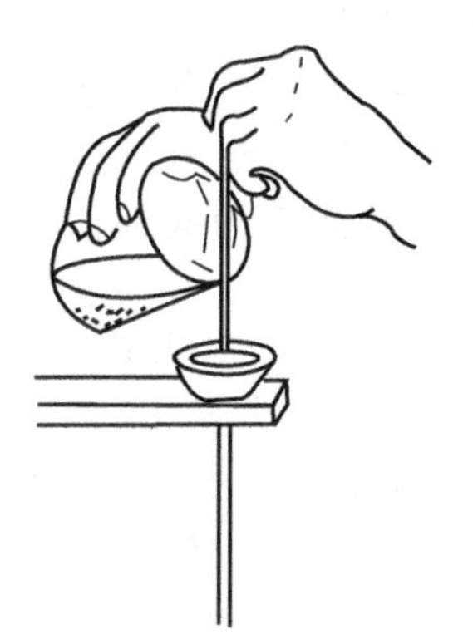

图3-155 倾泻法过滤

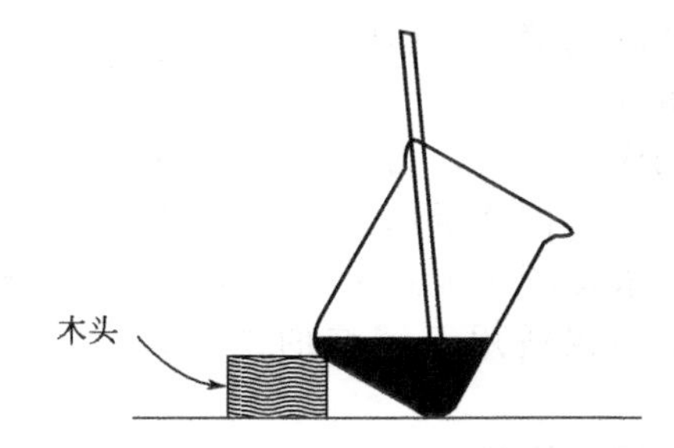

图3-156 过滤时带沉淀和溶液的烧杯放置方法

过滤开始，就要注意观察滤液是否透明，如果滤液浑浊，可能有沉淀透过滤纸，应检查原因，采取措施，决定另换洁净烧杯重新过滤滤液或重做。

用倾泻法将清液完全过滤后，应对沉淀作初步洗涤。沉淀先用倾注法洗涤，选用什么洗涤液应根据沉淀的类型和实验内容而定。洗涤时，沿烧杯壁旋转着加入约10mL洗涤液（或蒸馏水）吹洗烧杯四周内壁，使黏附着的沉淀集中在烧杯底部，充分搅拌，放置，待沉淀下沉后，按前述方法，倾出过滤清液。此阶段洗涤的次数根据沉淀的性质而定，晶型沉淀洗3～4次，无定形沉淀5～6次。

最后将沉淀定量地转移到滤纸上，这是工作的关键。如果失去一滴悬浊液，就会使整个分析失败。转移沉淀时，在沉淀上加入10～15mL洗涤液（加入量应不超过漏斗一次能容纳的量），搅起沉淀使之均匀，小心地使悬浊液顺着玻璃棒倒在滤纸上。这样重复4～5次，即可将大部分沉淀转移到滤纸上。烧杯中留下的极少量沉淀，可用图3-157所示的方法转移：把烧杯倾斜并将玻璃棒架在烧杯口上，下端应在烧杯嘴上，且超出杯嘴2～3cm，玻璃棒下端对着滤纸的三层处，用洗瓶压出洗液，冲洗烧杯内壁，将残余的沉淀连同溶液完全转移到滤纸上。

如有少许沉淀牢牢黏附在烧杯壁上而吹洗不下来，可用前面折叠滤纸时撕下的纸角，以水湿润后，先擦玻璃棒上的沉淀，再用玻璃棒按住纸块沿杯壁自上而下旋转着把沉淀擦“活”，然后用玻璃棒将它拨出，放入该漏斗中心的滤纸上，与主要沉淀合并，用洗瓶吹洗烧杯，把擦“活”的沉淀微粒涮洗入漏斗中。在明亮处仔细检查烧杯内壁、玻璃棒、表面皿是否干净，不黏附沉淀，若仍有一点痕迹，再行擦拭、转移，直到完全为止。

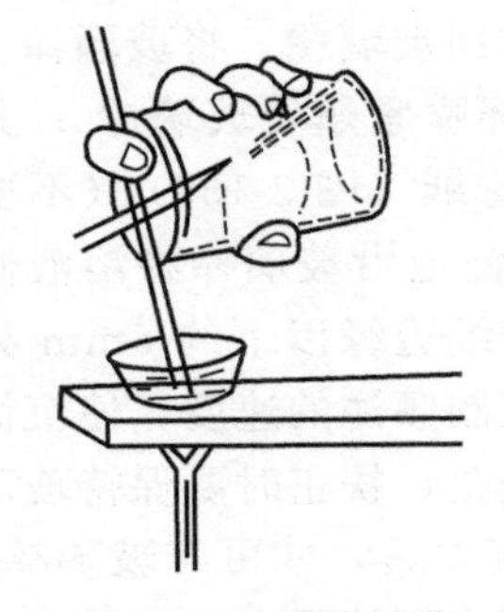

图3-157 沉淀转移

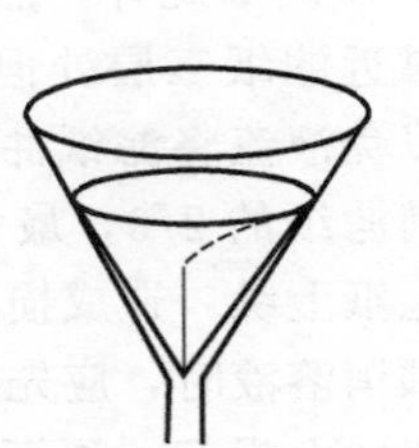

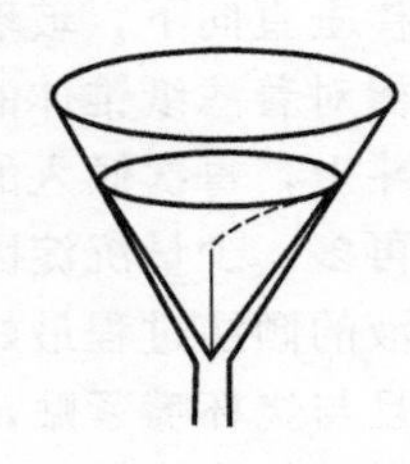

图3-158 洗涤沉淀

沉淀全部转移至滤纸上后，接着要进行洗涤，目的是除去吸附在沉淀表面的杂质及残留液。洗涤前，应将洗瓶中玻璃管内的气体压出，使洗瓶的出口管充满液体，以免冲洗时，气体和液流同时压出，冲在沉淀上溅起沉淀。用洗瓶压出洗涤液从滤纸的多重边缘开始，自上而下螺旋式地洗涤滤纸上的沉淀（图3-158），最后到多重部分停止，这称为“从缝到缝”，这样，可使沉淀洗得干净且可将沉淀集中到滤纸的底部，也便于以后滤纸的折卷。

洗涤沉淀时，为了提高效率，应在前一份洗涤液流尽后，再加入新的一份洗涤液。还应注意，同样量的洗涤液分多次洗涤效果较好，这通常称为“少量多次”的洗涤原则，但洗涤液体积不能过大，否则沉淀因溶解损失较多，而且洗涤时间过长。“少量多次”洗涤原则不仅适用于沉淀的洗涤，也适用于用蒸馏水或标准溶液洗涤定量分析用的玻璃仪器。

沉淀一般至少洗涤8～10次，无定形沉淀洗涤次数还要多些。当洗涤7～8次以后，可以检查沉淀是否洗净。如果滤液中的成分也要分析时，检查过早会损失一部分滤液而引入误差。

检查时用一洁净的试管承接1～2滴滤液，根据不同实验的要求，选择杂质中最易检验的离子，用灵敏、快速的定性反应来检查，例如用$AgNO_3$检验Cl^-等。

无论是盛着沉淀还是盛着滤液的烧杯，都应该经常用表面皿盖好。每次过滤完液体后，即应将漏斗盖好，以防落入尘埃。

3.26.3.2 用微孔玻璃坩埚（玻璃砂芯坩埚）过滤

选择合适孔径的玻璃坩埚，用稀盐酸或稀硝酸浸洗，然后用自来水冲洗，再把玻璃坩埚安置在具有橡皮垫圈的吸滤瓶上（图 3-159），用抽水泵抽滤，在抽气下用蒸馏水冲洗坩埚。冲洗干净后再与干燥沉淀相同的条件下，在烘箱中烘至恒重。

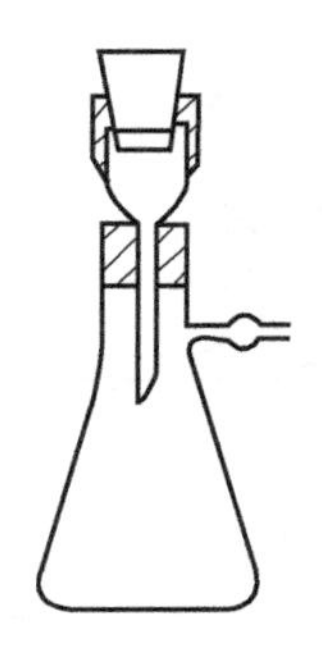

图 3-159 具有橡皮垫圈的吸滤瓶

图 3-160 沉淀帚

过滤与洗涤的方法和用滤纸过滤相同。只是应注意，开始过滤前，先倒溶液于玻璃坩埚中，然后再打开水泵，每次倒入溶液不要等吸干，以免沉淀被吸紧，影响过滤速度。过滤结束时，先要松开吸滤瓶上的橡皮管，最后关闭水泵以免倒吸。

擦净搅拌棒和烧杯内壁上的沉淀时，只能用沉淀帚（图 3-160），不能用滤纸。沉淀帚一般可自制，剪一段乳胶管，一端套在玻璃棒上，另一端用橡胶胶水黏合，用夹子夹扁晾干即成。

3.26.4 沉淀的包裹和烘干

可用扁头玻璃棒或顶端细而圆的玻璃棒，从滤纸的三层处，小心地将滤纸与漏斗壁拨开，用洗净的手从滤纸三层处的外层把滤纸和沉淀取出。

晶型沉淀可按照图 3-161 法或图 3-162 法卷成小包将沉淀包好后，用滤纸原来不接触沉淀的那部分将漏斗内壁轻轻擦一下，擦下可能粘在漏斗上部的沉淀微粒。把滤纸包层数较多的一边向上放入已恒重的坩埚中，这样可使滤纸较易灰化。

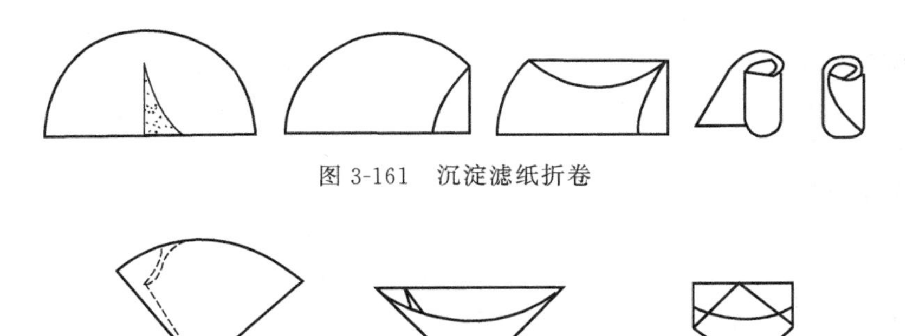

图 3-161 沉淀滤纸折卷

图 3-162 沉淀滤纸折叠

若是无定形沉淀，因沉淀量较多，把滤纸的边缘向内折，把圆锥体的敞口封上，如图 3-163 所示，然后小心取出，倒转过来，尖头向上，放入已恒重的坩埚中。

然后将沉淀和滤纸进行烘干。烘干时应在煤气灯（或电炉）上进行。在煤气灯上烘干时，将放有沉淀的坩埚斜放在泥三角上（注意，滤纸的三层部分向上），坩埚底部枕在泥三角的一边上，坩埚口朝泥三角的顶角，调好煤气灯。为使滤纸和沉淀迅速干燥，应该用反射焰，即用小火加热坩埚盖中部，这时热空气流便进入坩埚内部，而水蒸气则从坩埚上面逸出，如图 3-164(a) 所示。沉淀烘干这一步不能太快，尤其对于含有大量水分的胶状沉淀，很难一下烘干，若加热太猛，沉淀内部水分迅速气化，会携带沉淀溅出坩埚，造成实验失败。

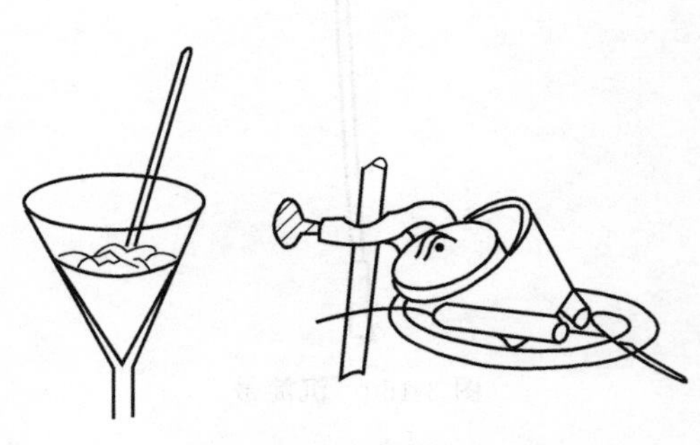

图 3-163　沉淀滤纸折叠

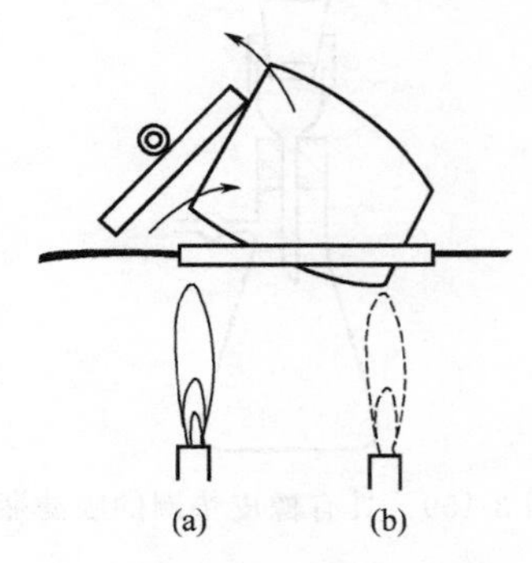

图 3-164　滤纸的炭化和灰化

凡是用微孔玻璃滤器过滤的沉淀，可用烘干方法处理。烘干一般是在 250℃以下进行。其方法为将微孔玻璃滤器连同沉淀放在表面皿上，置于烘箱中，根据沉淀性质确定干燥温度。一般第一次烘干灼 2h，第二次约 45min～1h。沉淀烘干后，置于干燥器中冷至室温后称重。如此，重复烘干，称重，直至恒重为止。注意每次操作条件要保持一致。

3.26.5　滤纸的炭化和灰化

滤纸和沉淀干燥后（这时滤纸只是被干燥，而不变黑），将煤气灯逐渐移至坩埚底部[图 3-164(b)]，稍稍加大火焰，使滤纸炭化。注意火力不能突然加大，如温度升高太快，滤纸会生成整块的炭，需要较长时间才能将其完全烧完。如遇滤纸着火，可用坩埚盖盖住，使坩埚内火焰熄灭（切不可用嘴吹灭），同时移去煤气灯。火熄灭后，将坩埚盖移至原位，继续加热至全部炭化。炭化后加大火焰，并使氧化焰完全包住坩埚，烧至红热，把炭完全烧成灰，这种将炭燃烧成二氧化碳除去的过程叫灰化。滤纸灰化后应该不再呈黑色。为了使坩埚壁上的炭完全灰化，应该随时用坩埚钳夹住坩埚转动，但注意每次只能转一极小的角度，以免转动过剧时，沉淀飞扬。使用的坩埚钳，放置时注意使嘴向上，不要向下。

沉淀的烘干、炭化和灰化也可在电炉上进行。应注意温度不能太高。这时坩埚是直立，坩埚盖不能盖严。

3.26.6　沉淀的灼烧

灰化后，将坩埚移入马弗炉中，盖上坩埚盖（稍留有缝隙），在与空坩埚相同的条件下（定温定时）灼烧至恒重。若用煤气灯灼烧，则将坩埚直立于泥三角上，盖严坩埚盖，在氧化焰上灼烧至恒重。切勿使还原焰接触坩埚底部，因还原焰温度低，且与氧化焰温度相差较大，以致坩埚受热不均匀而容易损坏。

灼烧时将炉温升至指定温度后应保温一段时间（通常，第一次灼烧 45min 左右，第二次灼烧 20min 左右）。灼烧后，切断电源，打开炉门，将坩埚移至炉口，待红热稍退，将坩埚从炉中取出（从炉内取出热坩埚时，坩埚钳应预热，且注意不要触及炉壁），放在洁净的泥三角或洁净的耐火瓷板上，在空气中冷却至红热退去，再将坩埚移入干燥器中（开启 1～2 次干燥器盖）冷却 30～60min，待坩埚的温度与天平温度相同时再进行称量。再灼烧、冷却、称量，直至恒重为止。注意每次冷却条件和时间应一致。称重前，应对坩埚与沉淀总重量有所了解，力求迅速称量。

所谓恒重，是指相邻两次灼烧后的称量差值不大于 0.4mg。

3.27 化学实验绿色化技术

绿色化学是近年来在国际上兴起的一门热点学科，其目标是既从根本上保护环境，又能推进工业生产的发展。绿色化学的宗旨是从流程的起端就最大限度地减少甚而根除污染，而与传统化学和化工的污染后治理的模式截然不同，对可持续发展和人类生活的改善具有重要意义。20 世纪 90 年代初，美国化学会针对日益严重的环境污染问题，为“预防污染，保护环境”提出了“绿色化学”一词。如今“绿色化学”已被世界各国所接受。绿色化学的研究已成为国内外企业、政府和学术界的重要研究与开发方向。

绿色化学是指利用化学原理在化学品的设计、生产和应用中消除或减少有毒有害物质的使用和产生，设计研究没有或只有尽可能少的环境副作用、在技术上和经济上可行的产品和化学过程，是在始端实现污染预防的科学手段。它是一门从源头上阻止污染的化学，为化学学科改造与发展提供基本原理，为防止环境污染提供专有技术。

绿色化学的研究主要包括以下内容。

开发“原子经济”反应：Trost 在 1991 年首先提出了原子经济性（Atom Economy）的概念。理想的原子经济反应是原料分子中的原子百分之百地转变成产物，不产生副产物或废物。实现废物的“零排放”（Zero Emission）。

采用无毒、无害的原料：如 Tundo 报道了用二氧化碳代替光气生产碳酸二甲酯的新方法。

采用无毒、无害的催化剂：多年来国外正从分子筛、杂多酸、超强酸等新催化材料中大力开发固体酸烷基化催化剂等。

采用无毒、无害的溶剂：在无毒、无害溶剂的研究中，最活跃的研究项目是开发超临界流体（SCF）。特别是超临界二氧化碳作溶剂。超临界二氧化碳的最大优点是无毒、不可燃、价廉等。还有研究水或近临界水作为溶剂以及有机溶剂/水相界面反应。采用无溶剂的固相反应也是避免使用挥发性溶剂的一个研究动向，如用微波来促进固-固相有机反应。

利用可再生的资源合成化学品：利用生物原料（Biomass）代替当前广泛使用的石油，是保护环境的一个长远的发展方向。生物催化转化方法也优于常规的聚合方法。

环境友好产品：环境友好的海洋生物防垢剂、环境友好机动车燃料及其添加剂、保护大气臭氧层的氟氯烃代用品已在开始使用，防止“白色污染”的生物降解塑料也在使用。

因此绿色化学可以看作是进入成熟期的更高层次的化学，它是实现化学污染防治的基本方法和科学手段，是一门从源头上阻止污染的化学。

目前绿色化学的研究重点是：设计或重新设计对人类健康和环境更安全的化合物，以防止毒物的蔓延，这是绿色化学的关键部分；探求新的、更安全的、对环境更良性的化学合成路线和生产工艺，这可从研究、变换基本原料和起始化合物以及引入新试剂入手；改善化学反应条件，降低对人类健康和环境的危害，减少废弃物的产生和排放。

美国著名的道（Dow）化学公司发明的、用纯二氧化碳为起泡剂生产聚苯乙烯泡沫塑料薄板的新方法，就是工艺条件优化的杰作。这类板材多用做快餐盒、蛋盒、超级市场中盛食品的托盘，具有轻便、绝热、防湿、可再生等一系列优异性能，整个过程安全无害，应用广泛。以往使用氟氯烃化合物为起泡剂，会破坏地球上空的臭氧，为环境所不容，并已陆续被禁用。

无机化工过程中的绿色化学研究与应用也十分活跃。如催化还原烟道气 SO_2 到元素硫的绿色化学，既能消除 SO_2 对大气的污染，又能回收单质硫，具有重大的社会效益和经济效益。干电池厂所排出的工艺废水中一般均含有汞、锌和锰等重金属，除汞问题是电池厂生产废水净化中必须妥善解决的问题之一。利用碱厂碱泥生产内墙涂料的绿色化学，使碱泥变废为宝，实现了零污染排放，为制碱企业碱泥的处理开辟一条新的途径，在具有环境效益的同时，具有明显的经济效益。用 δ-MnO_2 处理含亚砷酸盐饮用水的绿色化学，能把水中的 As（Ⅲ）氧化成 As（Ⅴ），然后再用活性氧化铝吸附法或铁盐共沉淀法等把其从水中除去。

实验人员在实验室受到的伤害和实验室排放物对环境的污染也是绿色化学关注的重要课题。如可能造成的伤害主要来自吸入的化学试剂蒸气；溶解试样时，盐酸、硝酸的酸雾及硫酸的分解产物三氧化硫；有机试剂萃取时，挥发进入空气的苯、甲苯、乙醚、乙酸乙酯、四氯化碳等低沸点有机溶剂；用汞电极进行极谱分析时，泄漏汞滴的升华；进行试金分析、灰吹时产生的氧化铅等都可对环境造成污染和对实验人员的身体健康造成危害。人们往往认为，化学实验室排出的废弃物与化工厂排出的废弃物相比是微不足道的，治理的必要性不大。确实，单个实验室的废弃物排放量比较小，但是由于化学实验室众多、分散，排放的污染物种类多，因此，一个城市或一个地区累积起来数量就相当可观，有可能对环境造成大的危害。目前，许多实验室都对废液进行处理后才放入下水道，可达到排放要求。不少实验室在通风柜上安装了吸附装置，可将排出的废酸气大部分予以吸收。这些措施大大减少了对环境的污染。

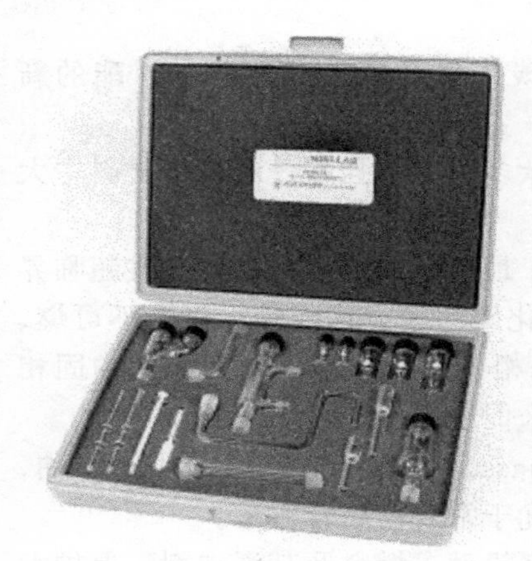

图 3-165　有机微量化学合成反应装置套件箱

微型化学实验对减少实验室对环境造成的污染起到了极大的作用。20 世纪 80 年代美国兴起了微型化学实验，它是指“以微小量的试剂，在微型化的仪器装置中进行的化学实验”。这里所说的试剂的“微小量”约为常量化学实验中试剂用量的十分之一甚至更少。“微型化的仪器装置”的容量约为 $1\sim10cm^3$。目前，在高等学校的无机化学、有机化学、分析化学教学实验中已开始研究与尝试化学实验微型化，如图 3-165 所示的有机微量化学合成反应装置。20 世纪 90 年代初，Manz 等提出了“微型全化学分析系统（μ-TAS）”的概念和设计，其核心是将所有化学分析过程中的各种功能及步骤微型化，包括：泵、阀、流动管道、混合反应器、相分离和试样分离、检测器、电子控制及转换点等。μ-TAS 期望将化学分析过程微缩于一个只有几平方厘米的微小器件上。该技术现已应用于生物技术、生化分析和临床检验及诊断，诸如 DAN 消解、放大及分析、肽链分析、细胞操作控制、免疫测试、体液和血液检测等。生物芯片技术可以把成千上万乃至几十万个生命信息集成在一个很小的芯片上，对基因、抗原和活体细胞等进行分析和检测。用这些生物芯片制作的各种生化分析仪和传统仪器相比较具有体积小、重量轻、便于携带、无污染、分析过程自动化、分析速度快、所需样品和试剂少等诸多优点。这类仪器的出现将给生命科学研究、疾病诊断和治疗、新药开发、生物武器战争、司法鉴定、食品卫生监督、航空航天等领域带来一场革命。

迄今为止，国际上关于微型化学实验的名称、定义和试剂的用量界限还没有一致的说法。其常见的英文名称有三个，分别是：Microscale Chemical Experiment（微型化学实验）、Microscale Laboratory（微型实验）和 Microscale Chemistry（微型化学）。我国为化学界普遍接受的微型化学实验简称为ＭＬ，定义为“在微型化的仪器装置中进行的化学实验，其试剂用量比对应的常规实验节省 90 %左右”。

微型化学实验的特点是：减少了试剂用量，从而降低经费的开支；减少了环境污染；缩短实验时间；培养绿色化学理念；在某些实验中，应用微型化学实验方法可取得较好的效果。

典型的微型化学实验装置如下。

(1) 微型滴定分析装置（图 3-166） 一些加热、分液、搅拌、提取的操作由于受到微型仪器本身的限制和所用试剂量极少而难以收到理想的结果。

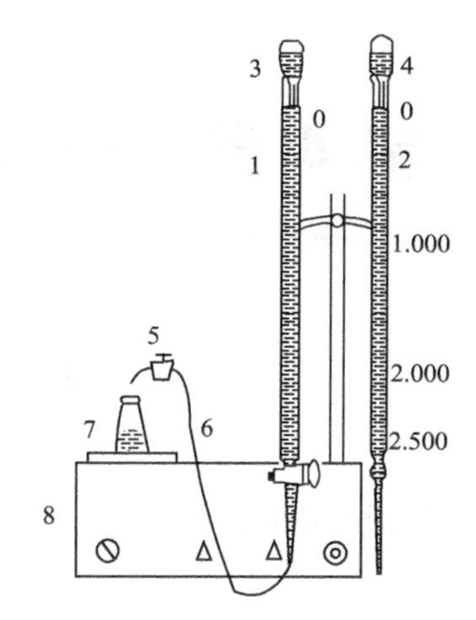

图 3-166 微型滴定分析装置

1—微型酸式滴定管；2—微型碱式滴定管；3,4—微型虹吸加液器（塑料制品）；5—微型控制阀（螺旋式）；6—微型塑料导管（ϕ1mm）；7—微型锥瓶（10～20mL）；8—电磁搅拌器

(2) 微型化学加热及搅拌装置

① 加热 在反应容器上方放置一圆底合适大小的瓷（玻璃）蒸发皿，在反应容器加热的同时，将少量水及冰块放入蒸发皿中。

② 搅拌 在小烧杯中放置一小滴管，通过挤压乳胶头使反应液体运动而达到搅拌的目的，并以挤压乳胶头的速度来控制搅拌速度。

(3) 微型沉淀过滤装置 见图 3-167。

一个单孔橡皮塞装在反应瓶上，同时使用带有漏斗的皮下注射器截穿橡皮塞，并通到瓶底。

第二个单孔橡皮塞通过一根短的玻璃管，连接在反应瓶塞的底部。

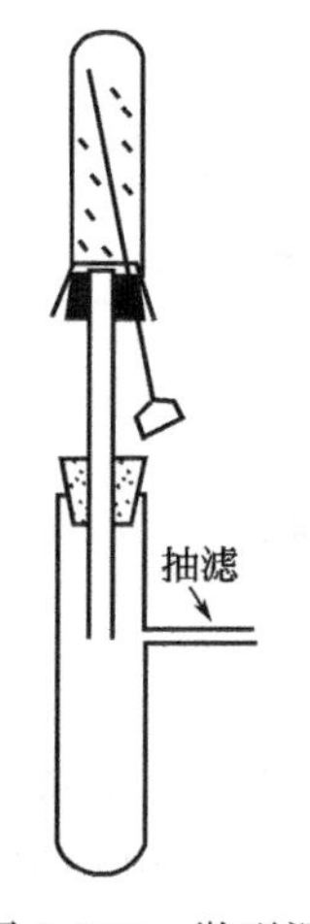

图 3-167 微型沉淀过滤装置

在反应瓶塞上放置一层薄的玻璃棉，用滤纸包住瓶塞，再装在反应的试管上。

微型化学实验既不是常规实验的简单微缩，更不是常规实验的对立，它们各有所长，相互补充。微量化学实验的主要发展方向是通过改进仪器，提高准确度，减小相对误差。

迈入 21 世纪，人类将面临资源、能源以及环境等方面的困扰和挑战。发达国家将环境污染严重的企业转移到发展中国家，发展中国家在发展生产的初期又心甘情愿地接受了这一利弊结合的苦果，同时某些发达国家反过来又以环境保护问题作为武器对发展中国家进行经济制约，作为一种战略手段，企图使发展中国家处于被动和受制约的地位。因此，21 世纪在生态和环境保护方面人类的期望值和实际的恶化只能通过努力取得相对平衡，这种平衡是远低于自然生态环境的优化度的。绿色化学及清洁生产工艺的提出及其发展将会对我国乃至世界的化工及其相关行业产生重大的影响，这种影响将是全方位的和深远的，它必将带来化学产业的一次革命。

第4章　化学实验常用仪器与使用

4.1　电子分析天平

电子分析天平的原理及使用方法见3.8称量技术。

4.2　酸　度　计

4.2.1　酸度计的基本原理

酸度计是利用玻璃电极和银-氯化银电极将被测溶液中不同酸度所产生的直流电势，输入到用高输入阻抗集成运算放大器组成的直流放大器，以达到pH值指示的目的。仪器除测量酸碱度之外，也可测量电极电位，按测量精度，酸度计可分0.2级、0.1级、0.01级或更高精度。按仪器体积分，有笔式（图4-1）、便携式、台式（图4-2），还有在线连续监控测量的在线式。

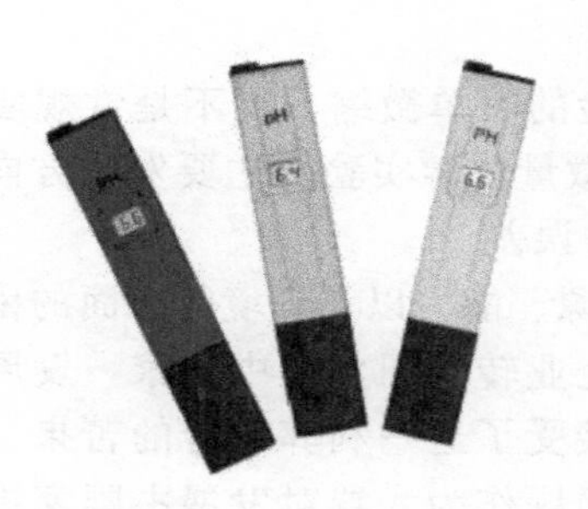

图4-1　笔式酸度计

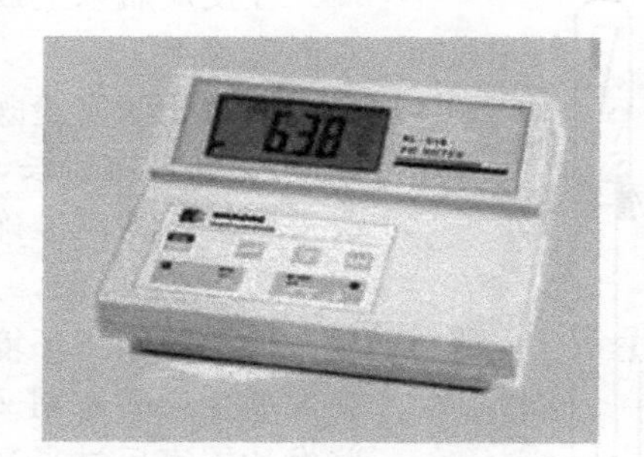

图4-2　台式酸度计

(1) 测量原理　水溶液酸碱度的测量一般用玻璃电极作为测量电极、甘汞电极或银-氯化银电极作为参比电极，当氢离子活度发生变化时，玻璃电极和参比电极之间的电动势也随着引起变化，电动势ε变化符合下列公式：

$$\varepsilon=\varepsilon_0-(2.303RT/F)\text{pH}$$

式中，R为气体常数，8.314J/(mol·K)；T为热力学温度［(273±t/℃)］；F为法拉第常数（96485C/mol）；ε_0为常数（电极系统零电位）；pH表示被测溶液pH值和内溶液pH值之差。

(2) 电极系统　电极是由玻璃电极（测量电极）和银-氯化银电极（参比电极）组合在一起的复合电极（图4-3）。玻璃电极头部球泡是由特殊配方的玻璃薄膜制成，厚度约

0.1mm，它仅对氢离子有敏感作用，当它浸入被测溶液内，则被测溶液中氢离子与电极球泡表面水化层进行离子交换，球泡内层也有电位存在。因此球泡内外产生一电位差，此电位差随外层氢离子浓度的变化而改变。由于电极内部的溶液氢离子浓度不变，所以只要测出此电位差就可知被测溶液的 pH 值。

(3) 仪器面板上各调节旋钮的作用

①“温度”调节旋钮　用于补偿由于温度不同时对测量结果产生的影响。因此在进行溶液 pH 值测量及 pH 校正时，必须将此旋钮调至该溶液温度值上。在进行电极电位（mV 值）测量时，此旋钮无作用。

图 4-3　复合电极

②“斜率”调节旋钮　用于补偿电极转换系数。由于实际的电极系统并不能达到理论上转换系数（100%）。因此，设置此调节旋钮是便于用两点校正法对电极系统进行 pH 校正，使仪器能更精确测量溶液 pH 值。

③“定位”调节旋钮　由于玻璃电极（零电位 pH 值为 7）和银-氯化银电极浸入 pH7 缓冲溶液中时，其电势并不一定为理论上的 0mV，而是有一定值，其电位差我们称之为不对称电位。这个值的大小取决于玻璃电极膜材料的性质、内外参比体系、测量溶液和温度等因素。“定位”调节旋钮就是用于消除电极不对称电位对测量结果所产生的误差。“斜率”、“定位”调节旋钮仅在进行 pH 测量及校正时有作用。

④“读数”按钮开关　当要读取测量值时，按下此开关。当测量结束时，再按一次此开关。

⑤“选择”开关　供用户选定仪器的测量功能。

⑥“范围”开关　供用户选定仪器的测量范围。

4.2.2　酸度计的使用方法

(1) pH 校正（两点校正方法）　由于每支玻璃电极的零电位、转换系数与理论值有差别，而且各不相同。因此，如要进行 pH 值测量，必须要对电极进行 pH 校正，其操作过程如下。

① 开启仪器电源开关，如要精密测量 pH 值，应在开电源开关 30min 后进行仪器的校正和测量。将仪器面板上的“选择”开关置“pH”挡，“范围”开关置“6”挡，“斜率”旋钮顺时针旋到底（100%处），“温度”旋钮置此标准缓冲溶液的温度。

② 用蒸馏水将电极洗净以后，用滤纸吸干。将电极放入盛有 pH7 的标准缓冲溶液的烧杯内，按下“读数”开关，调节“定位”旋钮，使仪器指示值为此溶液温度下的标准 pH 值（仪器上的“范围”读数加上表头指示值即为 pH 指示值），在标定结束后，放开“读数”开关，使仪器置于准备状态。此时仪器指针在中间位置。

③ 把电极从 pH7 的标准缓冲溶液中取出，用蒸馏水冲洗干净，用滤纸吸干。根据将要测 pH 值的样品溶液是酸性（pH$<$7）或碱性（pH$>$7）来选择 pH4 或 pH9 的标准缓冲溶液。把电极放入标准缓冲溶液中，把仪器的“范围”置“4”挡（此时为 pH4 的标准缓冲溶液）或放置“8”挡（此时为 pH9 的标准缓冲溶液），按下“读数”开关，调节“斜率”旋钮，使仪器指示值为该标准缓冲溶液在此溶液温度下的 pH 值，然后放开“读数”开关。

④ 按②的方法再测 pH7 的标准缓冲溶液，但注意此时应将“斜率”旋钮维持不动，在按③操作后的位置不变。如仪器的指示值与标准缓冲溶液的 pH 误差是符合将要进行 pH 测量时的精度要求，则可认为此时仪器已校正完毕，可以进行样品测量。若此误差不符合将要进行 pH 测量时的精度要求，则可调节“定位”旋钮至消除此误差，然后再按③顺序操作。一般经过上述过程，仪器已能进行 pH 值的精确测量了。在一般情况下，两种标准缓冲溶液

的温度必须相同，以获得最佳 pH 校正效果。

(2) 笔式酸度计校准

① 将 pH 电极浸入 pH 值为 6.86（25℃下）的混合磷酸盐标准缓冲溶液中，并轻轻摇动。

② 用小起子调整校正电位器，直到显示值与标准缓冲溶液在环境温度下的 pH 值相符。

③ 把电极插入 pH4.00 的磷苯二甲酸氢钾或 pH9.18 的硼砂标准缓冲溶液中。

④ 过约 2min 左右，显示值与缓冲溶液的 pH 值相比应在误差允许范围内。

(3) 样品溶液 pH 值测量

① 先清洗电极，并用滤纸吸干。在仪器已进行 pH 校正以后，绝对不能再旋动“定位”、“斜率”旋钮，否则必须重新进行仪器 pH 校正。一般情况下，一天进行一次 pH 校正已能满足常规 pH 测量的精度要求。

② 将仪器的“温度”旋钮旋至被测样品溶液的温度值。将电极放入被测溶液中。仪器的“范围”开关置于此样品溶液的 pH 值挡上，按下“读数”开关。如表针打出左面刻度线，则应减少“范围”开关值。如表针打出右面刻度线，则应增加“范围”的开关值。直至表针在刻度上，此时表针所指示的值加上“范围”开关值，即为此样品溶液 pH 值。表面满刻度值为 2pH，最少分度值为 0.02pH。被测样品溶液的温度和用于仪器 pH 校正的标准缓冲溶液的温度应相同，这样能减小由于电极而引起的测量误差，提高仪器测量精度。

(4) 电极电位的测量

① 将测量电极插头芯线接“－”，参比电极连接线“＋”（复合电极插头芯线为测量电极，外层为参比电极）。在仪器内参比电极接线柱已与电极插口外层相接，不必另连线。如测量电极的极性和插座极性相同时，则仪器的“选择”置“＋mV”挡。否则，仪器的“选择”置“－mV”挡。

② 将电极放入被测溶液，按“读数”开关。如仪器的“选择”置“＋mV”时，当表针打出右面刻度时，则增加“范围”开关值，反之，则减少“范围”开关值，直至表针在表面刻度上。如仪器的“选择”置“－mV”时，当表针打出右面刻度时，减少“范围”开关值，反之，则增加“范围”开关值。将仪器的“范围”开关值加上表针指示值，其和再乘以 100，即得电极电位值，单位为：mV。电极电位值的极性，当仪器的“选择”开关置“＋mV”挡，则测量电极极性相同于插座极性，反之，则测量电极极性为“－”。

(5) 笔式酸度计使用方法

① 取下保护套。

② 先用蒸馏水清洗 pH 计的电极，并用滤纸将电极擦干。

③ 接通位于电池仓上的开关。

④ 将 pH 计插入被测液体，直到液体浸到“浸没线”，条件允许，可使溶液浸到略高于“浸没线”的位置。

⑤ 轻轻地搅拌溶液并等待 2min 左右，读取显示值。

⑥ 使用完毕，清洗电极，关掉开关，套上保护套。

4.2.3 注意事项

(1) 仪器的输入端（即复合电极插口）必须保持清洁，不使用时将 Q9 短路插插入，使仪器输入处于短路状态，这样能防止灰尘进入，并能保护仪器不受静电影响。

(2) 仪器在按下“读数”开关时发现指针打出刻度时，应放开“读数”开关，检查分挡开关位置及其他调节器是否适当，电极头是否浸入溶液。如在 pH 挡时，输入信号近于 pH7 或输入端短路时，分挡开关应在“6”挡，在 mV 挡时，分挡开关应在“0”mV。

（3）调节“温度”旋钮时勿用力过大，以防止移动紧固螺丝的位置，影响 pH 准确度。当按下读数开关，调节“定位”旋钮达不到标准缓冲溶液的 pH 值时，即说明电极的不对称电位很大（大于±1pH），或被测缓冲溶液 pH 值不正确，应调换电极或溶液试之。用仪器测量缓冲溶液误差较大时，可以用电位差计毫伏值输入到仪器输入端。仪器置 mV 挡。当电位差计输入 0mV、±100mV、±200mV、约±1400mV 时，观测仪器的指示值，分别情况按下面方法调节机箱边的“零点”、“＋mV”、“－mV”三调节器。注意，仪器出厂时已把此三个调节器调整好了，如没有电位差计，请不要随便旋动此调节器。

（4）当仪器在输入正负各挡 mV 值时，基本上误差都相同，且极性相同（如都差－2mV），可调节“零点”调节器，以消除此误差。

（5）当仪器在输入正负各挡 mV 值时，仪器在 0mV 输入时误差很小（小于 1mV）。但仪器的误差随输入信号变化而改变时，则当测“＋mV”值时有此误差，可调节“＋mV”调节器，测“－mV”值时有此误差，可调节“－mV”调节器，以消除此误差。

（6）当仪器在输入正负各挡 mV 值时，仪器在 0mV 输入时有一定的误差（如 2mV 时），且此误差随输入信号的变化而改变时，则可在仪器输入 0mV 时，调“零点”调节器，使仪器指示为 0mV，然后输入±1400mV，分别调节“＋mV”、“－mV”调节器，使仪器误差达到技术要求即可。经过上述过程调节，仪器一般就能达到规定的技术要求。

（7）电极在测量前必须用已知 pH 值的标准缓冲溶液进行定位校准，为取得更正确的结果，已知 pH 值要可靠，而且其 pH 值愈接近被测值愈好。

（8）取下电极帽后要注意，在塑料保护栅内的敏感玻璃泡不与硬物接触，任何破损和擦毛都会使电极失效。测量完毕，不用时应将电极帽套上，帽内应放少量补充液，以保持电极球泡的湿润。

（9）复合电极的外参比补充液为 3mol/L 氯化钾溶液（附件有：内装 3mol/L 氯化钾小瓶一只，用户只需加入 60mL 蒸馏水摇匀，此溶液即为外参比补充液），补充液可以从上端小孔加入。

（10）电极的引出端必须保持清洁和干燥，绝对防止输出两端短路，否则将导致测量结果失准或失效。

（11）电极应与输入阻抗较高的酸度计配套，能使电极保持良好的特性。

（12）电极避免长期浸在蒸馏水中或蛋白质和酸性氟化物溶液中，并防止有机硅油脂接触。电极经长期使用后，如发现梯度略有降低，则可把电极下端浸泡在 4%HF（氢氟酸）中 3～5s，用蒸馏水洗净，然后在氯化钾溶液中浸泡，使之复新。

（13）被测溶液中如含有易污染敏感球泡或堵塞液接界的物质，而使电极钝化，其现象是敏感梯度降低，或读数不准。如此，则应根据污染物质的性质，以适当溶液清洗，使之复新。

（14）能溶解聚碳酸树脂的清洗液，如四氯化碳、三氯乙烯、四氢呋喃等，则可把聚碳酸树脂溶解后，涂在敏感玻璃球泡上，而使电极失效，污染物质和清洗剂见表 4-1。

表 4-1 污染物与清洗剂

污染物	清洗剂
无机金属氧化物	低于 1mol/L 稀酸
有机油脂类物	稀洗涤剂（弱碱性）
树脂高分子物质	酒精、丙酮、乙醚
蛋白质血球沉淀物	酸性酶溶液（如干酵母片）
颜料类物质	稀漂白液，过氧化氢

4.3 离子计

(1) PXD-12 型数字式离子计的基本原理 PXD-12 型数字式离子计（图 4-4）是一种精密的二次仪表。它与各种离子选择性电极配用，精密地测量电极在溶液产生的电池电动势。仪器可直读溶液中离子活度的负对数值。仪器亦可作精密酸度计和高输入阻抗的精密毫伏计使用。

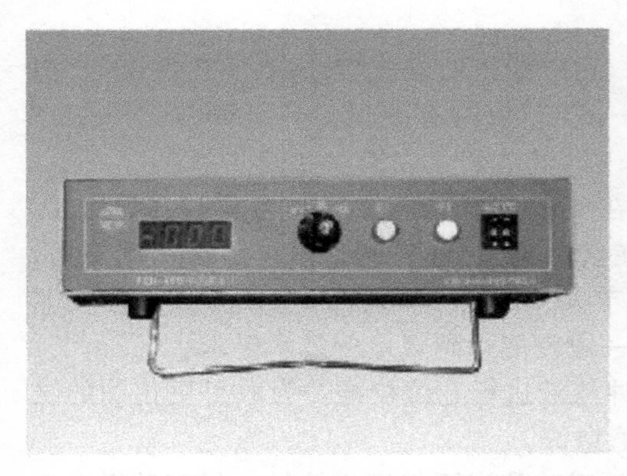

图 4-4 PXD-12 型数字式离子计

(2) PXD-12 型数字式离子计的使用方法

① 将电源开关拨至“AC”位置，按下选择开关“PXI”，转换开关拨至“校零”，预热 20min 使仪器稳定，此时指针应指在零位。

② 仪器自校 将温度补偿调节 20℃，“斜率”至 100% 位置，将转换开关拨至“标准”位置，读数电表的指针应在满刻度。

③ 将参比电极和离子选择电极接好。

④ 仪器校正、（两点定位法） 将电极浸入 10^{-4} mol/L KCl 标准溶液，极性开关拨至“阴”位置，将转换开关拨至“粗测”，调节“定位”，使指针指零，然后将量程选择旋钮拨至“0”位置，转换开关拨至“细测”，调节“定位”，使指针指零，轻按测量开关，使之复原。

取出电极、洗净、吸干，然后浸入到 10^{-3} mol/L 的 KCl 标准溶液中，将转换开关拨至“粗测”位置，按下测量开关，调节斜率调节旋钮指示值等于两标准溶液的 pX 之差的数道（差值为 1），然后先将测量开关复原，再将量程选择拨至适当位置（由粗测定）、将转换开关拨至“细测”位置，按下测量开关，细测斜率调节旋钮使仪器指示的结果准确地等于两标准溶液的 pX 差值。将测量开关复原，测量中不允许再转动斜率调节旋钮。

斜率补偿完毕后，可在此溶液中进行定位，首先将极性开关拨至“阳”，将量程开关拨至适当位置（由这个浓溶液的 pX 值决定），将转换开关拨至“细测”，按下测量开关，调旋钮使仪器读数准确地为此标准溶液的 pX 值，测量开关复原，转换开关至“粗测”，定位完毕。测量过程中，不得再动定位调节旋钮。

(3) 注意事项

① 该仪器的输入阻抗很高，为防止感应信号损坏仪器，与其配合使用的交流仪器都应有良好的接地。

② 仪器配有交、直流两用电源。如仪器使用交流挡时发现仪器不正常，应先检查±9V 电源是否正常；如仪器使用电池，为了保证仪器精度，电池电压不可低于 8V（电池电压为 7.5V 时也可使用，但精度略低）。

③ 仪器在校零的基础上（使用哪一挡，必须在哪一挡校零）进行自校，这时电表的指示应为满度。如校准时指针不在满度，应先检查 pX 挡校准时的温度是否在 20℃，斜率是否在 100% 的位置；再检查电池电压、电源电压是否正常。如不行，可按以下方法进行调节：用电位差计或数字电压表在正、负两挡校准标准电阻各端对地的电压是否为 100mV 和 220mV。若未达到 100mV 和 220mV，此时可分别调整两只电压调节电位器，使电压达到规定值。电压调好后，如电表仍不指示满度，可微调电表上串联的量程电位器，使电表指示满度。

④ 使用本仪器时，必须严格遵循校零、校准、粗测、选择量程、细测的步骤。更换电极和被测溶液前，必须先把“转换”开并拨至“粗测”，并使测量按键复原。切勿在“测量”开关按下时，拔掉电极或更换被测溶液；也不可在“细测”位置时将“测量”按键复原，否则指针将反打或超过满度。

⑤ 电极的插头或插座应清洁、干燥，切勿受潮、沾污，如发现阻抗降低，可用蘸过乙醚的棉花球将这些部位擦干净。高阻电极的测量，除注意输入线屏蔽外，还应避开干扰源。

⑥ 开启仪器后如发现电表指针乱动，首先要仔细检查电池是否接反、电压是否正常、焊头是否脱落、仪器内部接插件是否良好、盐桥是否堵塞后，再开始测量。

⑦ 该仪器是采用从稀到浓的标准溶液来补偿电斜率的，在定斜率时，要注意极性开关的位置，使之正好和测量溶液的 pX 值相反，即正离子置“阴”，负离子置“阳”。斜率定好后，用定位调节器使仪器指示在标准溶液 pX 值上。在以后的测量中，正离子置“阳”，负离子置“阴”。

⑧ 仪器应放在干燥、清洁、无腐蚀性气体的场所。仪器使用完毕，应切断电源。

4.4 电　导　仪

4.4.1 电导仪的基本原理

电导仪的类型很多，基本原理大致相同，这里以 DDS-11 型电导仪为例简述其构造原理及使用方法，同时介绍较新型的 DDS-307 型电导仪的使用方法。

DDS-11 型电导仪由振荡器、放大器和指示器等部分组成。其测量原理可参看图 4-5。

图 4-5 中：E 为振荡器产生的标准电压；R_x 为电导池的等效电阻；R_m 为标准电阻器；E_m 为 R_m 上的交流分压。

由欧姆定律及图 4-5 可得：

$$E_m=\frac{R_m}{R_m+R_x}E=\frac{R_mE}{R_m+\frac{1}{G}}$$

由此可见，当 R_m、E 为常数时，溶液的电导度有所改变时（即电阻值 R_x 发生变化时），必将引起 E_m 的相应变化，因此测 E_m 的值就反映了电导（G）的高低。E_m 讯号经放大检波后，由 0～1mA 电表改制成的电导度表头直接指示出来。

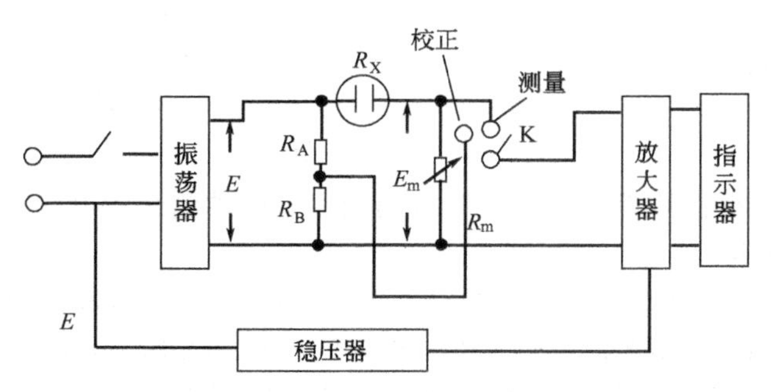

图 4-5　DDS-11 型电导仪原理示意图

4.4.2 电导仪的使用方法

(1) DDS-11 电导仪的使用方法　DDS-11 电导仪的板面图如图 4-6(a) 所示。为保证测量准确及仪表安全，必须按以下各点操作。

① 通电前，检查表针是否指零，如不指零，可调整表头调整螺丝，使表针指零。

当电源线的插头被插入仪器的电源孔（在仪器的背面）后，开启电源开关，灯即亮。预热后即可工作。

② 将范围选择器 5 扳到所需的测量范围（如不知被测量的大小，应先调至最大量程位量，以免过载使表针打弯，以后逐挡改变到所需量程）。

③ 连接电板引线。被测定为低电导（$5\mu\Omega^{-1}$以下）时，用光亮铂电极；被测液电导在 $5\mu\Omega^{-1}\sim150\text{m}\Omega^{-1}$时，用铂黑电极。

④ 将校正测量换挡开关扳向“校正”，调整校正调节器 6，使指针停在指示电表 8 中的倒立三角形处。

将开关 4 扳向“测量”，将指示电表 8 中的读数乘以范围选择器 5 上的倍率，即得被测溶液的电导度。在测量中要经常检查“校正”是否改变，即将开关 4 扳向“校正”时，指针是否仍停留在倒立三角形处。

（2）DDS-307 型电导仪的使用方法 仪器外形及各部件的功能，见图 4-6(b)。

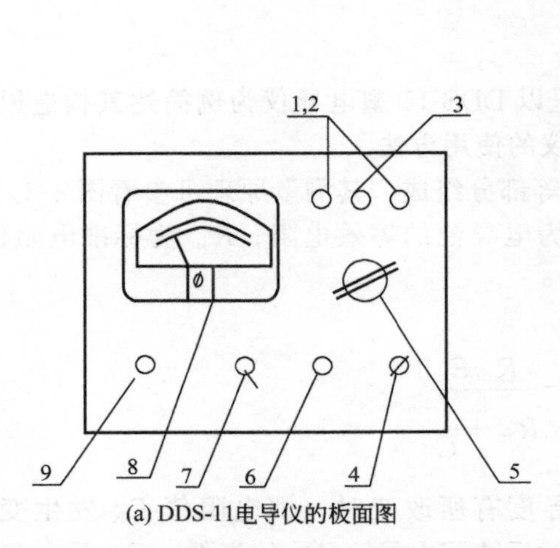

(a) DDS-11电导仪的板面图

1，2—电极接线柱；3—电极屏蔽线接线柱；
4—校正测量换挡开关；5—范围选择器；
6—校正调节器；7—电源开关；
8—指示电表；9—指示灯

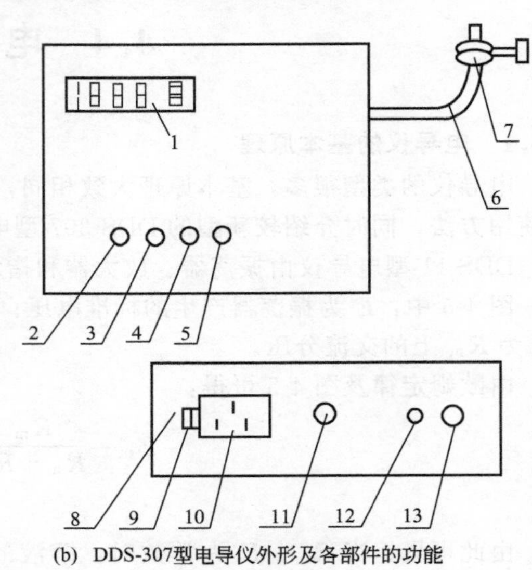

(b) DDS-307型电导仪外形及各部件的功能

1—显示屏；2—温度补偿调节器；3—常数选择开关；
4—校正钮；5—量程开关；6—电极支架；
7—固定圈；8—后面板；9—电源开关；
10—三芯电源插座；11—保险丝管插座；
12—输出插口；13—电极插座

图 4-6 电导仪

① 电极的选用 根据测量范围表中参改测量值，按被测介质电导率（电阻率）的高低，选用不同常数的电导电极。

被测介质电导率小于 $1\mu\text{S/cm}$（电阻率大于 $1\text{m}\Omega\cdot\text{cm}$），用常数为 0.01 的钛合金电极测量时，应加测量槽作流动测量。测量介质电导率大于 $100\mu\text{S/cm}$（电阻率大于 $10\text{k}\Omega\cdot\text{cm}$）以上时，宜用常数为 1 或 10 的镀铂黑电导电极以增大吸附面、减少电极极化影响。

② 调节“温度”旋钮 用温度计测出被测介质的温度后，把“温度”旋钮置于相应的介质温度刻度上。

注：若把旋钮置于 25℃线上，即为基准温度下补偿，也即无补偿方式。

③“常数选择”开关位置　若选用 $0.01cm^{-1}\pm20\%$ 常数的电极，则置于 0.01 处。若选用 $0.1cm^{-1}\pm20\%$ 常数的电极，则置于 0.1 处。若选用 $1cm^{-1}\pm20\%$ 常数的电极，则置于 1 处。若选用 $10cm^{-1}\pm20\%$ 常数的电极，则置于 10 处。

④ 常数的设定及“校准”调节　量程开关置于“检查”挡：对 $0.01cm^{-1}$ 钛合金电极，电极选择开关置于 0.01 处；若常数为 0.0095，则调节“校正”钮使显示值为 0.950。对 $0.1cm^{-1}$ 常数的 DJS-0.1C 型光亮电极，电极选择开关置于 0.1 处；若常数为 0.095，则调节“校正”钮使显示值为 9.50。对 $1cm^{-1}$ 常数的 DJS-1C 型电极，电极选择开关置于 1 处；若常数为 0.95，则调节“校正”钮使显示值为 95.0。

⑤ 对 $10cm^{-1}$ 常数的 DJS-10C 型电导电极，电极选择开关置于 10 处；若常数为 9.5，则调节“校正”钮使显示值为 950。把“量程”开关扳在测量挡，使显示值尽可能在 100～1000 之间。同时把电极插头插入插座，使插头的凹槽对准插座的凸槽，然后用食指按一下插头顶部，即可插入（拔出时捏住插头的下部，往上一拔即可）。然后把电极浸入介质，进行测量。

4.4.3　注意事项

（1）在测量高纯水时应避免污染。因温度补偿系采用固定的 2% 的温度系数补偿，故对高纯水测量尽量采用不补偿方式进行测量后查表。

（2）为确保测量精度，电极使用前应用小于 $0.5\mu S/cm$ 的蒸馏水（或去离子水）冲洗两次，然后用被测试样冲洗三次后方可测量。

（3）电极插头座绝对防止受潮，以避免造成不必要的误差。电极应定期进行标定常数。

（4）电极常数测定法中的参比溶液法过程为：清洗电极；配制标准溶液，配制的成分和标准电导率见表 4-2；把电导池接入电桥（或电导仪），控制溶液温度为 25℃；把电极浸入标准溶液中；测出电导池电极间电阻 R；按式 $J=KR$ 计算电极常数 J，式中，K 为溶液已知电导率（查表可得）。

表 4-2　KCl 标准浓度及其电导值　　单位：S/cm

温度/℃ \ 浓度	1D	0.1D	0.01D	0.001D
15	0.09212	0.010455	0.0011414	0.0001185
18	0.09780	0.011168	0.0012200	0.0001267
20	0.10170	0.011644	0.0012737	0.0001322
25	0.11131	0.012852	0.0014083	0.0001465
35	0.13110	0.015351	0.0016876	0.0001765

注：表中 D 的换算如下。1D 为 20℃下每升溶液中 KCl 为 74.2460g。0.1D 为 20℃下每升溶液中 KCl 为 7.4365g。0.01D 为 20℃下每升溶液中 KCl 为 0.7440g。0.001D 为 20℃将 100mL 的 0.01D 溶液稀释至 1L。

4.5　电位差计

4.5.1　电位差计的基本原理

（1）工作原理图　电位差计的工作原理如图 4-7(a) 所示，根据电压补偿法，先使标准电池 E_n 与测量电路中的精密电阻 R_n 的两端电势差 U_{st} 相比较，再使被测电势差（或电压）E_x 与准确可变的电势差 U_x 相比较，通过检流计 G 两次指零来获得测量结果。电压补偿原理也可从电势差计的“校准”和“测量”两个步骤中理解。

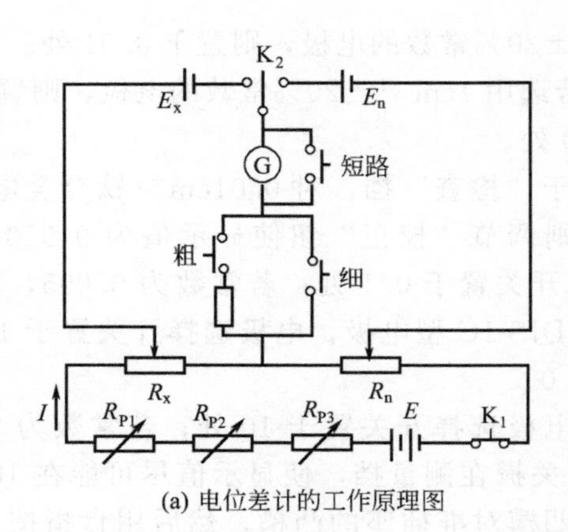

(a) 电位差计的工作原理图

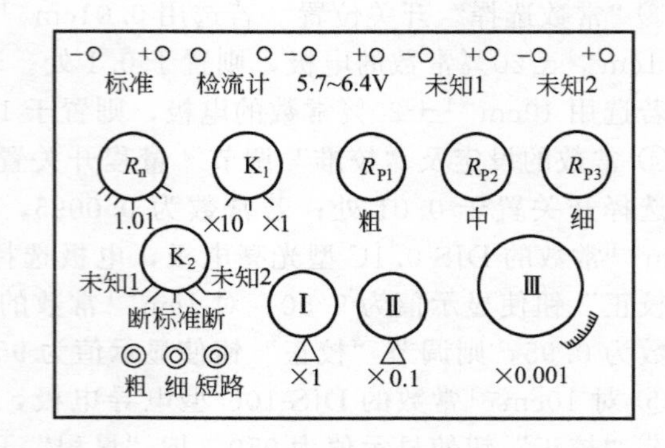

(b) UJ31型电位差计

图 4-7 电位差计

(2) 电位差计的校准 将 K_2 打向"标准"位置，检流计和校准电路连接，R_n 取一预定值，其大小由标准电池 E_S 的电动势确定；把 K_1 合上，调节 R_P，使检流计 G 指零，即 $E_n=IR_n$，此时测量电路的工作电流已调好为 $I=E_n/R_n$。校准工作电流的目的：使测量电路中的 R_x 流过一个已知的标准电流 I_o，以保证 R_x 电阻盘上的电压示值（刻度值）与其（精密电阻 R_x 上的）实际电压值相一致。

(3) 电位差计的测量 将 K_2 打向"未知"位置，检流计和被测电路连接，保持 I_o 不变（即 R_P 不变），K_1 合上，调节 R_x，使检流计 G 指零，即有 $E_x=U_x=I_oR_x$。

由此可得 $E_x=\frac{E_n}{R_n}R_x$。由于箱式电位差计面板上的测量盘是根据 R_x 电阻值标出其对应的电压刻度值，因此只要读出 R_x 电阻盘刻度的电压读数，即为被测电动势 E_x 的测量值。所以，电位差计使用时，一定要先"校准"，后"测量"，两者不能倒置。

(4) UJ31 型电位差计 UJ31 型箱式电位差计是一种测量低电势的电位差计，其测量范围为 1μV～17.1mV（K_1 置×1 挡）或 10μV～171mV（K_1 置×10 挡）。使用 5.7～6.4V 外接工作电源，标准电池和灵敏电流计均外接，其面板图如图 4-7(b) 所示。

调节工作电流（即校准）时分别调节 R_{P1}（粗调）、R_{P2}（中调）和 R_{P3}（细调）三个电阻转盘，以保证迅速准确地调节工作电流。R_n 是为了适应温度不同时标准电池电动势的变化而设置的，当温度不同引起标准电池电动势变化时，通过调节 R_n，使工作电流保持不变。R_x 被分成Ⅰ（×1）、Ⅱ（×0.1）和Ⅲ（×0.001）三个电阻转盘，并在转盘上标出对应 R_x 的电压值，电位差计处于补偿状态时，可以从这三个转盘上直接读出未知电动势或未知电压。左下方的"粗"和"细"两个按钮，其作用是：按下"粗"按钮，保护电阻和灵敏电流计串联，此时电流计的灵敏度降低；按下"细"按钮，保护电阻被短路，此时电流计的灵敏度提高。K_2 为标准电池和未知电动势的转换开关。标准电池、灵敏电流计、工作电源和未知电动势 E_x 由相应的接线柱外接。

4.5.2 电位差计的使用方法

(1) UJ31 型电位差计的使用方法

① 将 K_2 置到"断"、K_1 置于"×1"挡或"×10"挡（视被测量值而定），分别接上标准电池、灵敏电流计、工作电源。被测电动势（或电压）接于"未知 1"（或"未知 2"）。

② 根据温度修正公式计算标准电池的电动势 $E_n(t)$ 的值，调节 R_n 的示值与其相等。将 K_2 置"标准"挡，按下"粗"按钮，调节 R_{P1}、R_{P2} 和 R_{P3}，使灵敏电流计指针指零，再按下"细"按钮，用 R_{P2} 和 R_{P3} 精确调节至灵敏电流计指针指零。此操作过程称为"校准"。

③ 将 K_2 置“未知 1”（或“未知 2”）位置，按下“粗”按钮，调节读数转盘Ⅰ、Ⅱ使灵敏电流计指零，再按下“细”按钮，精确调节读数转盘Ⅲ使灵敏电流计指零。读数转盘Ⅰ、Ⅱ和Ⅲ的示值乘以相应的倍率后相加，再乘以 K_1 所用的倍率，即为被测电动势（或电压）E_x。此操作过程称作“测量”。

(2) SDC-2 数字电位差综合测试仪（图 4-8）**的使用方法**

① 开机　用电源线将仪表后面板的电源插座与交流 220V 电源连接，打开电源开关（ON），预热 15min 再进入下一步操作。

② 以内标为基准进行测量

a. 将“测量选择”旋钮置于“内标”。

b. 将“10^0”位旋钮置于“1”，“补偿”旋钮逆时针旋到底，其他旋钮均置于“0”，此时，“电位指标”显示“1.00000”V，若显示小于“1.00000”V，可调节补偿电位器以达到显示“1.00000”V，若显示大于“1.00000”V，应适当减小“10^0 ～ 10^{-4}”旋钮，使显示小于“1.00000”V，再调节补偿电位器以达到“1.00000”V。

c. 待“检零指示”显示数值稳定后，按一下[采零]键，此时，“检零指示”显示为“0000”。

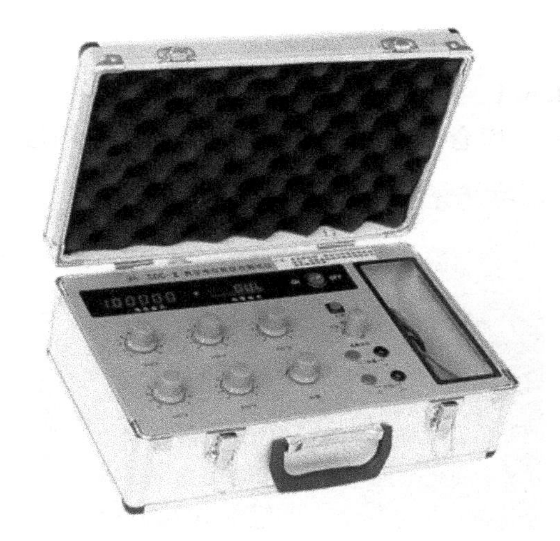

图 4-8　SDC-2 数字电位差综合测试仪

d. 将“测量选择”置于“测量”。

e. 用测试线将被测电动势按“＋”、“－”极性与“测量插孔”连接。

f. 调节“10^0～10^{-4}”五个旋钮，使“检零指示”显示数值为负且绝对值最小。

g. 调节“补偿旋钮”，使“检零指示”显示为“0000”，此时，“电位显示”数值即为被测电动势的值。

③ 以外标为基准进行测量

a. 将已知电动势的标准电池按“＋”、“－”极性与“外标插孔”连接。

b. 将“测量选择”旋钮置于“外标”。

c. 调节“10^0～10^{-4}”五个旋钮和“补偿”旋钮，使“电位指示”显示的数值与外标电池数值相同。

d. 待“检零指示”数值稳定后，按一下[采零]键，此时，“检零指示”显示为“0000”。

e. 拔出“外标插孔”的测试线，再用测试线将被测电动势按“＋”、“－”极性接入“测量插孔”。

f. 将“测量选择”置于“测量”。

g. 调节“10^0～10^4”五个旋钮，使“检零指示”显示数值为负且绝对值最小。

h. 调节“补偿旋钮”，使“检零指示”为“0000”，此时，“电位显示”数值即为被测电动势的值。

④ 关机　将所有旋钮逆时针旋到底，关闭电源，然后拔下电源插头。

4.5.3　注意事项

(1) 测量过程中，若“检零指示”显示溢出符号“OU.L”，说明“电位指示”显示的数值与被测电动势值相差过大。

（2）电阻箱 10^{-4} 挡值若稍有误差，可调节“补偿”电位器达到对应值。
（3）仪器应在通风、干燥、无腐蚀性气体的环境下使用。
（4）不宜放置在高温环境，避免靠近发热源如电暖气或炉子等。

4.6 库仑滴定仪

4.6.1 库仑滴定仪的基本原理

库仑分析法是根据待测物质在电解过程中所消耗的电量来求得该物质的方法，也称为电量分析法，它分为控制电流库仑滴定法（控制电流电解）、控制电位库仑分析法（控制电位电解）。使用仪器为库仑滴定仪（见图 4-9）。

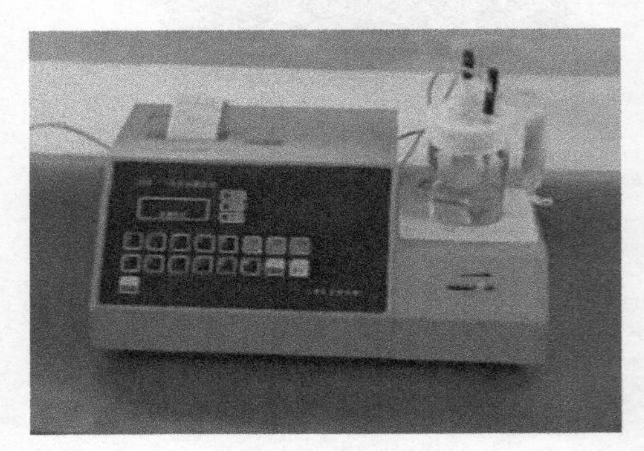
图 4-9 库仑滴定仪

（1）法拉第电解定律 库仑分析法的定量依据是法拉第（Faraday）定律：

$$m=\frac{M}{nF}Q=\frac{M}{nF}it$$

式中，m 为电解析出物质的质量，g；M 为析出物质的摩尔质量，g/mol；n 为电极反应中的电子转移数；F 为法拉第常数，96485c/mol；Q 为通过电解池的电量；i 为通过电解池的电流强度，A；t 为电解进行的时间，s。

（2）仪器装置 图 4-10 中 1 为工作电极——产生滴定剂的电极（Pt 工作电极）；2 为辅助电极——为避免在滴定过程中产生干扰，通常用玻璃套管与工作电极隔开；3 和 4 为指示电极，与之连接的电路为指示终点的装置。G 为检流计。

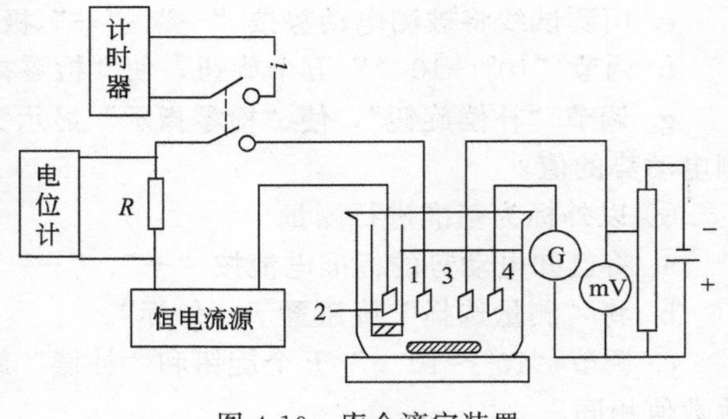

图 4-10 库仑滴定装置

（3）指示终点的方法

① 指示剂法 库仑分析中所使用的指示剂如甲基橙、酚酞、百里酚酞、I_2-淀粉等，要求所用的指示剂不起电极反应。

以测定肼为例：在试液中加入大量辅助电解质 KBr，并加几滴甲基橙。

电解时的电极反应为：

$$\text{Pt 阴极} \qquad 2H^{+}+e^{-} \longrightarrow H_2$$

$$\text{Pt 阳极} \qquad 2Br^{-} \longrightarrow Br_2+2e^{-}$$

电极上产生的 Br_2 与溶液中的肼起反应

$$NH_2-NH_2+2Br_2 = N_2+4HBr$$

当试液中的肼反应完全后，过量的 Br_2 使甲基橙褪色指示终点，停止电解。

② 电位法 与电位滴定相同，库仑滴定也用电位法来指示滴定终点，在电解池中，另

配指示电极与参比电极作为指示系统。

③ 死停终点法　在电解池中插入两个 Pt 电极作指示电极，并在这两个电极上加一个 50～200mV 的小恒电压，在线路中串联一个灵敏的检流计 G，滴定到达终点时，由于溶液中形成一对可逆电对或一对可逆电对消失，使铂电极的电流发生变化或停止变化，指示终点到达，这种指示终点的办法称为死停终点法。

【例】 测定 AsO_3^{3-} 含量时，可以在 0.1mol/L $NaHCO_3$ 介质、0.2mol/L KI 辅助电解质中，电解产生的 I_2 滴定剂滴定 AsO_3^{3-}，两个工作电极都是 Pt 电极。

电极反应为：　　　阴极　$2H^+ + 2e^- \!=\!=\!= H_2$

　　　　　　　　　阳极　$2I^- \!=\!=\!= I_2 + 2e^-$

电解产生的 I_2 立即与溶液中的 AsO_3^{3-} 反应：

$$AsO_3^{3-} + I_2 + H_2O \!=\!=\!= AsO_4^{3-} + 2I^- + 2H^+$$

计量点前，溶液中只有 I^- 而不存在 I_2，只有可逆电对的一种状态，指示线路中无电流通过，检流计的光点停在零点（溶液中 AsO_4^{3-}/AsO_3^{3-} 为不可逆电对，有过电位）。

当 AsO_3^{3-} 反应完毕，溶液中有剩余 I_2，则产生 I_2/I^- 可逆电对，所加小电压可使 I^- 和 I_2 在指示电极上发生电极反应。

指示阴极　$I_2 + 2e^- \longrightarrow 2I^-$

指示阳极　$2I^- \longrightarrow I_2 + 2e^-$

检流计上有电流通过，检流计光点突然有较大的偏转，而指示终点到达。

死停终点法常用于氧化还原滴定体系，特别是以电生卤素为滴定剂的库仑滴定中应用最广。

4.6.2 库仑滴定仪的使用方法

以 YS-2A 微库仑仪为例。

(1) 仪器通电检查　通电 1h 时后可进行下述步骤。仪器的标定：清洗好电解池，在电解池阳极室加入 100mL 电解液（16.6g KI 和 0.1g Na_2CO_3 溶于 1L pH9.0 的缓冲溶液中），阴极室加入 5mL pH9.0 的缓冲溶液，并连接好相应的电解电极。

(2) 开搅拌器　搅拌速度要稳定，电解电流量程选择 100μA，工作选择挡：自动挡，补偿为零，按下“测量 2”键，观察指针偏转情况，如果指针偏向 10μA 以下，可加入适当标准样进行电解，直至电解完毕，反复几次，使电解液稳定。

(3) 标准溶液的测定　电解液稳定后，按下“时间选择”50s，按启动键，延时指示灯亮，用注射器注入 1mL 标准溶液，延时时间到，延时灯灭，开始电解，电解完毕记下电量，再延时 25s，如延时指示灯灭后，不再重新计数，测量指针在 10μA 左右不动即可。重复几次，求出平均值。

(4) 样品分析　按照（3）测量标准溶液方法进行样品分析，重复几次，求得电量平均值，即为样品含量。

(5) 关机　关搅拌器，清洗电极和电解池。

4.6.3 注意事项

(1) 确保滴定仪各部分插口密封，当漂移稳定时间太长或滴定迟迟不能到达终点时，尤需检查密封情况。

(2) 如指示电极被污染，可以用擦洗剂（氧化铝或牙膏）小心除去后再用乙醇清洗或用

30% HNO_3 浸泡过夜或超声波（5min）-水清洗-无水乙醇或甲醇清洗；再生电极如被油类污染，可以用有机溶剂如已烷清洗后再用乙醇清洗；如被盐类沉淀物污染，则先用水清洗后再用乙醇清洗。

（3）干燥管中分子筛会在2～12周内失效，这取决于空气的湿度及使用频率，此时必须把分子筛放到干燥箱内160～200℃烘至少24h来再生。

（4）滴定仪清洗后干燥条件：①电风机吹干；②干燥箱烘干（小于70℃）。

4.7 极 谱 仪

4.7.1 极谱仪的基本原理

极谱仪及极谱分析原理见图4-11和图4-12。极谱分析是应用浓差极化现象来测量溶液中待测离子的浓度的。在电流密度较大，不搅拌或搅拌不充分的条件下，由于电解反应电极表面周围的离子浓度迅速降低，溶液本体中离子来不及扩散到电极表面进行补充，而会致使电极表面附近离子浓度降低。由于电极附近待测离子浓度的降低而使电极电位偏离原来的平衡电位的现象称为极化现象。这种由于电解时在电极表面的浓度差异而引起的极化现象称为浓差极化。当外加电压较大时，电极表面周围的待测离子浓度会降为零。此时电流不会随外加电压的变化而变化，而完全由待测离子从溶液本体向电极表面的扩散速度决定，并达到一个极限值，称为极限扩散电流。极限扩散电流与溶液中待测离子浓度成正比，这就是极谱分析的依据。

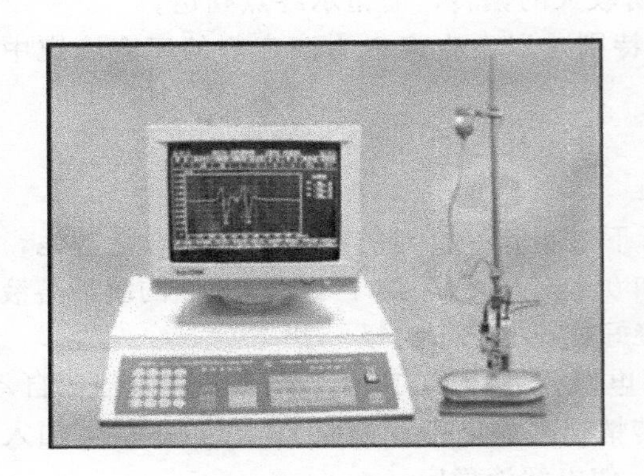

图4-11 极谱仪

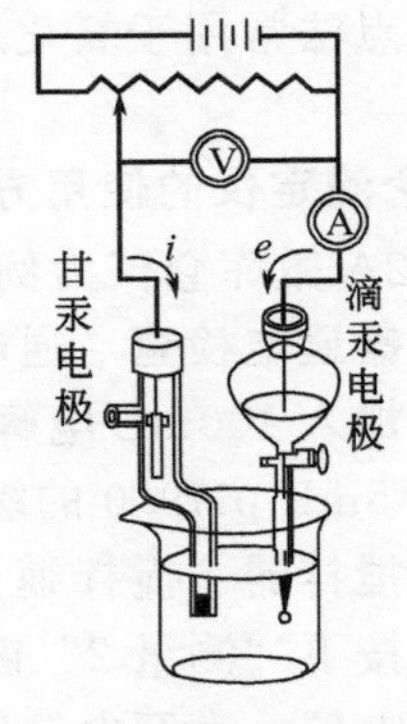

图4-12 极谱分析原理图

（1）滴汞电极 在极谱分析中常用的滴汞电极见图4-13。

（2）极谱曲线——极谱波（图4-14） 极谱分析中的电流-电压曲线（又称极谱波）是极谱分析中的定性、定量依据。

外加电压E小于待测离子分解电压，无反应发生，只有微弱电流（残余电流）通过。如图4-14中①～②段。

外电压增加，达到待测离子的分解电压，有电解反应发生。电解池开始有微小电流通过，如图4-14中②点。

外电压继续增大，电解反应加剧，电解池中电流也加剧，如图4-14中②～④段。此时，滴汞电极汞滴周围的离子浓度迅速下降而低于溶液本体中的离子浓度，于是溶液本体中离子向电极表面扩散以使电解反应继续进行。这种离子不断扩散、不断电解而形成电流称为扩散电流。这时在溶液本体与电极表面之间形成一扩散层（图 4-15）。

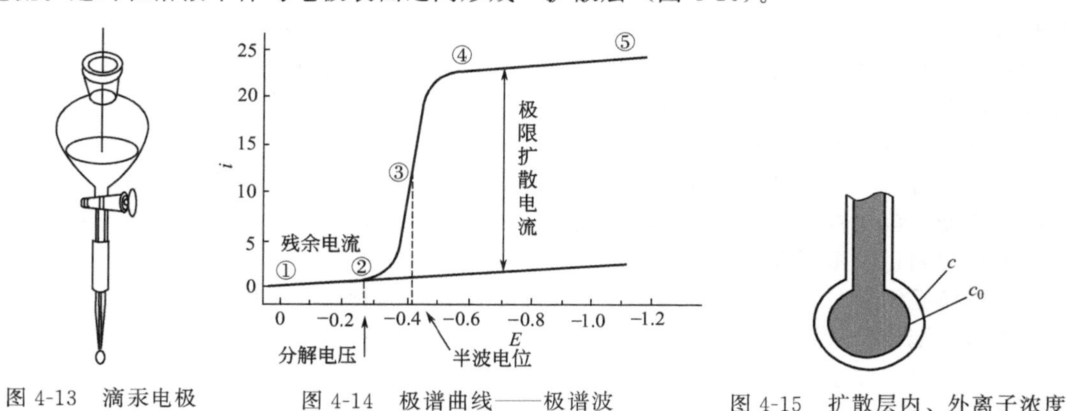

图 4-13　滴汞电极　　图 4-14　极谱曲线——极谱波　　图 4-15　扩散层内、外离子浓度

当外电压增大到一定值时，c_0 非常小，相对 c 而言可忽略，电流大小完全为溶液中待测离子浓度控制，如图 4-14 中④～⑤段，有：

$$i_{\mathrm{d}}=kc$$

i_{d}为极限扩散电流。

可见，极限电流与溶液中待测离子浓度呈正比。这是极谱分析的定量基础。极谱图上的极限电流不完全由浓差极化而得，它还包括残余电流（i_{r}），因此极限电流减去残余电流即得到极限扩散电流（i_{d}）。

极谱图上扩散电流为极限扩散电流一半时的滴汞电极的电位为半波电位（$E_{1/2}$）。当溶液的组成和温度一致时，每种物质的半波电位是一定的，不随其浓度的变化而变化，这是定性的依据。

4.7.2　极谱仪的使用方法

JP-1A 型示波极谱仪的操作程序如下。

（1）开电源开关，预热 10min。

（2）调整储汞瓶至合适高度，接上电解池（不可在接通电源前接电解池，以免损坏毛细管）。

（3）调节光亮度：调节光亮度旋钮，使光点在荧光屏适当位置，左右两个指示灯亮。

（4）选择合适的极化开关（通常为阴极化），选择合适的电极系统（通常为三电极）。

（5）选择合适的原点电位和电流倍率。

（6）如有必要，调节前期补偿、电容补偿和斜度补偿。

（7）对电解池增加合适的测量电压，并记录极谱图。

（8）实验完毕，先取下电解池，冲洗电极，用滤纸擦干，放下储汞瓶，关电源（切不可先关电源，后取下电解池）。

JP-303 型极谱分析仪操作程序如下。

（1）使用前先检查仪器各个连接是否正常，然后开机，仪器会进入自检，正常后根据命令提示选择运行程序并设定操作参数。

（2）执行运行命令，仪器进入测试运行状态。

（3）处理数据、保存或打印数据。

（4）移开电解池，冲洗电极，再用滤纸擦干，让毛细管汞滴滴落几滴，再把汞池缓慢降落至限位杆处，使毛细管口保持半滴汞滴；然后把毛细管单独浸入蒸馏水中保存。

4.7.3　注意事项

（1）绝对不许在插上电解池插头、电极浸在电解池中的情况下开机或关机，由于在开机或关机的瞬间，电解池两端会出现很高的电压，使浸在电解池中毛细管孔立即遭到破坏，只能在开机之后，荧光屏上已出现扫描线，才能放心地将电极浸入电解池。

(2) 每次开机之前，应检查甘汞电极的下端是否有气泡，若有气泡，应当小心地取下甘汞电极，排除其中的气泡。汞为剧毒物品，故使用安全特别重要，使用者必须详细参阅说明书或者经过培训后，方可独立操作。

(3) 测量时，三支电极应该处于电解池中部，不可与池壁接触，以免影响测量重现性。

(4) 仪器应该放置于不受外界震动影响的坚固工作台上，工作时应该尽量避免外界的震动，以免影响测量的重现性。

(5) 更换毛细管时，在接近滴汞电极处反复挤压输汞软管，务必排出滴汞电极不锈钢接口处的全部气泡。

(6) 加汞时，注意谨慎操作，不要把汞洒落地面。

4.8 电位滴定仪

(1) 电位滴定仪的基本原理 电位滴定仪是根据工作电池电动势在滴定过程中的变化来确定滴定终点的一种滴定分析仪器。

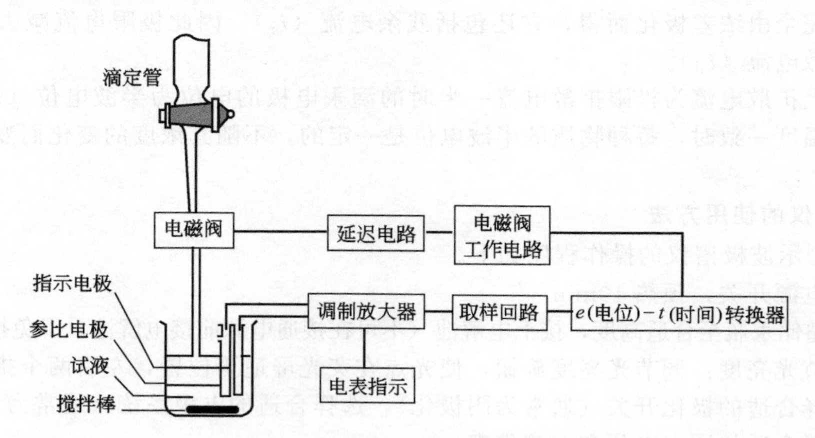

图 4-16 ZD-2 型自动电位滴定计原理图

电位滴定计原理如图 4-16 所示。它包括滴定管、滴定池、指示电极、参比电极、搅拌器和测量电动势的仪器。测量电动势可用电位计，也可以用直流毫伏计。进行电位滴定时，在待测溶液中插入一支指示电极和一支参比电极组成工作电池。随着滴定剂的加入，由于发生化学反应，待测离子的浓度将不断发生变化，因而指示电极的电位也发生相应的变化，在化学计量点附近，离子浓度发生突变，引起电位的突变，因此通过测量工作电池电动势的变化，就能确定滴定终点。溶液用电磁搅拌器进行搅拌。通常每加入一定量的滴定剂后即测量一次电池电动势，这样就得到一系列的滴定剂用量（V）和相应的电池电动势（E）的数据。

(2) 电位滴定仪的使用方法 与 DZ-1 型滴定装置配套使用。

① 两台仪器各自接好电源，用配套连线将两台仪器连接。

② 将滴定管安装好，橡胶管穿过电磁控制阀中弹簧片与电磁铁之间的空隙，其上端套在滴定管下口上，下端套在滴定毛细管上口上，毛细管固定在电极夹上。

③ 调节电磁阀的滴定速度。

④ 分别将指示电极、参比电极和温度计等固定在电极夹上。

⑤ 在滴定管中加好标准溶液，并使橡胶管及滴定毛细管中充满标准溶液。

⑥ 将装有试液和搅拌棒的烧杯放在搅拌器上，将电极浸入烧杯中。

⑦ 开启 ZD-2 电位滴定计的电源开关，预热 20min 左右。

⑧ 开启 DZ-1 滴定装置的电源开关以及搅拌开关，调节搅拌速度。

⑨ 将工作开关拨至“滴定”位置，开启电磁阀开关。

⑩ 按下读数开关，旋动校正旋钮，根据不同的滴定实验，使指针指在 pH7 或左零位或右零位。

⑪ 将选择开关拨至“终点”位置，旋动预定终点调节旋钮，此时终点指示灯亮，滴定指示灯亦亮，并随着滴定过程时亮时暗，当电表指针到达预定终点的 pH 或 mV 时，终点指示灯熄灭，滴定停止，读取并记下滴定管读数。

⑫ 关闭电源，取下电极并清洗，妥善保存。

(3) 注意事项

① 实验开始前，一定要将管路用标准溶液润洗。

② 滴定过程中要充分搅拌。

③ 每次换溶液时，都必须用蒸馏水冲洗电极数次，并用吸水纸轻轻吸干。

4.9 恒电位仪

(1) 恒电位仪的基本原理 HDV-7 型恒电位仪［图 4-17(a)］是一个负反馈放大-输出系统，与研究对象构成闭环调节，通过参比电极测量通电点电位，作为取样信号与控制信号进行比较，实现控制并调节极化电流输出，使通电点电位得以保持在设定的控制电位上。其过程是：不管什么原因——供电系统电压波动，环境介质导电性变化，或电路参数漂移——使输出增大，导致通电点电位上升，则取样信号增大，取样信号是加在恒电位仪比较放大的反相输入端，与接在正相输入端控制信号比较后使放大器放大倍数下降，控制极化电源输出减小，使通电点电位下降，回复到原设定的控制电位值上；同样，如果什么原因使通电点电位下降，参比电极得到的取样信号下降，经过与控制信号比较使放大器放大倍数上升，控制极化电源输出增大，通电点电位上升，回复到原设定的控制电位值上。也就是当外部或内部任何原因造成研究对象对地电位变化时，恒电位仪都能相应地增大或减小输出把变化的电位拉回来，使通电点电位保持不变。误差一般在 5mV 以下。正因其有使通电点电位保持近于恒定的性质，因此称为恒电位仪。

恒电位仪的核心是比较放大器，由深度负反馈的差动放大器构成，现在一般采用性能优良的集成运算放大器担任，其输入是控制和参比（取样）电路，输出到跟随放大、控制移相、振荡等电路生成触发脉冲，极化电源由晶闸管整流电路构成，通过改变导通角实现调节输出。HDV-7 型恒电位仪具有控制电位或控制电流的阴、阳极极化曲线，循环伏安曲线，常规极谱分析自腐蚀电位等方法，HDV-7C 晶体管恒电位仪配直流示波器和 X、Y 函数记录仪可作多种静态实验和动态实验，适用于电极过程动力学、电分析、电解、电镀、金属腐蚀等测试实验。

(2) HDV-7 型恒电位仪的使用方法

① HDV-7 型恒电位仪面板如图 4-17(b) 所示。仪器面板的“研究”接线柱和“*”接

线柱分别用两根导线接电解池的研究电极；“参比”接线柱接电解池参比电极；“辅助”接线柱接电解池辅助电极。

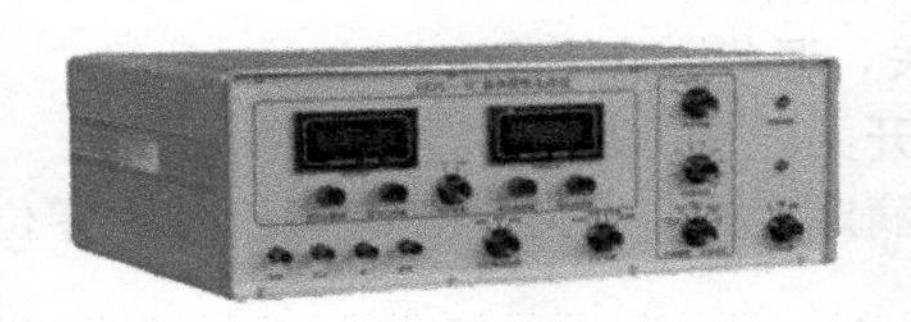

(a) HDV-7型恒电位仪

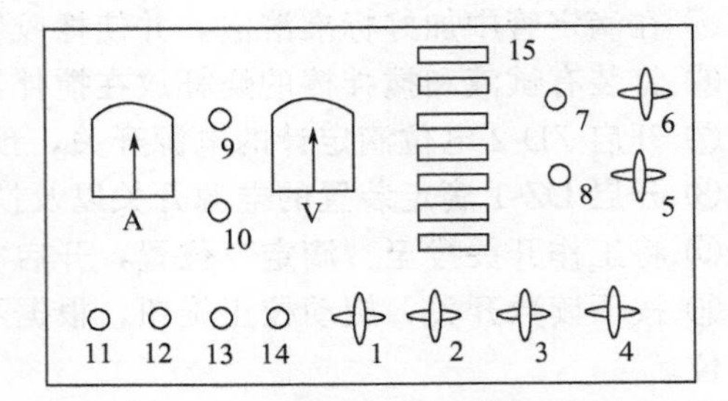

(b) HDV-7型恒电位仪面板图

图 4-17 恒电位仪

1—电流量程；2—电位测量选择；3—工作选择；4—电源开关；5—补偿增益；
6—补偿衰减；7—恒电位粗调；8—恒电位细调；9—恒电流粗调；
10—恒电流细调；11—辅助；12—参比；13—＊；14—研究；
15—电位量程

② 外接电流表应接在“辅助”与电解池辅助电极之间。

③ 仪器通电前，电位量程应置“－3～＋3V”挡，“补偿衰减”置“0”，“补偿增益”置 1。

④“工作选择”置“恒电位”，“电源开关”置“自然”挡，指示灯亮，预热 15min。

⑤“电位测量选择”置“调零”挡，旋动“调零”电位器使电压表指“0”。“电位测量选择”置“参比”挡时，电压表指示的是研究电极相对参比电极的稳定电位值（自然电位）。“电位测量选择”置“给定”挡时，电压表指示的是欲选择的研究电极相对于参比电极的电位（给定电位）。

⑥ 调节“给定电位”等于“自然电位”，“电源开关”置“极化”挡，仪器即进入恒电位极化工作状态。调节“恒电位粗调”和“恒电位细调”即可按要求进行恒电位极化实验。

(3) 注意事项

① 严格进行电极处理。

② 每次做完测试后，应在确认恒电位仪或电化学综合测试系统在非工作的状态下，关闭电源，取出电极。

4.10 电化学工作站

(1) 电化学工作站原理 电化学分析仪/工作站为通用的电化学测量系统，它将恒电位仪、恒电流仪和电化学交流阻抗分析仪有机地结合，不仅可以做三种基本功能的常规实验，也可以做基于这三种基本功能的程式化实验。在分析测试过程中，既能检测电压、电流、容量等基本电化学参数，又能检测体现电化学反应机理的交流阻抗参数，从而完成对多种状态下电化学反应参数的跟踪和分析。

电化学工作站通常由恒电位仪/恒电流仪、数字信号发生器、数据采集和记录装置以及电解池系统组成。图 4-18 为 CHI600E 电化学工作站设计原理图。该工作站由微型计算机控制进行测量，微机系统的数字信号可以通过数模转换器（DAC）而转换成能用于控制恒电位仪/恒电流仪的模拟信号；DAC 能够产生与输入数字成比例的模拟电压，从而实现信号发生器的功能。同时DAC产生的模拟信号可以完全按照程序设定的时序输出，同步性和精确度都远远高于模拟信号发生器；而恒电位仪/恒电流仪输出的响应信号，如电流、电压以及电量等模拟量可以通过模数转换器（ADC）转换成与输入电压信号成比例的数字信号，从而生产可以由计算机识别的数字量并存储在计算机的存储器中，此过程称为数据采集过程。采集的数据再通过计算机程序进行分析处理，得出分析结果。在视窗操作系统下微型计算机的控制功能也在电化学池的控制中得到充分体现，可以实现多种电化学操作，如产生各种电压波形、进行电压和电流的采样、控制电解池的通和断、灵敏度的选择、滤波器的设置、iR降补偿的正反馈量、电解池的除氧和通氮、控制汞滴的生长和静态滴汞电极的敲击以及旋转电极的控制等，与实验操作严格同步。

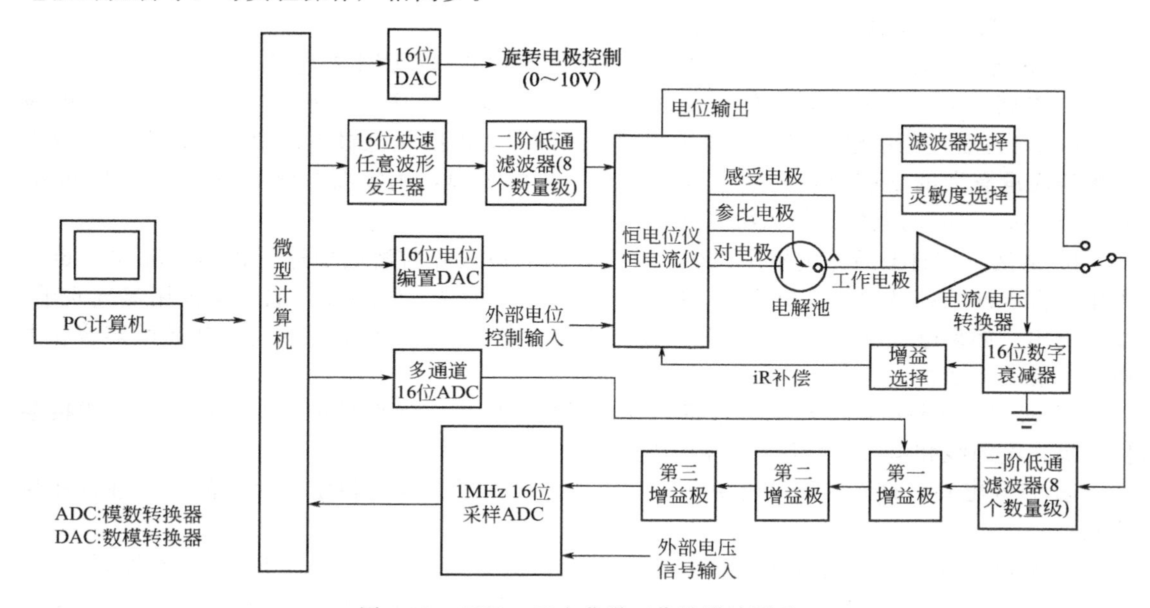

图4-18　CHI600E电化学工作站设计原理

该工作站电解池部分通常采用三电极方式：工作电极、参比电极和对电极。也可以采用四电极方式，该方式可用于液/液界面电化学测量，对于大电流或者低阻抗电解池也十分重要，可以消除由于电缆盒接触电阻引起的测量误差。此外，仪器还有外部信号输入通道，同步16位高分辨采样的最高速率为1MHz。可以在记录电化学信号的同时记录外部输入的电压信号，如光谱信号等，方便了光谱电化学等实验。计算机控制的CHI系列电化学工作站集成了几乎所有常用的电化学测量技术，且不同技术之间的切换十分方便，是性能优良的教学科研仪器

(2) CHI电化学工作站功能　表4-3列出了CHI660E型号电化学工作站的具体功能。

表4-3　CHI660E型号电化学工作站功能

循环伏安法(CV)	线性扫描伏安法(LSV)	阶梯波伏安法(SCV)
Tafel图(TAFEL)	计时电流法(CA)	计时电量法(CC)
差分脉冲伏安法(DPV)	常规脉冲伏安法(NPV)	差分常规脉冲伏安法(DNPV)
方波伏安法(SWV)	交流(含相敏)伏安法(ACV)	二次谐波交流伏安法(SHACV)
傅里叶变换交流伏安法(FTACV)	电流-时间曲线(I-t)	差分脉冲电流检测(DPA)
双差分脉冲电流检测(DDPA)	三脉冲电流检测(TPA)	积分脉冲电流检测(IPAD)

控制电位电解库仑法(BE)	流体力学调制伏安法(HMV)	扫描-阶跃混合方法(SSF)
多电位阶跃方法(STEP)	交流阻抗测量(IMP)	交流阻抗-时间测量(IMPT)
交流阻抗-电位测量(IMPE)	计时电位法(CP)	电流扫描计时电位法(CPCR)
多电流阶跃法(ISTEP)	电位溶出分析(PSA)	电化学噪声测量(ECN)
开路电压-时间曲线(OCPT)	恒电流仪	RDE 控制(0～10V 输出)
任意反应机理 CV 模拟器	预设反应机理 CV 模拟器	交流阻抗数字模拟器和拟合程序

说明：用于极谱法时需要特殊的静汞电极或敲击器。

(3) CHI 电化学工作站操作步骤

① 电极预处理。工作电极（以玻碳电极为例）预处理步骤主要包括：

a. 打磨，取 0.05μm 的氧化铝粉放到麂皮上，加入几滴二次水，按“8”字打磨电极 3～5min，打磨过程中电极表面要紧压麂皮不能倾斜，以防止电极表面变形（以上打磨仅限电极表面没有大的划痕时，假如电极表面有明显的划痕，则需要分级打磨，即用 1.0μm、0.5μm、0.05μm 的氧化铝粉依次打磨）。

b. 清洗，将打磨后的电极用二次水冲洗，随后放入硫酸溶液中进行化学清洗 30～60s，再用二次水冲洗；最后将电极置于二次水中进行超声清洗 3～5min，取出电极用氮气吹干，以备使用。如果电极粘上油腻，应用丙酮或乙醇等有机溶剂清洗，然后分别用硫酸溶液和去离子水清洗干净。

② 使用前先将电源线和电极连接：红夹线接对电极；绿夹线接工作电极；白夹线接参比电极。电源线和电极连接好后，将三电极系统插入电解池中。

③ 打开电脑，打开工作站电源开关。工作站一般需要预热稳定一段时间后再进行样品测试。

④ 启动电化学工作站软件。双击桌面 CHI 快捷方式图标，进入 CHI 工作站控制界面。点击工作站右边的“复位”按钮，工作站自动进行连接，如果连接对话框消失，说明连接成功；如果长时间不消失，点击取消，重复连接过程，直至连接成功。

⑤ 根据实验要求选择合适的实验方案并设置相关实验参数。打开 Setup 菜单中的 Technique 命令选择某一实验技术，将鼠标指向所选择的技术，然后双击该技术名称即可。

⑥ 选定实验技术后，设置所需的实验参数。实验参数的动态范围可在 Help 菜单中看到。如果输入的参数超出了许可范围，程序会给出警告，同时给出许可范围，在数据采样不溢出的情况下，应该选择尽可能高的灵敏度，以保证数据有较高的精度和较高的信噪比。

⑦ 选定实验技术和参数后，便可进行实验。选择 Control 菜单下的 Run Experiment 命令启动实验测量。

⑧ 在伏安法实验中，如果需要暂停电位扫描，可用 Control 菜单下的 Pause/Resume 命令，此时电解池仍接通。如果需要继续扫描，可以再执行一次该命令。

⑨ 在循环伏安扫描时，初始电位和开关电位设定值一样，电流极性设为“氧化”，如果实验出现电流溢出的现象（图像未出现峰，出现水平线），将灵敏度调高，其他设置随实验方法不同而改变。如果临时需要改变电位扫描极性，可执行 Control 菜单下的 Reverse Scan 命令。随时改变扫描极性可防止由于过大电流流过电极而引起的电极损坏，特别适合初次考察的体系。

⑩ 实验终止。实验完成时执行 Control 菜单下的 Stop Run 命令即可终止实验。并将电极夹放在小盒子中，将参比电极放在饱和的 KCl 溶液中，对电极用蒸馏水清洗干净，将工

作电极用超声波清洗干净。

⑪ 文件保存。可执行 File 菜单中的 SaveAs 命令保存文件。文件保存类型以工作站的默认类型，即二进制（Binary）的格式储存，Excell 文档无法打开，实验参数和控制参数都一起存入文件中。用户只需要输入文件名即可。

⑫ 实验数据显示。实验结束后可执行 Graphics 菜单下的 Present Data Plot 命令用于显示当前的数据，此时实验参数和结果（例如峰高、峰电位和峰面积等）都会在图的右边显示出来。同时图形的显示方式可通过 Graphics 菜单下的 Graph Option（图形设置），Color and Legend（颜色和符号）以及 Font（字体）等命令设置。

⑬ 实验数据处理。执行 Data Proc 菜单下的 Smooth 命令用来平滑实验数据，随后执行 Baseline Correction 命令用于校正实验数据的基线，以便更好更准确地测量。此外执行 Background Subtraction 命令用于背景扣除。

(4) CHI 电化学工作站注意事项

① 仪器的电源应采用单相三线。其中地线应与大地连接良好。地线的作用不但可起到机壳屏蔽以降低噪声，而且也是为了安全，不致由漏电而引起触电。

② 仪器不宜时开时关，但长时间离开实验室时建议关机。

③ 使用温度 15～28℃，此温度范围外也能工作，但会造成漂移和影响仪器寿命。

④ 电极夹头长时间使用造成脱落，可自行焊接，但注意夹头不要和同轴电缆外面一层网状的屏蔽层短路。

⑤ 为提高检测灵敏度常采用屏蔽箱，但箱子一定要良好接地，否则无效果或效果很差。

⑥ 检测过程中不应出现电流溢出的现象，当软件显示电流过大的时候应该及时停止实验，关闭仪器，检测电极系统之间是否有短路现象。

⑦ 严禁将溶液等放置在仪器上方以防止将溶液溅入仪器内部导致主板损毁。

⑧ 仪器应该避免强烈振动或撞击。

4.11 稳压稳流电泳仪

(1) 稳压稳流电泳仪的基本原理 图 4-19 为恒压恒流电泳仪装置示意图，在外电场作用下，胶体粒子在分散介质中依一定的方向移动，这种现象称为电泳。电泳现象表明胶体粒子是带电的，胶粒带电原因主要是由于分散相粒子选择性地吸附了一定量的离子或本身的电离所致，胶粒表面具有一定量的电荷，胶粒周围的介质分布着反离子，反离子所带电荷与胶粒表观电荷符号相反、数量相等，整个溶胶体系保持电中性。由于静电吸引作用和热扩散运动两种效应的共同影响，结果使得反离子中有一部分紧密地吸附在胶核表面上（约为一两个分子层厚），称为紧密层。另一部分反离子形成扩散层。扩散层中反离子分布符合玻尔兹曼分布式，扩散层的厚度随外界而改变，即在两相界面上形成了双电层结构。从紧密层的外界（或切动面）到溶液本体间的电位差，称为电动电势或 ζ 电位。

ζ 电位是表征胶体特征的主要物理量之一，在研究胶体性质及其实际应用中有着重要的意义，胶体的稳定性与 ζ 电位有直接关系。在一定温度下：

$$\zeta=\eta u/[\varepsilon(El^{-1})]$$

式中，η 为介质的黏度；u 为电泳的速率；ε 为介质的介电常数；E 为两电极间的电压；l 为两电极间的距离。水的 ε 值则按下式计算得到。

$$\varepsilon/(F/m)=\{80-0.4\times[(T/K)-293]\}\times 8.854\times 10^{-12}$$

据此可计算出胶粒的 ζ 电位。

(2) 稳压稳流电泳仪的使用方法

① 用铬酸洗液浸泡电泳仪，再用自来水冲洗多次，然后用蒸馏水荡洗。

② 打开旋塞，用少量的 $Fe(OH)_3$ 溶胶润洗电泳仪 2～3 次后，将溶胶自漏斗加入，当溶胶液面上升至高于旋塞少许，关闭旋塞，倒去旋塞上方的溶胶。

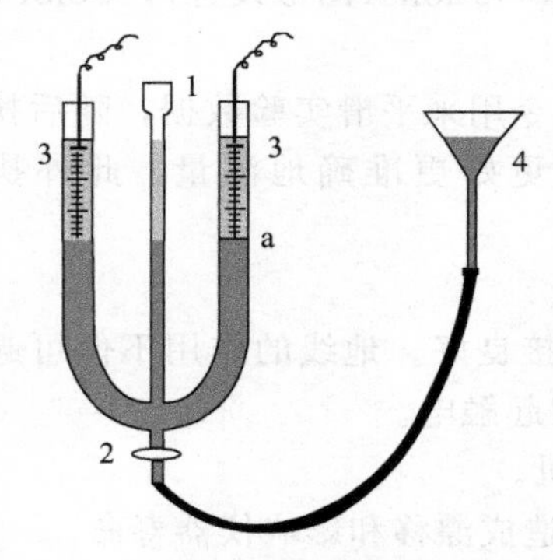

图 4-19　恒压恒流电泳仪装置示意

1—加液口；2—旋塞；

3—平板电极；4—漏斗

③ 用辅液荡洗旋塞上方的 U 形管 2～3 次，将电泳仪固定在木架上，从中间的加液口加入 40mL 左右的辅液，插入两电极。

④ 缓慢开启旋塞让溶胶缓缓上升，并在溶胶和辅液间形成一清晰的界面。当辅液淹没两电极 1cm 左右，关闭旋塞。

⑤ 连接线路，接通电源，电压调至 40V 左右，不能发生电解（观察电流指示为 0，电极上无气泡冒出）。调好后，开始计时，待稳定 2min 左右后记下一个较清晰的界面位置，以后每隔 10min 记录一次，共测四次。

⑥ 测完后，关闭电源。用铜丝量出两电极间的距离 l（两电平行板电极间 U 形管的长度），共量 3～5 次，取平均值 $\bar{l}$。

⑦ 实验结束，将溶胶倒入指定瓶内，清洗玻璃仪器，并将电泳仪内注满蒸馏水，整理实验台。

(3) 注意事项

① 加辅液后，开启旋塞一定要缓慢，保证形成清晰的界面。

② 加电压不能过大，保证不发生电解。

4.12　元素分析仪

4.12.1　元素分析仪的基本原理

元素分析仪是一个广义的元素分析仪器概念，它包括多种根据不同分析原理制作的不同仪器，如：多元素分析仪；碳硫分析仪；氧分析仪；气体元素分析仪；红外元素分析仪；金属元素分析仪；甲醛分析仪；定氮仪；测汞仪；砷元素形态分析仪等。

(1) 碳、氢、氮分析仪　测定方法原理主要有 2 种。

① 示差热导法　又称自积分热导法。样品置于坩埚内，在燃烧炉（电阻炉或高频炉）中高温分解，通入一定量的氧气助燃，以氦气为载气，将燃烧气体带过燃烧管和还原管，两管内分别装有氧化剂和还原铜，并填充银丝以除去干扰物（如卤素等），最后从还原管流出的气体（除氦气外只有二氧化碳、水和氮气）通入一定体积的容器中混匀后，再由载气带入装有高氯酸镁的吸收管中以除去水分。在吸收管前后各有一热导池检测器，由二者响应信号之差给出水含量。除去水分的气体再通入烧碱石棉吸收管中，由吸收管前后热导池信号之差求出二氧化碳含量。最后一组热导池测量纯氦气与含氮气的载气信号之差，测出氮的含量。

② 反应气相色谱法　这种元素分析仪由燃烧部分与气相色谱仪组成，燃烧装置与上述相似，燃烧气体由氦气载入填充有聚苯乙烯型高分子小球的气相色谱柱，分离为氮、二氧化碳、水 3 个色谱峰，由积分仪求出各峰面积，从已知碳、氢、氮含量的标准样品中求出此 3 元素的换算因数，即可得出未知样品的各元素含量。

(2) 氧、硫分析仪　现代测碳、氢、氮的仪器在换用燃烧热解管后，即可用以测量氧和硫。将样品在高温管内热解，由氦气将热解产物带入活性炭（涂有镍或铂）的填充床，使氧完全氧化为一氧化碳，混合气体通过分子筛柱将各组分分离，用热导池检测一氧化碳求得氧含量。或将热解气体通过氧化铜柱，将一氧化碳氧化为二氧化碳，然后用烧碱石棉吸收进行示差热导法测定之。硫的测定是在热解管内填充氧化钨等氧化剂，并且通入氧气助氧化，使硫氧化为二氧化硫。此二氧化硫可使之通过分子筛柱用气相色谱测量；或通过氧化银吸收管，用示差热导法测量。

(3) 碳、硫分析仪　见图 4-20。

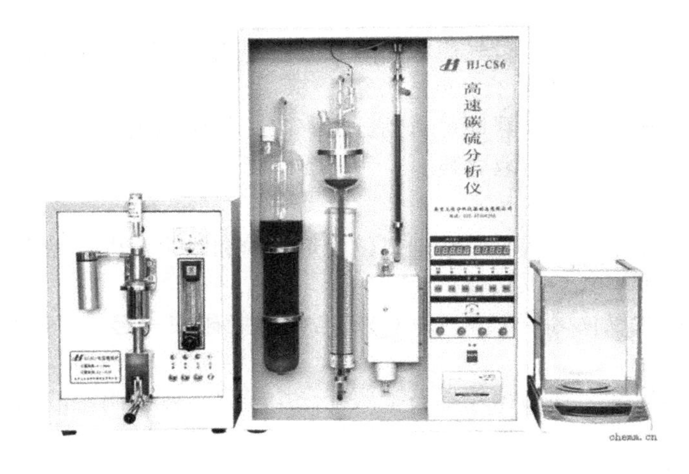

图 4-20　碳、硫分析仪

① 检测碳

a. 非水法　试样在电弧炉内通氧燃烧生成 CO_2、SO_2，SO_2 先被吸收除去后剩余的 CO_2 导入乙醇-乙醇胺-氢氧化钾吸收液中吸收，并滴定；乙醇胺的加入使 CO_2 增加吸收，以防滴定不及而逸去；乙醇是两性溶剂，易产生质子转移，促进弱酸的电离，从而提高酸性使反应加速。

b. 气体容量法　试样燃烧生成的 CO_2 被 KOH 吸收后，由于体积的减小而求得含量，因 SO_2 对测 C 有干扰，故 SO_2 可用活性 MnO_2 或钒酸银滤去。

② 检测硫

a. 酸碱中和法　试样燃烧生成 SO_2，遇 H_2O 生成亚硫酸，经 H_2O_2 氧化成硫酸，用 NaOH 标准液滴定，根据其消耗量求得 S 含量。

b. 碘量法　试样燃烧生成的 SO_2 被弱酸性的淀粉溶液吸收后，生成亚硫酸，以碘标准溶液（或碘酸钾标准溶液）滴定，使亚硫酸形成硫酸，以淀粉作指示剂而根据标准液消耗体积而求得 S 含量。

4.12.2　元素分析仪的使用方法

以碳、硫分析仪器操作方法为例。

(1) 打开仪器电源及氧气，调节氧气出气量为 0.02～0.04MPa（注：调节的时候要打开电弧炉“前氧”与“后控”)。

(2) 称取试样 330mg,依次往坩埚中加入硅钼粉、锡粒及称好的样品,再加上纯铁助溶剂。

(3) 打开前氧、后控观察流量计氧气流量为 80~120L/h。

(4) 按住“对零”键不放,量气筒液面下降,等液面降至标尺筒零刻度时调节碳的调零旋钮,使碳表显示“0.00”。

(5) 按一下“准备”按钮,量气筒和滴定管液面上升,等滴定管液面加满至零刻度时,调节硫的调零旋钮,使碳表显示“.000±.005”。

(6) 按一下“分析”按钮仪器即可自动分析,等硫杯中颜色变化以后,调整使之和开始时颜色一致,待分析灯灭前调节碳和硫的校准旋钮,使碳、硫表显示的数据与标样含量一致。

(7) 按住“对零”键不放,量气筒液面下降,等液面降至标尺筒零刻度时调节碳的调零旋钮,使碳表显示“0.00”。

(8) 按一下“准备”按钮,量气筒和滴定管液面上升,等滴定管液面加满至零刻度时,调节硫的调零旋钮,使碳表显示“.000±.005”。

(9) 按一下“分析”按钮仪器即可自动分析,等硫杯中颜色变化以后,调整使之和开始时颜色一致,待分析灯刚灭时读取含量。

4.12.3 注意事项

(1) 电弧炉每天必须清理灰尘,清理部位为炉体内和除尘器内,发现除尘纸破损应立即更换,不可用餐巾纸或者其他纸代替。

(2) 分析箱上的量气筒和滴定管上的 2 根电极不能碰在一起,否则仪器程序不能正常运行。

(3) 无论何时滴定管上面的橡胶塞一定要开一个槽口,否则滴定液加不上去。

(4) 传感器要加硅油保护传感器,否则容易腐蚀。

(5) 避免强震动或者潮湿,工作完毕要关闭氧气总阀和仪器电源。

4.13 紫外-可见分光光度计

4.13.1 紫外-可见分光光度计的基本原理

紫外-可见分光光度计的基本原理见 3.24。

4.13.2 紫外-可见分光光度计的使用方法

(1) 仪器 仪器主要由五部分组成。

① 光源 钨灯(350~1000nm),氢灯(200~360nm)。

② 单色器 包括狭缝、准直镜、色散元件(光栅)。

③ 吸收池 玻璃池能吸收 UV 线,仅适用于可见光区;石英池不能吸收紫外线,适用于紫外和可见光区。

要求:匹配性(对光的吸收和反射应一致)。

④ 检测器 将光信号转变为电信号的装置。主要有光电倍增管检测器和二极管阵列检测器。

⑤ 记录装置 讯号处理和显示系统。单光束分光光度计如图 4-21(a) 所示,双光束分光光度计如图 4-21(b) 所示。

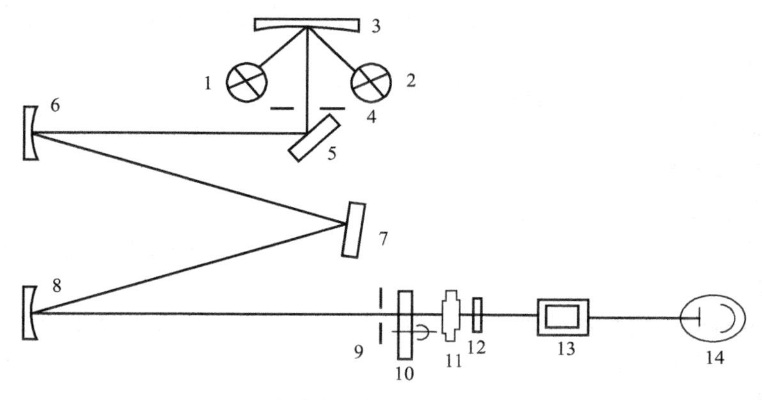

(a) 单光束分光光度计

1—溴钨灯；2—氘灯；3—凹面镜；4—入射狭缝；
5—平面镜；6，8—准直镜；7—光栅；9—出射狭缝；
10—调制器；11—聚光镜；12—滤色片；13—样品室；14—光电倍增管

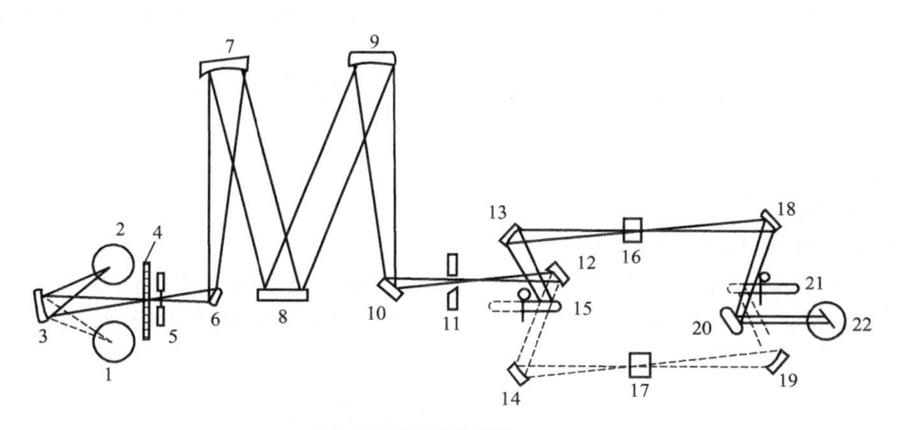

(b) 双光束分光光度计

1—钨灯；2—氘灯；3—凹面镜；4—滤色片；5—入射狭缝；
6，10，20—平面镜；7，9—准直镜；8—光栅；11—出射狭缝；
12～14，18，19—凹面镜；15，21—扇面镜；16—参比池；17—样品池；22—光电倍增管

图 4-21　分光光度计

(2) 仪器使用方法　722 型分光光度计操作规程如下。

① 插上电源，打开开关，打开试样室盖，按“A/T/C/F”键，选择“T%”状态，选择测量所需波长，预热 30min。

② 开始测量时要先调节仪器的零点，方法为：保持在“T%”状态，当关上试样室盖时，屏幕应显示“100.0”，如否，按“OA/100%”键；打开试样室盖，屏幕应显示“000.0”，如否，按“0%”键，重复 2～3 次，仪器本身的零点即调好，可以开始测量。

③ 用参比液润洗一个比色皿，装样到比色皿的 3/4 处（必须确保光路通过被测样品中心），用吸水纸吸干比色皿外部所沾的液体，将比色皿的光面对准光路放入比色皿架，用同样的方法将所测样品装到其余的比色皿中并放入比色皿架中。

④ 将装有参比液的比色皿拉入光路，关上试样室盖，按“A/T/C/F”键，调到“Abs”，按“OA/100%”键，屏幕显示“0.000”，将其余测试样品一一拉入光路，记下测量数值即可（不可用力拉动拉杆）。

⑤ 测量完毕后，将比色皿清洗干净（最好用乙醇清洗），擦干，放回盒子，关上开关。

⑥ 本操作要点只针对测量吸光度而言。

UV-2600 型 12 双光束分光光度计操作规程如下。

① 打开电源开关。

② 选择氢灯或钨灯光源，预热 1～2min。

③ 调节波长旋钮，选择合适的波长。

④ 开启试样室盖，将参比溶液比色皿放入参比液槽内，将样品溶液比色皿放入样品液槽内，关闭室盖，读取吸光度。

⑤ 作定量分析时，将标准溶液按浓度由小到大的顺序，依次重复④的操作。

⑥ 检测完毕，关闭光源、电源。

4.13.3 注意事项

（1）使用仪器前要经过使用培训，得到使用许可后方可独立操作仪器。

（2）确保仪器供电电源有良好的接地性能。

（3）仪器应放置在室温 5～35℃、相对湿度不大于 85%的环境中工作。

（4）放置仪器的工作台应平坦、牢固、结实，不应有振动或其他影响仪器正常工作的现象。

（5）强烈电磁场、静电及其他电磁干扰都可能影响仪器正常工作，放置仪器时应尽可能远离干扰源。

（6）仪器放置应避开有化学腐蚀气体的地方。

（7）仪器使用前需开机预热 30min。

（8）开关试样室盖时动作要轻缓。

（9）不要在仪器上方倾倒测试样品，以免样品污染仪器表面、损坏仪器。

（10）一定要将比色皿外部所沾样品擦干净，才能放进比色皿架进行测定。

4.14 红外光谱仪

4.14.1 红外光谱仪的基本原理

（1）概述 测定分子红外光谱运用红外光谱仪或称红外分光光度计［图 4-22(a)］。其原理与紫外分光光度计类似。双臂红外光谱仪的光源通常是电阻丝或电加热棒。从光源发出的红外线被反射镜分成两个强度相同的光束，一束为参考光束，一束通过样品称为样品光束。两束光交替地经反射后射入分光棱镜或光栅，使其成为波长可选择的红外线，然后经过一狭缝连续进入检测器，以检测红外线的相对强度。样品光束通过样品池被其中的样品程度不同地吸收了某些频率的红外线，因而在检测器内产生了不同强度的吸收信号，并以吸收峰的形式记录下来。由于玻璃和石英能几乎全部吸收红外线，因此通常用金属卤化物（氯化钠或氯化钾）的晶体来制作样品池和分光棱镜。

红外光谱仪对气体、液体和固体样品都可测定。对液体样品最简单的是液膜法，可滴一滴样品夹在两个盐片之间使之成为极薄的液膜，用于测定。滴入样品后应将盐片压紧并轻轻转动，以保证形成的液膜无气泡，也可将液体放入样品池中测定。

固体样品的测定可采用两种方法。一种叫石蜡油研糊法。将约 2～3mg 的固体试样与 1～2滴石蜡油在玛瑙研钵中研磨成糊状，使试样均匀地分散在石蜡油中，然后把糊状物夹在盐片之间，放在样品池中进行测定。此法的缺点是石蜡油本身在 2900cm^{-1}、1465cm^{-1}和

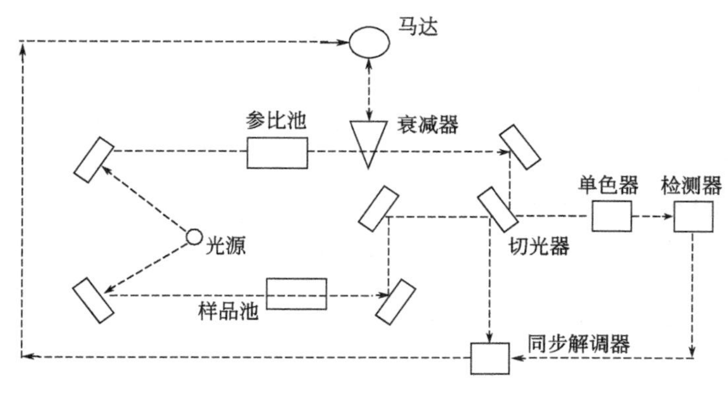

(a) 红外光谱仪示意图

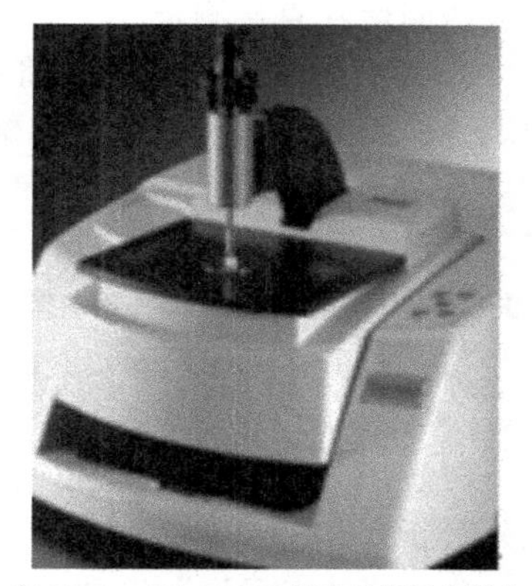
(b) Thermo Nicolet380 傅里叶红外光谱仪

图 4-22 红外光谱仪

$1380cm^{-1}$附近有强烈的吸收。另一种方法称为溴化钾压片法，将 2～3mg 试样与约 300mg 无水溴化钾于玛瑙研钵中研细后放在金属模具中，在真空下用压机加压制成含有分散样品的卤盐薄片，这样可以得到没有杂质吸收的红外光谱。缺点是卤盐易吸水，有时难免在 $3720cm^{-1}$附近产生吸收，对样品中是否存在羟基容易产生怀疑。

需要指出，所有用作红外光谱分析的试样，都必须保证无水并有高的纯度（有时混合物样品的解析例外），否则，由于杂质和水的吸收，使光谱图变得无意义。水不仅在$3710cm^{-1}$和 $1630cm^{-1}$吸收，而且对金属卤化物制作的样品池也有腐蚀作用。

（2）仪器的主要部件

① 光源　常用的光源是能斯特灯和硅碳棒。

② 吸收池　红外吸收池使用可透过红外的材料制成窗片；其中包括 NaCl、KBr、CaF_2、CsBr 等。不同材料的性质见表 4-4。不同的样品状态（固、液、气态）使用不同的样品池，固态样品可与晶体混合压片制成。

表 4-4　红外吸收用透光材料的性质

材　　料	透光范围/μm	注意事项
NaCl	0.2～25	湿度低于 40%易潮解
KBr	0.25～40	湿度低于 35%易潮解
CaF_2	0.13～12	不溶于水
CsBr	0.2～55	易潮解

③ 单色器　棱镜，衍射光栅。

④ 检测器

a. 真空热电偶　是目前红外分光光度计中最常用的一种检测器。

b. 高莱池　高莱池是一种灵敏度较高的红外检测器。

（3）对试样的要求　试样应为“纯物质”（>98%），通常在分析前，样品需要纯化。试样不含有水（水可产生红外吸收且可侵蚀盐窗）；试样浓度或厚度应适当，以使 T 在合适范围。

（4）制样方法

① 沸点低易挥发的样品　液体池法。

② 高沸点的样品　液膜法（夹于两盐片之间）。

③ 固体样品　可溶于 CS_2 或 CCl_4 等无强吸收的溶液中。

④ 固体试样压片法　1～2mg 样加 200mgKBr，干燥处理，研细：粒度小于 2μm，混合

压成透明薄片直接测定。

⑤ 固体试样石蜡糊法　将试样磨细，与液体石蜡混合，夹于盐片间。石蜡为高碳数饱和烷烃，因此该法不适于研究饱和烷烃。

⑥ 薄膜法　高分子试样加热熔融，涂制或压制成膜；高分子试样溶于低沸点溶剂，涂渍于盐片，挥发除溶剂。

4.14.2 Thermo Nicolet380 傅里叶红外光谱仪的使用方法

(1) 打开主机［图 4-22(b)］电源，主机进行自检（约 1min），打开 PC 机，进入 Windows 操作系统。

(2) 用鼠标双击 OMNIC 图标，键入密码，按“OK”，重复键入密码，按“OK”，进入红外分析操作窗口。

(3) 点击“Edit”出现下拉菜单，单击“Edit Toolbar”，出现两行快捷键图标。

(4) 上行图标是软件所有的快捷键图标，下行为当前应用的图标。利用鼠标拖动下行的图标至回收桶可删除当前快捷键。利用鼠标拖动上行的图标到下行空图标处可增加当前快捷键，确定后单击“OK”，单击“Cancel”可恢复原设置回到 OMNIC 工作桌面。

(5) 红外光谱仪需在每天使用前进行校正。单击主菜单“Collect”条，出现下拉框，单击“Experiment Setup…”出现“Experiment Setup”窗，于“Collect”栏设定扫描次数、响应值及截止函数（通常选 Transmittance)（当仪器正常使用时，方法已设定，不需重新设定)。在“Background Handing”中选择“Collect Background After Every Sample”，则收集完样品后再收集空白。

(6) 用溴化钾制成空白片，以空气作参比，录制光谱图，基线应大于 75%，透光率除在 $3440cm^{-1}$ 及 $1630cm^{-1}$ 附近因残留或附着水而呈现一定的吸收峰外，其他区域不应出现大于基线 3%透光率的吸收谱带。

(7) 每次做样取适量的 KBr 于称量瓶中，在红外灯下烘 1h 或在恒温 105℃下烘 3h，取出后置干燥器中待用。

(8) 溴化钾压片法。取试样约 0.3mg（预先在红外灯下烘 1h 或在恒温 105℃下干燥 3h)，置玛瑙研钵中，加入干燥的溴化钾约 100mg，充分研磨混匀（向同一方向研磨)，移置于压模中，使分布均匀，把压模水平放置于压片机座上，加压至 $10t/cm^2$，保持 3min，取出供试片，用目视检查应均匀、表面平滑、透光好。

(9) 糊糊法。取干燥试样约 15mg，置玛瑙研钵中，同一方向研磨。用滴管滴加相当量的石蜡油，混合研匀使成糊状，用不锈钢小铲取出均匀地涂在溴化钾窗片上，放上另一窗片压紧。

(10) 采集样品前，单击“Collect”菜单下的“Experiment Setup”，选择“Diagnostic”观察各项是否正常（不正常图标上会出现红色“/”)，各项正常后，把制好的样品压片放入样品室，选择“Bench”，当 Gain 为 1 时，最大值（Max)：不少于 3，如果过小，可以调节增益，再按“OK”。

(11) 采集样品。单击主菜单“Collect”条下“Collect Sample”条或窗口上“Col Smp”图标，出现时间对话框，确定后单击“OK”，再单击“OK”。收集样品图完成后，即可从样品室中取出样品架。并用浸有无水乙醇的脱脂棉将用过的研钵、镊子、刮刀、压模等清洗干净，置于红外干燥灯下烘干，以备制下一个试样。

(12) 采集背景。样品采集完毕后，出现收集背景提示框，将空白片插进去，单击“OK”，开始采集背景。

（13）采集背景后，计算机会自动扣除背景，最后光谱窗上显示样品的红外光谱图。

（14）处理图谱。用鼠标单击“Displim”图标，跳出对话框，在 X-Axis Limits 的 Start 处输入 4000，End 处输入 400；在 Y-Axis Limits Start 处输入 0，End 处输入 100，单击“OK”。若原来坐标不在以上设定范围，则会出现一个新图谱，用鼠标选中旧图谱，单击窗口图标“Clear”清除。

（15）单击“Display Setup”，出现对话框，选择“Sampling Information”，用鼠标点击选择全部样品信息，并选择注解（Annotation）、显示 X-轴、Y-轴。单击 OK。观察所给图谱是否满意，如满意打印。

（16）运用找峰功能，单击“Find Peaks”。用鼠标调节屏幕左边的灵敏度，光谱中，仪器的分辨率要求清晰地分辨出主要的峰，满意后打印。

（17）单击“Analyze”，选“Library Setup”显示吸收图谱库。在吸收图谱库的标准对照图谱库中选择相应产品的相应标准对照图谱，点击“Add”，在右框中选择该图谱，点击“Search”，仪器自动将样品的图谱与所选的对照标准图谱对比，要求匹配率达到 90% 以上。

（18）关机。先退出 OMNIC 窗口，单击右上角“X”或主菜单“File”条下的“Exit”。

（19）单击 Windows 工作平台左下角“Start”，单击“Shut Down”，关闭计算机主机。

（20）关闭 FTIR 电源开关。

（21）作好仪器使用记录。

4.14.3 注意事项

（1）实验操作人员必须经过一定技术培训方可上机操作。

（2）保持操作台和仪器的卫生，以免污染试剂。

（3）有害、有毒等样品测试完毕后，要进行适当的处理。

（4）最大吸收峰的吸收强度不少于 20%透光率，基线透光率必须大于 95%。

（5）标准对照图谱的录制　应由两名检验员分别录制标准品的图谱，与上一批次的标准对照图谱进行对照，匹配率不低于 90%。

（6）标准对照图谱的管理　标准图谱应适时更新并保存于标准图谱库中，标准图谱库文件夹的名称处标明更新年月。

（7）模具的清洁　压模用完后，应先用软纸轻擦掉残留的固体，再用相容的溶剂清洗（如样品易溶于水，则用水清洗。如样品易溶于有机溶剂，则用乙醇或甲苯清洗），肉眼观察已无固体残留后用蒸馏水冲洗三次。清洁完的模具放于红外灯下照射干燥 1h，干燥后放于干燥器内保存。

（8）进行样品分析时应避免样品粉尘污染仪器，样品分析前应确保样品室内硅胶干燥，无上批残留的样品粉末，样品分析结束后，用软纸清洁样品室，确保无粉尘或液体污染，用软布清洁仪器外表，确保无污渍或粉尘。

（9）红外光谱仪样品室的硅胶必须每天更换上已烘好、干燥的硅胶。

（10）放置红外光谱仪的分析室必须配备抽湿装置控制 RH<65%，温度 15～30℃。

4.15 荧光分光光度计

4.15.1 基本原理

由光源氙弧灯发出的光通过激发光单色器变成单色光后，照射到样品池中，激发样品中的荧光物质发出荧光，经过单色器变成单色荧光后照射于光电倍增管上，由其所发生的光电流经过放大器放大输出至记录仪，激发光单色器和荧光单色器的光栅均由电动机带动的凸轮所控制，当测绘荧光发射光谱时，将激发光单色器的光栅，固定在最适当的激发光波长处，而让荧光单色器凸轮转动，将各波长的荧光强度讯号输出至记录仪上，所记录的光谱即发射光谱，简称荧光光谱。

当测绘荧光激发光谱时，将荧光单色器的光栅固定在最适当的荧光波长处，只让激发光单色器的凸轮转动，将各波长的激发光的强度讯号输出至记录仪，所记录的光谱即激发光谱。

当进行样品溶液的定量分析时，将激发光单色器固定在所选择的激发光波长处，将荧光单色器调节至所选择的荧光波长处，由记录仪得出的信号是样品溶液的荧光强度。

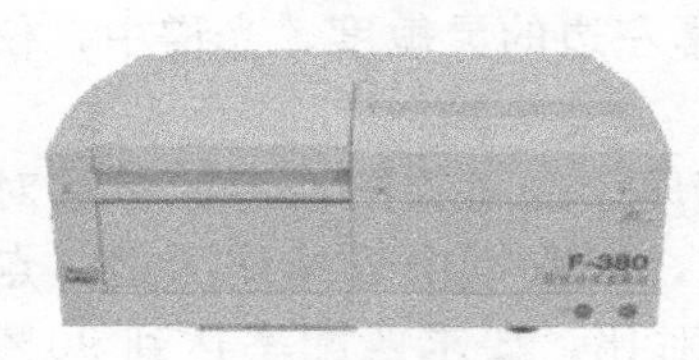

图 4-23　F-380 型荧光分光光度计

在溶液中，当荧光物质的浓度较低时，其荧光强度与该物质的浓度通常有良好的正比关系，即 $IF=kc$，利用这种关系可以进行荧光物质的定量分析。

4.15.2　使用方法

F-380 型荧光分光光度计（图 4-23）的使用方法如下。

(1) 开机

(2) 波长扫描　点击“测量方法”按钮，出现对话框，对各项选项进行输入：

① 通用

a. 扫描类型　输入“波长扫描”。

b. 操作员　输入操作者名称。

c. 注释　对测量条件进行注释。

② 仪器

a. 扫描模式　选择三种模式：激发，发射，同步。如选激发。

b. 数据模式　选择三种模式：荧光强度，发光强度，磷光强度。如选荧光强度。

c. 发射波长　根据样品荧光的波长范围输入一个适当波长，如 500nm。

d. 激发起始波长　输入较短波长，如 200nm。

e. 激发终止波长　输入较长波长，如 900nm。

（扫描模式如选发射，则有：激发波长：可选激发模式所测的荧光最强处的激发波长，如 450nm。发射起始波长：输入较短波长，如 200nm. 发射终止波长：输入较长波长，如 900nm。）

f. 扫描速度　如 1200nm/min。

g. 延迟　当按下测量按钮之后，遵照在此设定的延迟时间而开始测量。范围：0～9999s。如不想延迟，输入 0。

h. 激发狭缝　为激发光选择的狭缝宽度，如 5.0nm。

i. 发射狭缝　为发射光选择的狭缝宽度，如 5.0nm。

j. PMT 电压　给光电倍增管输入的电压，有 250V，400V，700V，950V 四个选项，如选 400V。

k. 灵敏度　从列表中选择灵敏度，通常选择自动。

l. 重复测量　设定重复测量次数，输入范围 1～99。

③ 显示

a. Y 轴最大值　在监控窗口上为 Y 轴输入一个最大值，如 1000。

b. Y 轴最小值　在监控窗口上为 Y 轴输入一个最小值，如 1。

c. 数据采集完毕后打开数据处理窗口　对此项是否画钩表示在样品测量完毕后，选择数据是处理还是不处理。

④ 打印　当选择打印标签时，会出现一个窗口，根据其中选项可以设置打印内容。

(3) 测量样品　将准备好的样品放入样品池内，点击菜单里的“工具”→“扫描”进行测量，或在测量工具条上点击“扫描”按钮也可进行测量。中途若暂停测量，点击工具条上的“停止”按钮。扫描完毕后，图谱处理窗口或打印窗口会自动弹出。

关机：先关闭联机窗口，再关闭荧光分光光度计。

(4) 注意事项

① 在测量软件联机过程中勿关闭荧光分光光度计，以免引起异常现象。

② 由于氙灯的高电压（30kV），高气压（1MPa）在无安全保障下，禁止触摸和拆卸氙灯。

③ 测试有机样品后用有机溶剂清洗比色皿，干燥后再放入盒中，否则会造成比色皿表面严重污染，影响透光度。

4.16　原子吸收分光光度计

4.16.1　原子吸收分光光度计的基本原理

原子吸收分光光度计工作原理见图 4-24，元素灯发出元素的特征光波长，单色器将此波长检出并通过检测器测量光强，被测元素在火焰或电热高温中被原子化，当处于基态的原子蒸气吸收了特征波长后，元素灯发出的光强减弱，其减弱程度与元素浓度有关，从而求出被测元素含量。原子吸收光谱法就是通过物质所产生的基态原子蒸气对特定谱线的吸收作用来进行定量分析的一种方法。

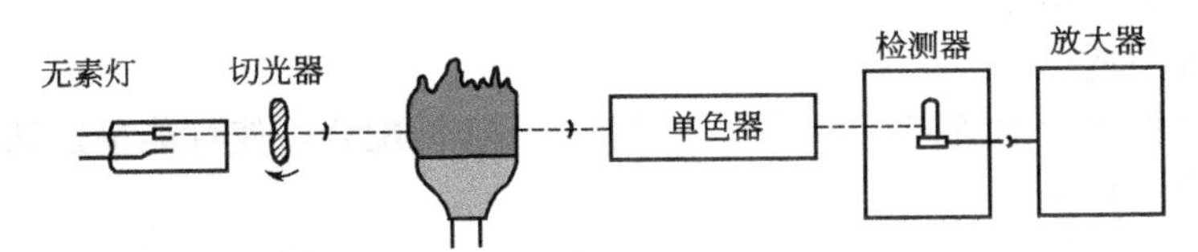

图 4-24　原子吸收分光光度计工作原理

4.16.2　原子吸收分光光度计的使用方法

(1) 仪器部分

① 光源　常用锐线光源有两种。

a. 空心阴极灯见图 4-25(a)。

b. 无极放电灯见图 4-25(b)。

② 原子化系统

a. 火焰原子化系统［图 4-26(a)］包括雾化器、雾化室、燃烧器三个部分。

b. 石墨炉原子化系统［图 4-26(b)］包括电源、炉体、石墨管三个部分。

c. 石墨炉原子化操作程序　干燥：蒸发样品中的溶剂或水分。灰化：将样品加热到尽可能高的温度，破坏或蒸发掉基体。原子化：在高温下，使被测元素生成自由原子蒸气。清烧：测定完毕，用大电流短时间除去残渣。

③ 单色器（同原子发射光谱）。

④ 检测系统　主要由检测器、放大器、对数变换器、显示记录装置组成。

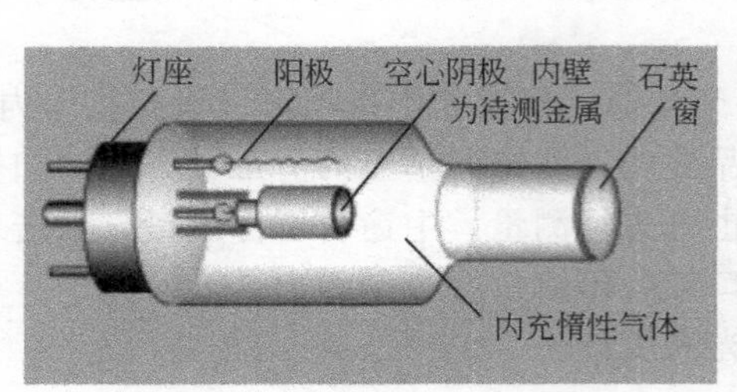

(a) 空心阴极灯

(b) 无极放电灯

图 4-25　光源

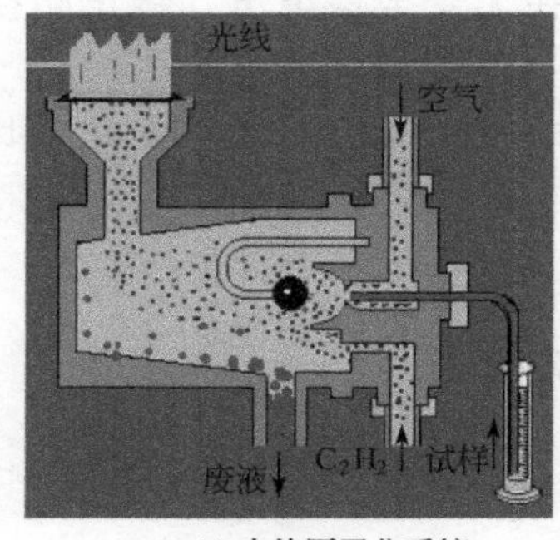

(a) 火焰原子化系统

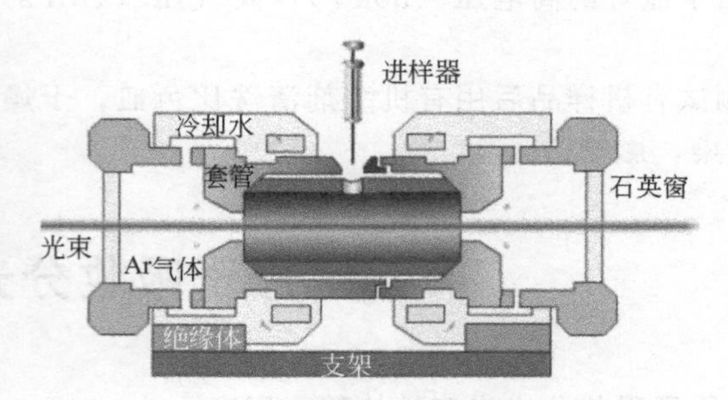

(b) 石墨炉原子化系统

图 4-26　原子化系统

(2) 使用方法

① 检查废液管必须有水封。

② 打开仪器总电源，打开灯电源，打开能量开关。

③ 调整灯位置，根据测定的元素调整灯电流。

④ 选定元素的波长。

⑤ 调整光电倍增管的负高压，通过与③和④操作的配合，使灯能量达到最大。

⑥ 将能量开关切换到吸光挡。

⑦ 打开空气压缩机，打开乙炔气开关，点燃乙炔火焰，根据所测元素调整燃助比。

⑧ 用去离子水调零。

⑨ 用标准溶液作线性。

⑩ 测样品溶液。

⑪ 测量完毕，先关闭乙炔开关，再关闭负高压、灯电流和仪器总电源开关。

4.16.3　注意事项

(1) 打开乙炔气前，必须检查废液管是否有水封。

(2) 点燃乙炔气必须遵守先点火后开气的原则。

(3) 遇到停电等紧急情况，先关闭乙炔气，再做其他处理。

4.17　气相色谱仪

4.17.1　气相色谱仪的基本原理

在色谱的两相中用气相作为流动相的是气相色谱。根据固定相的状态不同，气相色谱又可以分为气-固色谱和气-液色谱两种。气-液色谱的固定相是吸附在小颗粒固体表面的高沸点液体，通常将这种固体称为载体；而把吸附在载体表面上的高沸点液体称为固定液。由于被分析样品中各组分在固定液中溶解度不同，从而将混合物样品分离。因此，气-液色谱是分配色谱的一种形式。气-固色谱的固定相是固体吸附剂如硅胶、氧化铝和分子筛等，主要利用不同组分在固定相表面吸附能力的差别而达到分离的目的。由于气-液色谱中固定液的种类繁多，因此应用范围比气-固色谱要更为广泛。

气相色谱适用于多组分混合物的分离，具有分离效率和灵敏度高及速度快的优点。但是对于不易挥发或对热不稳定的化合物，以及腐蚀性物质的分离还有其局限性。

常用的气相色谱仪是由色谱柱、检测器、气流控制系统、温度控制系统、进样系统和信号记录系统等部件所组成（图 4-27）。

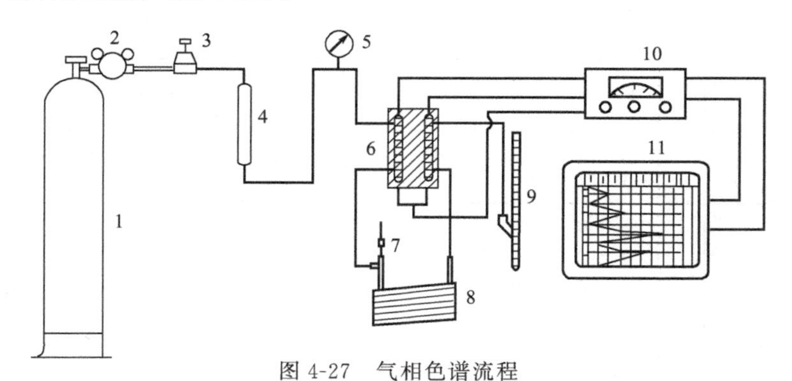

图 4-27　气相色谱流程

1—高压钢瓶；2—减压阀；3—精密调压阀；4—净化干燥管；5—压力表；
6—热导池；7—进样器；8—色谱柱；9—皂膜流速计；10—测量电桥；11—记录仪

在测量时先将载气调节到所需流速，把进样室、色谱柱和检测器调节到操作温度，待仪器稳定后，用微量注射器进样，气化后的样品被载气带入色谱柱进行分离。分离后的单组分依次先后进入检测器，检测器的作用是将分离的每个组分按其浓度大小定量地转换成电信号，经放大后，最后在记录仪上记录下来。记录的色谱图纵坐标表示信号大小，横坐标表示时间。在相同的分析条件下，每一个组分从进样到出峰的时间都保持不变，因此可以进行定性分析。样品中每一组分的含量与峰的面积成正比，因此根据峰的面积大小也可以进行定量测定。

从上面介绍中，我们可以清楚地看出，色谱柱、检测器和记录仪是气相色谱的主要组成部分。下面分别对色谱柱和检测器进行简单的讨论。

(1) 色谱柱　最常用的色谱柱是一根细长的玻璃管或金属管（内径 3～6mm，长 1～3m）弯成 U 形或螺旋形，在柱中装满表面涂有固定液的载体。另一种是毛细管色谱柱，它是一根内径 0.5～2mm 的玻璃毛细管，内壁涂以固定液，长度可达几十米，用于复杂样品的快速分析，分配色谱柱分离效能的高低首先在于固定液的选择。在固定液中溶解各组分的挥发性依赖于它们之间的作用力，此作用力包括氢键的形成、偶极-偶极作用或络合物的形成等。根据经验总结，要求固定液的结构、性质、极性与被分离的组分相似或相近，因此，对非极性组分一般选择非极性的角鲨烷、阿匹松（Apiezon）等作固定液。非极性固定液与被溶解的非极性组分之间的作用力弱，组分一般按沸点顺序分离，即低沸点组分首先流出。如样品是极性和非极性混合物，在沸点相同时，极性物质最先流出。对于中等极性的样品，选择中等极性的固定液如邻苯三甲酸二壬酯，组分基本上按沸点顺序分离，而沸点相同的极性物质后流出。含有强极性基团的组分一般选用强极性的固定液β，β'-氧二丙腈等，组分主要按极性顺序分离，非极性物质首先流出。而对于能形成氢键的组分，例如一甲胺、二甲胺和三甲胺的混合物，在用三乙胺作固定液的色谱柱中，则按形成氢键的能力大小分离，三甲胺（不生成氢键）最先流出，最后流出的是一甲胺，刚好与沸点顺序相反。固定液的选择除考虑结构、性质和极性以外，它还必须具备热稳定性好、蒸气压低、在操作温度下应为液体等条件。目前固定液的种类很多，现将一些常用的固定液列于表4-5中。

表4-5　常用固定液

固定液	英文名或缩写	最高使用温度/℃	溶　剂	分离对象
角鲨烷	Squalane	140	乙醚	分离一般烃类和非极性化合物
阿匹松L M	Apiezon L M	240～300 270～300	苯、氯仿	高沸点极性物质
甲基硅橡胶	SE-30	300	氯仿+丁醇 (1∶1)	高沸点，弱极性化合物，应用很广
甲基苯基硅油	DC-701 OV-17	350 160	丙酮	高沸点，非极性和弱极性化合物，有机农药等
硅油 (Ⅰ)～(Ⅴ)	Silicone (Ⅰ)～(Ⅴ)	150～250	乙醚	热稳定好，一般应用
邻苯基甲酸二丁酯 邻苯二甲酸二壬酯	Di-n-butyl Phthalate DOP	100 300	甲醇、乙醚	烃、醇、酮、酸和酯等各类有机化合物
聚乙二醇己二酸酯	PEGA	200(270)	氯仿	醇、酮、酯和饱和脂肪烃类
有机皂土-34	Bentone-34	180(230)	苯	分离醇、酚、芳烃和芳香族异构体
β，β'-氧二丙腈	β，β'-Oxydipro-pionitrile	100		分离芳烃及低级含氧化合物
聚乙二醇300 600 1000 1500 4000 6000 20000	PEG 300 600 1000 1500 4000 6000 20000	60～225	乙醇、氯仿、丙酮	氢键固定液，分离极性物质醇、醛、酮和脂肪酸酯，根据样品不同选用相对分子质量不同的PEG

色谱柱中的载体一般要求表面积大，颗粒均匀，机械强度好，这样使固定液在载体表面形成均匀液膜；与此同时对载体通常还需用酸洗、碱洗、釉化或硅烷化等处理来进行纯化，致使载体呈惰性。

表4-6中列入国内目前常用的载体。

(2) 色谱柱的装制　称取载体质量5%～25%的固定液溶于比载体体积稍多的低沸点溶剂（氯仿、苯、乙醚）中，然后将载体和固定液的溶液混合均匀，在不断搅拌下用红外灯加热，除去低沸点溶剂。再将涂好的填料在120℃恒温加热1～2h，这样制成的填料就可用来直接填装色谱柱。

取一根清洁而干燥的色谱柱管，将它的一端用玻璃毛塞住，在管的另一端放置一玻璃漏斗，在减压和不断振动下，加入上面制成的填料，色谱柱的装填必须紧密而均匀，将填料装满后，用玻璃毛再将开口一端塞好。

(3) 检测器　气相色谱中应用的检测器种类很多，常用的有以下几种。

表 4-6 常用载体

载体代号		特 点	用 途
红色硅藻土型	6201 201 202	未加助熔剂，含少量 Fe_2O_3，比表面 $4.0m^2/g$，平均孔径为 1μm，柱效较高，强度较好，但活性中心较多	分离非极性和弱极性物质，不宜高温使用
	釉化载体 301 302	性能介于红色硅藻和白色硅藻之间	一般应用
白色硅藻土型	101 102 103 104	加助熔剂，含少量 Na_2O 和 K_2O，比表面 $1.0m^2/g$，平均孔径为 8～9μm，柱效较低，强度较低，但活性中心较少	分析极性物质，能用于高温。它们的硅烷化载体可分析氢键性物质
非硅藻土型	701 702	聚四氟乙烯载体，高温下使用	分析含氟、极性和有腐蚀性化合物
	玻璃球载体	比表面 $0.02m^2/g$	低温分离高沸点物质
	GDX		分析二氧化碳、甲烷、乙烯、丙烯和水分

① 热导检测器　热导池的基本结构如图 4-28，是由不锈钢或铜壳体装上一对钨丝组成，这两根钨丝长短、粗细应相同，电阻也应相同，即 R_1 等于 R_2。在 R_1 一边通入载气作为"参比臂"，R_2 一边通入由色谱柱出来的载气称"测量臂"，这种热导池称双臂热导池。R_1 和 R_2 与固定电阻 R_3 和 R_4 连接成惠斯顿电桥如图 4-29。当由色谱柱出来的载气中没有分离的组分流出时，电桥是平衡的，$R_1/R_2=R_4/R_3$，A、B 两点没有信号输出。当分离的样品组分逐一进入测量臂时，由于组分的热导系数和载气不同，使臂内灼热钨丝的散热条件发生了变化因而引起钨丝电阻的改变，这样使电桥的平衡破坏，在 A、B 两点就有电信号输出。

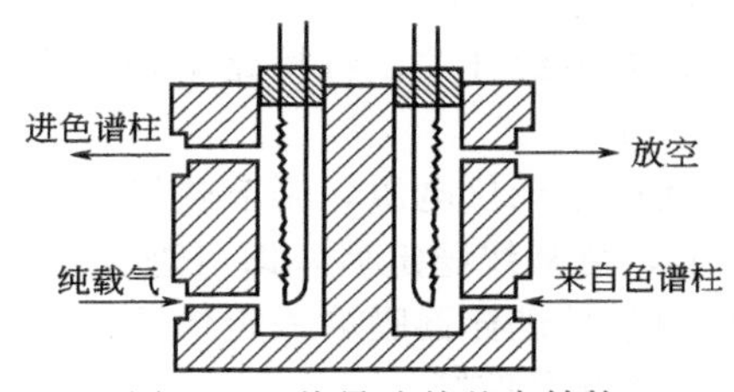

图 4-28　热导池的基本结构

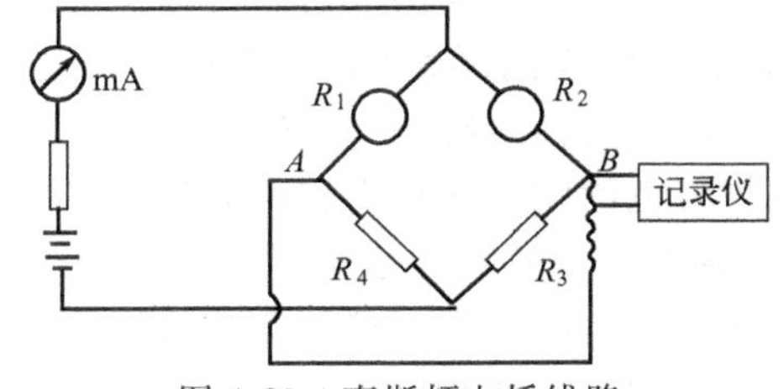

图 4-29　惠斯顿电桥线路

在用热导池为检测器的气相色谱中，通常用氮气或氢气作载气。实验证明，氢气的灵敏度比氮气高，有时也用灵敏度很高的氦气。

② 氢火焰电离检测器　它主要是一个离子室，离子室以氢火焰作为能源，在氢火焰附近设有收集极与发射极，在两极之间加有150～350V 的电压，形成一直流电（见图4-30）。当样品组分从色谱柱流出后，由载气携带，与氢气汇合，然后从喷口流出，并与进入离子室的空气相遇，在燃烧着的氢火焰高温作用下，样品组分被电离，形成正离子和电子（电离的程度与组分的性质和火焰的温度有关），在直流电场的作用下，正离子和电子各向极性相反的电极运动，从而产生微电流信号，利用微电流

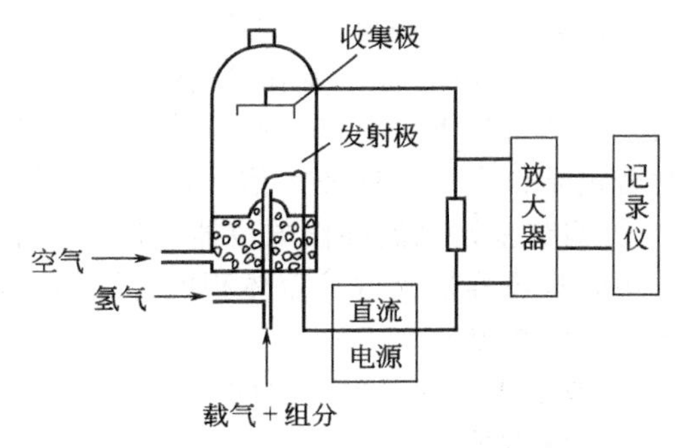

图 4-30　氢火焰电离检测器

放大器测定离子流的强度。最后由记录仪进行记录，从记录纸上画出的色谱流出曲线，便可知道未知样品的组分及各组分在样品中的含量。

这种检测器是利用有机化合物在氢火焰中的化学电离进行检测的，故称氢火焰电离检测器。氢火焰检测器的灵敏度比热导池高得多。

③ 电子捕获检测器　这是一种高选择性、高灵敏度的检测器，尤其是对电负性强的组分灵敏度极高，但对一般组分，如烃类等，信号却极小，因此常用来测定含卤、硫、氮、磷的有机化合物、多环芳香族化合物和金属有机化合物等，特别适用于这些物质的痕量分析。我国生产的103型、SP-2306型等型号的色谱仪中都有这种检测器。这种检测器是利用载气分子在电离室中被β射线电离而在电极之间形成一定的基始电流。当电负性物质分子进入电离室时，自由电子会被此物质分子捕获而使基始电流降低，产生信号。

4.17.2　气相色谱仪的使用方法

先按照色谱仪说明书的流程图正确安装仪器，并衔接各管道和电器线路，然后按以下步骤进行。

(1) 用热导检测器

① 将色谱柱末端经连接管接入热导池的测量臂进口部位，并将载气调节到所需流量。

② 将色谱室和气化室的温度分别调节到操作温度，并将“放大器”的热导及氢焰转换开关置于“热导”上。

③ 打开电源开关，将桥路电流调节到操作所需的数值，并把衰减开关置于一定数值，稳定约0.5h。

④ 接通记录仪电源，调节热导的“平衡”调节器和“调零”调节器，使记录仪的指针在零位上，待基线稳定后，即可进行样品的测试工作。

⑤ 用微量进样器吸取一定体积的待测溶液，从进样口注射进样（若需要程序升温，此时开启程序升温控制）。

⑥ 根据化合物的出峰时间，结束分析。

(2) 用氢火焰电离检测器测试

① 将色谱柱末端经连接管接入氢火焰离子室的进口部位，并将载气调节到所需流量。

② 将色谱室、气化室和氢火焰离子室分别调节到所需温度。再将“放大器”的热导及氢焰转换开关放置在“氢焰”上。

③ 打开电源开关，稍等片刻后再打开记录仪电源开关。

④ 将“灵敏度选择”开关和衰减开关置于所需位置，把“基始电流补偿”电位器按逆时针方向旋到底，调节“调零”使记录仪指针指示在零处。

⑤ 待基线稳定后，调节空气流量为300～800mL/min、氢气流量为25～35mL/min，在流量稳定的条件下，可以开始点火，将引燃开关拨到“点火”处，约10s后就把开关扳下，这时若记录仪突然出现较大信号，则说明氢火焰已点燃。

⑥ 调节基始电流补偿电位器，使指针指示在零位上，即可进行样品分析。

用微量进样器吸取一定体积的待测溶液，从进样口注射进样（若需要程序升温，此时开启程序升温控制）。

⑦ 根据化合物的出峰时间，结束分析。

4.17.3　注意事项

(1) 使用者必须经严格的培训方可使用该仪器，未经允许不得使用。

(2) 氢气发生器液位不得过高或过低。

(3) 空气源每次使用后必须进行放水操作。

(4) 进样操作要迅速，每次操作要保持一致。

(5) 使用完毕后必须在记录本上记录使用情况。

4.18 高效液相色谱仪

4.18.1 高效液相色谱仪的基本原理

高效液相色谱仪（图 4-31）的工作过程是以经典的液相色谱为基础，以高压下的液体为流动相的色谱过程。通常所说的柱色谱、薄层色谱或纸色谱就是经典的液相色谱，这种传统的液相色谱所用的固定相为大于 100μm 的吸附剂（硅胶、氧化铝等）。所用的固定相粒度大，传质扩散慢，因而柱效低，分离能力差，只能进行简单混合物的分离。而高效液相所用的固定相粒度小（5～10μm）、传质快、柱效高。

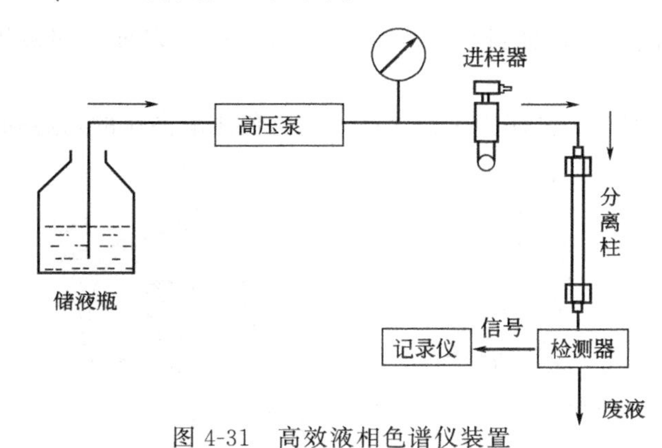

图 4-31 高效液相色谱仪装置

(1) 固定相 高效液相色谱固定相以承受高压能力来分可分为刚性固体和硬胶两大类。刚性固体以二氧化硅为基质，可承受 $7.0\times10^8\sim1.0\times10^9$ Pa 的高压，可制成直径、形状、孔隙度不同的颗粒。硬胶主要用于离子交换和排阻色谱中，它由聚苯乙烯与二乙烯苯基交联而成，可承受压力上限为 3.5×10^8 Pa。

(2) 流动相 由于高效液相色谱中流动相是液体，它对组分有亲和力，并参与固定相对组分的竞争，因此，正确选择流动相直接影响组分的分离度，对流动相溶剂的要求如下。

① 溶剂对于待测样品，必须具有合适的极性和良好的选择性。

② 溶剂与检测器匹配。对于紫外吸收检测器，应注意选用检测器波长比溶剂的紫外截止波长要长。

高纯度，由于高效液相色谱灵敏度高，对流动相溶剂的纯度也要求高。不纯的溶剂会引起基线不稳或产生“伪峰”。

③ 化学稳定性好。

④ 低黏度（黏度适中），若使用高黏度溶剂，势必增高压力，不利于分离。常用的低黏度溶剂有丙酮、甲醇和乙腈等；但黏度过低的溶剂也不宜采用，例如戊烷和乙醚等，它们容易在色谱柱或检测器内形成气泡，影响分离。

(3) 高压输液泵 色谱仪主要部件之一，压力：$(150\sim350)\times10^5$ Pa。

为了获得高柱效而使用粒度很小的固定相（<10μm），液体的流动相高速通过时，将产生很高的压力，因此高压、高速是高效液相色谱的特点之一。高压输液泵应具有压力平稳、脉冲小、流量稳定可调、耐腐蚀等特性。

(4) 梯度淋洗装置（图 4-32）

① 外梯度　利用两台高压输液泵，将两种不同极性的溶剂按一定的比例送入梯度混合室，混合后进入色谱柱。

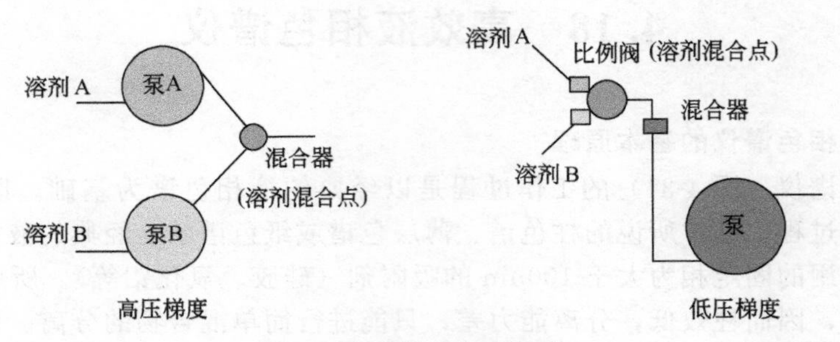

图 4-32　梯度淋洗装置

② 内梯度　一台高压泵，通过比例调节阀，将两种或多种不同极性的溶剂按一定的比例抽入高压泵中混合。

(5) 进样装置　流路中为高压力工作状态，通常使用耐高压的六通阀进样装置（图 4-33）。

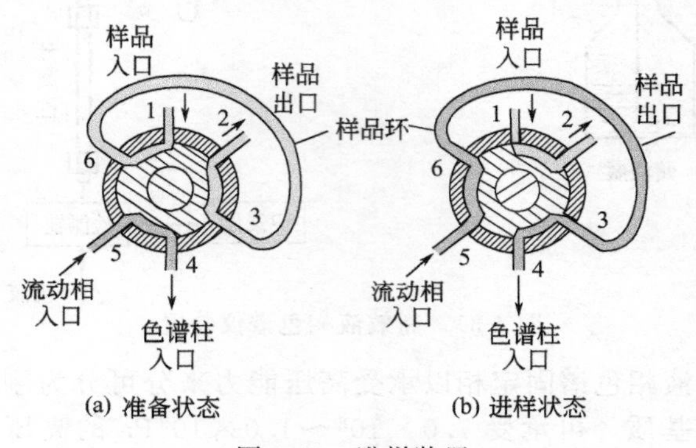

图 4-33　进样装置

(6) 高效分离柱（图 4-34）　柱体为直型不锈钢管，内径 1～6mm，柱长 5～40cm。发展趋势是减小填料粒度和柱径以提高柱效。

图 4-34　高效分离柱

(7) 液相色谱检测器

① 紫外检测器　特点：应用最广，对大部分有机化合物有响应；灵敏度高；线性范围宽；流通池可做得很小（1mm×10mm，容积 8μL）；对流动相的流速和温度变化不敏感；波长可选，易于操作；可用于梯度洗脱。

② 示差折光检测器　通用型检测器（每种物质具有不同的折射率）；除紫外检测器之外应用最多的检测器；可连续检测参比池和样品池中流动相之间的折射率差值。差值与浓度成正比；但灵敏度低、对温度敏感、不能用于梯度洗脱；分偏转式、反射式和干涉型三种。

③ 荧光检测器　高灵敏度、高选择性；对多环芳烃、维生素 B、黄曲霉素、卟啉类化合物、农药、药物、氨基酸、甾类化合物等有响应。

(8) 高效液相色谱分析的流程 由泵将储液瓶中的溶剂吸入色谱系统，然后输出，经流量与压力测量之后，导入进样器。被测物由进样器注入，并随流动相通过色谱柱，在柱上进行分离后进入检测器，检测信号由数据处理设备采集与处理，并记录色谱图。废液流入废液瓶。遇到复杂的混合物分离（极性范围比较宽），还可用梯度控制器作梯度洗脱。这和气相色谱的程序升温类似，不同的是气相色谱改变温度，而 HPLC 改变的是流动相极性，使样品各组分在最佳条件下得以分离。

同其他色谱过程一样，HPLC 也是溶质在固定相和流动相之间进行的一种连续多次交换过程。它借溶质在两相间分配系数、亲和力、吸附力或分子大小不同而引起的排阻作用的差别使不同溶质得以分离。

开始样品加在柱头上，假设样品中含有 3 个组分：A、B 和 C，随流动相一起进入色谱柱，开始在固定相和流动相之间进行分配。分配系数小的组分 A 不易被固定相阻留，较早地流出色谱柱。分配系数大的组分 C 在固定相上滞留时间长，较晚流出色谱柱。组分 B 的分配系数介于 A、C 之间，第二个流出色谱柱。若一个含有多组分的混合物进入系统，则混合物中各组分按其在两相间分配系数的不同先后流出色谱柱，达到分离之目的。

不同组分在色谱过程中的分离情况，首先取决于各组分在两相间的分配系数、吸附能力、亲和力等是否有差异，这是热力学平衡问题，也是分离的首要条件。其次，当不同组分在色谱柱中运动时，谱带随柱长展宽，分离情况与两相之间的扩散系数、固定相粒度的大小、柱的填充情况以及流动相的流速等有关。所以分离最终效果则是热力学与动力学两方面的综合效益。

4.18.2 高效液相色谱仪的使用方法

以 LC-10AVP 型高效液相色谱仪为例。

(1) 开机：插入电源，依次打开泵、柱温箱、检测器、电脑（并进入色谱工作站）。

(2) LC-10AT 泵参数设定。

(3) 开始运行前务必确保储液瓶中装有流动相，并且吸滤器已经放入储液瓶中。排液管的另一端已经放入废液瓶中。

(4) 待仪器自检完毕后，将排液阀逆时针旋转 180°，若显示屏左下角显示的压力值不在−0.3～0.3MPa 范围内，使用 ZERO ADJ 功能对压力传感器进行调零（反复按 Func 键，直至显示屏上有 ZERO ADJ 字样出现，按 Enter 键，然后再按 CE 键返回初始屏幕）。

(5) 按 Purge，进行吸入过滤器至泵的冲洗操作，也可用注射器在排液阀的管道处抽吸清洗。冲洗完成后关闭排液阀（注意：如果排液阀旋转大于 180°，空气将进入排液管，最终导致空气进入流动相）。

(6) 按一次 Func 键后，设定所需流速（例如：设定 1mL/min，按 1 键，然后按 Enter 键确定）。逐次按 Func 跳到相应 P_{max}、P_{min} 项下，输入最高和最低保护压力后，按 Enter 键确定，再按 CE 键恢复初始状态。

(7) 如果要使用两台泵，则按 Conc 键进入设定状态，输入 B 泵（从动泵）的百分率，然后按 Enter 确定，再按 CE 键返回初始界面。

(8) 按 Pump 启动泵，对色谱柱进行平衡，待压力显示稳定，可开始测试操作。

(9) CTO-10AS 柱温箱参数设定。

(10) 在初始屏幕下，按 Func 键进入操作温度设定状态，以数字键输入设定温度，然后按 Enter 确定。

(11) 再按一次 Func 键设定上限温度，按 Enter 确定，按 CE 返回初始屏幕即可。

(12) 按 Oven 键启动加温程序，仪器会自动控温于所设温度。

(13) RID-10A 检测器参数设定，按 Shift＋R flow 键，让流动相依次流过流通池、参比池，待参比池内液体置换完毕，再按一次 Shift＋R flow 键让流动相只通过流通池，直至基线走平。

(14) 单击色谱工作站集成环境界面上的“数据记录参数”图标，进入设定状态，设定一个地址用来保存即将测定的图谱以及设定其他相关参数。按“确定”键即可。

(15) 再单击“样品信息”图标，将即将进行分析的样品的相关信息填入相应项目中，即可进行进样分析。

(16) 按检测器 ZERO 置零，进样阀手柄置 LOAD 位置，将分析样注入进样阀的定量环中。

(17) 将进样阀手柄转到 INJECT 位置，进样。

(18) 大约 30s 后，将手柄再快速转到 LOAD 位置，然后抽出注样器。

(19) 全部测定完毕后，按规定用适当溶剂（一般用甲醇）冲洗泵、进样器、柱和检测器。

(20) 关闭电源。

4.18.3 注意事项

(1) 使用者必须经严格的培训后方可使用该仪器，未经允许不得使用。

(2) 流动相均需色谱纯度，水用 20mol/L 的去离子水。脱气后的流动相要小心振动尽量不引起气泡。

(3) 所有过柱子的液体均需严格地过滤。

(4) 压力不能太大，最好不要超过 30MPa。

(5) 不应有任何遮挡物挡在仪器通风口处，影响散热。

(6) 毛细管系统中使用了高压电源，仪器接地至关重要，否则高压电将渗透到机身。

(7) 工作电流不要长时间超过 150MA，因为过高的电流会使毛细管内的径向温度梯度增加，使样品分离度降低。

(8) 工作环境必须有良好的通风，不允许安装有火花的仪器，避免将设备安装在太阳直射的地方，同时也需要环境温度变化小。

(9) 使用完毕后必须在记录本上记录使用情况。

4.19 阿贝折光仪

4.19.1 阿贝折光仪的基本原理

见 3.24.3。

4.19.2 阿贝折光仪的使用方法

(1) 仪器结构（图 4-35）

(2) 使用前准备工作 在开始测定前，必须先用标准试样校对读数。对折射棱镜的抛光面加 1～2 滴溴萘，再贴上标准试样的抛光面，当读数视场指示于标准试样上之值时，观察望远镜内明暗分界线是否在十字线中间，若有偏差，则用螺丝刀微量旋转小孔 16 内的螺钉，带动物镜偏摆，使分界线像位移至十字线中心，通过反复地观察与校正，使示值的起始误差降至最小（包括操作者的瞄准误差）。校正完毕后，在以后的测定过程中不允许随意再动此部位。如果在日常的工作中，对所测量的折射率示值有怀疑时，可按上述方法用标准试样进行检验，是否有起始误差，并进行校正。每次测定工作之前及进行示值校准时必须将进光棱

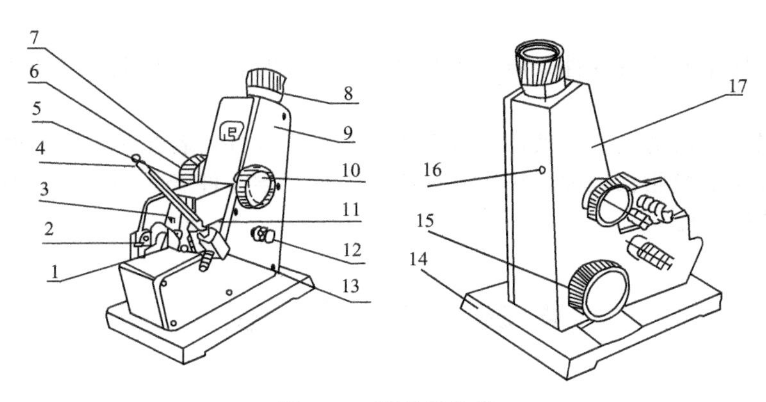

图 4-35　阿贝折光仪

1—反射镜；2—转轴；3—遮光板；4—温度计；5—进光棱镜座；
6—色散调节手轮；7—色散值刻度圈；8—目镜；9—盖板；10—手轮；11—折射棱镜座；
12—照明刻度盘聚光镜；13—温度计座；14—底座；15—折射率刻度调节手轮；16—微调螺丝孔；17—壳体

镜的毛面、折射棱镜的抛光面及标准试样的抛光面，用无水酒精与乙醚（1∶4）的混合液和脱脂棉花轻擦干净，以免留有其他物质，影响成像清晰度和测量精度。

（3）测定工作

① 测定透明、半透明液体　将被测液体用干净滴管加在折射棱镜表面，并将进光棱镜盖上，用手轮 10 锁紧，要求液层均匀，充满视场，无气泡。打开遮光板 3，合上反射镜 1，调节目镜视度，使十字线成像清晰，此时旋转手轮 15 并在目镜视场中找到明暗分界线的位置，再旋转手轮 6 使分界线不带任何彩色，微调手轮 15，使分界线位于十字线的中心，再适当转动聚光镜 12，此时目镜视场下方显示示值即为被测液体的折射率。

② 测定透明固体　被测物体上需要有一个平整的抛光面，把进光棱镜打开，在折射棱镜的抛光面上加 1～2 滴溴萘，并将被测物体的抛光面擦干净放上去，使其接触良好，此时便可在目镜视场中寻找分界线，瞄准和读数的操作方法如前所述。

③ 测定半透明固体　被测半透明固体上也需要有一个平整的抛光面。测量时将固体的抛光面用溴萘沾在折射棱镜上，打开反射镜 1 并调整角度，利用反射光束测量，具体操作方法同上。

④ 测量蔗糖内糖量浓度　操作与测量液体折射率时相同，此时读数可直接从视场中示值上半部读出，即为蔗糖溶液含糖量的质量分数。

⑤ 测定平均色散值　基本操作方法与测量折射率时相同，只是以两个不同方向转动色散调节手轮 6 时，使视场中明暗分界线无彩色为止，此时需记下每次在色散值刻度圈 7 上指示的刻度值 Z，取其平均值，再记下其折射率 n_D。根据折射率 n_D 值，在阿贝折光仪色散表的同一横行中找出 A 和 B 值（若 n_D 在表中两数值中间时用内插法求得）。再根据 Z 值在表中查出相应的 σ 值。当 $Z>30$ 时，取负值，当 $Z<30$ 时，取正值，按照所求出的 A、B 值代入色散公式就可求出平均色散值。

若需测量在不同温度时的折射率，将温度计旋入温度计座 13 中，接上恒温器通水管，把恒温器的温度调节到所需测量温度，接通循环水，待温度稳定 10min 后，即可测量。

4.19.3　注意事项

（1）仪器应置放于干燥、空气流通的室内，以免光学零件受潮后生霉。

（2）当测试腐蚀性液体时，应及时做好清洗工作（包括光学零件、金属零件以及油漆表面），防止侵蚀损坏。仪器使用完毕后必须做好清洁工作，放入木箱内应存有干燥剂（变色硅胶）以吸收潮气。

(3) 被测试样中不应有硬性杂质，当测试固体试样时，应防止把折射棱镜表面拉毛或产生压痕。

(4) 经常保持仪器清洁，严禁油手或汗手触及光学零件，若光学零件表面有灰尘，可用高级鹿皮或长纤维的脱脂棉轻擦后用皮吹风吹去，如光学零件表面沾上了油垢，应及时用酒精-乙醚混合液擦干净。

4.20 旋 光 仪

4.20.1 旋光仪的基本原理

见 3.24.4。

4.20.2 旋光仪的使用方法

以 WXG-4 圆盘旋光仪为例。

(1) 准备工作

① 先把预测溶液配好，并加以稳定和沉淀。

② 把预测溶液盛入试管待测，但应注意试管两端螺旋不能旋得太紧（一般以手旋紧不漏水为止），以免护玻片产生应力而引起视场亮度发生变化，影响测定准确度，并将两端残液揩拭干净。

③ 接通电源，约点燃 5min，待完全发出钠黄光后，才可观察使用。

④ 检验刻度盘零度位置是否正确，如不正确，可旋松刻度盘盖四只连接螺钉、转动刻度盘壳进行校正，或把误差值在测量过程中加减之。

(2) 测定工作

① 打开镜盖，把试管放入镜筒中，试管有圆泡一端朝上，盖上镜盖。

② 调节视度螺旋至视场中三分视界清晰时止。

③ 转动刻度盘手轮，至视场照度与零度照度时相一致（暗视场）时止。

④ 从放大镜中读出刻度盘所旋转的角度。

⑤ 关闭电源，利用公式，求出物质的密度、浓度、纯度与含量。

4.20.3 注意事项

(1) 仪器应放在空气流通和温度适宜的地方，以免光学零部件、偏振片受潮发霉及性能衰退。

(2) 灯管使用时间不宜超过 4h，长时间使用时应用电风扇吹风或关熄 10～15min，待冷却后再使用。

(3) 试管使用后，应及时用水或蒸馏水冲洗干净，擦干保存。

(4) 镜片不能用硬质布、纸去揩，以免镜片表面产生划痕等。

4.21 显微熔点测定仪

(1) 显微熔点测定仪的基本原理 物质熔点测定原理可参见 3.24，显微熔点测定仪是根据物质熔点的测定原理，采用显微镜来观察样品受热后的变化及熔化的全过程。并将显微镜、热台做成一体结构，采用 LED 数字显示熔点温度值，加热台用电热丝加热，并带有风机，可快速降温。测定物质熔点可用载玻片法，也可用毛细管法。

(2) X-4型显微熔点测定仪（图4-36）**的使用方法**

① 对新购仪器，接通电源，开关打到加热位置，从显微镜中观察热台中心光孔是否处于视场中，若左右偏，可左右调节显微镜来解决。前后不居中，可以松动热台两旁的两只螺钉，注意不要拿下来，只要松动就可以了，然后前后推动热台上下居中即可，锁紧两只螺钉。在做推动热台时，为了防止热台烫伤手指，把波段开关和电位器扳到编号最小位置，即逆时针旋到底。

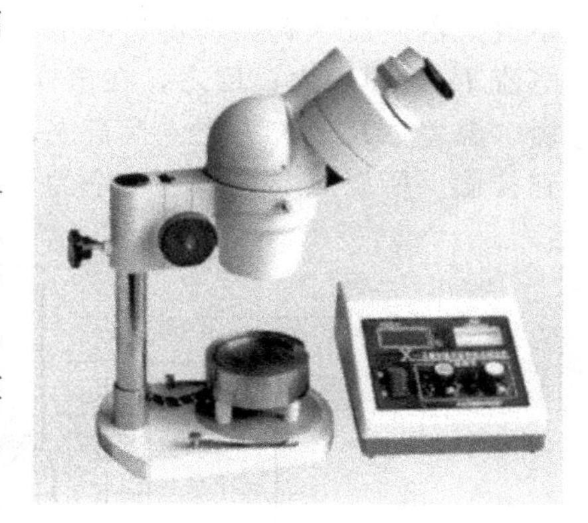

图4-36　X-4型显微熔点测定仪

② 进行升温速率调整，这可用秒表式手表来调整。在秒表某一值时，记录下这时的温度值，然后秒表转一圈（1min）时再记录下温度值。这样连续记录下来，直到所要求测量的熔点值时，其升温速率为1℃/min。太快或太慢可通过粗调和微调旋钮来调节。注意即使粗调和微调旋钮不动，但随着温度的升高，其升温速率会变慢。

③ 将测温仪的传感器插入热台孔到底即可，若其位置不对，将影响测量准确度。

④ 要得到准确的熔点值，先用熔点标准物质进行测量标定。求出修正值（修正值=标准值－所测熔点值），作为测量时的修正依据。注意：标准样品的熔点值应和所要测量的样品熔点值越接近越好。这时，样品的熔点值=该样品实测值+修正值。

⑤ 对待测样品要进行干燥处理，或放在干燥器内进行干燥，样品要研细成粉末。

⑥ 当采用载、盖玻片测量时，建议将盖玻片（薄的一块）放在热台上，放上样品粉末，再放上载玻片测量。

⑦ 在重复测量时，开关处于中间关的状态，这时加热停止。自然冷却到10℃以下时，放入样品，开关打到加热时，即可进行重复测量。

⑧ 测试完毕，应切断电源，停止加热，稍冷后用镊子夹出玻璃载片、盖玻片，洗净玻片，以备再用。

(3) 注意事项

① 新买的显微熔点测定仪需要用标准物质校准温度，一般厂家会提供一点标样，如果没有标样，也可以用已知熔点的纯物质自己测一下。100℃以下、100～200℃和200℃以上都需要分别校正，并且根据测定范围主要校正某一个范围，因为不可能这几个温度范围都能校正到同一精度。

② 测定时取很少量的样品，用镊子尖挑一点即可，放在载玻片上，盖上盖玻片，轻轻研磨，让样品形成很薄的一层。在显微镜下观察，样品最好为分散的很小的颗粒，能看到颗粒形状即可，颗粒太小，不利于观察，颗粒太大，测量不准，更不能形成一片，因为样品如果堆积在一起，导热会不均匀，一方面熔点测不准，另一方面会使熔程变长。

4.22　量　热　计

4.22.1　差示扫描量热计的基本原理

差示扫描量热仪（DSC）的原理是利用了装置在试样和参比物容器下的两组补偿加热丝（图4-37）。当试样在加热过程中由于热反应而出现温差ΔT时，通过差热放大电路和差动功率放大器使流入补偿加热丝的电流发生变化。例如当试样吸热时，补偿放大器使试样一边的电流 I_s 立即增大；反之，在试样放热时，则使参比物一边的电流 I_r 增大。直至两边热量平衡、温差 ΔT 消失为止。换言之，试样在热反应时发生的热量变化由于及时输入电功率而得到补偿。所以只要记录电功率的大小，就可以知道吸收（或放出）多少热量。

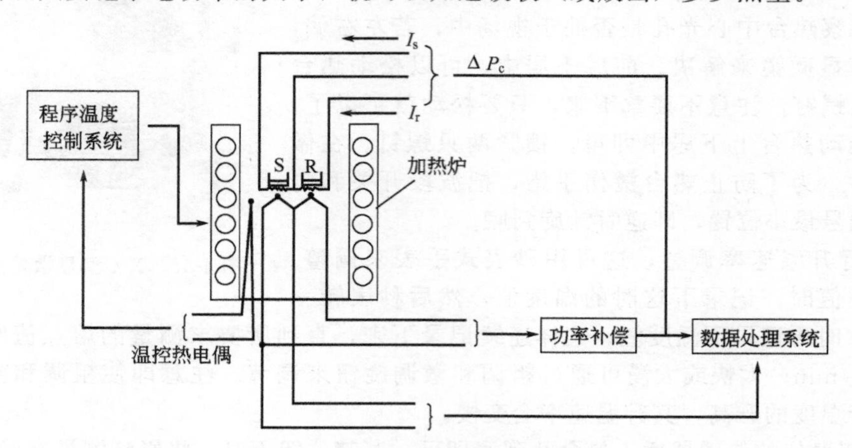

图 4-37　差示扫描量热仪工作原理

4.22.2　差示扫描量热计的使用方法

(1) 准备工作　用镊子取出炉体的上罩组件、中盖、内盖，将使用的坩埚放在样品支架上，放好坩埚后将炉子复原。

打开主机、加热炉，各预热 30min。微机电源需后开先关，即在其他部件电源打开后再打开微机电源，在微机电源关闭后，关闭其他部件电源。打印机电源可在需要时打开。不可在驱动器处于工作状态时取放软磁盘。

计算机操作时，应按步骤进行，进入系统、退出系统都必须按步骤进出，否则会打乱系统使计算机不能正常工作。

(2) 操作

① DSC 基线调整　将两只空坩埚放在样品支架上。DSC 量程置于 20mW，使炉子以 10℃/min 升温，微机处理系统执行采样程序。观察 DSC 曲线，由于坩埚内未放样品和参比物，理论上基线应始终是一条直线。在升温过程中若基线偏离原来位置，可通过如下方法调整基线：待炉温升到 300℃左右时，通过转动“斜率调整”开关来调整，当基线校正到原来位置时，差热基线调整完成。

② 样品测试步骤　样品称重后放入坩埚，另一坩埚放入重量相等的参比物 α-氧化铝。样品置于支架右边，参比物置于左边。

选择适当的 DSC 量程，如果是未知样品，可先用较大量程预做一次。启动微机处理软件，根据测试要求，编制温控程序使炉温按预定要求变化，实时采样，数据处理。

(3) 双路气氛控制单元安装及操作　将氮气钢瓶装上减压阀，并在减压阀上装上减压阀接头和通气接头（注意用少许 706 胶或四氟生料带密封）。将两根通气管分别插入双路气氛控制仪后盖，右端为氮气入口，左端为氧气入口。这时，面板上两只气体流量计旋钮处于关闭状态，将面板上气体电源开启，在减压阀上将两只钢瓶压力都调到约 2MPa，后盖板上 N_2、O_2 开关置于 N_2 上，调节稳压阀旋钮使压力表上压力约为 2MPa，此时调整左流量计上氮气流量到所需值，一般为 40mL；然后将后盖的 N_2、O_2 开关置于 O_2 上，调节右流量计（氧气流量计）旋钮使之为 40mL，此时仪器只要控制后盖上 N_2、O_2 开关即可控制气体切换，气体经炉盖上部排出。当双路气氛控制不通电源时，必须关闭减压阀（旋入为开启，旋出为关闭）并关闭钢瓶输出。

4.22.3 氧弹式量热计的基本原理

物质燃烧热的定义是：1mol物质完全燃烧时的热效应。由热力学第一定律可知，在恒容体系中，物质燃烧时，体系温度升高只改变体系的内能，对外不做功，即恒容燃烧热效应 Q_V 等于体系内能的改变 ΔU 即

$$\Delta U = Q_V$$

氧弹式量热计测量燃烧热的基本原理是：假设环境与量热体系没有热量交换，样品完全燃烧所放出的热量全部用于量热体系的温度改变，那么，如果测得温度改变值 ΔT 和量热体系的水当量（即量热体系温度升高1℃时所需的热量），就可以计算样品的燃烧热。

一定量的物质在氧弹中完全燃烧，放出的热量为

$$-Q_V = C_V \Delta T$$

负号表示体系放热，C_V 为体系的等容热容，通常所用的燃烧热数据为等压燃烧热 Q_p。

$$Q_p = \Delta H = \Delta U + p\Delta V = Q_V + p\Delta V$$

对于理想气体，其摩尔等压燃烧热为

$$Q_p = Q_V + \Delta nRT$$

始终为反应前后气相物质的物质的量变化值。

4.22.4 氧弹式量热计的使用方法

(1) 样品压片和装置氧弹 称取1g左右的燃烧物质（不得超过1.1g）；量取14cm长的引火丝，中间用细铁丝绕几圈做成弹簧形状，在天平上准确称量；将引火丝放在模子的底板上，然后将模子底板装进模子中，并倒入称好的燃烧物；将模子装在压片机上，下面填以托板，徐徐旋紧压片的螺丝直到压紧样品为止（压得不能太紧，也不能压得太松）；抽走模子底下的托板，再继续向下压，则样品和模子一起脱落，然后在天平上准确称量（样品+引火丝）；将样品上的引火丝两端固定在氧弹的两个电极上，引火丝不能与坩埚相碰；向氧弹内加10mL蒸馏水，将氧弹盖盖好。

(2) 氧弹充氧气 用万用电表测量氧弹上两电极是否通路（两极电阻约10Ω），如不通，应打开氧弹重装，如通路，即可充氧。

氧弹与氧气瓶连接：

① 旋紧氧弹上出气孔的螺丝；

② 将氧气表出气孔与氧弹进气孔用进气导管连通，此时氧气表减压阀处于关闭状态（逆时针旋松）；

③ 打开氧气瓶总阀（钢瓶内压不小于3MPa），沿顺时针旋紧减压阀至减压表压为2MPa，充气2min，然后逆时针旋松螺杆停止充气；

④ 旋开氧弹上进气导管，关掉氧气瓶总阀，旋紧减压阀放气，再旋松减压阀复原。

(3) 装量热计

① 用万用电表再次测量氧弹两极是否通路，若电阻在10Ω左右（如果没有，必须放气重装），将氧弹放入量热计内桶；

② 用容量瓶准确量取已被调好的低于外桶水温0.5～1.0℃的蒸馏水2500mL，装入量

热计内桶；

③ 装好搅拌器，将点火装置的电极与氧弹的电极相连；

④ 将已调好的贝克曼温度计插入桶内，盖好盖子，总电源开关打开，开始搅拌；

⑤ 振动点火开关开向振动，计时开始，每隔 0.5min 读取贝克曼温度计读数。

(4) 点火燃烧和升温的测量

① 按振动点火开关开向振动，计时开始，每隔 1min 读取贝克曼温度计温度一次，共读取十次；

② 按振动点火开关开向点火，点火指示灯亮后 1s 左右又熄灭，而且量热计温度迅速上升，表示氧弹内样品已燃烧，可将振动点火开关开向振动，并每隔 0.5min 读取贝克曼温度计温度一次；

③ 至温度不再上升（缓慢）而开始下降时，再每隔 1min 读取贝克曼温度计温度一次，共读取十次。

(5) 整理设备 准备下一步实验：

① 停止搅拌，关掉总电源开关；

② 取出氧弹，并打开放气阀放气；

③ 观察燃烧情况，取出剩余的引火丝，并准确量取剩余长度；

④ 倒掉氧弹和量热计桶中的水，并擦干、吹干。

4.22.5 注意事项

(1) 待测样品需干燥，受潮样品不易燃烧而且称量有较大误差。掌握压片的紧实程度，否则会影响点火效果。

(2) 样品在氧气中燃烧所产生的压力可达 15MPa。因此在使用后应将氧弹内部擦干净，以免引起弹壁腐蚀，减少其强度。

(3) 氧气遇油脂会爆炸。因此氧气减压器、氧弹以及氧气通过的各个部件，各连接部分不允许有油污，更不能使用润滑油。

4.23 黏度计

(1) 乌式黏度计的基本原理 乌式黏度计（图 4-38）是采用毛细管法测溶液的黏度，其方法是使一定体积的溶剂和被测溶液通过毛细管，分别测定其流经时间 t_0 和 t，通过下式求增比黏度 η_s：

$$\eta_s=\pi pr^4th/8(L+\lambda)v$$

式中，r 为毛细管半径；h 为毛细管两端的高度差；v 为液体在毛细管内的平均流动速度；L 为毛细管长度；t 为液体流经毛细管的时间；λ 为毛细管长度校正项；p 为毛细管内液体压力。

对于指定的毛细管黏度计，r、L、v、h、λ 均为常数，又根据 $dgh=p$，所以 η 只与 t 成正比。因此，黏度之比即相对黏度为

$$\eta_r=\eta/\eta_0=pt/p_0t_0=dt/d_0t_0$$

式中，g 为重力加速度；d、d_0 分别为溶液和溶剂的密度，在稀溶液中，$d\approx d_0$，所以 $\eta_r=t/t_0$。

增比黏度表示为：

$$\eta_s=(t-t_0)/t_0$$

(2) 乌式黏度计的使用方法（以聚乙二醇为例）

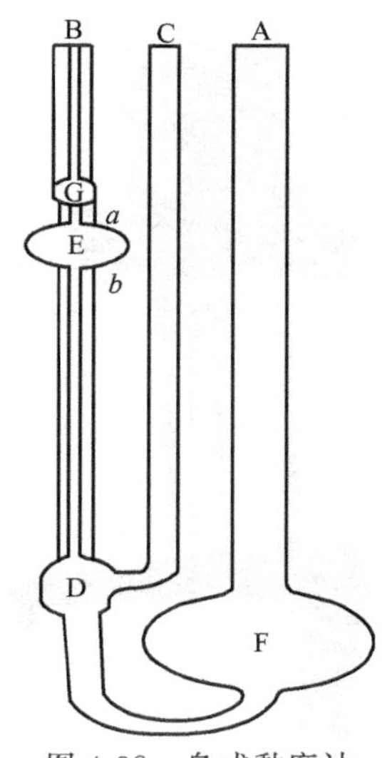

图 4-38　乌式黏度计

① 溶液配制　准确称取 3.0g 左右聚乙二醇（聚乙二醇的用量根据其相对分子质量而定，使溶液对溶剂的相对黏度在 1.1～1.9 之间为宜）；倒入洗净的 100mL 烧杯中，加入约 60mL 蒸馏水使之溶解，再将溶液移至 100mL 容量瓶中，并稀释至刻线。然后用洗净并烘干的 3 号玻璃砂芯漏斗过滤。

② 调节恒温水浴　调节恒温水浴的温度至（25±0.05)℃或(30±0.05)℃。先开恒温水浴，再开恒温控制器，温度达到设置温度前 2～3℃，置“弱”加热。

③ 测定溶液流出的时间　将洗净并烘干的黏度计垂直安装在恒温水浴中，黏度计的两球没入水中，固定好。用移液管吸取 10mL 溶液从 A 管加入黏度计，恒温数分钟。在 B、C 两管上端分别套上一段乳胶管，用弹簧夹夹住 C 管上的乳胶管使之不漏气，用洗耳球由 B 管慢慢抽气，待液面升至球 G 的中部时停止抽气，取下洗耳球，松开 C 管上的夹子，使空气进入球 D，毛细管内液体在球 D 处断开，在毛细管内形成气承悬液柱，液体流出毛细管下端就沿管壁流下，此时球 G 内液面逐渐下降，当液面恰好达到刻度 a 时，立即按下秒表，开始计时，待液面下降刻度线 b 时再按停秒表，记录溶液流经毛细管的时间。至少重复三次，取其平均值，作为溶液流出的时间。每次测得的时间不应相差 0.3s。

在 10mL 溶液中依次加入 5mL、10mL、20mL、30mL 蒸馏水，稀释成相对浓度为 2/3、1/2、1/3、1/4 的溶液。每次稀释后，都要将稀释液抽洗黏度计的两球，确保黏度计内各处溶液的浓度相等。恒温后，按同样方法分别测定它们的流出时间。

④ 测定水流出的时间　将黏度计内溶液由 A 管倒入回收瓶，及时用蒸馏水约 10mL 洗涤黏度计，并至少抽洗两球 3 次，倒出蒸馏水。同上法再洗涤两遍。然后加入蒸馏水约 10mL，恒温后测定其流出的时间，至少重复 3 次，每次测得的时间不应相差 0.3s，取其平均值。

⑤ 实验完毕，倒出蒸馏水，将黏度计倒置烘干。先关恒温控制器，再关恒温水浴，置“快”、“强”位置。

(3) 旋转式黏度计（图 4-39）**的工作原理**　同步电机以稳定的速度旋转，连接刻度圆盘、黏度计再通过游丝和转轴带动转子旋转。如果转子未受到液体的阻力，则游丝、指针与刻度圆盘同速旋转，指针在刻度盘上指出的读数为“0”。反之，如果转子受到液体的黏滞阻力，则游丝产生扭矩，与黏滞阻力抗衡最后达到平衡，这时与游丝连接的指针在刻度圆盘上指示一定的读数（即游丝的扭转角）。将读数乘上特定的系数即得到液体的黏度（mPa·s）。仪器有 1～4 号四种转子，可根据被测液体黏度的高低随同转速配合选用。仪器装有指针固定控制机构，为精确读数用，当转速较快时（30r/min，60r/min)，无法在旋转时进行读数，这时可按下指针控制杆，使指针固定下来，便于读数。保护架是为稳定测量和保护转子用。使用保护架进行测定能取得较稳定的测量结果。仪器可手提使用，配有固定支架及升降机构，一般在实验室中进行小量和定温测定时应固定。

(4) 旋转式黏度计的操作方法

① 准备黏度计被测液体，置于直径不小于 70cm 的烧杯或直筒形容器中，准确地控制被测液体温度。

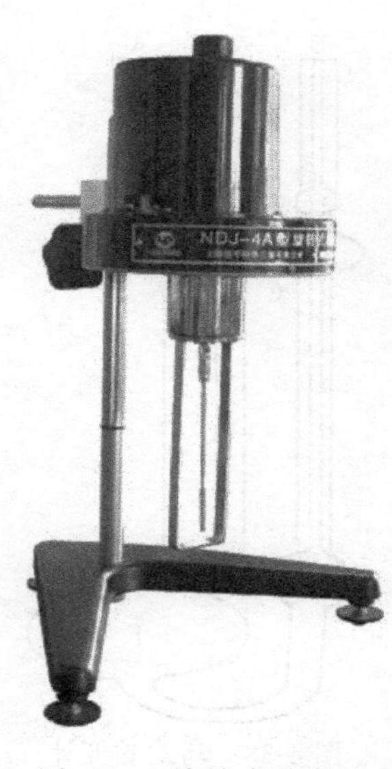
图 4-39　旋转式黏度计

② 将保护架装在仪器上（向右旋入装上，向左旋出卸下）。

③ 将选配好的转子旋入连接螺杆（向左旋入装上，向右旋出卸下）。旋转升降钮，使仪器缓慢地下降，转子逐渐浸入被测液体中，直至转子液面标志和液面平为止，调整仪器水平，开启电机开关，转动变速旋钮，使所需转速数向上，对准速度指示点，使转子在液体中旋转，经过多次旋转（一般 20～30s）待指针趋于稳定（或按规定时间进行读数）。

(5) 注意事项

① 乌式黏度计测定流出时间时，要先松开 C 管上的夹子。

② 从 B 管抽吸溶液前，必须夹紧 C 管上的乳胶管使之不漏气。否则，易把溶液吸到洗耳球内，并易产生气泡等。

③ 溶液中加入蒸馏水后，首先夹紧 C 管上的乳胶管，用洗耳球通过 B 管压气鼓泡，使溶液混合均匀；然后吸溶液至球 G 的中部，再压下去，反复 3 次。如此，可在较短的时间内使溶液混合均匀。注意混合时自始至终要夹紧 C 管上的乳胶管。

④ 黏度计要保持垂直状态，球 G 要没入水中。

⑤ 旋转式黏度计按下指针控制杆时，要注意：

a. 不得用力过猛；

b. 转速慢时，可不利用控制杆，当读数固定下来，再关闭电机，使指针停在读数窗内，读取读数，当电机关停后，如指针不处于读数窗内时，可按住指针控制杆，反复开启和关闭电机，经几次练习即能熟练掌握，使指针停于读数窗内，读取读数；

c. 当黏度计指针所指的数值过高或过低时，可变换转子和转速，务使读数约在 30～90 格之间为佳。

4.24　热重分析仪

4.24.1　热重分析仪的基本原理

热重分析法是在程序控制温度下，测量物质的质量随温度变化的一种实验技术。热重分析通常有静态法和动态法两种类型。静态法又称等温热重法，是在恒温下测定物质质量变化与温度的关系，通常把试样在各给定温度加热至恒重。该法比较准确，常用来研究固相物质热分解的反应速率和测定反应速率常数。

动态法又称非等温热重法，是在程序升温下测定物质质量变化与温度的关系，采用连续升温连续称重的方式。该法简便，易于与其他热分析法组合在一起，实际中采用较多。

热重分析仪的基本结构由精密天平、加热炉及温控单元组成。图 4-40 示出了 PRT-1 型热重分析仪结构原理图；加热炉由温控加热单元按给定速度升温，并由温度读数表记录温度，炉中试样质量变化可由人工开启天平并记录。自动化程度高的热天平由磁芯和差动变压器组成的位移传感器检测和输出试样质量变化引起天平失衡的信号，经放大后由记录仪记录。

由热重分析记录的质量变化对温度的关系曲线称热重曲线（TG 曲线）。曲线的纵坐标为质量，横坐标为温度。例如固体热分解反应 A（固）$\longrightarrow$B（固）+C（气）的典型热重曲线如图 4-41 所示。

图 4-41 中 T_i 为起始温度，即累计质量变化达到热天平可以检测时的温度。T_f 为终止温度，即累计质量变化达到最大值时的温度。

热重曲线上质量基本不变的部分称为基线或平台，如图 4-41 中 ab、cd 部分。

若试样初始质量为 W_0，失重后试样质量为 W_1，则失重百分数为 $(W_0-W_1)/W_0\times100\%$。

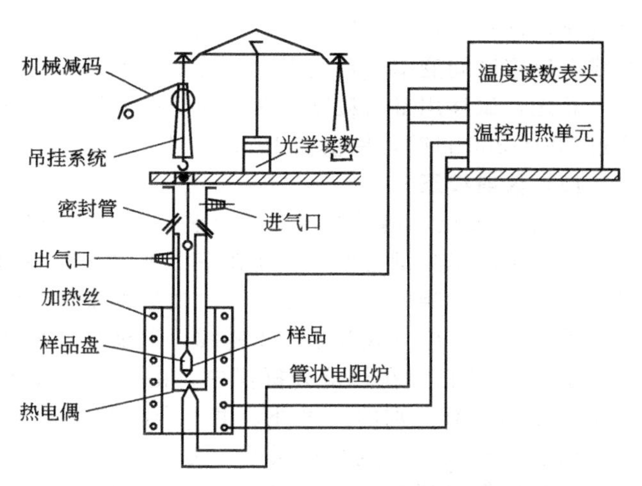

图 4-40 PRT-1 型热重分析仪结构原理图

许多物质在加热过程中会在某温度发生分解、脱水、氧化、还原和升华等物理化学变化而出现质量变化，发生质量变化的温度及质量变化百分数随着物质的结构及组成而异，因而可以利用物质的热重曲线来研究物质的热变化过程，如试样的组成、热稳定性、热分解温度、热分解产物和热分解动力学等。例如含有一个结晶水的草酸钙（$CaC_2O_4\cdot H_2O$）的热重曲线如图 4-42，$CaC_2O_4\cdot H_2O$ 在 100℃以前没有失重现象，其热重曲线呈水平状，为 TG 曲线的第一个平台。在 100℃和 200℃之间失重并开始出现第二个平台。这一步的失重量占试样总质量的 12.3%，正好相当于 1mol $CaC_2O_4\cdot H_2O$ 失掉 1mol H_2O，在 400℃和 500℃之间失重并开始呈现第三个平台，其失重量占试样总质量的 18.5%，相当于1mol CaC_2O_4分解出 1mol CO，在 600℃和 800℃之间失重并出现第四个平台，其失重量占试样总质量的 30%，相当于 1mol CaC_2O_4 分解出 1mol CO_2，可见借助热重曲线可推断反应机理及产物。

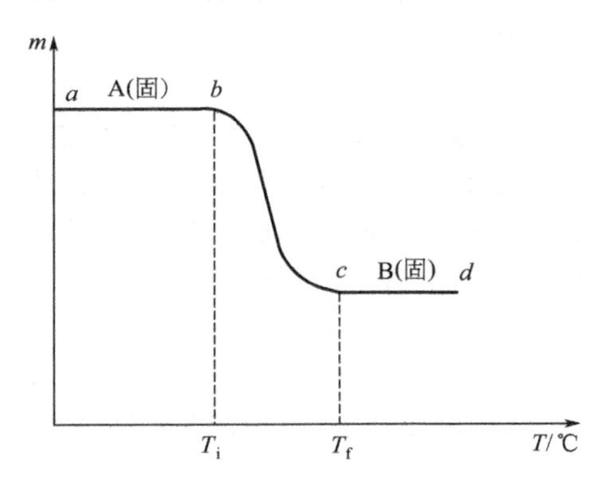

图 4-41 固体热分解反应的热重曲线

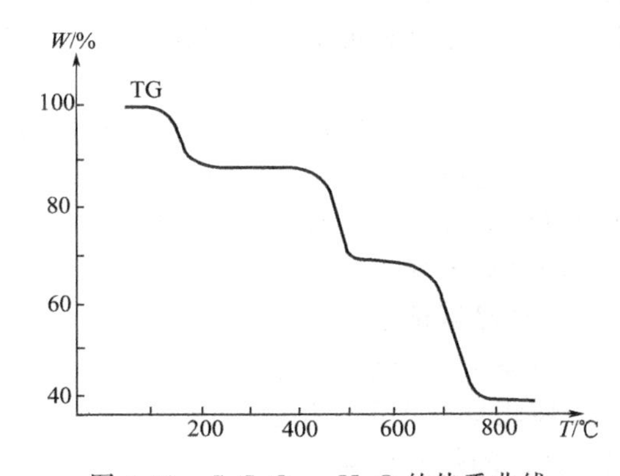

图 4-42 $CaC_2O_4\cdot H_2O$ 的热重曲线

4.24.2 热重分析仪的使用方法

热重分析仪的使用方法主要包括试样准备、仪器校正、实验条件选择和样品测试等工作。

(1) 试样准备 试样的用量与粒度对热重曲线有较大的影响。因为试样的吸热或放热反应会引起试样温度发生偏差，试样用量越大，偏差越大。试样用量大，逸出气体的扩散受到阻碍，热传递也受到影响，使热分解过程中 TG 曲线上的平台不明显。因此，在热重分析中，试样用量应在仪器灵敏度范围内，尽量小。

试样的粒度同样对热传递气体扩散有较大影响。粒度不同会使气体产物的扩散过程有较大变化，这种变化会导致反应速率和TG曲线形状的改变，如粒度小，反应速率加快，TG曲线上反应区间变窄。粒度太大，总是得不到好的TG曲线。

总之，试样用量与粒度对热重曲线有着类似的影响，实验时应选择适当。一般粉末试样应过200～300目筛，用量在10mg左右为宜。

(2) 仪器校正

① 基线校正　热天平与普通天平不同，它是在升温过程中连续测量和记录试样的质量变化，属于动态测量技术。即使在室温下漂移很小的高准确天平，在升温过程中由于浮力、对流、挥发物的凝聚等都可使TG曲线基线漂移，大大降低热重测量的准确度。因此，在样品热重测量之前应空载升温校正基线，记录空载时每一温度间隔的质量数值。

② 温度校正　在热重分析仪中，由于热电偶不与试样接触，显然试样真实温度与测量温度之间是有差别的。另外，由于升温和反应的热效应往往使试样周围的温度分布紊乱，而引起较大的温度测量误差。为了消除由于使用不同热重分析仪而引起的热重曲线上的特征分解温度的差别，需要对热重分析仪进行温度校正。一般使用标准物质对温度进行校正。

(3) 实验条件选择

① 升温速率　升温速率大，所产生的热滞后现象严重，往往导致热重曲线上起始温度T_i和终止温度T_f偏高。在热重分析中，中间产物的检测是与升温速度密切相关的。升温速度较快不利于中间产物的检出，TG曲线上的拐点及平台很不明显。升温速度慢些可得到相对明晰的实验结果。总之，升温速率对热分解温度和中间产物的检出都有较大的影响。在热重分析中宜采用低速升温，如2.5℃/min、5℃/min，一般不超过10℃/min。

② 走纸速度　在热重分析中，记录纸的走纸速度对热重曲线的形状有着显著影响。两个连续的热分解过程，慢速走纸分辨不明显，快速走纸两个反应明显分开。一般来说，快速走纸使TG曲线斜率增大、平台加宽、分辨率提高。但过快的走纸速度会使失重速率的差异变小。因此，走纸速度应和升温速度适当配合，通常升温速率为0.5～0.6℃/min时，走纸速度为15～30cm/h。

③ 气氛　试样周围的气氛对试样热反应本身有较大的影响，试样的分解产物可能与气流反应，也可能被气流带走，这些都可能使热反应过程发生变化。因而气氛的性质、纯度、流速对TG曲线的形状有较大的影响。为了获得重现性好的TG曲线，通常采用动态惰性气氛，即向试样室通入不与试样及产物发生反应的气体，如N_2、Ar等气体。

(4) 样品测试步骤

① 调整天平的空称零位；

② 将坩埚在天平上称量，记下质量数值P_1，然后将待测试样放入已称坩埚中称量P_2，并记下试样的初始质量P_2-P_1；

③ 将称好的样品坩埚放入加热炉中吊盘内；

④ 调整炉温，选择好升温速率（若为自动记录，应同时选择好走纸速度，开启记录仪）；

⑤ 开启冷却水，通入惰性气体；

⑥ 启动电炉电源，使电源按给定速度升温；

⑦ 观察测温表，每隔一定时间开启天平一次，读取并记录质量数值（若为自动记录，则定时观察TG曲线，并标记质量和温度值）；

⑧ 测试完毕，切断电源，待炉温降至100℃时切断冷却水。

(5) TG曲线绘制　根据每一温度测得的样品质量，以样品质量为纵坐标，以温度为横坐标，绘制 TG 曲线。

若热重分析仪配有记录仪，TG 曲线由记录仪自动记录。

4.24.3 注意事项

（1）样品需预处理，去除溶剂、水分或其他易干扰实验结果之杂质。

（2）块材或薄膜样品，应先磨成粉状或裁成＜3mm×3mm×1mm 大小，约 5～20mg。

（3）对腐蚀性及爆炸性样品应尽量回避。

4.25 沸 点 仪

（1）沸点仪的基本原理 沸点仪（图 4-43）是一只带有回流冷凝管的长颈圆底蒸馏瓶。冷凝管底部有一凹形小槽，可收集少量冷凝的气相样品。液体的沸点是指液体的饱和蒸气压和外压相等时的温度。在一定的外压下，纯液体的沸点是恒定的。但对于双液系，沸点不仅与外压有关，而且还与其组成有关，并且在沸点时，平衡的气-液两相组成往往不同。在一定的外压下，表示溶液的沸点与平衡时气-液两相组成关系的相图，称为沸点-组成图（t-x 图）。完全互溶双液系的 t-x 图可分为下列三类：①混合物的沸点介于两种纯组分之间［图 4-44(a)］；②混合物存在着最高沸点［图 4-44(b)］；③混合物存在着最低沸点［图 4-44(c)］。对于后两类，它们在最低或最高沸点时达平衡的气相和液相的组成相同。若将此系统蒸馏，只能够使气相总量增加，而气-液两相的组成和沸点都保持不变。因此，称此混合物为恒沸混合物。其对应的最高温度或最低温度称为最高恒沸点或最低恒沸点，相应的组成称为恒沸物组成。为了测定双液系的 t-x 图，需在气液平衡后，分别测定双液系的沸点和液相、气相的平衡组成。而达平衡的气相和液相的分离是通过沸点仪实现的。

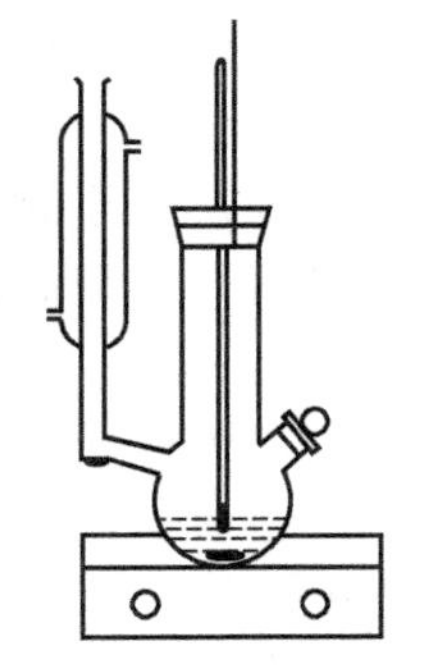

图 4-43 沸点仪的结构图

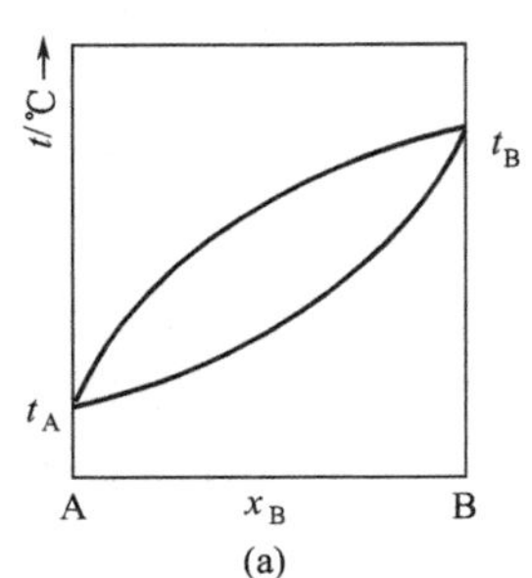

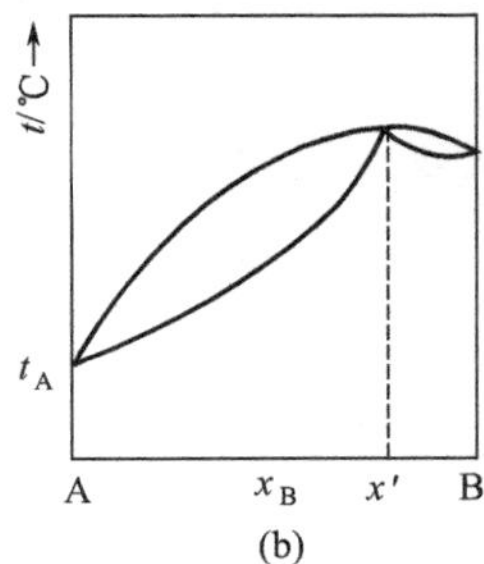

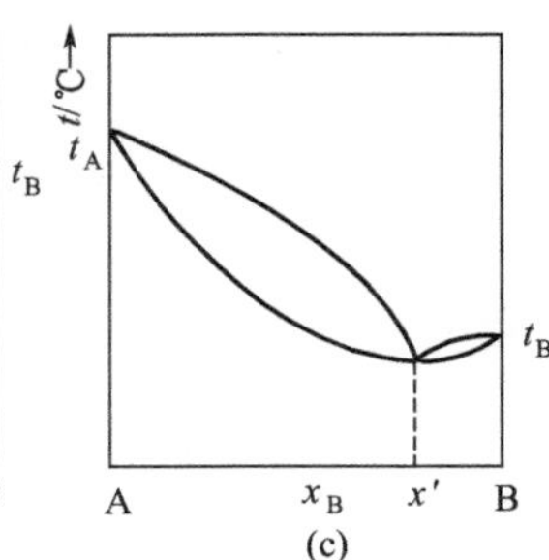

图 4-44 完全互溶双液系的沸点-组成图

沸点仪有多种，各有各的特点，但主要是达到测量沸点和分离平衡时气相和液相的目的。

（2）沸点仪的使用方法

① 安装沸点仪，应将软木塞塞紧，温度计的水银球应高于电热丝 1cm，但应在支管下，以保证测温准确性。

② 沸点仪中加入待测溶液，应使液体浸没电热丝，保证电热丝不裸露出液面。

③ 打开冷凝水至中等流速。

④ 夹好电源接线的鳄鱼夹，注意尽可能使两个鳄鱼夹分离得远点，若两者接触，则通电后造成线路短路而烧毁变压器。

⑤ 接通调压变压器电源，调节变压器电压至液体处于微沸腾状态（冷凝管中蒸气高度为 2cm 左右）。

⑥ 温度计读数恒定后读取温度。

⑦ 关闭电源。

(3) 注意事项

① 安装沸点仪时应将软木塞塞紧，不可漏气。

② 在沸点仪中加入溶液后方可接通电热丝加热。

③ 停止加热后方可取样分析。

④ 取样吸管应保持洁净干燥。

⑤ 实验结束后应将沸点仪中的残留液倒入废液回收瓶中。用电吹风吹干沸点仪。

4.26 凝固点实验装置

(1) 凝固点实验装置的基本原理 固体溶剂与溶液成平衡时的温度称为溶液的凝固点。通常测凝固点的方法是将已知浓度的溶液逐渐冷却成过冷溶液，然后使溶液凝固。当固体生成时，放出的凝固热使固体温度回升，当达到热平衡时，温度不再变化。SWC-LG 凝固点实验装置（图 4-45）通过测定物质在液固混合状态下的温度作为该物质的凝固点，而实际在实验中，样品温度一直下降，下降到凝固点的时候因为分子间力的作用却不会马上出现固体状态，当出现固体状态的时候，温度已经低于了凝固点，因为固体状态的出现，开始有大量的液体成为固体状态这个凝固的过程会放热，温度会回升，回升到最高点的时候固液达到一个动态平衡，这个时候的温度就为该样品的凝固点，所以回升到最高点的温度作为样品的凝固点。

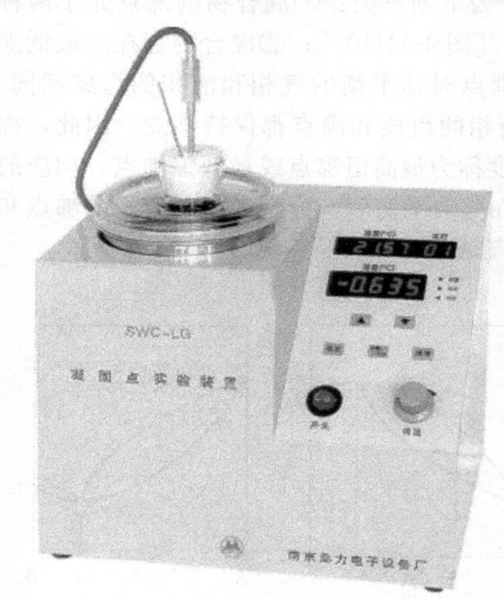

图 4-45 SWC-LG 凝固点实验装置

① 前面板示意图如图 4-46(a) 所示。

② 后面板示意图如图 4-46(b) 所示。

(2) 凝固点实验装置的使用方法

① 将传感器插头插入后面板上的传感器接口（槽口对准）。

② 将交流 220V 电源接入后面板上的电源插座。

③ 打开电源开关，此时温度显示窗口显示初始状态（实时温度），温差显示窗口显示以 20℃为基温的温差值。

④ 将传感器放入冰浴槽 13 中，并在冰浴槽 13 中放入碎冰、自来水和食盐，将冰浴槽温度调至使其低于蒸馏水凝固点温度 2～3℃，将空气套管 17 插入冰浴槽内。同时按下“锁定”键，锁定基温选择量程。

⑤ 用移液管吸取 25mL 蒸馏水放入洗净、烘干的凝固点测定管 12 中，同时，放入小磁珠，将温度传感器 15 插入橡胶塞中，然后将橡胶塞塞入凝固点测定管 12，要塞紧。注意传感器 15 应插入与凝固点测定管 12 管壁平行的中央位置，插入深度以温度传感器顶端离凝固

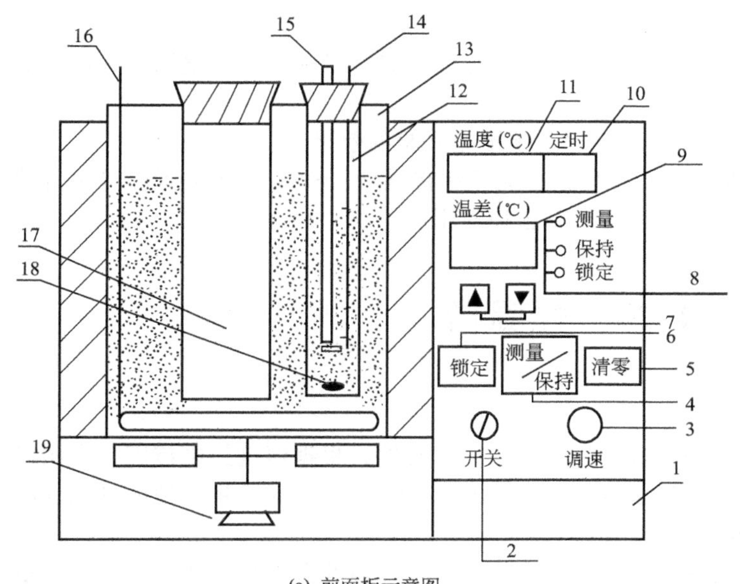

(a) 前面板示意图

1—机箱；2—电源开关；3—磁力搅拌器调速旋钮；
4—测量与保持状态的转换；5—温差清零键；
6—锁定键；7—定时设置按键；8—状态指示灯；
9—温差显示窗口；10—定时显示窗口；11—温度显示窗口；
12—凝固点测定管；13—冰浴槽（保温筒）；14—手动搅拌器；
15—温度传感器；16—手动搅拌器（冰浴槽）；17—空气套管；
18—搅拌磁珠；19—磁力搅拌器

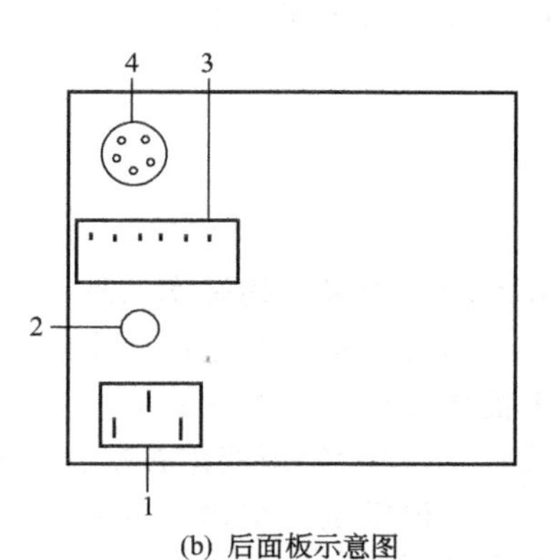

(b) 后面板示意图

1—电源插座（与市电交流 220V 连接）；
2—保险丝（0.5A）；
3—串行口（计算机接口，可选配）；
4—传感器插座（将传感器的插头插入此插座）

图 4-46　凝固点实验装置

点测定管的底部 5mm 为佳。

⑥ 将凝固点测定管 12 直接插入冰浴槽 13 中，观察温度温差仪的温差显示窗口显示值，直至温差显示窗口显示示值稳定不变，此即为纯溶剂蒸馏水初测凝固点。

⑦ 取出凝固点测定管 12，用掌心握住加热，待凝固点测定管 12 内结冰完全熔化后，将凝固点测定管 12 直接插入冰浴槽中，缓慢搅拌，当蒸馏水温度降至高于初测凝固点温度 0.7℃时，迅速将凝固点测定管 12 取出，擦干插入空气套管 17 中，即时记下温差值（如与电脑连接，此时点击开始绘图），调节调速旋钮缓慢搅拌使温度均匀下降，间隔 15s 记下温差示值。当温度低于初测凝固点时，及时调整调速旋钮 3 加速搅拌，使固体析出，温度开始上升时，调整调速旋钮 3 继续缓慢搅拌。直至温差回升到不再变化，持续 60s，此时显示示值即为蒸馏水（纯溶剂）的凝固点。

⑧ 重复⑦步骤再做两次。

⑨ 溶液凝固点的测定——蔗糖水溶液凝固点的测定。做完纯溶剂蒸馏水凝固点测定后，取出凝固点测定管 12，使管中冰完全熔化后，放入已称量的 1g 蔗糖片，待其蔗糖片完全溶解后，重复⑥步骤，先初测溶液的凝固点。再重复⑦步骤，做三次。

⑩ 如欲绘图、自动记录数据，实验前只需将配备的数据线将 RS-232C 串行口与电脑连接即可。

⑪ 数据处理，根据实验中所得数据计算凝固点降低值 ΔT_f。并计算蔗糖的分子量。

注意：手工记录数据时，可通过增、减键设置定时时间，记录数据。

⑫ 待实验结束后，关掉电源开关，拔下电源插头。

(3) 注意事项

① 为防止过冷超过0.5℃，当温度低于粗测凝固点温度时，必须及时调整调速旋钮，加快搅拌速度，以控制过冷程度。

② 实验的环境气氛和溶剂、溶质的纯度都直接影响实验的效果。

冰浴槽温度应不低于溶液凝固点3℃为佳。一般控制在低于2～3℃。本装置除可用自动搅拌外，同时配置手动搅拌器。用户可根据需要选择使用。

4.27 恒温槽

4.27.1 恒温槽的基本原理

恒温槽是实验工作中常用的一种以液体为介质的恒温装置，根据温度控制范围，可用以下液体介质：－60～30℃用乙醇或乙醇水溶液；0～90℃用水；80～160℃用甘油或甘油水溶液；70～300℃用液体石蜡、汽缸润滑油、硅油。

恒温槽是由浴槽、电接点温度计、继电器、加热器、搅拌器和温度计组成，具体装置示意图见图4-47。继电器必须和电接点温度计、加热器配套使用。电接点温度计是一支可以导电的特殊温度计，又称为接触温度计。它有两个电极，一个固定，与底部的水银球相连，另一个可调电极是金属丝，由上部伸入毛细管内。顶端有一磁铁，可以旋转螺旋丝杆，用以调节金属丝的高低位置，从而调节设定温度。当温度升高时，毛细管中水银柱上升与一金属丝接触，两电极导通，使继电器线圈中电流断开，加热器停止加热；当温度降低时，水银柱与金属丝断开，继电器线圈通过电流，使加热器线路接通，温度又回升。如此，不断反复，使恒温槽控制在一个微小的温度区间波动，被测体系的温度也就限制在一个相应的微小区间内，从而达到恒温的目的。

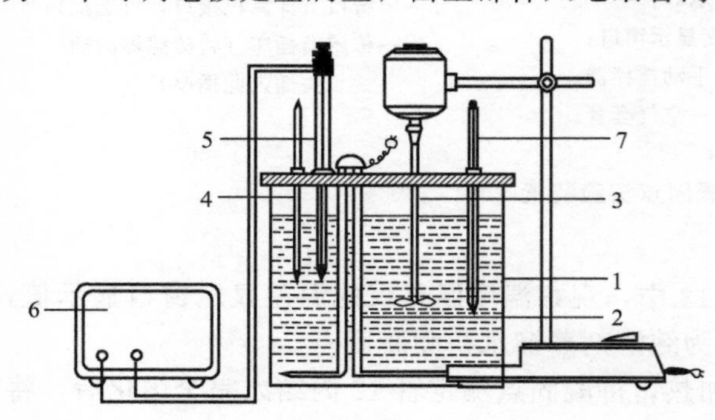

图4-47 恒温槽装置示意图

1—浴槽；2—加热器；3—搅拌器；4—温度计；5—电接点温度计；6—继电器；7—贝克曼温度计

恒温槽的温度控制装置属于“通”“断”类型，当加热器接通后，恒温介质温度上升，热量的传递使水银温度计中的水银柱上升。但热量的传递需要时间，因此常出现温度传递的滞后，往往是加热器附近介质的温度超过设定温度，所以恒温槽的温度超过设定温度。同理，降温时也会出现滞后现象。由此可知，恒温槽控制的温度有一个波动范围，并不是控制在某一固定不变的温度。控温效果可以用灵敏度Δt表示：

$$\Delta t=\pm(t_1-t_2)/2$$

式中，t_1为恒温过程中水浴的最高温度；t_2为恒温过程中水浴的最低温度。

4.27.2 恒温槽的使用方法

(1) 按规定加入蒸馏水（水位离盖板约30～43mm），将电源插头接通电源，开启控制箱上的电源开关及电动泵开关，使槽内的水循环对流。

(2) 调节恒温水浴至设定温度。假定室温为20℃，欲设定实验温度为25℃，其调节方法如下：先旋开水银接触温度计上端螺旋调节帽的锁定螺丝，再旋动磁性螺旋调节帽，使温度指示螺母位于大约低于欲设定实验温度2～3℃处（如23℃），开启加热器开关加热（为节约加热时间，最好灌入较所需恒温温度约低数度的热水），如水温与设定温度相差较大，可先用大功率加热（仪器面板上加热器开关位于“通”位置），当水温接近设定温度时，改用小功率加热（仪器面板上加热器开关位于“加热”位置）。注视温度计的读数，当达到23℃左右时，再次旋动磁性螺旋调节帽，使触点与水银柱处于刚刚接通与断开状态（恒温指示灯时明时灭）。此时要缓慢加热，直到温度达25℃为止，然后旋紧锁定螺丝。

如需要用低于环境室温时，可用恒温器上之冷凝管制冷，可外加和恒温器相同之电动水泵一直将冷水用橡胶皮管从冷凝筒进入嘴引入至冷凝管内制冷，同时在橡皮管上加管子夹一只，以控制冷水的流量，用冷水导入制冷一般只能达到20～15℃之间并必须将电加热开关关断。

恒温器加热最好选用蒸馏水，切勿使用井水、河水、泉水等硬水，尚用自来水必须在每次使用后将该器内外进行清洗，防止筒壁积聚水垢而影响恒温灵敏度。

4.27.3 玻璃恒温水浴的结构与使用方法

(1) SYP-Ⅲ玻璃恒温水浴的结构 玻璃恒温水浴主要由玻璃缸体和控温机箱组成，其结构见图4-48。

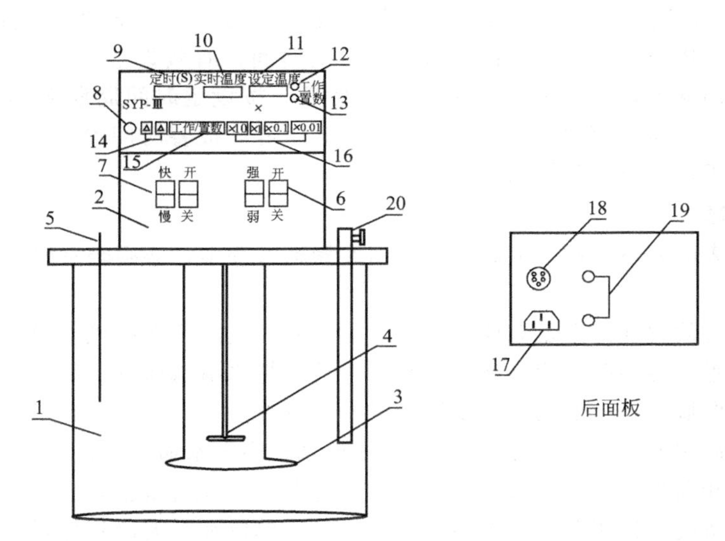

图4-48 SYP-Ⅲ玻璃恒温水浴结构示意图

1—玻璃缸体；2—控温机箱；3—加热器；4—搅拌器；5—温度传感器；6—加热器电源开关；7—搅拌器电源开关；8—温度控制器电源开关；9—定时显示窗口；10—实时温度显示窗口；11—设定温度显示窗口；12—工作指示灯；13—置数指示灯；14—定时设定值增、减键；15—工作/置数转换按键；16—温度设置键；17—电源插座；18—温度传感器接口；19—保险丝座；20—可升降支架

(2) 玻璃恒温水浴的使用方法

① 向玻璃缸内注入其容积2/3～3/4的自来水，水位高度大约230mm，将温度传感器插入玻璃缸塑料盖预置孔内（左边），另一端与控温机箱后面板传感器插座相连接。

② 用配备的电源线将AC220V与控温机箱后面板电源插座相连接。先将加热器电源开关、搅拌器开关置于“关”的位置，后打开温度控制器电源开关，此时显示器和指示灯均有显示。初始状态如图4-49。

其中实时温度显示为水温，置数指示灯亮。

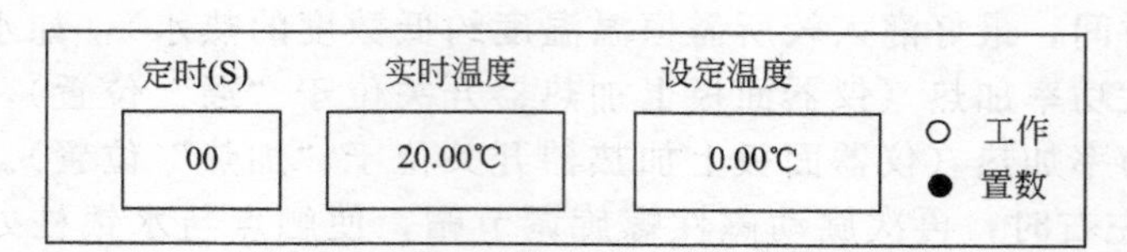

图 4-49　玻璃恒温水浴初始状态

③ 设置控制温度　按“工作/置数”键，置数灯亮。依次按“×10”、“×1”、“×0.1”、“×0.01”键，设置“设定温度”的十位、个位及小数点后的数字，每按动一次，数码显示由 0～9 依次递增，直至调整到所需“设定温度”的数值。

④ 设置完毕，按“工作/置数”键，转换到工作状态，工作指示灯亮，打开加热器电源开关、水搅拌开关。需要快搅拌时“水搅拌”置于“快”位置。通常情况下置于“慢”位置即可。升温过程中为使升温速度尽可能快，可将加热器功率置于“强”位置。当温度接近设定温度 2～3℃时，将加热器功率置于“弱”的位置，以免温度惯性冲高，此时，实时温度显示窗口显示示值为水浴的实时温度值。当达到设置温度时，一般均可稳定、可靠地控制在设定温度的±0.02℃以内。

⑤ 定时报警的设置　若实验需定时观测、记录，可设置定时报警，按“工作/置数”键，至置数灯亮，用定时增、减键设置所需定时的时间，有效设置范围：10～99s。报警工作时，定时时间递减至零，蜂鸣器即鸣响 2s，然后，按设定时间周期循环反复报警。无需定时提醒功能时，只需将报警时间设置在 9s 以下即可。报警时间设置完毕，按“工作/置数”键，切换到工作状态，工作指示灯亮。

4.27.4　注意事项

(1) 玻璃缸表面光滑，碰撞易碎，故水浴在搬运过程中，必须轻拿轻放，以免因破裂而引起安全事故。

(2) 仪器不宜放置在潮湿及有腐蚀性气体的场所，应放置在通风干燥的地方。

(3) 长期搁置再启用时，应将灰尘打扫干净后，将水浴试通电，试运行。检查有无漏电现象，避免因长期搁置产生的灰尘及受潮造成漏电事故。

(4) 为保证使用安全，严禁无水干烧！(即玻璃缸内无水通电加热)。水浴水位不得低于 150mm，才能通电加热，水位过低，可能造成“干烧”而损坏加热器。

(5) 为保证系统工作正常，没有专门检验设备的单位和个人请勿打开机盖进行检修，更不允许调整和更换元件，否则将无法保证仪表测控温的准确度。

(6) 传感器和仪表必须配套使用，不可互换！互换虽也能工作，但测控温的准确度必将有所下降。

(7) 可升降支架根据实际需要调节高低，只需松开螺丝，调整高度再拧紧螺丝即可。

(8) 工作完毕，关闭加热器电源、搅拌电源、控制器电源开关。为安全起见，拔下电源插头。

4.28　振　荡　器

4.28.1　多用振荡器的基本原理

HY-4 多用调速振荡器（图 4-50）的原理是根据正反馈原理，由电容器和电感器组成的 *LC* 回路，通过电场能和磁场能的相互转换产生自由振荡。*LC* 控制振荡的频率，普通晶体

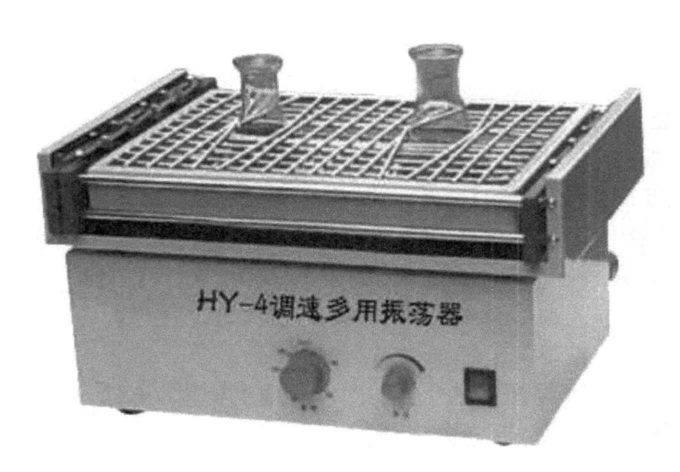

图 4-50　HY-4 多用调速振荡器

振荡器的晶体可以等效一个 Q 值很高的电感，配合电容产生振荡。要维持振荡，还要有具有正反馈的放大电路。

4.28.2　多用调速振荡器的使用方法

（1）首先将需振荡的容器（瓶）放入振荡盘弹簧中，容器中的溶液不能超过容器的三分之一，否则必须加塞。

（2）察看定时旋钮，旋在 ON（常开）位置或所需指定的时间位置。

（3）将调速旋钮逆时针旋至最低速位置，打开电源开关，电源指示灯亮，再将调速旋钮顺时针旋至所需的速度。

4.28.3　水浴恒温振荡器的使用方法

水浴恒温电动振荡器（图 4-51）是在电动振荡器基础上增加了水浴恒温装置，常用于试样的溶解、被测成分的浸取、化学反应或吸附作用的加速等。

（1）使用仪器前，先将调速按钮置于最小位置，关“振荡开关”。

（2）装样品器皿应注意以下几点：

① 均匀分布；

② 装液量不能偏少，防止产生器皿漂浮；

③ 密封好器皿口，防止凝结的水珠滴入器皿。

（3）将自来水注入水箱，水位应略高于器皿的内液面；禁止无水状态使用加热器。

（4）接通外电源，将电源开关置于“开”的位置，指示灯亮。

（5）装入样品器皿，并保持平衡。

（6）根据机器表面刻度设定定时时间，如需长时间工作，将定时器调至“常开”位置。

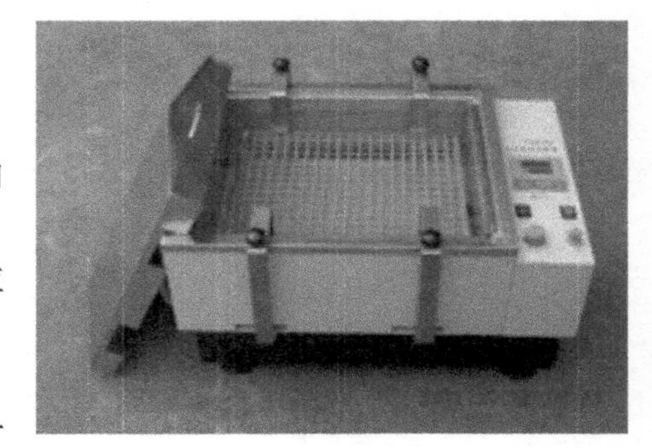

图 4-51　SHZ-A 型水浴恒温电动振荡器

（7）设定恒温温度

① 将控制部分小开关置于“设定”段，此时显示屏显示的温度为设定的温度，调节旋钮，设置到工作所需温度即可（设定的工作温度应高于环境温度，此时机器开始加热，黄色指示灯亮，否则机器不工作）。

② 将控制部分小开关置于“测量”端，此时显示屏显示的温度为实验箱内空气的实际温度，随着箱内气温的变化，显示的数字也会相应变化。

③ 当加热到所需的温度时，加热会自动停止，绿色指示灯亮；当实验箱内的热量散发、低于所设定的温度时，新的一轮加热又会开始。

(8) 开启振荡装置

① 打开控制面板上的振荡开关，指示灯亮。

② 调节振荡速度旋钮至所需的振荡频率。

(9) 工作完毕切断电源，置调速旋钮与控温旋钮至最低点。

(10) 清洁机器，保持干净。

4.28.4 注意事项

(1) 振荡器使用时一定要接妥地线。

(2) 工作时，应将振荡器放置在平整坚固的台面上，以防振动。

(3) 夹具弹簧只作中小容量瓶固定之用，特大容器应相应拆去几根弹簧或采取其他方式加固。

(4) 使用完毕后应关闭电源，置于干燥通风处，并保持其清洁。

4.29 高速离心机

(1) 高速离心机的基本原理 当含有细小颗粒的悬浮液静置不动时，由于重力场的作用使得悬浮的颗粒逐渐下沉。粒子越重，下沉越快，反之密度比液体小的粒子就会上浮。微粒在重力场下移动的速度与微粒的大小、形态和密度有关，并且又与重力场的强度及液体的黏度有关。像红细胞大小的颗粒，直径为数微米，就可以在通常重力作用下观察到它们的沉降过程。此外，物质在介质中沉降时还伴随有扩散现象。扩散是无条件的、绝对的。扩散与物质的质量成反比，颗粒越小，扩散越严重。而沉降是相对的、有条件的、要受到外力才能运动。沉降与物体重量成正比，颗粒越大，沉降越快。对小于几微米的微粒如病毒或蛋白质等，它们在溶液中成胶体或半胶体状态，仅仅利用重力是不可能观察到沉降过程的。因为颗粒越小，沉降越慢，而扩散现象则越严重。所以需要利用离心机产生强大的离心力，才能迫使这些微粒克服扩散产生沉降运动。离心就是利用离心机转子高速旋转产生的强大离心力，加快液体中颗粒的沉降速度，把样品中不同沉降系数和浮力密度的物质分离开。台式离心机（图 4-52）属常规实验室用离心机，广泛用于生物、化学、医药等科研教育和生产部门，适用于微量样品快速分离合成。

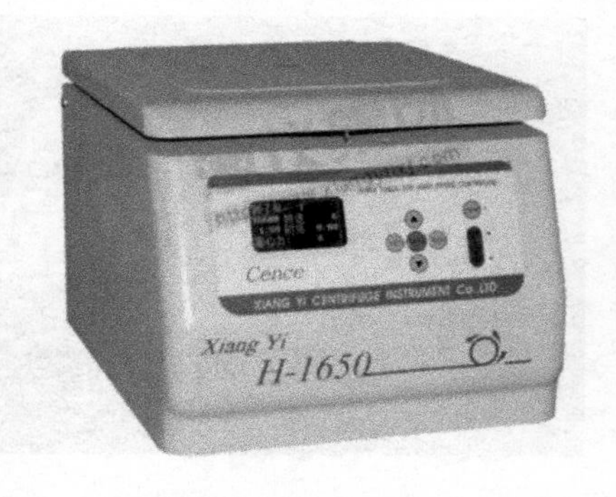

图 4-52 H1650 台式高速离心机

(2) H1650 台式高速离心机的使用方法

① 将离心机放置于平面桌或平面台上，目测使之平衡，用手轻摇一下离心机，检查离心机是否放置平衡。

② 插上电源插座，按下电源开关（电源开关在离心机背面，电源座上方）。

③ 按“STOP”键，打开门盖（未接通电源，请用小杆从机箱右侧小孔插入顶开电子锁）。将离心管放入转子内，离心管必须成偶数对称放入（离心管试液目测均匀），注意把转子体上的螺帽旋紧，并重新检查上述步骤，完毕用手轻轻旋转一下转子体，使离心管架运转灵活。

④ 关上门盖，注意一定要使门盖锁紧，完毕用手检查门盖是否关紧。

⑤ 设置转子号、转速、时间　在停止状态时，用户可以设置转子号、转速、时间，按设置（SET）键，此时离心机处于设置状态，停止灯亮、运行灯闪烁；在运行状态下时，用户可设置转速、时间，按设置（SET）键，此时离心机处于设置状态，运行灯亮、停止灯闪烁。

a. 设置转子、转速、时间　离心机在停止状态下，按“SET”键，即进入转子、转速、时间设置状态，再按“▲”或“▼”键确定离心机本次工作的转子、转速、时间（最多为7个转子，最高转速为16500r/min，时间最长为99min）；在运行状态下，只能设置转速、时间，操作与上同。注意：对应的转子一定要设置相应的转速，不可超速使用，否则对试管或转子有损坏。

b. 当上述步骤完成后，再按“ENTER”键，以确认上述所设的转子、转速、时间，再按“START”键启动离心机。

c. 在运行当中，如果要看离心力，按下“RCF”键（RCF灯亮），就显示当前转速下的离心力，3s后自动返回到运行状态；在离心机运行时进入设置状态，如果要取消设置，按下“RCF”键即返回到运行状态。

⑥ 离心机时间倒计时到“0”时，离心机将自动停止，当转速等于0r/min时，蜂鸣器鸣叫15声，按下“RCF”键可取消鸣叫。

⑦ 当转子停转后，门盖自动打开，取出离心管（若门盖不能打开，请用小杆从机箱右侧小孔插入顶开电子锁）。

⑧ 关断电源开关，离心机断电。

(3) 注意事项

① 安放离心机的台面应坚实平整，四只橡胶机脚都应与台面接触和均匀受力，以免产生振动。

② 电源必须有接地线，以确保离心机通过电源插座有效接地。

③ 离心机在运转时，不得移动离心机。门盖上不能放任何物品，防止门盖自动打开时损坏门盖上物品。

④ 离心管加液尽可能目测均匀，若加液差异过大，运转时会产生大的振动，此时应停机检查，使加液符合要求，离心试管必须成偶数对称放入。

⑤ 若运转时有离心试管破裂，会引起较大振动，应立即停机处理。

第5章　常用化学软件简介

5.1　结构式软件

随着电子计算机应用的不断发展与普及，各行各业对软件的要求也不断地增加。对于一个化学工作者来说，学术论文、科研成果报告中经常需要处理大量的化学结构式、化学反应式、实验装置图和实验数据，这就需要利用专业的化学办公软件。化学办公软件的种类很多，下面按照其功能对其进行介绍。

（1）Chem Window 软件　Chem Window 由 Softshell Intern. Ltd. 1989 年推出首版，1993 年发行了 3.0 版，现在市面上已经有 6.0 版本。该软件主要功能是能绘出各种结构和形状的化学分子结构式及化学图形，具有一般其他绘图软件所不具备的化学分子图形编辑功能。Chem Window 运行于 Microsoft Windows 95 或 3.x 版下，由于 Windows 环境下具有的友好用户界面和便利的切换功能，使得其资料可共享于各软件之间。

① Chem Window 软件的特点及功能　该软件具有快速便捷的操作工具。用来画分子图形的各种常用操作均用图标示于工具箱中。如对分子图形的组合、水平、垂直翻转及任意角度旋转等操作直接从工具箱中用鼠标点相应图标即可完成。该软件还提供了大量画分子式或分子图形所需的各种“散装元件”，如各种类型的化学键、分子母环（从三元到八元环，包括六元环的船式和椅式构型）、化学分子轨道、圆电荷、球（椭球）等。在模板工具中存储有大量常用的杂环、稠环供选择。在 3.0 版中具有丰富的图形屏幕显示，对图形不同部分可用不同的颜色进行显示。

该软件另一大特点就是强大的分子图形编辑功能。对分子图形可进行组合、分块处理，即可将许多物体结合成一个物体进行处理，或将一个物体分解成许多部分，使得在编辑时可根据需要用不同的方式来编辑。对整体分子图形既可进行放大、缩小、旋转等操作，也能对局部进行精确微调。其还具有一般绘图软件所不具备的化学分子式的上下标标记功能及每个操作对象都有“敲击箱”（Hit Box），这对于图形的各种操作处理，特别是局部处理提供了很大的灵活性。需要画分子结构式的三维平面图时，该软件具有将图形中重叠部分进行断开处理的功能，使之呈现出立体感。

但是，Chem Window 不具有 OLE（对象链接与嵌入）的界面支持，使得它与其他软件之间共享受到限制，尤其是在其他软件中（如 Word，Power Point 等）需对 Chem Window 图形进行修改时，更显得烦琐。

② Chem Window 的使用方法和技巧　Chem Window 的操作绝大部分由鼠标便可完成，基本使用方法借助 Help 亦可较快学会。下面介绍笔者在使用过程中的一些点滴经验和体会。

a. 绘制 Chem Window 图形的几点技巧　在绘制复杂分子结构式时，利用复制、水平或垂直翻转等操作可绘出对称协调的分子结构式图形。而在绘制化学反应方程式时，当反应式很长时，各部分之间要处于同一水平线上，若采取逐个摆放，既费时又费力，最简单的方法是先用选择工具选取该反应式，然后从 Arrange 下拉菜单中选择 Align Object 命令，出现一对话框，选水平排序即可。分子结构式中原子标记用标记工具（Label Tool）为好，虽然标题工具（Caption Tool）也能进行元素符号的输入，但用该工具输入的元素符号独立于所画的分子结构式，且元素符号与键之间连接很不协调，不便于后续操作。而用标记工具输入，则元素符号与所画分子结构式构成一个协调的整体。

b. Word 文本中 Chem Window 图形的嵌入和幻灯片的制作　Chem Window 图形一般软件不能直接调用，这样 Word 文本中嵌入分子结构式图形，一般遵循下列操作程序：开机→运行 Windows→运行 Word→打开 Word 文本文件→切换至程序管理器→运行 Chem Window→打开图形文件（或绘制分子结构式图形）→将所选图形复制到剪贴板→切换至 Word 文本中→将光标置于文本中需嵌入图形的位置，从编辑菜单中选择粘贴命令。脱离 Chem Window 后该图形便不能被其他软件调用。这样限制了它的广泛应用。笔者采用先将 Chem Window 图形移入画笔（Paintbrush）中，然后将其转换成 bmp 位图文件。这样在 Word 或其他软件中便可随时直接调用该 bmp 图片，大大简化了操作手续，增强了该软件与其他软件的信息共享。

总之，从上面的简介可看出该软件在绘制化学专业图形方面确实使用方便且功能强大，对该绘图软件的应用可免去许多人工手绘化学分子图形之苦，为日常的教学和科研带来许多方便。该软件与 Microsoft Word、PowerPoint 等软件联用，可出色地完成一般化学科技论文的编印及制作出漂亮的专业幻灯片，从而为化学工作者带来极大便利。

（2）ChemDraw 软件　ChemDraw 是英国剑桥软件公司一个化学绘图程序，包括立体化学结构的识别和显示，创建多页文档，ChemNMR 可显示化合物的核磁光谱，并进行校对。Name=Struct 能快速将名称转化为相应的结构，AutoNom 可为指定结构创建 IUPAC 名称。ChemDraw 还可以和 Excel 对接，用互联网连接到 ChemACX. Com，很容易得到相关的原始资料。ChemDraw 插接件可加入化学智能到你的浏览器，以便从 Web 网站查询或显示数据。

ChemDraw 有三个版本，标准版、专业版和超级版，并提供使用版。运行平台是 Windows95、98、Me、NT、2000、XP。

① ChemDrawUltra 特点　从名称创建结构，从结构创建名称。预示^{1}H&^{13}C 核磁光谱。基于 IUPAC 标准的聚合物命名。输出结果到 Excel。

② ChemDrawPro 特点　通过指定原子和化学键性质、反应中心和结构等，准确查询数据库。兼容 ISIS 文件，支持 Macintosh/Windows 平台。可自动整理结构，修改绘制缺陷。可从 SPC 和 JCAMP 文件显示光谱。化学智能包括价态、键数和原子个数。

③ ChemDrawStd 特点　描绘和打印结构及反应式，或以 EPS、GIF 等文件格式保存。自定义结构模板。有大量化学键、箭头、括号、轨道、反应符号和实验贴图供选择。适合大多数杂志的样式模板。兼容 Chem3D、ChemFinder、ChemInfo、E-Notebook 和 Microsoft-Office。

（3）Chemsketch 软件　化学结构绘制软件 Chemsketch 是加拿大 Advanced Chemistry Development Inc.（ACD）公司的产品，它是 ACD 公司为其 NMR 谱图数据库以及物性估算软件设计的化学结构输入软件，Chemsketch 是目前能运行于 PC 机、用来绘制化学结构的功能较强的软件，另外，软件附加的化学 3D 结构显示程序，可对其绘制的 2D 化学结构进行结构优化，进而显示 3D 结构，并且可进行全方位的转动，可以从不同角度观察化学结构。

这个软件不仅可以帮助化学工作者绘制化学结构图用于化学论文，甚至可以作为科学研究的辅助工具，而且也可以用于化学教学过程，替代常规的球棒模型，为多媒体教学、远程教育提供了一种工具。

5.2 分子式、反应式软件

5.2.1 ISIS 分子式软件

ISIS Draw 由 MDL Information Systems Inc. 开发。以其强大的功能及与 MS Office 套件极佳的兼容性而在国内医学、化学界广泛流行。

分子式绘制基本步骤：

在模板工具条或模板上选取相应的官能团，绘出基本框架；

在框架上进行原子、键及分子编辑，绘制出目标结构式；

运行“Chem Inspector”，进行结构式检查，确保所绘结构式的正确性（可选）。

① 运用模板画结构式　模板可以从窗口上方模板工具条选取，也可点击菜单栏上“Template”项，菜单下列有程序自带的数十类几百个模板，从芳环、多元环、羰基化合物到糖、氨基酸等应有尽有，使用十分方便。点击选取后直接在窗口中欲绘制处点击左键即可。同时窗口上的模板工具条也可根据日常研究工作的需要进行定制。方法是在工具条右边点击右键，激活快捷工具栏，选择“Customize Menu And Tool”，弹出定制对话框，将所需官能团移至工具条上点击“OK”。

② 键、链、原子基团的绘制　单击左边垂直工具条上“Bond”或“Chain”工具按钮，选取单、双、叁键或链，在绘图区单击鼠标左键或按住左键拖动鼠标即可绘制键或链。单击左边垂直工具条上“Atom”工具按钮，在欲绘部位单击左键，即出现文本输入框，可以直接从键盘输入或从下拉菜单中选取欲输入的原子基因。

③ 键、链、原子基团的编辑　点击左边工具条上的“Select”按钮，双击欲编辑的键、链和原子基团，即弹出编辑对话框，在对话框中修改完毕后点击“OK”即可。

④ 结构图的等比例放大或缩小　使用模板工具栏中的模板在窗口中绘制出的图形往往比实际需要的图形大或小。因此常常需要进行缩放处理。点击“Select”按钮选中图形后，按住右下角拖动即可放大或缩小结构图，同时右上角出现放大、缩小百分比。松开鼠标后，会弹出一个对话框，询问以后绘制的结构图是否按此比例放大或缩小，这样可以保证所有的结构式均为相同尺寸，以免大小不一。

5.2.2 反应式的绘制

(1) 基本步骤　按上述方法绘出各反应物及生成物的结构式；点击“Arrow”、“Plus”等工具按钮，在窗口合适位置绘制箭头、加号及其他符号；点击“Select”按钮，选中所有反应物、生成物及加号、箭头等，点击“Object”、“Group”，将之组合为一个大的图形对象；选中整个反应式，点击菜单栏上的“Chemistry”、“Run Chem Inspector”，检查反应式的正确性。

① 反应式的编辑　添加、移动或双击欲修改的结构式即可弹出编辑对话框，在对话框中修改完毕后点击 OK 即可。

② 反应式的排列　选中欲排列的结构式、箭头、符号等，点击菜单栏上“Object”、“Align”，弹出排列对话框，选择排列方式后，点击“OK”。

③ 编辑完成后，运行“Chem Inspector”，检查反应式的正确性。

(2) 图文混排 ISIS Draw 支持图文混排方式。有的反应式需在一定的反应条件下进行，反应条件的描述只有通过文字表达。点击左边工具栏上“Text”按钮，鼠标即变为“+”字形，在欲写文本处单击左键，输入所需的文本，输完后在任一处单击左键即可（不可回车，否则程序认为你在换行）。若双击文本，弹出文本编辑框，同其他文字处理软件一样，你可以选取字体、大小、颜色等修改文本属性。修改完毕，点击“Select”按钮，选中结构式及文本。点击菜单栏“Object”、“Group”，即将结构式与文本组合为一个完整对象，进行整体拷贝、剪切、粘贴等。

ISIS Draw 软件还有高级使用，如 3-D 图形旋转、分子量及元素分析理论值的计算、模型图的展示等。

5.3 数据处理软件

物理化学实验是继无机化学实验、有机化学实验、分析化学实验之后的一门必修基础实验课，其特点是大量使用仪器设备对某一物理化学性质和化学反应性能进行测定，测定结果往往是间接的，还需对实测的实验数据进行分析、处理，并用图、表给予表示。物理化学实验素有数据多、处理麻烦、手工作图误差大的问题，以前常用 Basic、Fortran 以及 BorlandC++等语言编写应用程序来处理实验数据，目前 Origin 是化学工作者进行数据分析处理和绘图的常用软件。Origin6.0 是在 Windows 平台下用于数据分析和绘图的软件，其窗口与 Word 等软件很相似，界面友好，功能强大，操作方便，便于学习。下面以物理化学实验的实例操作来介绍 Origin6.0 的常用绘图方法和数据分析功能。

(1) Origin6.0 软件绘制曲线及拟合 Origin6.0 软件最基本的功能是曲线拟合，现以丙酮溴化复杂反应实验为例，介绍 Origin6.0 软件曲线拟合过程。运行 Origin6.0 软件，以时间 t 为横坐标，以吸光度 E 为纵坐标，要求利用 $E=kt+C$ 公式，通过作图求出直线斜率 k，具体做法是将 t、E 数据分别输入“Datal”中的 A [X] B [Y] 中，然后在“Plot”菜单中选“Line+Symbol”，即可得到图 5-1 所示图形。

之后在“Analysis”菜单中选“Fit Linear”进行线性拟合，即可得到拟合直线，从 Results Log 窗口中得到回归系数 A、B（直线斜率）、相关系数 R 的值。Origin 软件可以对图形进行修改，双击所要修改的选项，在相应的对话框中，根据需要进行调整，如调节横轴、纵轴间距等，线条颜色等。

(2) Origin6.0 软件在三角相图中的应用 Origin6.0 软件提供等边三角相图的制作方法，可以应用于 KCl-HCl-H_2O 三元体系相图实验，其具体为：运行 Origin6.0 软件，将 KCl、HCl、H_2O 数据分别输入“Datal”中的 A [X_1]、B [Y_1]、C [Z_1]，D [X_2]、E [Y_2]、F [Z_2]，…中，首先选中 C [Z_1] 栏，在“Plot”菜单中选“Ternary”，即可得到图 5-2 所示图形，然后用鼠标双击在“Graph1”左上角的 1，在 Layer1 对话框中，点击 data1 _ f，然后点击 OK 键即得到第二条线，其他类推。对有关选项的修改，可用双击所要修改的选项，在相应的对话框中进行修改，或点击鼠标右键，之后选中“Add Text…”，在对话框中填写相关内容。

(3) Origin6.0 软件中 Function 功能的应用 对于某些实验，有已知关系方程，即可以通过 Origin6.0 软件中的 Function 功能，很容易求出其相应的值。现以电位-pH 曲线测定实验为例，在 25℃时，低含硫天然气 H_2S 含量为 0.1g/m^3，其对应的分压为 0.000072atm，

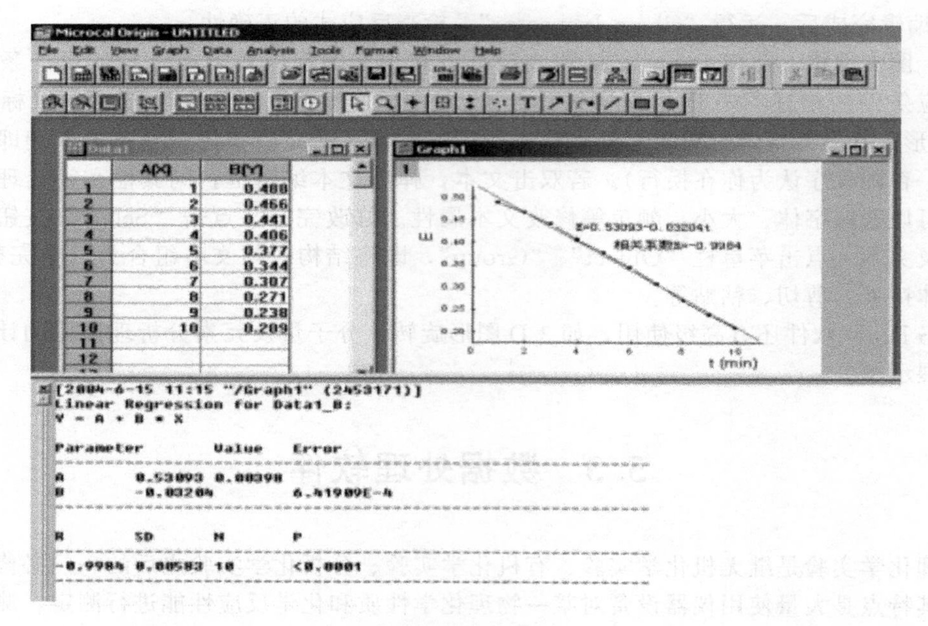

图 5-1 E-t 曲线

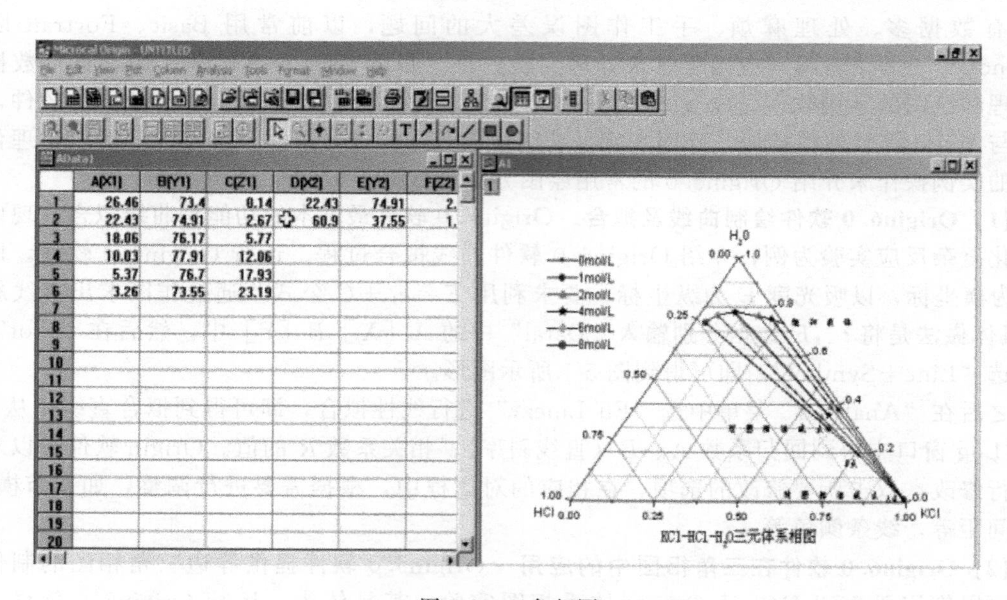

图 5-2 三角相图

ϕ [S/H_2S(g)] 与 pH 关系为：ϕ [S/H_2S(g)] = −0.072 − 0.0296lg(0.000072) − 0.0591pH，具体做法如下。

打开 Origin6.0 软件，在“File”中选“New”，然后在“Windows”选项中选“Function”，点击“OK”。在“Polt Details”对话框中的 $F1$ (x) 中键入“−0.072−0.0296*LOG (0.000072) −0.0591*x”，调整相应参数，最后点击“OK”，即可得到曲线图形。双击 X 坐标轴，在“Xaxis-Layer1”对话框中的“Scale”子对话框中调整 X、Y 轴的取值范围，“Title&Format”子对话框“Title”中输入 X、Y 轴的变量等。在“Analysis”菜单中选“Translate”中“Vertical”或“Horizontal”中的任意一个，此时光标变成“田”形

状，并移动光标“田”置于直线上点击，则直线上出现一个“+”，同时图表上方出现一个对话框，“Data Display”中显示 $F12$ [56] ：x=5.55555556，y=−0.277710375，并可通过移动“←”、“→”2个键来移动“+”，则其坐标值也随之变化，即可求出任何 pH 值下的ϕ [$S/H_2S(g)$] 的值。

(4) Origin6.0 软件中 Excel 功能的应用 Origin6.0 还提供了与 Excel 相结合来绘制图形的功能，Excel 具有良好的编写计算功能、Origin 良好的图形制作功能。现以蔗糖水解实验为例，要求利用 $\ln(\alpha_t-\alpha_\infty)=-kt+\ln(\alpha_0-\alpha_\infty)$ 公式，通过作图求出斜率 k。实验测得时间 t、旋光度 α_t、最终旋光度 α_∞，因此作图前要进行适当的计算，其具体为：打开 Origin6.0，在工具框中选“New Excel”即可插入一个 Excel 表，在 Excel 表的 A1-D1 单元格中分别键入“时间 t、旋光度 α_t、最终旋光度 α_∞、$\ln(\alpha_t-\alpha_\infty)$”，在 A2～A23、B2～B23、C2～C23分别键入相应的数据，在 D2～D23 单元格中分别键入公式“=ln（Bi－C2）”（Bi 为 B 列 i 个单元，i=2～23)。最后选中 A、D（注：X 轴的数据放在左边，Y 轴数据放在右边)，在“Plot”菜单中选“Line+Symbol”，即可得到图 5-3 所示图形。其他步骤与前面介绍方法相同。

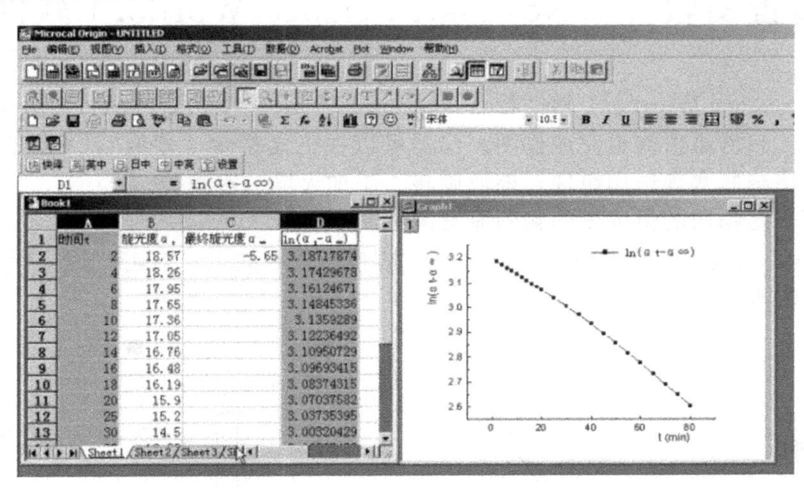

图 5-3 $\ln(\alpha_t-\alpha_\infty)=-kt+\ln(\alpha_0-\alpha_\infty)$ 曲线

(5) Origin6.0 软件其他功能简介 Origin6.0 软件还提供了一些数学分析功能，如在数据“Analysis”菜单中提供的傅里叶变换（FFT)、T 检验（T-test)、方差分析（Analysis of Variance）等；在图形“Analysis”菜单中提供的“线性近似（Fit Line)”、“微积分(Calculus)”等功能，这些功能是我们在分析、处理实验数据时的得力帮手。

5.4 公式编辑软件

(1) MathType 5.2a 软件 MathType 5.2a 是一种数学公式输入方法，可以作为 Word 的插件，在插入对象中使用，是“公式编辑器”的升级，简单易用，非常方便。

MathType 5.2a 与常见文字处理工具紧密结合，支持 OLE（对象的链接与嵌入)，可以在任何支持 OLE 的文字处理系统中调用（从主菜单中选择“插入->对象”，在新对象中选择“MathType 5.0 Equation”)，帮助用户快速建立专业化的数学技术文档。MathType 5.2a 汉化版修正了部分对中文的支持，这个版本对 Word 或 WPS 文字处理系统支持相当好。实现所见即所得的工作模式，它可以将编辑好的公式保存成多种图片格式或透明图片格式，可以很方便地添加或移除符号、表达式等模板（只需要简单地用鼠标拖进、拖出即可），也可以很方便地修改模板。MathType5. 2a 可用在编辑试卷、书籍、报刊、论文、幻灯演示等方面。

（2）Mathtype 5. 2a 的主要功能

① 直观易用、所见所得的用户界面，与 Windows、Macintosh 环境中各种文字处理软件和出版软件兼容。

② 自动智能改变公式的字体和格式，适合各种复杂的公式，支持多种字体。

③ 支持 TeX 和 LaTeX，以及国际标准 MathML，并能够把公式转化为支持 Web 的各种图形（如 Gif 等），也支持 WMF 和 EPS 输出。

④ 附加七十多种专用符号字体，数百种公式符号和模版，涵盖数学、物理、化学、地理等科学领域。

5. 5　装置图软件（Novoasft Science Word3. 1 软件简介）

Novoasft Science Word 3. 1 软件特点：Science Word 化学元器件面板内置了大多数常用的化学元器件，只需单击就可完成作图。仪器可以在工具栏中“领取”，可以自行调节液面高低、颜色、增减瓶塞等选用组件、缩放旋转、添加火焰、水滴等。

（1）配制一定物质的量浓度的实验装置图绘制

① 选择直线工具画一条基准线，将烧杯、容量瓶放在线上；双击，用鼠标拖动小方块，消去其中盛装的水（图 5-4）。

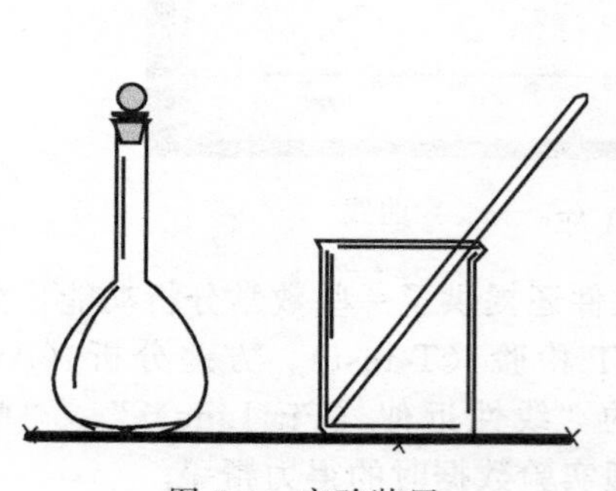

图 5-4　实验装置

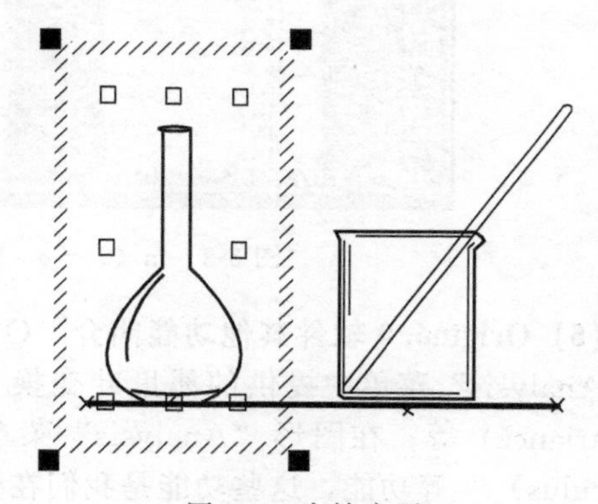

图 5-5　去掉塞子

注：图 5-4 中所显示出的红色小叉号为控制点，打印时不会被打印出来，若要消去，点击工具栏中的 图标，即可隐藏该控制点。

② 点击右键——属性，选择自定义，去掉塞子（图 5-5）；然后倾倒溶液，点击 按钮，即可旋转烧杯，液面始终处于水平，用鼠标指针拖动液面小块便可改变溶液的量（图 5-6）；最后用胶头滴管定容并摇匀（图 5-7，图 5-8）。

（2）石油的分馏实验装置　从工具栏中依次取铁架台、酒精灯、带石棉网的铁圈（双击从方块处可改变元器件大小）、烧瓶、温度计、冷凝管、尖嘴管、水滴、锥形瓶，按实验操作顺序就可完成该装置（图 5-9）。

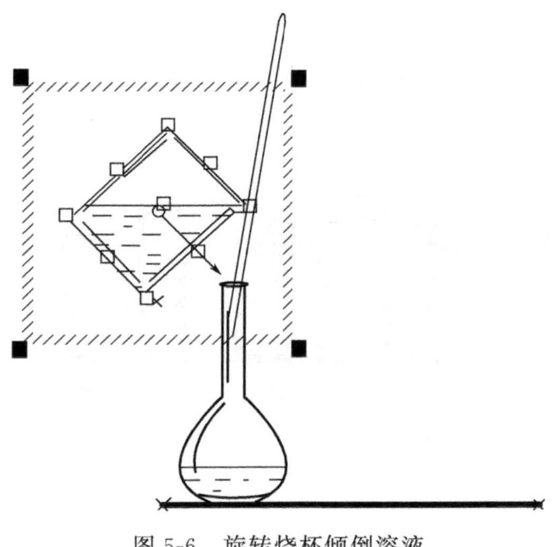

图 5-6　旋转烧杯倾倒溶液

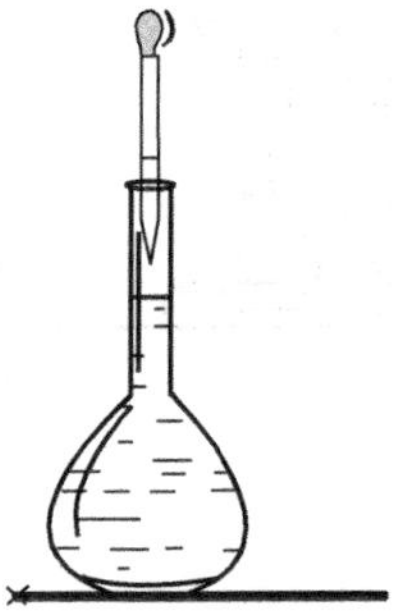

图 5-7　滴管定容

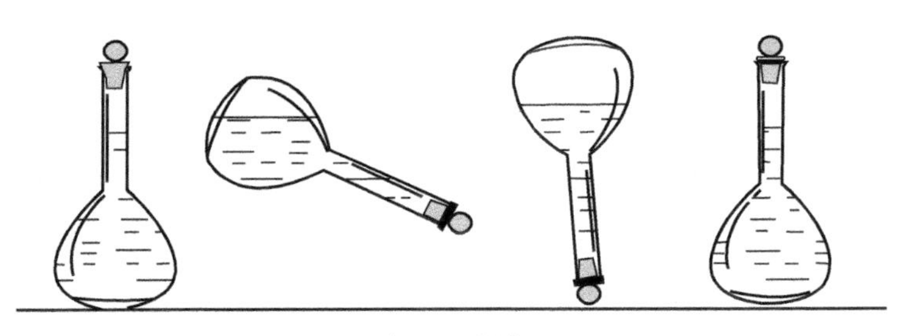

图 5-8　摇匀

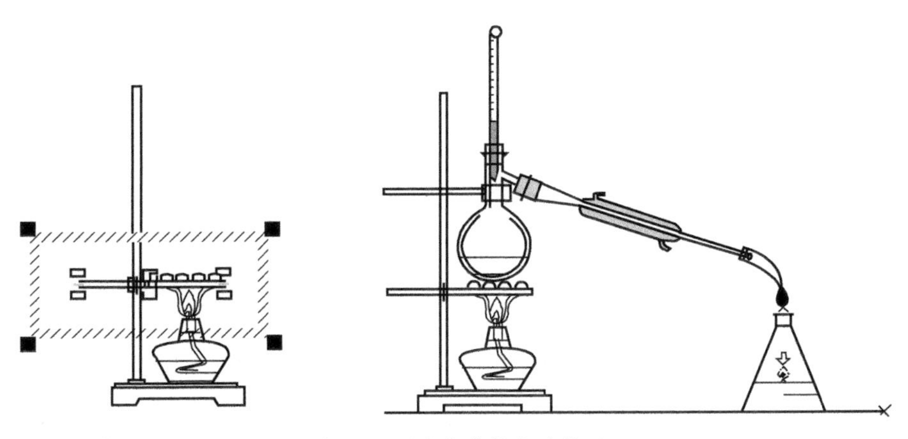

图 5-9　石油的分馏实验装置

另外，像“实验室制取氯气并验证其性质”，犹如“长蛇阵”似的实验装置图，在它的帮助下也能轻松完成。（图 5-10）。

除了 Novoasft Science Word 3.1 软件有此项功能之外，上面介绍的 ChemDraw 软件、ChemWindow 软件，还有 ACD/ChemSketch 软件等都是功能比较齐全的软件，能够完成实验装置图的绘制。

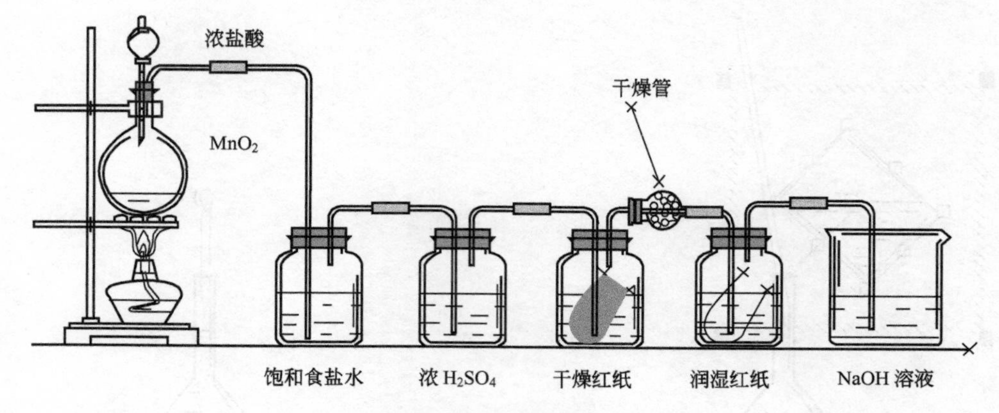

图 5-10　实验室制取氯气装置

第6章　实　　验

实验一　安全教育、常用仪器的洗涤和干燥

【实验目的】

1. 熟悉化学实验室规则尤其是安全规则、要求；懂得实验室安全的重要性，遇到事故要知道怎样处理。

2. 领取化学实验常用仪器，认识常用仪器，熟悉其名称、规格，了解使用注意事项。

3. 了解洗净各种玻璃器皿的意义，练习、掌握常用玻璃仪器的洗涤和干燥方法。

【实验原理】

(1) 玻璃仪器的洗涤　化学实验所用的玻璃仪器必须是十分洁净的。因此洗涤仪器是一项很重要的操作，这不仅是一个实验前必须做的准备工作，也是一个技术性的工作。仪器洗得是否合格，器皿是否干净，直接影响实验结果的可靠性与准确度，甚至会导致实验失败。不同的实验任务对仪器洁净程度的要求不同，洗涤时应根据污物性质和实验要求选择不同方法。

一般而言，附着在仪器上的污物既有可溶性物质，也有尘土、不溶物及有机物等。常见洗涤方法有以下几种。

① 水刷洗　用水和毛刷刷洗仪器，可以去掉仪器上附着的尘土、可溶性物质及易脱落的不溶性物质，但洗不去油污和一些有机物。注意使用毛刷刷洗时，不可用力过猛，以免戳破容器。

② 合成洗涤剂水刷洗　先将待洗仪器用少量水润湿后，加入少量去污粉或洗涤剂，再用毛刷擦洗，最后用自来水洗除去去污粉颗粒、残余洗涤剂，并用蒸馏水洗去自来水中带来的钙、镁、铁、氯等离子，每次蒸馏水的用量要少（本着“少量、多次”的原则）。温热的洗涤液去污能力更强，必要时可短时间浸泡。去污粉中细沙有损玻璃，一般不使用。

③ 铬酸洗液（因毒性较大，尽可能不用）　这种洗液是由浓 H_2SO_4 和 $K_2Cr_2O_7$ 配制而成的。

配制：称 20g 工业重铬酸钾，加 40mL 水，加热溶解。冷却后，将 360mL 浓硫酸沿玻璃棒慢慢加入上述溶液中，边加边搅。冷却，转入棕色细口瓶备用（如呈绿色，可加入浓硫酸将三价铬氧化后继续使用）。

铬酸洗液有很强的氧化性和酸性，对有机物和油垢的去污能力特别强。洗涤时，仪器应用水冲洗并倒尽残留的水后，使尽量保持干燥，以免洗液被稀释。倒少许洗液于器皿中，转动器皿使其内壁被洗液浸润（必要时可用洗液浸泡），洗液可反复使用，用后倒回原瓶并密闭，以防吸水（颜色变绿即失效，可加入固体高锰酸钾使其再生。这样，实际消耗的是高锰

酸钾，可减少六价铬对环境的污染)，再用水冲洗器皿内残留的洗液，直至洗净为止。

在进行精确的定量实验时，实验中往往用到一些口小、管细的仪器，如移液管、容量瓶和滴定管等具有精确刻度的玻璃器皿，可恰当地选择洗液来洗。

不论用哪种方法洗涤器皿，最后都必须用自来水冲洗，当倾去水后，内壁只留下均匀一薄层水，如壁上挂着水珠，说明没有洗净，必须重洗。直到器壁上不挂水珠，再用蒸馏水或去离子水荡洗三次。

洗液对皮肤、衣服、桌面、橡皮等有腐蚀性，使用时要特别小心。铬酸洗液具有很强腐蚀性和毒性，六价铬对人体有害，又污染环境，故近年来较少使用。NaOH/乙醇溶液洗涤附着有机物的玻璃器皿，效果较好。

④ 碱性高锰酸钾洗液　4g $KMnO_4$ 溶于少量水，加入 10g NaOH，再加水至 100mL。主要洗涤油污、有机物，浸泡。浸泡后器壁上会留下二氧化锰棕色污迹，可用盐酸洗去。

⑤“对症”洗涤法　针对附着在玻璃器皿上不同物质性质，采用特殊的洗涤法，如硫磺用煮沸的石灰水；难溶硫化物用 HNO_3/HCl；铜或银用 HNO_3；AgCl 用氨水；煤焦油用浓碱；黏稠焦油状有机物用回收的溶剂浸泡；MnO_2 用热浓盐酸等。

光度分析中使用的比色皿等系光学玻璃制成，不能用毛刷刷洗，可用 HCl-乙醇浸泡、润洗。

洗净的玻璃仪器的内壁应能被水均匀地湿润而不挂水珠，并且无水的条纹。

(2) 玻璃仪器的干燥

① 空气晾干　又叫风干，是最简单易行的干燥方法，只要将仪器在空气中放置一段时间即可。

② 烤干　将仪器外壁擦干后用小火烘烤，并不停转动仪器，使其受热均匀。该法适用于试管、烧杯、蒸发皿等仪器的干燥。

③ 烘干　将仪器放入烘箱中，控制温度在105℃左右烘干。待烘干的仪器在放入烘箱前应尽量将水倒净并放在金属托盘上，或用气流烘干机烘干。此法不能用于精密度高的容量仪器。

④ 吹干　用电吹风吹干。

⑤ 有机溶剂法　先用少量丙酮或无水乙醇使内壁均匀润湿后倒出，再用乙醚使内壁均匀润湿后倒出。再依次用电吹风冷风和热风吹干，此种方法又称为快干法。

【仪器与试剂】

化学实验常用仪器。

$K_2Cr_2O_7$(s)、H_2SO_4(浓)、NaOH(s)、HCl、去污粉、洗衣粉、洗涤剂、丙酮、乙醇、乙醚。

【实验步骤】

(1) 按仪器清单认领基础化学实验所需常用仪器，熟悉其名称、规格、用途、性能及其使用方法和注意事项。

(2) 选用适当的洗涤方法洗涤已领取的仪器。利用各种洗涤液，通过物理和化学方法，除去玻璃器皿上的污物。根据实验要求和仪器的性质采用不同的洗液和方法。

① 凡能用毛刷洗的器皿，均用肥皂或合成洗涤剂、去污粉等仔细刷洗，再用自来水冲干净，最后用蒸馏水冲洗 3 次，直至完全清洁。置于器皿架上自然沥干或置烤箱干燥后备用。

② 凡不能用毛刷洗的器皿，如容量瓶、滴定管、刻度吸管等，应先用自来水冲洗，沥干，再用重铬酸钾洗液浸泡，然后用自来水冲洗干净，再用蒸馏水冲洗至少 3 次。

③ 凡沾有染料的器皿，先用清水初步洗净，再置重铬酸钾洗液或稀盐酸中浸泡可以除去；如果使用3%盐酸乙醇洗涤，效果更好。一般染料多呈碱性，故不宜用肥皂水或碱性洗液。

④ 黏附有血浆的刻度吸管等，可先用45%尿素浸泡使血浆蛋白溶解，然后用水冲洗干净，如不能达到清洁要求，则可浸泡于重铬酸钾洗液中4～6h，再用水洗涤干净，也可先用1%氨水浸泡使血浆膜溶解，然后再依次用1%稀盐酸和水及蒸馏水冲洗。

⑤ 新购置的玻璃仪器有游离碱存在，如有影响，必须置1%～2%稀盐酸中浸泡2～6h，除去游离碱，再用流水冲洗干净，容量较大的器皿经水洗净后注入少量浓盐酸，使布满整个容器内壁，数分钟后倾出盐酸，再用流水冲洗干净，然后用蒸馏水冲洗2～3次。

⑥ 使用过的器皿，应当立即洗涤干净，久置干涸后，洗涤更加困难。如不能及时洗涤者，应用流水初步冲洗后，再泡入清水中，以后再按①、②方法洗涤。

⑦ 所有器皿在用重铬酸钾洗液浸泡前，必须用清水冲洗，然后将水沥干，再用洗液浸泡，这样可以减免洗液的变质。

洗净的玻璃仪器，用蒸馏水冲洗后，内壁应十分明亮光洁，无水珠附着在玻璃壁上。若有水珠附着于玻璃壁，则表示不干净，必须重新洗涤。

(3) 选用适当方法干燥洗涤后的仪器。不同的实验对仪器是否干燥及干燥程度要求不同。有些可以是湿的，有的则要求是干燥的。应根据实验要求来干燥仪器。

① 自然晾干　仪器洗净后倒置，控去水分，自然晾干。

② 气流烘干　将洗涤好的玻璃仪器倒置在气流烘干机加热风管上，开启电源，调节温控旋钮至适当位置，一般干燥5～10min即可。

③ 干燥箱烘干　110～120℃烘1h。

(4) 按能否用于加热、容量仪器与非容量仪器等将所领取的仪器进行分类。

【操作要点】

1. 对不同污染物和不同器皿选择合适的洗涤方法进行洗涤。
2. 对不同器皿选择合适的干燥方法。

【注意事项】

1. 铬酸洗液具有强氧化性和腐蚀性，使用时应注意安全。
2. 六价铬为公认的致癌物，不可随意向下水道排放。
3. 若不慎将铬酸洗液沾污皮肤或衣物，应即刻用大量水冲洗。

【问题讨论】

1. 实验室安全的重要意义是什么？
2. 洗涤仪器有几种方法？比较玻璃仪器不同洗涤方法的适用范围和优缺点。
3. 量筒、吸量管、滴定管等带有刻度的计量仪器可以用加热的方法进行干燥吗？
4. 烤干试管时为什么管口要略向下倾斜？
5. 玻璃仪器洗涤洁净的标志是什么？

实验二　基础玻璃工操作技术

【实验目的】

1. 练习并掌握一些玻璃工操作要点。
2. 学会制作滴管、熔点管、玻璃钉、搅拌棒、弯管和玻璃沸石。

【仪器与试剂】

酒精喷灯，石棉网，直径 5～6mm、长约 70cm 的玻璃管 2 根；直径 8～12mm、长约 30cm 的薄壁玻璃管 2 根及玻璃棒若干。

【实验步骤】

取直径 5～6mm、长约 70cm 的玻璃管 2 根；直径 8～12mm、长约 30cm 的薄壁玻璃管 2 根及玻璃棒若干，经清洗干燥后，完成下列制作。烧制过的玻璃应放在石棉网上，切勿直接放在实验台面上。刚刚烧制过的玻璃管（棒）温度高，应小心操作，防止烫伤。

（1）练习切割玻璃管（棒） 按操作要求把每根玻璃管（棒）切割成数等份。

（2）制作滴管 当拉玻璃管熟练后，用直径 5～6mm 的玻璃管制成总长度约为 15cm，的滴管 3 根，其细端内径为 1.5mm，长 3～4cm。细端口必须在火焰中熔光。粗端口在火焰中烧软后在石棉网上按一下，使其外缘突出，冷后装上橡皮乳头。

（3）拉制熔点管 用直径 8～12mm 的薄壁玻璃管拉制成长约 15cm、直径 1mm、两端封口的毛细管 20 根，装入大试管。

（4）制作玻璃钉及搅拌棒 取直径 2～3mm、长 5～6cm 的玻璃棒拉制小玻璃钉 1 只（放在小漏斗内即成玻璃钉漏斗，以备抽滤少量晶体用）。

取直径 5mm、长 5～6cm 的玻璃棒 1 根，一端在火焰中烧软后在石棉网上按成大玻璃钉，以备挤压或研细少量晶体用。

取长约 18cm、12cm 的玻璃棒各 1 根，两瑞在火焰中烧圆，以备搅拌用。

（5）制作玻璃弯管 制作 75°和 20°的玻璃弯管各 1 支。

（6）拉制玻璃沸石 取一段玻璃管，在火焰中反复熔拉（拉长后再对叠在一起，造成空隙，保留空气）几十次，然后拉成毛细管粗细的玻璃棒，截成长 2～3cm 的小段，即成玻璃沸石。共拉制数十根，装在瓶中备用（蒸馏时作助沸用，特别是当蒸馏少量物质时，它比一般沸石沾附的液体要少，并容易刮下吸附在它表面的固体物质）。

本实验约需 4h。

【注意事项】

烧制过的玻璃应放在石棉网上，切勿直接放在实验台面上。刚刚烧制过的玻璃管（棒）温度高，应小心操作，防止烫伤。

【问题讨论】

1. 为什么在拉制玻璃弯管及毛细管等时，玻璃管必须均匀转动加热？

2. 为什么在强热玻璃管（棒）之前，应先用小火加热，在加工完毕后，又需经小火“退火”？

实验三 由废铜屑制备硫酸铜

【实验目的】

1. 练习托盘天平的使用，蒸发浓缩、减压过滤、重结晶等基本操作。

2. 了解由金属制备它的某些盐的方法，弄清重结晶提纯物质的原理。

【实验原理】

纯铜属不活泼金属，不能溶于非氧化性的酸中，但其氧化物在酸中却溶解，因此在工业上制备胆矾（硫酸铜）时，先把铜烧成氧化铜。然后与适当浓度的硫酸反应而生成硫酸铜，本实验采用的浓硝酸作氧化剂，以废铜屑与硫酸、浓硝酸反应来制备硫酸铜，反应式为：

$$Cu+2HNO_3+H_2SO_4 = CuSO_4+2NO_2+2H_2O$$

产物中除硫酸铜外，还含有一定量的硝酸铜和一些可溶性或不溶性的杂质，不溶性杂质可过滤除去，而硝酸铜则利用它和硫酸铜在水中溶解度的不同，通过结晶的方法将其除去（留在母液中）。

表 6-1　硫酸铜和硝酸铜在水中的溶解度　　单位：g/100g 水

项　目	0℃	20℃	40℃	60℃	80℃
$CuSO_4 \cdot 5H_2O$	23.3	32.3	46.2	61.1	83.8
$Cu(NO_3)_2 \cdot 6H_2O$	81.8	125.1			
$Cu(NO_3)_2 \cdot 3H_2O$			约 160	约 178.5	约 208

由表 6-1 中数据可知，硝酸铜在水中的溶解度不论在高温或低温下都比硫酸铜大得多，在本实验所得的产物中它的量又小，因此，当热的溶液冷却到一定温度时，硫酸铜首先达到过饱和而硝酸铜却远远没有达到饱和，随着温度的继续下降，硫酸铜不断从溶液中析出，硝酸铜则绝大部分留在溶液中，有小部分作为杂质伴随硫酸铜出来的硝酸铜可以和其他一些可溶性杂质一起通过重结晶的方法除去，最后达到制得纯硫酸铜的目的。

【仪器与试剂】

仪器：蒸发皿（烧杯 100mL），布氏漏斗，吸滤瓶，量筒（100mL，10mL）。

试剂：H_2SO_4（3mol/L），浓 HNO_3，废铜屑。

【实验步骤】

（1）称取 2.5g 剪细的铜屑，将它置于干燥的蒸发皿中，用酒精喷灯强热灼热，至不再产生白烟为止（目的在于除去附着在铜屑上的油污），放冷。

（2）往上述盛有铜屑的蒸发皿中加入 8mL 3mol/L H_2SO_4，然后缓慢地分次加入 3.5mL 浓硝酸（反应过程产生大量有毒的二氧化氮气体，操作应在通风橱中进行），待反应缓和后，盖上表面皿，放在水浴上加热，加热过程需要补加 4mL 3mol/L H_2SO_4 和 1mL 浓 HNO_3（由于反应情况不同，补加的酸量要根据具体反应情况而定，在保持反应继续顺利进行的情况下，尽量少加硝酸），待铜屑近于全部溶解，趁热用倾析法将溶液转入一个小烧杯（或直接转入另一瓷蒸发皿中），如果仍有一些不溶性残渣，可用少量 3mol/L H_2SO_4 洗涤后弃去，洗涤液合并于小烧杯中，随后再将硫酸铜溶液转入洗净的蒸发皿中，在水浴上加热浓缩至表面有晶膜出现为止，取下蒸发皿，置于冷水上冷却，即有蓝色粗的五水硫酸铜晶体析出，冷却至室温抽滤，称重，计算产率。

（3）将粗产品以每克加 1.2mL 水的比，溶于蒸馏水中加热使其完全溶解并趁热过滤，滤液收集在一个小烧杯中，让其慢慢冷却，即有晶体析出（如无晶体析出，可在水溶液上再加热蒸发，稍微浓缩），冷却后，用抽滤法除去母液，晶体干燥后，再放在两层滤纸间进一步挤压吸干，然后将产品放在表面皿上称重，计算收率，母液回收。

【问题讨论】

1. 在托盘天平上称量时必须注意哪几点？什么叫零点和停点？

2. 什么情况下可使用倾析法？什么情况下使用常压过滤或者减压过滤？

3. 在减压过滤操作中，如果（1）未开自来水开关之前把沉淀转入布氏漏斗内，（2）结束时先关上自来水开关，各会产生何种影响？

4. 蒸发浓缩 $CuSO_4$ 的水溶液时，为什么要用水浴加热？

实验四　电离平衡与沉淀反应

【实验目的】

1. 加深对电离平衡、同离子效应、盐类水解等理论的理解。
2. 学习缓冲溶液的配制并了解它的缓冲作用。
3. 了解沉淀的生成和溶解的条件。
4. 练习 pH 计的使用。
5. 练习离心机的使用。

【实验原理】

弱电解质（弱酸或弱碱）在水溶液中都发生部分电离，电离出来的离子与未电离的分子间处于平衡状态，例如醋酸（HAc）：

$$HAc \rightleftharpoons H^+ + Ac^- \qquad K_a^{\ominus}=\frac{[H^+][Ac^-]}{[HAc]}$$

如果往溶液中增加更多的 Ac^-（比如加入 NaAc）或 H^+ 都可以使平衡向左方移动，降低 HAc 的电离度，这种作用称为同离子效应。

在 H^+ 浓度（mol/L）小于 1 的溶液中，其酸度常用 pH 表示，其定义为：

$$pH=-\lg[H^+]$$

25℃时，在中性溶液和纯水中，$[H^+]=[OH^-]=10^{-7}$ mol/L，pH＝pOH＝7，在碱性溶液中 pH＞7，在酸性溶液中 pH＜7。

如果溶液中同时存在着弱酸及其盐，例如 HAc 和 NaAc，这时加入少量的酸可被 Ac^- 结合为电离度很小的 HAc 分子，加入少量的碱则被 HAc 所中和，溶液的 pH 值始终改变不大，这种溶液称为缓冲溶液，同理弱碱及其盐也可组成缓冲溶液。缓冲溶液的 pH 值（以 HAc 和 NaAc 为例）为：

$$pH=pK_a^{\ominus}-\lg\frac{[酸]}{[盐]}=pK_a^{\ominus}-\lg\frac{[HAc]}{[Ac^-]}$$

弱酸和强碱或弱碱和强酸以及弱酸和弱碱所生成的盐，在水溶液中都发生水解，例如

$$NaAc+H_2O \rightleftharpoons NaOH+HAc$$

或

$$Ac^-+H_2O \rightleftharpoons OH^-+HAc$$

$$NH_4Cl+H_2O \rightleftharpoons NH_3\cdot H_2O+HCl$$

或

$$NH_4^++H_2O \rightleftharpoons H^++NH_3\cdot H_2O$$

根据同离子效应，往溶液中加入 H^+ 或 OH^- 就可以阻止它们（NH_4^+ 或 Ac^-）水解，另外，由于水解是吸热反应，所以加热则可促使盐的水解。

难溶强电解质在一定温度下与它的饱和溶液中的相应离子处于平衡状态，例如：

$$AgCl \rightleftharpoons Ag^++Cl^-$$

它的平衡常数就是饱和溶液中两种离子浓度的乘积，称为溶度积 $K_{sp}^{\ominus}$（AgCl）。只要溶液中两种离子浓度乘积大于其溶度积，便有沉淀产生，反之，如果能降低饱和溶液中某种离子的浓度，使两种离子浓度乘积小于其溶度积，则沉淀便会溶解。例如在上述饱和溶液中加入 $NH_3\cdot H_2O$，使 Ag^+ 转为 $Ag(NH_3)_2^+$，AgCl 沉淀便可溶解，根据类似的原理，往溶液中加入 I^-，它便与 Ag^+ 结合为溶解度更小的 AgI 沉淀，这时溶液中 Ag^+ 浓度减小了，对于 AgCl 来说已成为不饱和溶液，而对于 AgI 来说，只要加入足够量的 I^-，便是过饱和溶液，

结果，一方面 AgCl 不断溶解，另一方面不断有 AgI 沉淀生成，最后 AgCl 沉淀全部转化为 AgI 沉淀。

【仪器与试剂】

pH 计，离心机，试管，烧杯（100mL）。

NaAc(固)，NH_4Cl(固)，$Fe(NO_3)_3 \cdot 9H_2O$(固)，HCl(0.1mol/L，2mol/L，6mol/L)，HAc（0.1mol/L，2mol/L），HNO_3（6mol/L），NaOH（0.1mol/L，2mol/L），$NH_3 \cdot H_2O$(0.1mol/L，2mol/L)，$FeCl_3$（0.1mol/L），$Pb(NO_3)_2$（0.1mol/L），Na_2SO_4(0.1mol/L)，K_2CrO_4(0.1mol/L)，$AgNO_3$(0.1mol/L)，NaAc(0.1mol/L)，NaCl(0.1mol/L)，NH_4Cl(0.1mol/L，饱和)，Na_2CO_3（0.1mol/L），NH_4Ac（0.1mol/L），$SbCl_3$（0.1mol/L），$(NH_4)_2C_2O_4$（饱和），$CaCl_2$（0.1mol/L），$MgCl_2$（0.1mol/L），$NaHCO_3$（0.1mol/L），$Al_2(SO_4)_3$(0.1mol/L)，广泛 pH 试纸和精密 pH 试纸（3.8～5.4；约 9.0），甲基橙，酚酞。

【实验步骤】

(1) 溶液的 pH 值 在点滴板上，用 pH 试纸测试浓度各为 0.1mol/L 的 HCl、HAc、NaOH、$NH_3 \cdot H_2O$ 的 pH 值，并与计算值作一比较（HAc 和 $NH_3 \cdot H_2O$ 的电离常数均为 1.8×10^{-5}）。

(2) 同离子效应和缓冲溶液 在一小试管中加入约 2mL 0.1mol/L HAc 溶液，加入 1 滴甲基橙，观察溶液的颜色，然后加入少量固体 NaAc，观察颜色有何变化？解释之。

在一小试管中加入约 2mL 0.1mol/L $NH_3 \cdot H_2O$ 溶液，加入 1 滴酚酞，观察溶液的颜色，然后加入少量固体 NH_4Cl，观察颜色变化，并解释之。

在一小烧杯中加入 5mL 0.1mol/L HAc 和 5mL 0.1mol/L NaAc，搅拌均匀后，用 pH 计或精密 pH 试纸测试溶液的 pH 值，然后将溶液分成两份，第一份加入 3 滴 0.1mol/L NaOH，摇匀，用 pH 计或 pH 试纸测试其 pH 值。另一份中加入 3 滴 0.1mol/L HCl 溶液，用 pH 计或 pH 试纸测其 pH 值。解释所观察到的现象。

在一小烧杯中加入 10mL 蒸馏水，用 pH 试纸测其 pH 值，将其分成两份，在一份中加入 3 滴 0.1mol/L HCl 溶液，测其 pH 值，在另一份中加入 3 滴 0.1mol/L NaOH 溶液，测其 pH 值，与上一实验做一比较，得出什么结论？

(3) 盐类水解和影响水解平衡的因素 在点滴板上，用精密 pH 试纸和广泛 pH 试纸测浓度为 0.1mol/L 的 NaCl、NH_4Cl、Na_2CO_3 和 NH_4Ac 的 pH 值，解释所观察到的现象，pH 值有什么不同？

取少量（两粒绿豆大小）固体 $Fe(NO_3)_3 \cdot 9H_2O$，用 6mL 水溶解后观察溶液的颜色，然后分成三份，第一份留作比较，第二份加几滴 6mol/L HNO_3，第三份小火加热煮沸，观察现象，Fe^{3+} 的水合离子为浅紫色，由于水解生成了各种碱式盐而使溶液显棕黄色，加入 HNO_3 或加热对水解平衡有何影响？试加以说明。

取约 0.5mL $SbCl_3$ 溶液加水稀释，观察有无沉淀生成？加入 6mol/L HCl，沉淀是否溶解？再加水稀释，是否再有沉淀生成？加以解释。$SbCl_3$ 的水解过程总反应式：

$$SbCl_3 + H_2O \rightleftharpoons SbOCl\downarrow + 2HCl$$

用 pH 试纸测 0.1mol/L $Al_2(SO_4)_3$ 和 0.1mol/L $NaHCO_3$ 溶液的 pH 值，并取 1mL $NaHCO_3$ 溶液于小试管中，逐滴加入 $Al_2(SO_4)_3$ 溶液，观察有何现象，试从水解平衡的移动解释所看到的现象。

(4) 沉淀的生成和溶解 在两支小试管中分别加入约 0.5mL 饱和 $(NH_4)_2C_2O_4$ 溶液和 0.5mL 0.1mol/L $CaCl_2$ 溶液，观察白色 CaC_2O_4 沉淀的生成，然后在一支试管内加入

2mol/L HCl溶液约2mL，搅拌，看沉淀是否溶解？在另一支试管中加入2mol/L HAc溶液约2mL，沉淀是否溶解？加以解释。

在两支小试管中分别加入约0.5mL 0.1mol/L $MgCl_2$ 溶液，并逐滴加入2mol/L $NH_3 \cdot H_2O$ 至有白色沉淀 $Mg(OH)_2$ 生成，然后在第一支试管中加入2mol/L HCl溶液，沉淀是否溶解？在第二支试管中加入饱和 NH_4Cl 溶液，沉淀是否溶解？加入HCl和 NH_4Cl 对平衡各有何影响？

(5) $Ca(OH)_2$、$Mg(OH)_2$ 和 $Fe(OH)_3$ 的溶解度比较

① 在三支试管中分别取约0.5mL 0.1mol/L $CaCl_2$、$MgCl_2$ 和 $FeCl_3$ 溶液，各加入2mol/L NaOH溶液数滴，观察并记录三支试管中有无沉淀生成。

② 用2mol/L $NH_3 \cdot H_2O$ 取代2mol/L NaOH，重复实验①。

③ 在三支试管中分别取约0.5mL 0.1mol/L $CaCl_2$、$MgCl_2$ 和 $FeCl_3$ 溶液，分别加入0.5mL饱和 NH_4Cl 和2mol/L $NH_3 \cdot H_2O$ 的混合溶液（体积比为1∶1），观察并记录三支试管中有无沉淀产生。

通过上述三个实验比较 $Ca(OH)_2$、$Mg(OH)_2$ 和 $Fe(OH)_3$ 的溶解度的相对大小，并与手册中查得的数值比较，看是否一致？

(6) 沉淀的转化 在一支试管中加入4滴0.1mol/L $Pb(NO_3)_2$ 溶液，再加入4滴0.1mol/L Na_2SO_4，观察白色沉淀生成，然后再加入几滴0.1mol/L K_2CrO_4 溶液，搅拌，观察白色 $PbSO_4$ 沉淀转化为黄色 $PbCrO_4$ 沉淀，写出反应式并根据溶度积原理解释。

在离心试管中加入两滴0.1mol/L $AgNO_3$，再加入1滴 K_2CrO_4 溶液，观察砖红色 Ag_2CrO_4 沉淀生成，沉淀经离心、洗涤，然后加入0.1mol/L NaCl溶液，观察砖红色沉淀转化为白色AgCl沉淀，写出反应式并解释。

【问题讨论】

1. 同离子效应与缓冲溶液的原理有何异同？

2. 如何抑制或促进水解？举例说明。

3. 是否一定要在碱性条件下，才能生成氢氧化物沉淀？不同浓度的金属离子溶液，开始生成氢氧化物沉淀时，溶液的pH值是否相同？

实验五 氧化还原反应与电化学

【实验目的】

1. 实验并掌握电极电势与氧化还原反应方向的关系，以及介质和反应物浓度对氧化还原反应的影响。

2. 定性观察并了解化学电池的电动势，氧化态或还原态浓度变化对电极电势的影响。

3. 实验并掌握原电池、电解池的基本操作。

【实验原理】

氧化还原过程也就是电子的转移过程，氧化剂在反应中得到了电子，还原剂失去了电子，这种得失电子能力的大小或者说氧化还原能力的强弱可以用它们的氧化态-还原态（例如 Fe^{3+}-Fe^{2+}、I_2-I^-、Cu^{2+}-Cu）所形成的电对的电极电势的相对高低来衡量，一个电对的电极电势（以还原电势为准）代数值愈大，其氧化态的氧化能力愈强，其还原态的还原能力愈弱，反之亦然。所以根据其电极电势［$\varphi^{\ominus}(I_2/I^-) = +0.535V$，$\varphi^{\ominus}(Fe^{3+}/Fe^{2+}) = +0.771V$，$\varphi^{\ominus}(Br_2/Br^-) = +1.08V$］，在下列两个反应中：

$$2Fe^{3+} + 2I^- = I_2 + 2Fe^{2+} \tag{6-1}$$
$$2Fe^{3+} + 2Br^- = Br_2 + 2Fe^{2+} \tag{6-2}$$

式(6-1) 反应向右进行，式(6-2) 反应向左进行，也就是说 Fe^{3+} 可以氧化 I^- 而不能氧化 Br^-。反过来说，Br_2 可以氧化 Fe^{2+}，而 I_2 则不能，因此氧化态的氧化能力 $Br_2 > Fe^{3+} > I_2$，还原态的还原能力 $I^- > Fe^{2+} > Br^-$。

浓度与电极电势的关系（25℃）可用 Nernst 方程式表示：

$$\varphi = \varphi^{\ominus} + \frac{0.059}{n} \lg \frac{[氧化态]}{[还原态]}$$

例如以 Fe^{3+}-Fe^{2+} 为例，

$$\varphi_{Fe^{3+}/Fe^{2+}} = \varphi^{\ominus}_{Fe^{3+}/Fe^{2+}} + \frac{0.059}{1} \lg \frac{[Fe^{3+}]}{[Fe^{2+}]}$$

这样，Fe^{3+} 或 Fe^{2+} 浓度的改变都会改变其电极电势 $\varphi^{\ominus}$ (Fe^{3+}/Fe^{2+}) 的数值，特别是有沉淀剂（包括 OH^-）或络合剂的存在，能够大大减少溶液中某一离子的浓度时，甚至可以改变反应方向。

有些反应特别是含氧酸根离子参加的氧化还原反应中，经常有 H^+ 参加，这样介质的酸度也对 ψ 值产生影响，例如对于半电池反应

$$MnO_4^- + 8H^+ + 5e^- \rightleftharpoons Mn^{2+} + 4H_2O$$

$$\varphi_{MnO_4^-/Mn^{2+}} = \varphi^{\ominus}_{MnO_4^-/Mn^{2+}} + \frac{0.059}{5} \lg \frac{[MnO_4^-][H^+]^8}{[Mn^{2+}]}$$

$[H^+]$ 增大可使 MnO_4^- 氧化性增加。

单独的电极电势是无法测量的，只能从实验中测量两个电对组成的原电池的电动势，因为在一定条件下一个原电池的电动势 E 为正负电极的电极电势之差：

$$E = \varphi^+ - \varphi^-$$

所以先规定在 100kPa 下，25℃和 $a_{H^+} = 1mol/L$ 的条件下 $\varphi^{\ominus}$ (H^+/H_2) 为零，然后测一系列的原电池（包括氢电极或其他参比电极）的电动势，从而直接或间接测出一系列电对的相对电极电势 $\varphi^{\ominus}$准确的电动势是用对消法在电位差计上测量。因为在本实验中只是为了进行比较，只需知道其相对值，所以用伏特计测量。

电流通过电解质溶液，在电极上引起化学变化的过程称为电解，电解时电极电势的高低、离子浓度的大小、电极材料等因素都可以影响两极上的电解产物，本实验中电解 Na_2SO_4 溶液是以铜作电极，其电极反应如下。

阴极：　$2H_2O + 2e^- = H_2 + 2OH^-$

阳极：　$Cu - 2e^- = Cu^{2+}$

【仪器与试剂】

伏特计、烧杯（50mL）、盐桥、小试管。

H_2SO_4(3mol/L，2mol/L)、HAc(6mol/L)、$Pb(NO_3)_2$(0.5mol/L)、KI(0.1mol/L)、$CuSO_4$(1mol/L、0.5mol/L、0.1mol/L)、$FeCl_3$(0.1mol/L)、KBr(0.1mol/L)、$FeSO_4$(0.1mol/L)、CCl_4、$KMnO_4$(0.01mol/L)、$ZnSO_4$(1mol/L、0.1mol/L)、Na_2SO_4(0.5mol/L)、浓 H_2SO_4、$NH_3 \cdot H_2O$(浓)、碘水、溴水、酚酞、锌片、铜片、铅粒、砂纸、品红试纸。

【实验步骤】

(1) 电极电势与氧化还原反应的关系

① 比较锌、铅、铜在电位序中的位置　在两只小试管中分别注入 1mL 0.5mol/L 的

$Pb(NO_3)_2$和0.5mol/L的$CuSO_4$，然后再各放入一块表面擦净的锌片，放置片刻，观察锌片表面有何变化。

用表面擦净的铅粒代替锌片，分别与0.5mol/L的$ZnSO_4$和0.5mol/L的$CuSO_4$溶液起反应，观察铅粒表面有何变化。

写出反应式，说明电子迁移方向，并比较Zn^{2+}/Zn、Cu^{2+}/Cu、Pb^{2+}/Pb氧化还原电对电极电势的相对大小。

② 在小试管中将3～4滴0.1mol/L KI溶液用蒸馏水稀释至1mL，加入2滴0.1mol/L $FeCl_3$，摇匀后再加入0.5mL CCl_4充分振荡，观察CCl_4层的颜色有何变化（I_2溶于CCl_4层呈紫红色）。

③ 用0.1mol/L的KBr溶液代替0.1mol/L的KI溶液进行同样实验，观察CCl_4层颜色（溴溶于CCl_4中呈棕黄）。

根据②、③实验结果，定性地比较Br_2-Br、I_2-I^-、Fe^{3+}-Fe^{2+}三个电对电极电势的相对高低（即代数值相对大小），并指出哪个电对的氧化态是最强的氧化剂，哪个电对的还原态是最强的还原剂。

④ 仿照上面实验，分别用碘水和溴水同0.1mol/L $FeSO_4$溶液作用，观察CCl_4层颜色，判断反应是否进行，写出有关的化学反应式。

根据②、③、④的实验结果和上面比较出的三个电对的电极电势的相对大小，说明电极电势与氧化还原反应方向的关系。

(2) 酸度对氧化还原反应速度的影响 在两个各盛两滴0.01mol/L $KMnO_4$溶液的试管中，分别加入0.5mL 3mol/L H_2SO_4溶液和6mol/L HAc溶液，分别同时加入0.5mL 0.1mol/L KBr溶液，观察并比较两个试管中的紫色溶液褪色的快慢。写出反应式，并加以解释。

(3) 浓度对氧化还原反应的影响 往两个分别盛有2mol/L H_2SO_4和浓H_2SO_4的试管中，各加入一片表面擦去氧化膜的铜片，稍加热，观察所发生的现象，在盛有浓H_2SO_4的试管口附近有气体生成，以湿润的pH试纸检验气体（若pH试纸褪色表明有SO_2产生），写出有关反应式，并加以解释。

(4) 原电池与电解

① 往一只50mL小烧杯中加入25mL 0.1mol/L $ZnSO_4$溶液，在其中插入Zn片；往另一只50mL小烧杯中加入25mL 0.1mol/L $CuSO_4$溶液，在其中插入Cu片，用盐桥把它们连接起来组成原电池，通过导线将Cu电极接伏特计的正极，锌电极接伏特计的负极测其电势差。

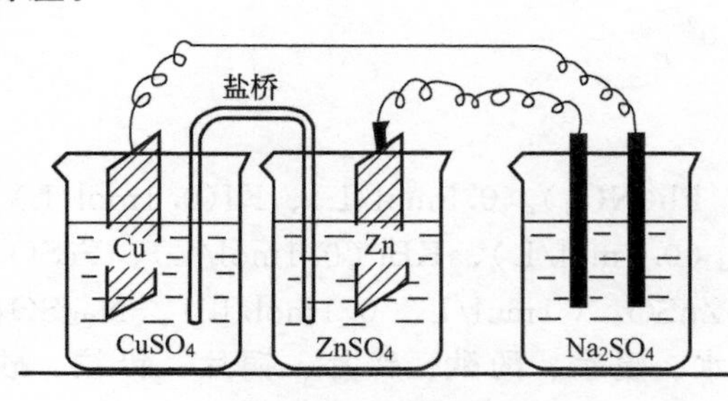

图6-1 电解装置

② 在一个垫有一张滤纸的表面皿中加入3～5mL Na_2SO_4（0.5mol/L）溶液和一滴酚酞，插入Cu丝作为电极组成“电解池”，利用本实验③原电池产生的直流电为电源，按图6-1所示把电路连接好，观察“电解池”阴极周围的Na_2SO_4溶液有何变化？加以解释。

③ 盛$CuSO_4$溶液的烧杯中加浓$NH_3 \cdot H_2O$，搅拌至生成的沉淀完全溶解，与此同时，观察伏特计指针变化情况，并说明电势差变化的原因，写出反应式。

④ 再往盛$ZnSO_4$溶液的烧杯中加入浓$NH_3 \cdot H_2O$，搅拌至生成的沉淀完全溶解，与此同时，观察伏特计指针变化情况，说明电势差变化的原因，写出反应式。

【问题讨论】

1. 如何根据电极电势，确定氧化剂或还原剂的相对强弱？

2. 在 $CuSO_4$ 溶液中加入过量 $NH_3 \cdot H_2O$，其电极电势怎样改变？试解释。

3. 浓度和酸度怎样影响氧化还原反应进行的方向，如何用 φ-pH 图说明。

实验六　分析天平性能的测定与称量练习

【实验目的】

1. 了解电光分析天平、电子分析天平的基本结构、主要部件的功能和砝码组合。

2. 掌握电光分析天平、电子分析天平的使用规则、使用方法、技巧、维护及保养。

3. 测试分析天平的工作性能，包括稳定性、灵敏度、不等臂性等。

4. 学会直接称量法和差减称量法（递减称量法）。

5. 学会正确使用称量纸和称量瓶。

6. 会正确记录有效数字。

【实验原理】

见“天平”一节有关分析天平的介绍。

分析天平是根据杠杆原理设计而成的。

设杠杆 ABC（见图 6-2），B 为支点，A 为重点，C 为力点。在 A 及 C 上分别载重 Q 及 P，Q 为被称物的重量，P 为砝码的总重量。当达到平衡时，即 ABC 杠杆呈水平。根据杠杆原理 $Q \cdot AB = P \cdot BC$，若 B 为 ABC 的中点，则 $AB = BC$，所以 $Q = P$，这就是等臂天平的原理。国产 TG528B 型、TG629 型阻尼天平、TB 型半自动电光天平、TG328A 型全自动天平均属此等臂天平。

若 B 点不是中点，Q 为固定的重量锤，P 为总砝码重量，但 $Q \cdot AB = P \cdot BC$，当称物体重量时，减去 P 的砝码，仍使 $Q \cdot AB =$（物重$+P-$砝码）$\cdot BC$，这就是不等臂天平的原理，如国产 TG729B 型单盘减码式全自动电光天平。

电光天平的最大称量为 20～200g，称至 0.1mg 的称为万分之一天平，称至 0.01mg 的为十万分之一天平，称 0.001mg 的为百万分之一天平。

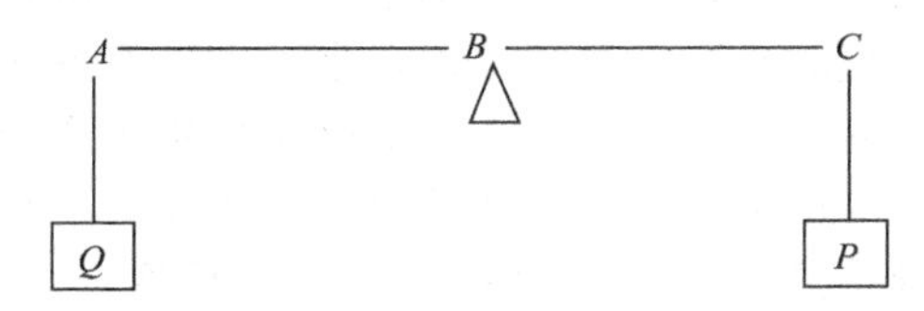

图 6-2　天平原理图

1. 天平的计量性能

天平的计量性能规定天平衡量的精确度。从实用角度看，必须从稳定性、灵敏性、正确性和示值变动性四项指标来衡量。

（1）稳定性

天平的稳定性是指平衡中天平横梁在扰动后离开平衡位置后，仍旧能自动恢复原来平衡位置的能力。这是天平计量的先决条件。它实际上包含于天平的灵敏度和示值变动性之中。因此，对于稳定性不规定具体的鉴定指标。

（2）灵敏性（灵敏度）E

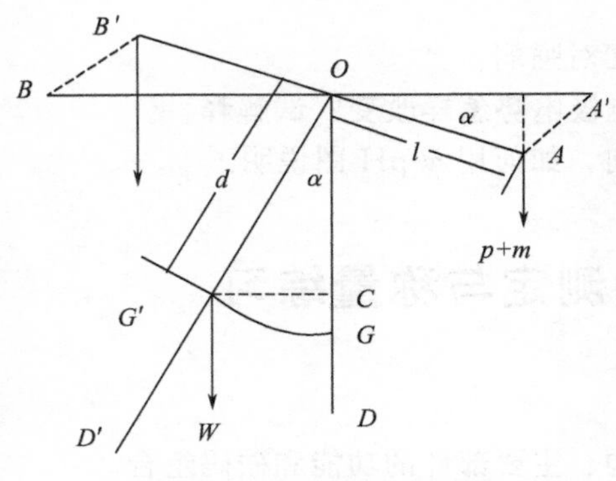

图 6-3 天平灵敏度原理图

天平的灵敏度是指天平能够“觉察”出两盘中重物的质量之差的能力。分析天平的灵敏度通常用在处于平衡状态下的分析天平的一个盘上增加 1mg 质量所引起的指针偏转的程度（分度值）来表示，指针偏斜程度愈大，则该天平的灵敏度愈高。

设等臂天平（图 6-3）的臂长为 l，d 为重心 G 或 G 到支点 O 的距离，W 为梁重，p 为秤盘重，m 为增加的小重量。当天平两边都是空盘时，指针位于 OD 处，而当右边秤盘增加重量 m 时，指针偏斜至 OD' 处，横梁由 OA' 偏斜至 OA，其偏斜角为 α，则根据原理，支点右边的力矩等于支点左边的力矩之和，即：

$$(p+m)(l\cos\alpha)=p(l\cos\alpha)+WCG'$$

$$m(l\cos\alpha)=WCG'$$

$$CG'=OG'\sin\alpha=d\sin\alpha$$

$$ml\cos\alpha=Wd\sin\alpha$$

$$\frac{\sin\alpha}{\cos\alpha}=\tan\alpha=\frac{ml}{Wd}$$

由于 α 一般很小，所以可认为：

$$\tan\alpha=\alpha，因\ \alpha=\frac{ml}{Wd}$$

$$当\ m=1\text{mg}，\alpha=\frac{l}{Wd}$$

此式即是灵敏度的简易公式。由公式可知，天平的灵敏度与以下因素有关：天平的臂长愈长，灵敏度愈高；天平的梁重愈重，灵敏度愈低；支点与重心间的距离愈短，灵敏度愈高。

但是天平的灵敏度并非仅与这三个因素有关，还与天平梁载重时的变形、支点和载重点的玛瑙刀的接触点（即玛瑙刀的刀口尖锐性及平整性）有关。所以，天平梁制成三角状，中间挖空，三角状顶上设一垂直的灵敏度调节螺丝，水平方向设置两个零点调节螺丝，支点玛瑙刀口略低于载重玛瑙刀口的翘梁式，且天平梁的材质采用铝合金或钛合金等轻金属制成。

三角状翘梁是为了减少变形影响，挖空及轻金属材质是为了减轻梁重的措施，灵敏度调节螺丝是为了利用螺母本身质量的高低位置来调节 d 的长度，水平零点调节螺丝是利用螺母质量调节螺母离支点的距离来调整力矩的大小改变零点位置。

天平的灵敏度一般以标牌的格数来衡量，即

$$灵敏度=格(分度)/\text{mg}$$

$$E=\frac{n}{r}(分度/\text{mg})$$

式中，E 为灵敏度；n 为指针偏转的分度数；r 为测定灵敏度用的小砝码质量，mg。

灵敏度有空载灵敏度和重载灵敏度之分。

灵敏度也常常用其倒数［感量 S——指针偏转一个分度所需的质量（mg）］来表示：

$$S=\frac{r}{n}(\text{mg}/分度)$$

电光天平的感量一般调成 1mg/格、0.1mg/格、0.01mg/格，将标牌制成透明膜，装在指针上，然后，通过光学放大 10 倍使天平的表观“感量”成 1mg/格、0.1mg/格、0.01mg/格、0.001mg/格。因此，又称千分之一天平、万分之一天平、十万分之一天平、百万分之一天平。由于实际感量较低，所以它能很快达到平衡，既达到快速称重，又能提高读数的精密度，且在 10mg（对十万分之一天平是 1mg，对百万分之一天平是 0.1mg）以内的称重无需加砝码直接由屏幕上读数。

新出厂的 TG328B 分析天平其一个分度值是按 0.1mg 设计的。

一般使用中要求增加 10mg（空载或重载）质量时，指针偏转的分度值应在 (100±2)mg。

（3）正确性（不等臂性）

正确性是指天平横梁两臂正确固定的比例关系而言。对于等臂天平来说，正确性常用不等臂性来说明，一般分析天平的两臂长度之差不得超过十万分之一。不等臂误差与被测物体的质量成正比，因此规定此项误差以天平在最大载荷时由臂长不等引起的误差的量值来表示。使用中的天平（TG328B）不得大于 9 分度。

（4）示值变动性

是指天平在载荷不变的情况下，多次重复开关数次，天平平衡点变化的情况或重复出现的性能。

使用中的天平一般要求示值变动性不超过 1 分度。

2. 称量方法

（1）直接称量法

适用范围：不易吸水，在空气中性质稳定的物质或器皿。如铜片的称量、称量瓶的称量。

将所称的物质如坩埚、小烧杯、小表皿等直接置于电光天平的左边（或右边，即与砝码非同侧一边）称量盘上，加砝码或转动指数盘到投影屏平衡，则所加砝码即是所称物质的质量。

（2）指定重量称量法

适用范围：不易吸水，在空气中性质稳定的物质，如金属试样、矿石试样等。

即先称容器重量（如烧杯、表面皿、铝铲、硫酸纸等），然后将砝码或指数盘加到指定重量，用牛角匙轻轻震动使试样慢慢倒入容器，使平衡点与目标值一致。

（3）差减称量法

适用范围：除上述稳定试样外，可用于易吸水、易氧化或易于与 CO_2 反应的物质以及粉末、易挥发的样品，应用较广。

先将样品置于称量瓶中，称出试样加称量瓶的总质量 W_1，然后将样品倒出一部分，再称剩余试样加称量瓶的质量为 W_2，则第一份试样质量为（W_1-W_2）克，依次类推，称出第二份、第三份试样等。

若是易吸水、易氧化或易与二氧化碳反应的液体样品，如浓硫酸、氢氧化钠等，可将试样装入小滴瓶中代替称量瓶并像上述一样步骤进行。

称量取药品时按图 6-4 所示步骤进行：从干燥器中取出装有试样的称量瓶，用小纸片夹住称量瓶，在接受器的上方，打开瓶盖，倾斜瓶身，用瓶盖轻敲瓶口上部边沿，使试样慢慢落入容器中。当倾出的样品接近所需量时，一边继续轻敲瓶口，一边逐渐将瓶身竖直，使沾在瓶口的试样进入接受器，然后盖上瓶盖，放回托盘上，准确称取其质量，两次质量之差即为所称样品的质量。

分析天平只有经称前检查和调零后才可使用。其加码原则为：先大后小，折半添加。

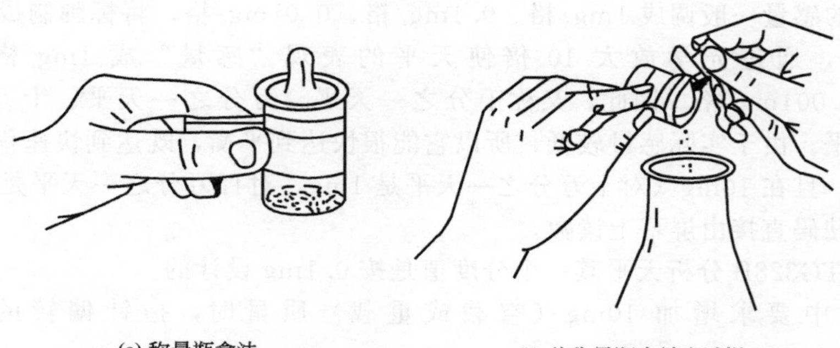

(a) 称量瓶拿法　　(b) 从称量瓶中敲出试样

图 6-4　称量

① 整克砝码的确定　打开天平左侧门，将被称物放在天平左盘中心，关闭天平左侧门。打开天平右侧门，将其在托盘天平上粗称数相当的成克的砝码用镊子夹取放在天平右盘中心，以克为单位的砝码一般即可确定。

② 克以内砝码的确定　克以内的需加圈码，即通过转动指数盘的外圈和内圈完成。

指数盘外圈（100～900mg）的确定：首先转动外层指数盘，先加 500mg，半开旋钮，如光屏上标尺迅速左移，表示所加砝码轻了，关上升降旋钮。改加 800mg，如光屏上标尺右移，表示所加砝码重了，关上升降旋钮。改加 600mg，如光屏上标尺左移，表示所加砝码轻了，关上升降旋钮。改加 700mg，如光屏上标尺右移，表示所加砝码重了。这表明所加砝码的质量就在 600～700mg。将外层指数盘拨回 600mg，此时外圈即确定。

指数盘内圈（10～90mg）的确定：再转动内层指数盘，先加 50mg，如光屏上标尺右移，表示所加砝码重了，关上升降旋钮。改加 30mg，如光屏上标尺左移，表示所加砝码轻了，关上升降旋钮。改加 40mg，如光屏上标尺左移，表示所加砝码轻了。这表明所加砝码的质量应在 40～50mg，此时内圈即确定。

光屏读数（10mg 以内）的确定：内圈确定后，将升降旋钮缓缓全开，此时光屏上标尺移动缓慢，待光屏上标尺稳定后即可从光屏上读出 10mg 以内的数值（标尺上 1 小格为 0.1mg，不足 1 小格时采用“四舍五入”）。

③ 质量的确定　如右盘放置砝码为 17g，光屏上标尺稳定后指数盘和光屏上如下所示，则该被称量物的质量是：

右盘砝码读数　17.　　g
指数盘读数　　0.230　g
光屏读数　　　0.0013g

————————
17.2313g

即被称物的质量＝砝码的质量＋圈码的质量＋光屏上所示的质量

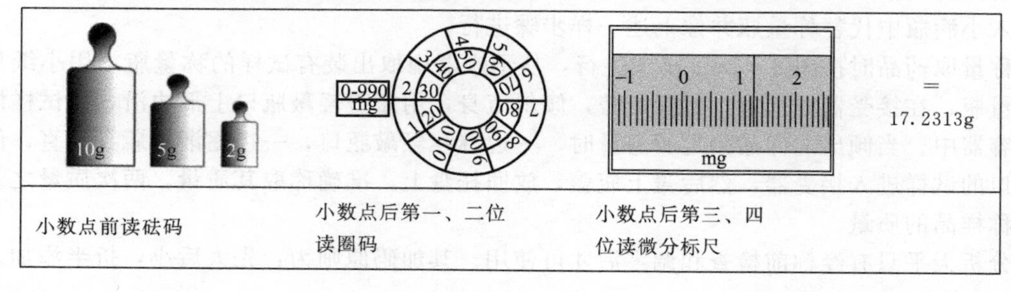

记录完被称物的质量后，再核对一次，关上升降旋钮。

④ 清理　称量完毕后，将被称物取出，砝码放回砝码盒中原来的位置上，关好边门，将圈码指数盘恢复到“0.00”位置，切断电源，套好防尘罩。

全机械加码电光分析天平的称量方法除克以上砝码由另一指数盘加减外，其余操作与半机械加码电光分析天平相同。

【仪器与试剂】

TG-328B型半自动电光天平或其他型号分析天平、电子分析天平、10mg标准砝码、已知质量的金属片、台秤、称量瓶、锥形瓶、不易吸潮的试样。

【实验步骤】

1. 称量前检查（三查一调）

将天平防尘罩取下，折叠整齐置于适当位置。

(1) 查　天平是否处于水平位置，如不水平，可调节天平前部下方支脚底座上的两个水平调节螺丝，使水泡水准器中的水泡位于正中。

(2) 查　读数盘的读数是否在零位。圈码是否完好并正确挂在圈码钩上，砝码盒内砝码、镊子是否齐全。

(3) 查　检查天平是否处于休止状态，天平横梁、吊耳位置是否正常；两盘是否有灰尘或其他落入物体，不然需用小毛刷清扫。

(4) 调　零点调节。天平的零点是指天平空载时的平衡点，每次称量之前都要先测定天平的零点。天平的外观检查完毕后，接通电源，顺时针慢慢旋动升降旋钮到底开启天平，此时可以看到缩微标尺的投影在光屏上移动，当标尺指针稳定后，若光屏上刻度线与标尺的0刻度不重合，偏离较小时，可拨动天平底板下面的微动调零杆，移动光屏的位置，使其重合，这时零点即调好（若偏离较大，调屏不能解决，应请老师通过旋转天平梁上的平衡螺丝来调整，再用微动调节杆调好）。

2. 天平计量性能的检查

检查天平计量性能的过程通常称为天平的检定。天平的正式检定应按天平检定规程(JJG 98—1990非自动天平检定规程）进行。但对于实验室中天平计量性能的检查，可适当简化，操作步骤如下。

(1) 启动天平，观察零点位置，如平衡点不在零点，可通过调零杆调节。如>(0±2)格，则需关闭天平，用平衡螺丝调节。

(2) 计量性能的检查　各步观测程序与记录按表6-2进行，操作时不得在天平开启状态下加减任何重物，只有在天平门关闭状态下才可开启天平，反之亦然，只有在关闭天平后才可打开天平门。

表6-2　天平计量性能观测程序与记录表

观测程序	秤盘上载荷		平衡位置 L_i(分度数)	备注
	左盘	右盘		
1	0	0		零点调整和示值变动性测定1
2	r(10mg标准砝码)	0		空载灵敏度的测定
3	P_1(20g)	P_2(20g)		不等臂性误差的测定1
4	0	0		示值变动性的测定2
5	P_2(20g)	P_1(20g)		不等臂性误差的测定2
6	P_2(20g)+r(10mg)	P_1(20g)		重载灵敏度的测定
7	0	0		示值变动性的测定3

(3) 数据处理

空载灵敏度：$E_0=\frac{|L_2-L_1|}{r}$　　　　重载灵敏度：$E_D=\frac{|L_6-L_5|}{r}$

示值变动性：$\Delta_0=L_{max}$（空）$-L_{min}$（空）　　　　不等臂性误差：$Y=\frac{|L_3+L_5|}{2}$

3. 称量练习

首先称量已知质量的铜片，与教师核对准确无误后方可进行下面的操作。

(1) 直接法称量练习

① 称量瓶的洗涤与干燥　称量瓶依次用洗涤剂、自来水、蒸馏水洗涤干净后，置于105℃的烘箱中烘干。

② 称量瓶的称量　调整和记录天平的零点后，用叠好的纸条拿取带盖的称量瓶一只，放在天平的左盘中央。在右盘上添加砝码，直至达到平衡。准确读取砝码质量、指数盘读数及投影屏读数（准确至0.1mg），记录在记录本上。

③ 用直接法准确称取（0.3±0.02）g给定固体试样（称准到小数后第四位）：称量纸叠成凹形，放入天平左盘中央，先称称量纸（约0.1～0.2g），小心地加入试样到称量纸上，再称称量纸与试样总质量。

(2) 减量法称量练习

在称量瓶中装入1g左右的固体试样，盖上瓶盖后在台秤上粗称。然后放入天平左盘中央，按直接称量法准确称其质量（称准到小数后第四位），然后旋转天平的指数盘，减去0.2g圈码，取出称量瓶，用其瓶盖轻轻地敲打瓶口上方，使样品落到一个干净的250mL烧杯中，估计取出的试样在0.2g左右时，将称量瓶再放回左盘中，旋开旋钮，若指针向右移动，说明倒出的试样还少于0.2g，应再次敲取（注意不应一下敲取过多），直到指针向左，表示倒出的试样已超过0.2g，这时把圈码再减去0.1g，若指针向右，则表示倒出来的试样少于0.3g，因此称取的试样在0.2～0.3g之间，符合要求。记下称量瓶和试样的准确质量，两次称量之差，即为样品质量。用同样的操作，在另一干净的锥形瓶中，再准确称取另一份试样。

用减量法称取每一份试样时，最好在一到两次能倒出所需要的量，以减少试样的吸湿和节省称量时间。

注意：拿取称量瓶应用纸条夹取，不可直接用手，以防沾污，造成称量误差。若从称量瓶中倒出的药品太多，不能再倒回称量瓶中，应重新称量。天平称量操作应耐心细致，不可急于求成。

称量记录示例见表6-3。

表6-3　称量记录

称量物	砝码质量/g	圈码质量/mg	投影屏读数/mg	称量物质量/g	试样质量/g
称量瓶	10,5,2,1	930	1.9	19.9319	
已知质量物	1	880	0.1	1.8801	
称量瓶+试样质量	10,5,2,2*	700	0.9	19.7009	
倒出第一份试样后的质量	10,5,2,2*	470	3.1	19.4731	0.2278
倒出第二份试样后的质量	10,5,2,2*	230	1.9	19.2319	0.2412

注：2*表示第二个2g砝码。

【操作要点】

1. 分析天平是一种精密仪器，使用时一定遵循使用规则，严格操作，爱护国家财物。

2. 在加减砝码（包括圈码）、取放称量物时，转动升降旋钮时，一定要轻而缓。

3. 在加减砝码（包括圈码）、取放称量物时，要关掉天平，使其停止工作，以便保护刀口。

4. 从荧光屏光带的移动方向，正确判断出药品和砝码哪边重，哪边轻。

5. 一旦发现故障时，立即报告教师，不能自行乱动。

6. 开始使用天平时，首先要检查它是否完好，并且在该天平的记录本（该天平的使用档案）上登记签名。使用完毕，要请指导教师检查。

【注意事项】

1. 在使用前检查仪器是否正常。

2. 先要用台秤粗称，再用分析天平精确称量；这样既可节省称量时间，又不易损坏天平。

3. 要特别注意加、减砝码及取、放称量物时都必须在天平的关闭状态下进行，且开启天平的升降旋钮、打开两侧门、加减砝码以及取放被称物等操作，动作要轻、缓，决不可用力过猛。

4. 不管是用哪一种称量方法，都不许用手直接拿称量瓶或试样，可用一干净纸条或塑料薄膜等套住拿取，取放称量瓶瓶盖也要用小纸片垫着拿取。

【问题讨论】

1. 什么是天平的稳定性、灵敏度、不等臂性？

2. 分析天平的主要部件是什么？怎样注意保护？

3. 用分析天平称量时，怎样读数？应保留几位小数？

4. 使用称量瓶时应注意什么？

5. 使用分析天平时应注意什么？

6. 称量方法有几种？如何选择称量方法？在什么情况下用直接法称量？什么情况下用减量法称量？

7. 准确进行减量法称量的关键是什么？用减量法称取试样时，若称量瓶内的试样吸湿，将对称量结果造成什么误差？若试样倾入烧杯内后再吸湿，对称量结果是否有影响？

8. 分析天平的灵敏度主要取决天平的什么零件？分析天平的灵敏度越高，是否称量的准确度就越高？称量时如何维护天平的灵敏性？

9. 为什么天平梁没有托住以前，绝对不许把任何东西放在盘上或从盘上取下，也不能加减圈码？

10. 天平左盘上放 50g 砝码一个，右盘上放置 20g、20g、10g 砝码，开启天平时，读数是否会恰恰指向零点，为什么？

11. 用半自动电光天平称量时，如何判断是该加码还是减码？光标向左移动，应加砝码还是减砝码？向右移动呢？

12. 为什么要注意保护玛瑙刀口？保护玛瑙刀口要注意哪些问题？

13. 使用天平时，为什么要强调轻开轻关天平旋钮？为什么必须先关闭旋钮，方可取放称量物体、加减砝码和圈码？否则会引起什么后果？

14. 为什么称量时，通常只允许打开天平箱左右边门，不得开前门？读数时如果没有把天平门关闭，会引起什么后果？

实验七　强酸强碱的中和滴定

【实验目的】

练习移液管和滴定管的使用以及滴定操作，学会正确判断终点，掌握酸碱中和原理。

【实验原理】

酸碱滴定是利用酸和碱的中和反应，测定酸或碱浓度的一种定量分析方法。

当酸和碱反应刚好完全中和达到化学计量点时，反应物A和B之间存在着基本单元数相等，即物质的量相等的关系，称为等物质量规则：

$$C\left(\frac{1}{Z_A}A\right)V(A)=C\left(\frac{1}{Z_B}B\right)V(B)$$

$C\left(\frac{1}{Z_A}A\right)$、$C\left(\frac{1}{Z_B}B\right)$分别为酸、碱物质的量浓度；$V$（A）、$V$（B）分别为消耗的酸、碱的体积。因此如果取一定体积的其浓度待测定的酸（或碱）溶液，用标准碱（或酸）溶液（已知其准确浓度）滴定，达到终点后就可以利用酸溶液和碱溶液的体积以及标准碱（或酸）溶液的浓度计算出待测的酸（或碱）溶液的浓度。

中和滴定的终点可借助指示剂的颜色变化来确定，指示剂本身是一种弱酸或弱碱，它们在不同的pH值范围显示出不同的颜色，例如酚酞，变色范围为pH＝8.0～10.0，在pH＝8.0以下无色，10.0以上显红色，8.0～10.0之间显浅红色，又如甲基红，变色范围为pH＝4.4～6.2，pH＝4.4以下显红色，6.2以上显黄色，4.4～6.2之间显橙色或橙红色，强碱滴定强酸时，常用酚酞溶液做指示剂，强酸滴定强碱时，常用甲基红溶液或甲基橙溶液作指示剂，显然，利用指示剂的变色来确定滴定的终点与酸碱中和时的等当点（或碱溶液与酸溶液中和达到二者的当量数相同时称等当点）可能不一致，例如以强碱滴定强酸，在等当点的pH应等于7，而用酚酞作指示剂它的变色范围是8.0～10.0。这样滴定到终点（溶液由无色转变为淡红色）时就需要多消耗一些碱。因而就可能带来滴定误差，但是根据计算，这种滴定终点与等当点不一致所引起的误差是很小的，对测定酸、碱的浓度影响很小。

【仪器与试剂】

酸式滴定管（50mL），碱式滴定管（50mL），移液管（25mL），锥形瓶（250mL），量筒（10mL），滴定管夹，洗耳球。

NaOH溶液（浓度待测），HCl溶液（浓度待测），标准NaOH溶液（0.1mol/L），标准HCl溶液（0.1mol/L），酚酞溶液，甲基红溶液。

【实验步骤】

洗净25mL移液管两支和50mL酸式、碱式滴定管各一支。

（1）强碱滴定强酸的练习　用量筒量取5mL未知浓度的HCl溶液于锥形瓶中，加水20mL左右，加入2滴酚酞作指示剂，把标准NaOH溶液注入碱式滴定管内，设法赶尽下部橡皮管和玻璃尖管内的气泡（如何赶法?）后，调整滴定管内的液面位置至刻度“0”。然后用右手持锥形瓶、左手挤压橡皮管内的玻璃球，使碱液慢慢滴入锥形瓶内，为了使反应均匀混合，应同时不停地轻轻旋转摇荡锥形瓶。

开始时，标准碱溶液的滴出速度可稍快些，此时当碱液滴入酸内，出现的粉红色会很快消失，当接近终点时，粉红色消失较慢，此时就应逐滴加入碱液，每加入一滴碱液后，应把溶液摇匀，并观察粉红色是否立即褪去，如果立即褪去，再加入第二滴碱液。如果粉红色并不立即褪去，可将瓶放置一旁，粉红色在半分钟内不消失，即可认为已达终点。

再加入5mL HCl溶液于锥形瓶中，再用标准碱滴定至粉红色，如此反复练习多次，当较熟练地掌握碱式滴定管的滴定操作和能够正确判断滴定终点后，才开始做下面实验。

滴定过程中还应注意以下几点。

① 滴定完后，玻璃尖嘴外不应留有滴液。

② 由于空气中二氧化碳的影响，已达终点的溶液放久后仍会褪色，这样并不说明中和反应没有完成。

③ 在滴定过程中，碱液可能溅在锥形瓶的内壁上，因此快到终点时，应该用洗瓶吹出少量的水把这些碱液冲洗下去。

（2）盐酸浓度的测定　将一个 100mL 的小烧杯洗净并用欲测未知浓度的 HCl 溶液（少量）洗涤三次（为什么?），然后往烧杯中倒入 70mL 左右未知浓度的 HCl 溶液，再用移液管从烧杯中准确吸取 25mL HCl 溶液于锥形瓶中（严禁用移液管直接插入试剂瓶），加 2～3 滴酚酞指示剂。

把标准 NaOH 溶液注入碱式滴定管中调整液面位置，约等 1min 之后（为什么?），记下液面位置的准确读数。然后按上述方法进行滴定，滴定达到终点时，记下液面位置的准确读数。它与滴定前液面位置读数之差，即为滴定过程所用去的碱溶液的体积。

再吸取 25mL HCl 溶液，用同样步骤重复操作，直到两次实验所用碱液的体积相差不超过 0.05mL 为止。

（3）强酸滴定强碱的练习　用量筒量取 5mL 未知浓度的 NaOH 溶液于锥形瓶中，加水 20mL 左右，加入 2～3 滴甲基红指示剂。

把标准 HCl 溶液注入酸式滴定管内，设法赶尽滴定管下端出口管内的气泡，调整滴定管内的液面位置至刻度“0”或稍低于“0”。然后，用右手持锥形瓶，左手传动活栓（如何操作?），使酸液逐滴滴入锥形瓶内，在终点前，溶液由呈黄色，达到终点时溶液转变为橙红色。

第一次滴定结束后，再加入 5mL 未知浓度的 NaOH 溶液于锥形瓶中，用酸液再滴定至终点。如此反复练习多次，当较熟练地掌握酸式滴定管的滴定操作和能够正确判断滴定终点后才开始做下面实验。

（4）氢氧化钠浓度的测定　用另一支洗净的移液管吸取 25mL 未知浓度的 NaOH 溶液于锥形瓶中，加入 2～3 滴甲基红指示剂。

在酸式滴定管内装入标准 HCl 溶液，调整液面位置，记下液面位置的读数，然后按上述操作方法进行滴定，滴定达到终点后，记下液面位置的读数，它与滴定前液面位置读数之差即为所用去酸液的体积。

再吸取 25mL NaOH 溶液，用同样步骤重复操作，直到两次实验所用碱液的体积相差不超过 0.05mL 为止。

（5）记录和结果　见表 6-4、表 6-5。

表 6-4　HCl 溶液浓度的测定

项　　目	Ⅰ	Ⅱ
标准 NaOH 浓度/(mol/L)		
最后读数/mL 最初读数/mL 标准 NaOH 用量/mL		
HCl 用量/mL		
HCl 浓度/(mol/L)		
HCl 平均浓度/(mol/L)		

表 6-5 NaOH 溶液浓度的测定

项　目	Ⅰ	Ⅱ
标准 HCl 浓度/(mol/L)		
最后读数/mL 最初读数/mL 标准 HCl 用量/mL		
NaOH 用量/mL		
NaOH 浓度/(mol/L)		
NaOH 平均浓度/(mol/L)		

【问题讨论】

1. 为什么在洗涤滴定管和移液管时最后都要用被量取的溶液洗几次，锥形瓶也要用同样的方法润洗吗？

2. 滴定管装入溶液后没有将下端尖管内的气泡赶尽就读取液面读数，对实验结果有何影响？

3. 在滴定过程结束后，发现（1）滴定管的下端留有一个液滴，（2）溅在锥形瓶壁上的液滴没有用蒸馏水冲下，它们对实验结果各有何影响？

实验八　容量器皿的校准

【实验目的】

1. 进一步掌握有效数字的正确测量、记录并能进行正确计算。
2. 掌握滴定管、容量瓶、移液管的使用方法。
3. 了解容量器皿校准的意义，学习容量器皿的校准方法。
4. 进一步熟悉分析天平的称量操作。

【实验原理】

滴定管、移液管和容量瓶是分析实验室常用的玻璃容量仪器，这些容量器皿都具有刻度和标称容量，此标称容量是 20℃时以水体积来标定的。合格产品的容量误差应小于或等于国家标准规定的容量允差。但由于不合格产品的流入、温度的变化、试剂的腐蚀等原因，容量器皿的实际容积与它所标称的容积往往不完全相符，有时甚至会超过分析所允许的误差范围，若不进行容量校准，就会引起分析结果的系统误差。因此，在准确度要求较高的分析工作中，必须对容量器皿进行校准。

特别值得一提的是，校准是技术性很强的工作，操作要正确、规范。校准不当和使用不当都是产生容量误差的主要原因，其误差可能超过允差或量器本身固有的误差，而且校准不当的影响将更有害。所以，校准时必须仔细、正确地进行操作，使校准误差减至最小。凡是使用校正值的，其校准次数不可少于 2 次，两次校准数据的偏差应不超过该量器容量允差的 1/4，并以其平均值为校准结果。

由于玻璃具有热胀冷缩的特性，在不同的温度下容量器皿的体积也有所不同。因此，校准玻璃容量器皿时，必须规定一个共同的温度值，这一规定温度值为标准温度。国际标准和我国标准都规定以 20℃为标准温度，即在校准时都将玻璃容量器皿的容积校准到 20℃时的实际容积，或者说，量器的标称容量都是指20℃时的实际容积。

如果对校准的精确度要求很高，并且温度超出（20±5)℃，大气压力及湿度变化较大，则应根据实测空气压力、温度求出空气密度，利用下式计算实际容量：

$$V_{20}=(I_L-I_E)[1/(\rho_W-\rho_A)](1-\rho_A/\rho_B)[1-\gamma(t-20)]$$

式中 I_L——盛水容器的天平读数，g；

I_E——空容器的天平读数，g；

ρ_W——温度 t 时纯水的密度，g/mL；

ρ_A——空气密度，g/mL；

ρ_B——砝码密度，g/mL；

γ——量器材料的体热膨胀系数，$℃^{-1}$；

t——校准时所用纯水的温度，℃。

上式引自国际标准ISO 4787—1984《实验室玻璃仪器——玻璃量器容量的校准和使用法》。ρ_W 和 ρ_A 可从有关手册中查到，ρ_B 可用砝码的统一名义密度值8.0g/mL，γ 值则依据量器材料而定。

产品标准中规定玻璃量器采用钠钙玻璃（体热膨胀系数为 $25\times10^{-6}K^{-1}$）或硼硅玻璃（$10\times10^{-6}K^{-1}$）制造，温度变化对玻璃体积的影响很小。用钠钙玻璃制造的量器在20℃时校准与27℃时使用，由玻璃材料本身膨胀所引起的容量误差只有0.02%（相对），一般均可忽略。

应当注意，液体的体积受温度的影响往往是不能忽略的。水及稀溶液的热膨胀系数比玻璃大10倍左右，因此，在校准和使用量器时必须注意温度对液体密度或浓度的影响。

容量器皿常采用两种校准方法：相对校准（相对法）和绝对校准（称量法）。

1. 相对校准

在分析化学实验中，经常利用容量瓶配制溶液，用移液管取出其中一部分进行测定，最后分析结果的计算并不需要知道容量瓶和移液管的准确体积数值，只需知道二者的体积比是否为准确的整数，即要求两种容器体积之间有一定的比例关系。此时对容量瓶和移液管可采用相对校准法进行校准。例如，25mL移液管量取液体的体积应等于250mL容量瓶量取体积的10%。此法简单易行，应用较多，但必须在这两件仪器配套使用时才有意义。

2. 绝对校准

绝对校准是测定容量器皿的实际容积。常用的校准方法为衡量法，又叫称量法。即用天平称量被校准的容量器皿量入或量出纯水的表观质量，再根据当时水温下的表观密度计算出该量器在20℃时的实际容量。

由质量换算成容积时，需考虑三方面的影响：温度对水的密度的影响；温度对玻璃器皿容积胀缩的影响；在空气中称量时空气浮力对质量的影响。

在不同温度下查得的水的密度均为真空中水的密度，而实际称量水的质量是在空气中进行的，因此必须进行空气浮力的校正。由于玻璃容器的容积亦随着温度的变化而变化，如果校正不是在20℃时进行的，还必须加以玻璃容器随温度变化的校正值。此外，还应对称量的砝码进行温度校正。

为了工作方便起见，将不同温度下真空中水的密度 ρ_t 值和其在空气中的总校正值 ρ_t（空）列于表6-6。

表 6-6　不同温度下的 ρ_t 和 ρ_t（空）

温度/℃	ρ_t/(g/mL)	ρ_t(空)/(g/mL)	温度/℃	ρ_t/(g/mL)	ρ_t(空)/(g/mL)
5	0.99996	0.99853	18	0.96860	0.99749
6	0.99994	0.99853	19	0.99841	0.99733
7	0.99990	0.99852	20	0.99821	0.99715
8	0.99985	0.99849	21	0.99799	0.99695
9	0.99978	0.99845	22	0.99777	0.99676
10	0.99970	0.99839	23	0.99754	0.99655
11	0.99961	0.99833	24	0.99730	0.99634
12	0.99950	0.99824	25	0.99705	0.99612
13	0.99938	0.99815	26	0.99679	0.99588
14	0.99925	0.99804	27	0.99652	0.99566
15	0.99910	0.99792	28	0.99624	0.99539
16	0.99894	0.99773	29	0.99595	0.99512
17	0.99878	0.99764	30	0.99565	0.99485

根据表 6-6 可计算出任意温度下一定质量的纯水所占的实际容积。

例如，25℃时由滴定管放出 10.10mL 水，其质量为 10.08g，由表 6-6 可知，25℃时水的密度为 0.99612g/mL，故这一段滴定管在 20℃时的实际容积为：$V_{20}=10.08/0.996\,12=10.12$（mL）。滴定管这段容积的校准值为 10.12－10.10＝0.02（mL）。

移液管、滴定管、容量瓶等的实际容积都可应用表 6-7 中的数据通过称量法进行校正。

温度对溶液体积的校正：上述容量器皿是以 20℃为标准来校准的，严格来讲只有在 20℃时使用才是正确的。但实际使用不是在 20℃时，则容量器皿的容积以及溶液的体积都会发生改变。由于玻璃的膨胀系数很小，在温度相差不太大时，容量器皿的容积改变可以忽略，则量取的液体体积亦需进行校正。表 6-7 给出了不同温度下每 1000mL 水溶液换算到 20℃时的体积校正值。

已知一定温度下的校正值 ΔV，可按下式将量器在该温度下量取的体积 V_T 换算成为 20℃时的体积 $V_{20℃}$：

$$V_{20℃}=V_T(1+\Delta V/1000)(\text{mL})$$

表 6-7　不同温度的水或稀溶液换算为 20℃时的体积校正值

温度 T/℃	体积修正值 ΔV/(mL/L)		温度 T/℃	体积修正值 ΔV/(mL/L)	
	纯水、0.01mol/L 溶液	0.1mol/L 溶液		纯水、0.01mol/L 溶液	0.1mol/L 溶液
5	+1.5	+1.7	20	0	0
10	+1.3	+1.45	25	−1.0	−1.1
15	+0.8	+0.9	30	−2.3	−2.5

例如，若在 10℃进行滴定操作，用了 25.00mL $c=0.1$mol/L 标准滴定溶液，换算为 20℃时，体积应为 $25.00\times\left(1+\dfrac{1.45}{1000}\right)=25.04$（mL）。

欲更详细、更全面了解容量仪器的校准，可参考 JJG 196—90《常用玻璃量器检定规程》。

【仪器与试剂】

分析天平，50mL 酸式滴定管，25mL 移液管，250mL 容量瓶，烧杯，温度计（公用，精度 0.1℃），50mL 磨口锥形瓶，洗耳球。

【实验步骤】

1. 滴定管的校准

准备好待校准已洗净的滴定管并注入与室温达平衡的蒸馏水至零刻度以上（可事先用烧

杯盛蒸馏水，放在天平室内，并且杯中插有温度计，测量水温，备用)，记录水温 t(℃)，调至零刻度后，从滴定管中以正确操作放出一定质量的纯水于已称重且外壁洁净、干燥的 50mL 具塞的锥形瓶中（切勿将水滴在磨口上）。每次放出的纯水体积叫表现体积，根据滴定管的大小不同，表观体积的大小可分为 1mL、5mL、10mL 等，50mL 滴定管每次按每分钟约 10mL 的流速，放出 10mL（要求在 10mL±0.1mL 范围内）（应记录至小数点后几位?)，盖紧瓶塞，用同一台分析天平称其质量并称准确至毫克位（为什么?)。直至放出 50mL水。每两次质量之差即为滴定管中放出水的质量。以此水的质量除以由表 6-6 查得实验温度下经校正后水的密度 ρ_t（空），即可得到所测滴定管各段的真正容积。并从滴定管所标示的容积和所测各段的真正容积之差，求出每段滴定管的校正值和总校正值。每段重复一次，两次校正值之差不得超过 0.02mL，结果取平均值（表 6-8)。并将所得结果绘制成以滴定管读数为横坐标，以校正值为纵坐标的校正曲线。

表 6-8 滴定管校准表（示例）

校准时水的温度(℃)： 水的密度(g/mL)：

滴定管读数/mL	水的表观体积/mL	瓶与水的质量/g	水质量/g	真正容积/mL	校准值/mL	累积校准值/mL
0.00		29.200(空瓶)				
10.10	10.10	39.280	10.080	10.12	+0.02	+0.02
20.07	9.97	49.190	9.910	9.95	−0.02	0.00
30.04	9.97	59.180	9.990	10.03	+0.06	+0.06
39.99	9.95	69.130	9.950	9.97	+0.02	+0.08
49.93	9.94	79.010	9.880	9.92	−0.02	+0.06

2. 移液管的校准

方法同上。将 25mL 移液管洗净，吸取纯水调节至刻度，将移液管水放出至已称重的锥形瓶中，再称量，根据水的质量计算在此温度时的真正容积。重复一次，对同一支移液管两次校正值之差不得超过 0.02mL，否则重做校准。测量数据按表 6-9 记录和计算。

表 6-9 移液管校准表

校准时水的温度（℃）： 水的密度（g/mL)：

移液管标称容积/mL	锥形瓶质量/g	瓶与水的质量/g	水质量/g	实际容积/mL	校准值/mL
25					

3. 容量瓶与移液管的相对校准

用已校正的移液管进行相对校准。用 25mL 移液管移取蒸馏水至洗净而干燥的 250mL 容量瓶（操作时切勿让水碰到容量瓶的磨口）中，移取十次后，仔细观察溶液弯月面下缘是否与标线相切，若不相切，可用透明胶带另作一新标记。经相互校准后的容量瓶与移液管均做上相同标识，经相对校正后的移液管和容量瓶应配套使用，因为此时移液管取一次溶液的体积是容量瓶容积的 1/10。由移液管的真正容积也可知容量瓶的真正容积（至新标线）。

【注意事项】

1. 校正容量仪器时，必须严格遵守它们的使用规则。
2. 称量用具塞锥形瓶不得用手直接拿取。

【问题讨论】

1. 为什么要进行容器器皿的校准？影响容量器皿体积刻度不准确的主要因素有哪些？

2. 为什么在校准滴定管的称量只要称到毫克位？

3. 利用称量水法进行容量器皿校准时，为何要求水温和室温一致？若两者有稍微差异时，以哪一温度为准？

4. 本实验从滴定管放出纯水于称量用的锥形瓶中时应注意些什么？

5. 滴定管有气泡存在时对滴定有何影响？应如何除去滴定管中的气泡？

6. 使用移液管的操作要领是什么？为何要垂直流下液体？为何放完液体后要停一定时间？最后留于管尖的液体如何处理？为什么？

【参考文献】

［1］南京大学无机及分析化学编写组. 无机及分析化学实验. 北京：高等教育出版社，1998.

［2］JJG 196—1990 常用玻璃量器检定规程.

实验九　重　结　晶

【实验目的】

1. 学习重结晶提纯固态有机化合物的原理和方法。

2. 掌握抽滤、热滤操作和滤纸折叠的方法。

【实验原理】

利用混合物中各组分在某种溶剂中的溶解度不同，或在同一溶剂中不同温度时的溶解度不同，而使它们相互分离（相似相溶）。

【仪器与试剂】

循环水真空泵、恒温水浴锅、烘箱、热滤漏斗、抽滤瓶、布氏漏斗、酒精灯、滤纸、烧杯、锥形瓶、表面皿、乙酰苯胺、萘、活性炭、70%乙醇、沸石。

【实验步骤】

1. 乙酰苯胺重结晶

（1）溶解　称取1g粗乙酰苯胺于100mL锥形瓶中，加入35mL水。搅拌加热至沸，使固体溶解，若有尚未完全溶解的固体，可继续加入少量热水（见注释1），至完全溶解，再多加2～3mL水（见注释2），总量约45mL，移去热源，稍冷后加入少许活性炭（见注释3），搅拌并继续加热微沸5～10min。

热过滤：将短颈漏斗预先在烘箱中烘热（见注释4），过滤时趁热从烘箱中取出，把漏斗安置在铁圈上，于漏斗中放一预先叠好的折叠滤纸，并用少量热水润湿。将上述热溶液通过折叠滤纸，迅速滤入100mL烧杯中。每次倒入漏斗中的液体不要太满；也不要等溶液全部滤完后再加。在过滤过程中，应保持溶液的温度。同时将未过滤的部分继续加热以防冷却。待所有的溶液过滤完毕后，用少量热水洗涤锥形瓶和滤纸。

（2）结晶　滤毕后，将盛滤液的烧杯用表面皿盖好，放置冷却，最后用冷水冷却以使结晶完全。如要获得较大颗粒的结晶，在滤完后将滤液加热使析出的结晶重新溶解，于室温下放置，让其慢慢冷却。

（3）抽滤　结晶完成后，用布氏漏斗抽滤（滤纸先用少量冷水润湿，抽气吸紧），使结晶与母液分离，并用玻塞挤压，使母液尽量除去。拔下抽滤瓶上的橡皮管（或打开安全瓶上的活塞），停止抽气。加少量冷水至布氏漏斗中，使晶体润湿（可用玻璃棒使结晶松动），然后重新抽干，如此重复1～2次。

(4) 干燥　将结晶移至表面皿上，摊开成薄层，空气中晾干或在干燥器中干燥。

测定干燥后精制产物的熔点，并与粗产物熔点作比较，称量并计算收率。

用水重结晶乙酰苯胺时，往往会出现油珠。这是因为当温度高于 83℃时，未溶于水但已熔化的乙酰苯胺会形成另一液相所致，这时只要加入少量水或继续加热，此现象即可消失。

2. 萘的重结晶

称取 2g 粗萘于装有回流冷烧管的 100mL 圆底烧瓶（或锥形瓶）中，加入 15mL 70％乙醇和 2 粒沸石。接通冷凝水后，搅拌加热至沸。若所加的乙醇不能使粗萘完全溶解，应从冷凝管上端继续加入少量 70％乙醇（注意添加易燃溶剂时应先灭掉火源），每次加入乙醇后应继续加热，观察是否完全溶解（见注释 5）。待完全溶解后，再多加一些，然后停止加热。稍冷后加入少许活性炭。再重新搅拌加热煮沸数分钟。趁热用预热好的无颈漏斗和折叠滤纸过滤，用少量热的 70％乙醇润湿折叠滤纸后，将上述萘的热溶液滤入干燥的 100mL 锥形瓶中（注意附近不应有明火），滤毕，用少量热 70％乙醇洗涤容器和滤纸。盛滤液的锥形瓶用玻璃塞塞好，放置冷却，最后用冰水冷却。用布氏漏斗抽滤（滤纸应先用 70％乙醇润湿，吸紧），用少量 70％乙醇洗涤，抽干后将结晶移至表面皿上。在空气中晾干或放在干燥器中，待干燥后测熔点，称重并计算回收率。

本实验约需 4～6h。

【注释】

1. 乙酰苯胺在水中的溶解度为：

t/℃	20	25	50	80	100
溶解度/(g/100mL)	0.46	0.66	0.84	3.45	5.5

2. 每次加入 2～3mL 热水，若加入溶剂加热后并未能使未溶物减少，可能是不溶性杂质所致，不必再加溶剂。但为防止过滤时有晶体在漏斗中析出，溶剂的实际用量比沸腾时饱和溶液所需的用量适当多一些。

3. 不可将活性炭加入到沸腾的溶液中，否则将造成暴沸现象！活性炭的量约相当于样品量的 1％～5％。

4. 无颈漏斗即截去颈的普通玻璃漏斗。也可用预热好的热滤漏斗，漏斗夹套中充水量约为其容积的 2/3。

5. 萘的熔点较 70％乙醇的沸点低，加入不足量的 70％乙醇加热至沸后，萘呈熔融状态而非溶解，这时应继续加溶剂直至完全溶解。

【问题讨论】

1. 简述有机化合物重结晶的步骤和各步的目的。
2. 对某一有机化合物进行重结晶时，所选择的溶剂应该具有哪些性质？
3. 加热溶解重结晶粗产物时，为何先加入比计算量（根据溶解度数据）略少的溶剂，然后渐渐添加至恰好溶解，最后再多加少量溶剂？
4. 为什么活性炭要在固体物质完全溶解后加入？为什么不能在溶液沸腾时加入？
5. 将溶液进行热过滤时，为什么要尽可能减少溶剂的挥发？如何减少其挥发？
6. 抽滤时，为什么在关闭水泵前，先要拆开水泵与抽滤瓶间的连接或打开安全瓶活塞？
7. 在布氏漏斗中用溶剂洗涤固体时应注意些什么？
8. 用有机溶剂重结晶时，在哪些操作上容易着火？应该如何防范？

【参考文献】

兰州大学、复旦大学化学系有机化学教研室编．有机化学实验. 第 2 版. 北京：高等教育出版社，1994.

实验十　甲醇和水的分馏

【实验目的】

1. 熟悉蒸馏和测定沸点的原理，了解蒸馏和测定沸点的意义。

2. 掌握常量法和微量法测定沸点的方法。

【实验原理】

液体的分子由于分子运动有从表面逸出的倾向，这种倾向随着温度的升高而增大，在液面上部形成蒸气。当分子由液体逸出的速度与分子由蒸气中回到液体中的速度相等，液面上的蒸气达到饱和，称为饱和蒸气。它对液面所施加的压力称为饱和蒸气压。实验证明，液体的蒸气压只与温度有关。即液体在一定温度下具有一定的蒸气压。当液体的蒸气压增大到与外界施于液面的总压力（通常是大气压力）相等时，就有大量气泡从液体内部逸出，即液体沸腾。这时的温度称为液体的沸点。纯粹的液体有机化合物在一定的压力下具有一定的沸点（沸程 0.5～1.5℃）。利用这一点，我们可以测定纯液体有机物的沸点。又称常量法。

具有固定沸点的液体不一定都是纯粹的化合物，因为某些有机化合物常和其他组分形成二元或三元共沸混合物，它们也有一定的沸点。蒸馏是将液体有机物加热到沸腾状态，使液体变成蒸气，又将蒸气冷凝为液体的过程。

通过蒸馏可除去不挥发性杂质，可分离沸点差大于 30℃的液体混合物，还可以测定纯液体有机物的沸点及定性检验液体有机物的纯度。

【仪器与试剂】

恒温水浴、蒸馏烧瓶、直型冷凝管、温度计（100℃）、接液管、圆底烧瓶、b 形管、毛细管、锥形瓶、玻璃漏斗、沸石。工业乙醇、浓硫酸。

【实验步骤】

在 100mL 圆底烧瓶中，加入 25mL 甲醇和 25mL 水的混合物，加入几粒沸石，按蒸馏装置图装好分馏装置。用水浴或油浴慢慢加热，开始沸腾后，蒸气慢慢进入分馏柱中。此时要仔细控制加热温度，使温度缓慢上升，以保持分馏柱中有一个均匀的温度梯度。当冷凝管中有蒸馏液流出时，迅速记录温度计所示的温度。控制加热速度，使馏出液缓慢且均匀地以 2mL/min（约 60 滴）的速度流出。当柱顶温度维持在 65℃时，约收集 10mL 馏出液（A）。随着温度上升，分别收集 65～70℃（B）；70～80℃（C），80～90℃（D）；90～95℃（E）的馏分。瓶内所剩为残留液。90～95℃的馏分很少，需要隔石棉网直接进行加热。将不同馏分分别量出体积，以馏出液体积为横坐标、温度为纵坐标，绘制分馏曲线，如图 6-5 所示。

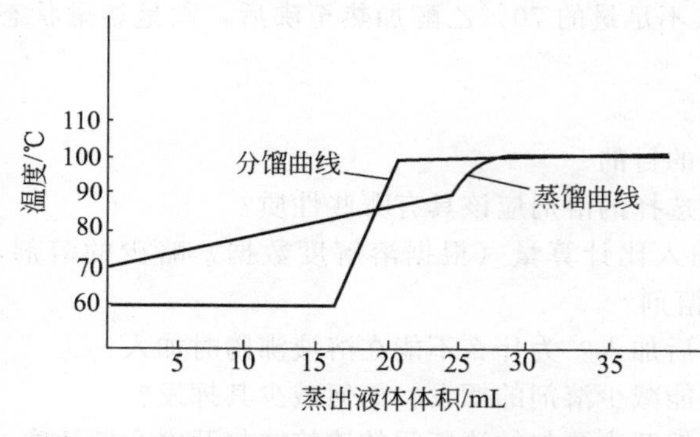

图 6-5　甲醇-水混合物（1∶1）的蒸馏和分馏曲线

【问题讨论】

1. 若加热太快，馏出液每秒钟的滴数超过要求量，用分馏法分离两种液体的能力会显著下降，为什么？

2. 用分馏法提纯液体时，为了取得较好的分离效果，为什么分馏柱必须保持回流液？

3. 在分离两种沸点相近的液体时，为什么用装有填料的分馏柱比用不装填料的效率高？

4. 什么是共沸混合物？为什么不能用分馏法分离共沸混合物？

5. 在分馏时通常用水浴或油浴加热，它比直接火加热有什么优点？

6. 根据甲醇-水混合物的蒸馏和分馏曲线，哪一种方法分离混合物各组分的效率较高？

【参考文献】

兰州大学、复旦大学化学系有机化学教研室编．有机化学实验. 第 2 版．北京：高等教育出版社，1994.

实验十一　薄层色谱

【实验目的】

1. 学习薄层色谱的原理和方法。

2. 掌握薄层色谱分离、鉴定有机化合物的技术和方法。

3. 独立完成薄层板的制备（平铺法、浸渍法）。

4. 掌握薄层板的活化、点样、展开和现色等各步操作。

【实验原理】

薄层色谱是在洗涤干净的玻璃板（7.5cm×2.5cm）上均匀地涂一层吸附剂或支持剂，待干燥、活化后将样品溶液用管口平整的毛细管滴加于离薄层板一端约 1cm 处的起点线上，晾干或吹干后置薄层板于盛有展开剂的展开槽内，利用混合物中各组分在某一物质中的吸附或溶解性能（即分配）的不同，或其他亲和作用性能的差异，使混合物的溶液在吸附剂和展开剂之间进行反复的吸附或分配等作用，从而将各组分分开。展开后记录原点至主斑点中心及展开剂前沿的距离，计算比移值（R_f）：

$$R_f=\frac{\text{溶质的最高浓度中心至原点中心的距离}}{\text{溶剂前沿至原点中心的距离}}$$

薄层吸附色谱和柱吸附色谱一样，化合物的吸附能力与它们的极性成正比，具有较大极性的化合物吸附较强，因而 R_f 值较小。因此利用化合物极性的不同，可将一些结构相近或顺、反异构体分开。

【仪器与试剂】

载玻片，层析缸，烧杯，玻璃管，煤气灯，鼓风干燥箱，硅胶 G，滤纸，苏丹Ⅲ，偶氮苯，展开剂。

【实验步骤】

1. 偶氮苯和苏丹Ⅲ的分离

偶氮苯和苏丹Ⅲ的极性不同，利用薄层色谱（TLC）可以将二者分离。

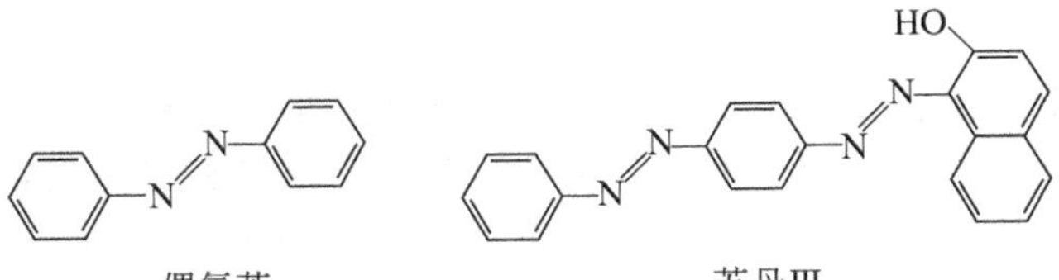

N N　　　　N N　N N　HO

偶氮苯　　　　苏丹Ⅲ

（1）试剂

1%偶氮苯的苯溶液，1%苏丹Ⅲ的苯溶液，1%的羧甲基纤维素钠（CMC）水溶液，硅胶G，9∶1的无水苯-乙酸乙酯。

（2）操作

① 薄层板的制备　取7.5cm×2.5cm左右的载玻片4块洗净晾干。取2.5g硅胶G于50mL烧杯中，缓慢加入0.5%CMC水溶液7.5mL，搅拌调成均匀的糊状，用滴管吸取糊状物，涂于洁净的4块载玻片上，用手将带浆的玻片在玻璃板或水平的桌面上做上下轻微的颤动，并不时转动方向，制成薄厚均匀、表面光洁平整的薄层板（见注释1），将薄层板置于水平的玻璃板上，在室温放置0.5h后，放入烘箱中，缓慢升温至110℃，恒温0.5h，取出，稍冷后置于干燥器中备用。

② 点样　取2块薄层板，分别在距一端1cm处用铅笔轻轻划一横线作为起始线。将管口平整的毛细管插入样品溶液中，在一块板的起点线上点1%的偶氮苯的苯溶液和混合液（见注释2）两个样点（间距1～1.5cm）。在第二块板的起点线上点1%的苏丹Ⅲ苯溶液和混合液两个样点。如样点的颜色较浅，可重复点样，重复点样前必须待前次样点干燥后进行。样点直径不应超过2mm。

③ 展开　待样点干燥后，小心放入已加入展开剂（9∶1的无水苯-乙酸乙酯）的250mL广口瓶（瓶的内壁贴一张高5cm、环绕周长约4/5的滤纸，下面浸入展开剂中，以使容器内被展开剂蒸气饱和）中进行展开。点样一端应浸入展开剂0.5cm。盖好瓶塞，当展开剂前沿上升至离薄板上端1cm处取出，尽快用铅笔在展开剂上升的前沿处划一记号，晾干后观察分离的情况，比较二者R_f值的大小。

2. 镇痛药片APC组分的鉴定

普通的镇痛药如APC通常是几种药物的混合物，大多含阿司匹林、咖啡因和其他成分，由于组分本身无色，需要通过紫外灯显色或碘熏显色，并与纯组分的R_f值比较来加以鉴定。

（1）试剂

APC镇痛药片，2%阿司匹林的95%乙醇溶液，2%咖啡因的95%乙醇溶液，95%乙醇，12∶1的1,2-二氯乙烷-乙酸溶液。

（2）操作

① 样品液的制备　取1片镇痛药APC研成粉状。用棉球塞住1支滴管的细口，将粉状APC转入其中堆成柱状，用滴管从上口加入5mL 95%乙醇通过柱状的镇痛药粉，萃取液收集于小试管中。

② 点样　取2块制备好的薄层板，分别在距一端1cm处用铅笔轻轻划一横线为起始线。用毛细管在一块板的起始线上点萃取液和2%的阿司匹林乙醇溶液两个样点，在第二块板的起始线上点萃取液和2%的咖啡因乙醇溶液两个样点。样点间距1～1.5cm，样点直径在2mm内。

③ 展开　待样点干燥后，小心放入已加入展开剂（12∶1的1,2-二氯乙烷-乙酸溶液）的250mL广口瓶中进行展开。瓶的内壁贴一张高5cm、环绕周长约4/5的滤纸，下面浸入展开剂中0.5cm，盖好瓶塞，展开剂前沿上升至离板上端1cm处取出，尽快用铅笔在展开剂前沿划一记号。

④ 鉴定　将烘干的薄层板放入254nm紫外分析仪中照射显色，可清晰地看到粉红色亮点，说明APC药片中3种主要成分都是荧光物质。用铅笔绕亮点作出记号，计算每个点的R_f值。并与标准样品比较，如测定值和参考值误差在20%以下，即可肯定为同一化合物。如误差超过20%，则需重新点样并适当增加展开剂中醋酸的比例。

再将层析板置于放有几粒碘结晶的广口瓶内，盖上瓶盖，直至暗棕色的斑点明显时取出，并与先前在紫外分析仪中用铅笔作出的记号进行比较。

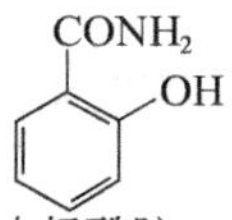

水杨酰胺（R_f=0.46） 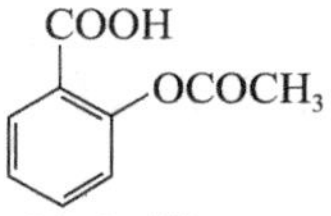 阿司匹林（R_f=0.36） 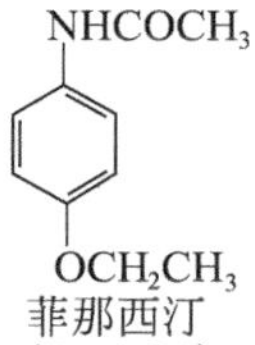 菲那西汀（R_f=0.25） 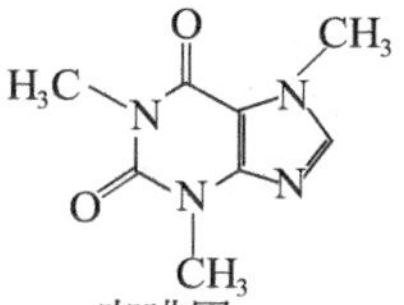 咖啡因（R_f=0.27） 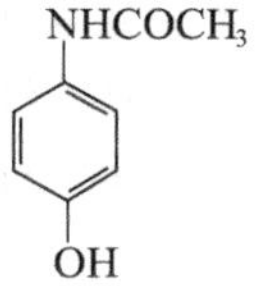 扑热息痛（R_f=0.06）

【注释】

1. 制板时要求薄层平滑均匀。宜将吸附剂调得稍稀些，尤其是硅胶板。否则，吸附剂调得很稠，很难做到均匀。另一方法是：在一块较大的玻板上，放置2块3mm厚的长条玻板，中间夹1块2mm厚的薄层用载玻片，倒上调好的吸附剂，用宽于载玻片的刀片顺一个方向刮。倒料多少要合适，以便一次刮成。

2. 点样用的毛细管必须专用，不得弄混。点样时，使毛细管液面刚好接触到薄层即可，切勿点样过重破坏薄层。

【问题讨论】

1. 在一定的操作条件下为什么可利用 R_f 值来鉴定化合物？

2. 在混合物薄层谱中，如何判定各组分在薄层上的位置？

3. 展开剂的高度若超过了点样线，对薄层色谱有何影响？

【参考文献】

兰州大学、复旦大学化学系有机化学教研室编．有机化学实验．第2版．北京：高等教育出版社，1994.

实验十二 柱 色 谱

【实验目的】

1. 学习柱色谱的原理和方法。

2. 掌握柱色谱分离、鉴定有机化合物的技术和方法。

【实验原理】

柱色谱（柱上层析）常用的有吸附柱色谱和分配柱色谱两类，前者常用氧化铝和硅胶作固定相；在分配柱色谱中以硅胶、硅藻土和纤维素作为支持剂，以吸收较大量的液体作固定相，支持剂本身不起分离作用。

吸附柱色谱通常在玻璃管中填入表面积很大、经过活化的多孔性、粉状的固体吸附剂。当待分离的混合物溶液流过吸附柱时，各种成分同时被吸附在柱的上端。当洗脱剂流下时，由于不同化合物吸附能力不同，被洗脱的速度也不同，于是形成了不同层次，即溶质在柱中自上而下按对吸附剂亲和力大小分别形成若干色带，再用溶剂洗脱时，已经分开的溶质可以从柱上分别洗出收集，或者将柱吸干，挤出后按色带分割开，再用溶剂将各色带中的溶质萃取出来。对不显色化合物分离时，可用紫外线照射后所呈现的荧光来检查，或在用溶剂洗脱时，分别收集洗脱液，逐个加以检定。

【仪器与试剂】

层析柱，三角烧瓶，三角漏斗，脱脂棉，氧化铝（中性），乙醇，荧光黄，亚甲基蓝，邻硝基苯胺，对硝基苯胺，苯。

【实验步骤】

1. 荧光黄和亚甲基蓝的分离

荧光黄为橙红色，商品一般是二钠盐，稀的水溶液带有荧光黄色。亚甲基蓝又称为碱性湖蓝 BB，深绿色的有铜光的结晶，其稀的水溶液为蓝色。

荧光黄　　　　碱性湖蓝 BB

（1）试剂　中性氧化铝（100～200 目），1mL 溶有 1mg 荧光黄和 1mg 亚甲基蓝的 95%乙醇溶液。

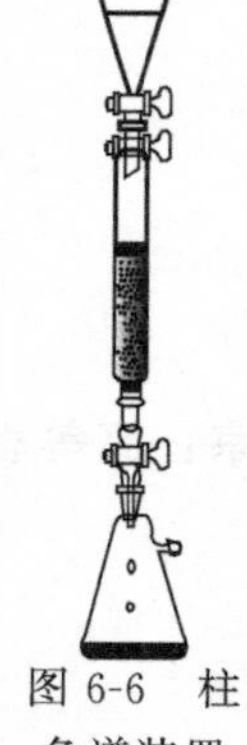
图 6-6　柱色谱装置

（2）操作　实验装置见图 6-6。

取 15cm×1.5cm 色谱柱一根（见注释 1），垂直装置，以 25mL 锥形瓶作洗脱液的接受器。

取少许脱脂棉（或玻璃毛）放于干净的色谱柱底部，轻轻压紧，在脱脂棉上盖一层厚 0.5cm 的石英砂（或用一张比柱内径略小的滤纸代替），关闭活塞，加入 95%乙醇至约为柱高的 3/4 处，打开活塞，控制流出速度为 1 滴/s。通过一干燥的玻璃漏斗慢慢加入色谱用中性氧化铝（或将 95%乙醇与中性氧化铝先调成糊状，再徐徐倒入柱中）。用木棒或带橡皮塞的玻璃棒轻轻敲打柱身下部，使填装紧密（见注释 2），当装柱至 3/4 时，再在上面加一层 0.5cm 厚的石英砂（见注释 3）。操作时一直保持上述流速，注意不能使液面低于砂子的上表面（见注释 4）。

当溶剂液面刚好流至石英砂面时，立即沿柱壁加入 1mL 已配好的含荧光黄与亚甲基蓝的 95%的乙醇溶液（见注释 5），当此溶液流至接近石英砂面时，立即用 0.5mL 95%乙醇溶液洗下管壁的有色物质，如此连续 2～3 次，直至洗净为止。然后在色谱柱上装置滴液漏斗（见注释 6），用 95%乙醇作洗脱剂进行洗脱，控制流出速度如前（见注释 7）。

亚甲基蓝因极性小，首先向下移动，极性较大的荧光黄留在柱的上端。当蓝色的色带快洗出时，更换另一接受器，继续洗脱至滴出液近无色止。再换一接受器，改用水作洗脱剂至黄绿色荧光黄开始滴出，用另一接受器收集至绿色全部洗出止，分别得到两种染料的溶液。

将得到的两种染料溶液通过旋转蒸发仪减压蒸发浓缩，回收两种染料和洗脱液。

2. 邻硝基苯胺和对硝基苯胺的分离

邻硝基苯胺由于形成分子内氢键，极性小于对硝基苯胺，对硝基苯胺可与吸附剂形成氢键，利用柱色谱可将二者分离。

（1）试剂

中性氧化铝，3mL 邻硝基苯胺和对硝基苯胺的苯溶液（见注释 8）。

（2）操作

用中性氧化铝和适量的无水苯按照上述方法制备色谱柱。

当苯的液面恰好降至氧化铝上端的表面上时，立即用滴管沿柱壁加入 3mL 邻硝基苯胺和对硝基苯胺混合液。当溶液液面降至氧化铝上端表面时，用滴管滴入苯洗去沾附在柱壁上的混合物。然后在色谱柱上装置滴液漏斗，用苯淋洗，控制滴加速度如前，直至观察到色层带的形成和分离。当黄色邻硝基苯胺色层带到达柱底时，立即更换另一接收器，收集全部此色层带。然后改用苯-乙醚（体积比 1∶1）为洗脱剂，并收集淡黄色对硝基苯胺色层带。

将收集的邻硝基苯胺的苯溶液和对硝基苯胺的苯-乙醚溶液分别用水泵减压蒸去溶剂，冷却结晶，干燥后测定熔点。邻硝基苯胺和对硝基苯胺的熔点分别为 71～71.5℃、147～148℃。

本实验约需 5h。

【注释】

1. 色谱柱的大小取决于被分离物的量和吸附性。一般的规格是：柱的直径为其长度的 1/10～1/4，实验室中常用的色谱柱，其直径在 0.5～10cm 之间。当吸附物的色带占吸附剂高度的 1/10～1/4 时，此色谱柱已经可作色谱分离了。色谱柱的活塞不应涂润滑脂。

2. 色谱柱填装紧密与否对分离效果很有影响。若柱中留有气泡、各部分松紧不匀、有断层或暗沟时，会影响渗滤速度和显色的均匀。但如果填装时过分敲击，又会因太紧密而流速太慢。

3. 加入砂子的目的是，在加料时不致把吸附剂冲起，影响分离效果。若无砂子，也可用玻璃毛或剪成比柱子内径略小的滤纸压在吸附剂上面。

4. 为了保持色谱柱的均一性，使整个吸附剂浸泡在溶剂或溶液中是必要的。否则当柱中溶剂流干时，就会使柱身干裂，影响渗滤和显色的均一性。

5. 最好用移液管或滴管将分离溶液转移至柱中。

6. 如不装置滴液漏斗，也可用每次倒入 10mL 洗脱剂的方法进行洗脱。

7. 若流速太慢，可将接受器改成小吸滤瓶，安装合适的塞子，接上水泵，用水泵减压保持适当的流速。也可在柱子上端安一导气管，后者与气袋或双链球相连，中间加一螺旋夹。利用气袋或双链球的气压对柱子施加压力。用螺旋夹调节气流的大小，这样可加快洗脱的速度。

8. 此溶液由 0.55g 对硝基苯胺和 0.7g 邻硝基苯胺溶于 100mL 苯中配成。

【问题讨论】

1. 柱色谱中为什么极性大的组分要用极性较大的溶剂洗脱？

2. 柱中若留有空气或填装不匀，对分离效果有何影响？如何避免？

3. 在柱色谱洗脱过程中，色带不整齐而成斜带，对分离效果有何影响，应如何避免？

4. 试解释为什么荧光黄比碱性湖蓝 BB 在色谱柱上吸附得更加牢固！

5. 红辣椒含有多种色泽鲜艳的天然色素，其中呈深红色素主要是由辣椒红脂肪酸酯和少量辣椒玉红素脂肪酸酯所组成，呈黄色的色素则是β-胡萝卜素。这些色素可以通过色谱法加以分离。试设计实验方案，以二氯甲烷作萃取剂，从红辣椒中提取红色素。然后采用薄层色谱分析，确定各组分的 R_f，再经柱色谱分离，分段接收并蒸除溶剂，即可获得各个单组分。

【参考文献】

兰州大学、复旦大学化学系有机化学教研室编．有机化学实验．第 2 版．北京：高等教育出版社，1994.

实验十三　熔点测定

【实验目的】

了解熔点测定的意义，掌握测定熔点的操作。

【实验原理】

当结晶物质加热到一定的温度，固态转变为液态，此时的温度可视为该物质的熔点。熔点的严格定义应为固液两态在大气压力下达到平衡时的温度。纯粹的固体有机化合物一般有固定的熔点。在一定压力下，固液两态之间的变化非常敏锐，自初熔至全熔（熔点范围称为熔程）不超过0.5～1℃。如含有杂质，则其熔点往往降低，熔程也较长。这对于鉴定纯粹固体有机物具有很大价值，同时根据熔程长短又可定性地看出该化合物的纯度。

【仪器与试剂】

数显微熔点测定仪、b形管（提勒管）、酒精灯、温度计、表面皿、水-冰、α-萘胺、苯甲酸苄酯、萘、间二硝基苯、乙酰苯胺、苯甲酸、尿素、水杨酸、3,5-二硝基苯甲酸、肉桂酸、1～2个未知物。

【实验步骤】

（1）采用熔点法校正温度计　采用熔点法校正温度计，标准样品及其熔点见表6-10。

表6-10　标准样品的熔点

样　　品	熔点/℃	样　　品	熔点/℃
水-冰	0	乙酰苯胺	114.3
α-萘胺	50	苯甲酸	122.4
对二氯苯	53.1	尿素	132.7
苯甲酸苄酯	71	二苯基羟基乙酸	151
萘	80.55	水杨酸	159
间二硝基苯	90.02	3,5-二硝基苯甲酸	205

（2）测定尿素（mp132.7℃）、肉桂酸（mp133℃）的熔点。

（3）测定50%尿素和50%肉桂酸混合样品的熔点。

（4）测定1～2个未知物的熔点，测定熔点并鉴定之。

本实验约需4h。

【问题讨论】

1. 3个瓶子中分别装有3种白色结晶A、B、C，每种都在149～150℃熔化。A与B的混合物（50∶50）在130～139℃熔化，A与C的混合物（50∶50）在149～150℃熔化。那么50∶50的B与C的混合物在什么温度范围内熔化？A、B、C是同一种物质吗？

2. 测定熔点时，若遇下列情况，将产生什么结果？

（1）熔点管壁太厚；

（2）熔点管底部未完全封闭，尚有小孔；

（3）熔点管不洁净；

（4）样品未完全干燥或含有杂质；

（5）样品研得不细或装得不紧密；

（6）加热太快。

【参考文献】

兰州大学、复旦大学化学系有机化学教研室编．有机化学实验．第2版．北京：高等教育出版社，1994.

实验十四　从茶叶中提取咖啡碱

【实验目的】

1. 熟悉从植物中提取生物碱的一般原理和方法。
2. 掌握 Soxhlet 提取器的使用。
3. 学习用升华法或溶剂萃取法提纯有机化合物的操作。

【实验原理】

生物碱（Alkaloids）是存在于生物体（主要为植物体）中的一类含氮的碱性有机化合物，大多数有复杂的环状结构，有显著的生物活性，是中草药的有效成分之一。如黄连中的小檗碱（黄连素）、麻黄中的麻黄碱、萝芙术中的利血平、喜树中的喜树碱、长春花中的长春新碱等。植物中的生物碱常以盐（能溶解于水或醇）的状态或以游离碱（能溶于有机溶剂）的状态存在。各种生物碱的结构不同，性质各异，提取分离方法也不尽相同，常用的有冷浸、渗漉、超声波、微波、索氏提取、热回流提取等。为了使提取更完全，也常常对上述方法进行组合如冷浸-渗漉、冷浸-超声波、冷浸-索氏提取、冷浸-热回流提取，因冷浸、冷浸-超声波提取操作简便，故使用较多，必要时，应对上述方法作比较，以优选出最佳提取方法。

茶叶中含有多种生物碱。咖啡碱又名咖啡因（Caffeine），化学名称是 1,3,7-三甲基-2,6-二氧嘌呤，是茶叶中主要的生物碱，约含 1%～5%，此外还含有少量茶碱、可可碱、茶多酚、有机酸、蛋白质、色素和纤维素等成分。咖啡因呈弱碱性，具有刺激心脏、兴奋大脑神经和利尿作用，可作为中枢神经兴奋药，它也是复方阿司匹林等药物的组分之一。

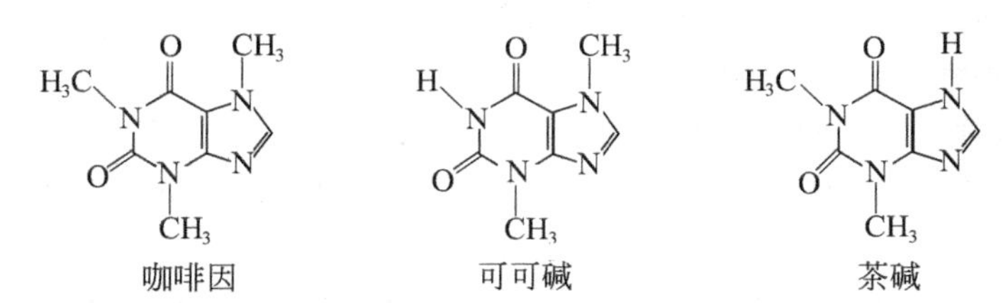

含结晶水的咖啡因（$C_8H_{10}O_2N_4$）为无色针状结晶，味苦，具有弱碱性，能溶于冷水和乙醇，易溶于热水、氯仿等。提取茶叶中的咖啡因，可以用乙醇为溶剂，在 Soxhlet 提取器中连续抽提，然后蒸出溶剂；也可将茶叶与水一起充分煮沸后，再将茶汁浓缩，即得粗咖啡因。粗咖啡因中还含有其他一些生物碱和杂质（如单宁酸）等，可利用升华法进一步提纯。

升华是将具有较高蒸气压的固体物质在加热到熔点以下，不经过熔融状态就直接变成蒸气，蒸气变冷后，又直接变为固体的过程。升华是精制某些固体化合物的方法之一。能用升华方法精制的物质，必须满足以下条件：(1) 被精制的固体要有较高的蒸气压，在不太高的温度下应具有高于 67kPa（20mmHg）蒸气压；(2) 杂质的蒸气压应与被纯化的固体化合物的蒸气压之间有显著的差异。

升华方法制得的产品通常纯度较高，但损失也较大。含结晶水的咖啡因加热至 100℃时失去结晶水，开始升华，120℃时显著升华，至 176℃时迅速升华。无水咖啡因的熔点为 235℃。

【仪器与试剂】

提取装置（见图 6-7），升华装置（见图 6-8），茶叶 5g，95%乙醇，生石灰粉。

【实验步骤】

1. 咖啡因的提取

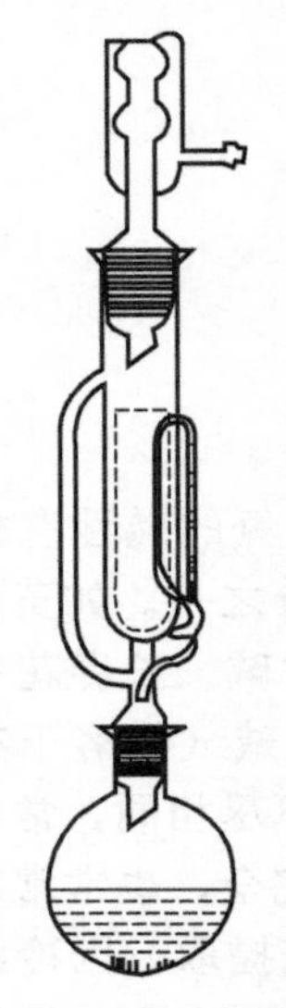
图 6-7　Soxhlet 提取装置

用滤纸做一比 Soxhlet 提取器提取筒内径稍小的圆柱状纸筒（见注释 1），装入 5g 研细的茶叶并折叠封住开口端，放入提取筒中。安装 Soxhlet 提取装置（见注释 2）（图 6-7），在烧瓶中加入 50mL 95%乙醇，置于电加热套上加热回流，连续提取 1～1.5h。当提取液颜色很淡时即可停止提取，待冷凝液刚刚虹吸下去时，立即停止加热，冷却。改成普通蒸馏装置，回收提取液中大部分乙醇。把残液倒入蒸发皿中，在蒸汽浴上浓缩至残液约 10mL 左右（见注释 3），拌入 3g 生石灰（CaO）粉（见注释 4）使成糊状。继续小火加热至干，期间要不断搅拌捣碎块状物，小心焙炒（防止过热使咖啡因升华），除尽水分（见注释 5）。冷却后擦去沾在蒸发皿边沿的粉末，以免升华时污染产品。

在上述蒸发皿上盖上一张刺有许多小孔的圆滤纸，在上面罩上干燥的玻璃漏斗（漏斗颈部塞少许脱脂棉，以减少咖啡因蒸气逸出），如图 6-8 所示。在电热套上小心加热使咖啡因升华（见注释 6）。当漏斗内出现白色烟雾、滤纸上出现白色毛状结晶时，停止加热，冷却，用小匙收集滤纸上及漏斗内壁的咖啡因。残渣经搅拌后用较高温度再加热片刻，使升华完全，合并两次收集的咖啡因。得咖啡因约 50mg。

纯净无水咖啡因熔点为 234.5℃。

2. 咖啡因的性质实验

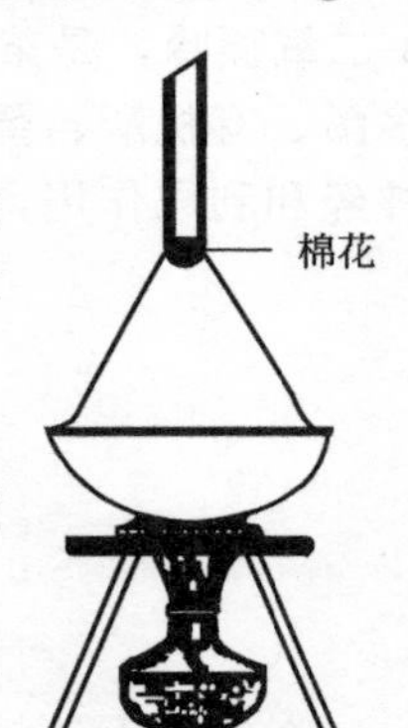

图 6-8　升华装置

（1）在蒸发皿中放入咖啡因约 0.05g，加 8～10 滴 30%的 H_2O_2，再加 5%的稀盐酸 4～5 滴，置水浴上加热蒸干，残渣显美丽的玫瑰红色。在残渣上滴加 1 滴浓氨水，观察颜色有何变化（见注释 7）？

（2）取一支试管，加 8 滴饱和咖啡因水溶液，滴加 1 滴 0.5% $KMnO_4$ 溶液和 3 滴 5% Na_2CO_3 溶液。摇动试管，放入沸水浴中加热，观察溶液的变化（见注释 8）。

（3）取一支试管，加 5 滴咖啡因的饱和水溶液和 3 滴 10%鞣酸溶液，观察出现的现象。

（4）取一支试管，加 1mL 5%盐酸溶液和少许咖啡因，用力振摇，使其溶解为澄清溶液（如实在不溶，可取澄清液做实验），滴加 12 滴碘化汞钾溶液（见注释 9）。摇动试管注意观察溶液的变化。

用自己提取的咖啡因，重复上述实验并进行比较。

【注释】

1. 滤纸套大小既要紧贴器壁又要能方便取放，其高度不得超过虹吸管顶端，滤纸包茶叶末时，要严防漏出，以免堵塞虹吸管，纸套上面盖一层滤纸，以保证回流液均匀浸透被萃取物。

2. Soxhlet 提取器是利用溶剂回流和虹吸原理，使固体物质连续不断地为纯溶剂所萃取的仪器。溶剂沸腾时，其蒸气通过侧管上升，被冷凝管冷凝成液体，滴入套筒中，浸润固体物质，使之溶于溶剂中。当套筒内溶剂液面超过虹吸管的最高处时，即发生虹吸，提取液流入烧瓶中。通过反复的回流和虹吸，从而将提取物富集在烧瓶中。脂肪提取器的虹吸管极易折断，所以在安装仪器和实验过程中必须特别小心。

3. 浓缩提取液时不可蒸得太干，以防转移损失。否则因残液很黏而难于转移。

4. 拌入生石灰要均匀，生石灰的作用除吸水外，还可中和除去部分酸性杂质（如鞣酸）。

5. 如留有少量水分，将会在下一步升华开始时带来一些烟雾，污染器皿。

6. 在萃取回流充分的情况下，升华操作是实验成败的关键，在升华的过程中始终都必须严格控制加热温度，温度太高，会使产物发黄（分解）甚至炭化；还会把一些有色物带出来，使产品不纯。进行再升华时，加热温度也应严格控制，否则使被烘物大量冒烟，导致产物不纯和损失。

7. 咖啡因可被过氧化氢等氧化剂氧化，生成四甲基偶嘌呤（将其用水浴蒸干，呈玫瑰红色），后者与氨作用即成一紫色的紫脲酸铵。该反应是嘌呤类生物碱的特征反应。

8. 咖啡因被氧化分解。

9. 碘化汞钾试剂与生物碱（如咖啡因等）反应，生成分子复合物。

【问题讨论】

1. 为什么可用升华法提纯咖啡因？哪些化合物能用升华的方法进行提纯？

2. 采用 Soxhlet 提取器提取茶叶中的咖啡因，有什么优点？

3. 为了得到较纯、较多的咖啡因，应注意哪些操作过程？

4. 加入生石灰有何目的？

5. 试设计以氯仿为溶剂，从茶叶中提取咖啡因的实验方案。

【参考文献】

兰州大学、复旦大学化学系有机化学教研室编．有机化学实验. 第 2 版．北京：高等教育出版社，1994.

实验十五　化学试剂与药用氯化钠的制备及限度检验

【实验目的】

1. 学习掌握提纯氯化钠的原理，学会从混合物中除去杂质的方法。

2. 验证物质在溶解过程中自始至终存在着溶解和结晶这一对矛盾。

3. 掌握下述基本操作：

① 称量、台秤的使用；

② 试样的溶解；

③ 沉淀：沉淀剂的加入、晶形沉淀的条件（稀、慢、热搅、陈）、沉淀的洗涤、过滤（常压过滤和减压过滤）、加热、蒸发、浓缩、结晶、干燥。

4. 了解产品纯度检验方法及 SO_4^{2-} 等杂质限度检验方法；了解药品的检查方法，掌握用目视比色法和比浊法进行限量分析的原理和方法。

【实验原理】

化学试剂和医药用 NaCl 都是以粗食盐为原料提纯的。

粗食盐中除含有少量泥沙、少量有机不溶性杂质外，还含有 SO_4^{2-}、CO_3^{2-}、I^-、K^+、Ca^{2+}、Mg^{2+}、Fe^{3+} 以及一些其他金属离子等可溶性杂质。这些杂质的存在不仅使食盐极易潮解，影响食盐的贮运，而且也不适合医药和化学试剂的要求，因此制备试剂和药用 NaCl 必须除去这些杂质。

通常不溶性杂质可采取过滤的方法除去，可溶性杂质可根据其性质借助于化学方法，选用合适的试剂使其转化为难溶沉淀或气体而分离，一些不易用沉淀法分离的杂质也可根据溶解度不同进行分离。

粗食盐提纯的具体原理如下：首先将粗食盐溶于水，通过过滤与不溶性杂质分离。

在滤液中加入$BaCl_2$溶液，除去SO_4^{2-}

$$Ba^{2+}+SO_4^{2-} = BaSO_4\downarrow$$

然后再加入饱和Na_2CO_3溶液，除去Ca^{2+}、Mg^{2+}和过量的Ba^{2+}：

$$Ba^{2+}+CO_3^{2-} = BaCO_3\downarrow\text{(白)}$$

$$Ca^{2+}+CO_3^{2-} = CaCO_3\downarrow\text{(白)}$$

$$4Mg^{2+}+5CO_3^{2-}+2H_2O = Mg(OH)_2\cdot 3MgCO_3\downarrow\text{(白)}+2HCO_3^-$$

$$Fe^{3+}+3OH^- = Fe(OH)_3\downarrow\text{(红棕)}$$

过量的Na_2CO_3用HCl中和后除去：

$$CO_3^{2-}+2H^+ = H_2CO_3 = H_2O+CO_2\uparrow$$

粗盐中K^+、I^-、Br^-和上述沉淀剂不起作用，仍留在溶液中，由于它们在粗食盐中含量极小，因此在蒸发和浓缩食盐溶液时，NaCl先结晶出来，上述杂质仍留在溶液中。吸附在NaCl晶体上的少量杂质可通过洗涤而除去，药用NaCl可进行重结晶，最后得到纯度很高的NaCl。

在提纯过程中，为了检查某种杂质是否除尽，常取少量澄清液体，滴加适当的试剂进行检验，这种方法称为中间控制检验，常简称为“中控”。

最后在核定产品级别时，需做产品检验，内容包括NaCl的含量测定和杂质限度检验。

NaCl的含量可用硝酸银沉淀滴定法进行定量测定（本实验不做要求）。

杂质分析采用限量分析法，通常是把产品配成一定浓度的溶液与标准系列的溶液进行目视比色或比浊，以确定其含量范围。如果产品溶液的颜色或浊度不深于某一标准溶液，则杂质含量即低于某一规定的限度，所以这种分析方法称为限量分析或限度检验。

钡盐、硫酸盐的限度检验是根据沉淀反应原理，用样品管和标准管在相同的条件下进行比浊试验，样品管不得比标准管更深。

铁盐的限度检验则采用比色法。

镁盐、钾盐和钙盐的限度检验，《中华人民共和国药典》中采用比色法、比浊法；GB 1266—2006中采用原子吸收分光光度法。

重金属系指Pb、Bi、Cu、Hg、Sb、Sn、Co、Zn等金属离子，它们在一定的条件下能与H_2S或Na_2S作用而沉淀。用稀醋酸调节使溶液呈弱酸性，实验证明在pH=3时，HgS沉淀最完全。重金属的检查，是在相同的条件下进行比浊试验。

【仪器与试剂】

（1）仪器　台秤、烧杯、量筒、加热设备（酒精灯、三角架或电热套、控温电炉）、石棉网、布氏漏斗、吸滤瓶、蒸发皿、洗瓶、酸度计、奈氏比色管、吸量管等。

（2）试剂

酸：HCl（$6mol\cdot L^{-1}$、$0.02mol\cdot L^{-1}$，25%）。

碱：NaOH（$0.02mol\cdot L^{-1}$），饱和Na_2CO_3溶液。

盐：粗食盐$1mol\cdot L^{-1}BaCl_2$，25%$BaCl_2$溶液，硫酸钾-乙醇溶液［准确称取0.02g硫酸钾，溶于100mL30%（体积分数）乙醇溶液中］，标准K_2SO_4溶液，标准铁盐溶液。

pH4.5乙酸-乙酸钠缓冲溶液（称取16.4g无水乙酸钠，溶于50mL水，加24mL冰醋酸，用水稀释至 100mL)。

其他：10%抗坏血酸，0.2%邻菲罗啉。溴麝香草酚蓝指示剂，活性炭，广泛 pH 试纸，精密 pH（约 2）试纸。

【实验步骤】

1. 溶解粗食盐

称取 20g 粗食盐于 250mL 烧杯中，加 80mL 水，加热搅拌使粗食盐溶解（不溶性杂质沉于底部)，如溶液有色可加入少量活性炭，加热至 80℃左右保温约 5min，过滤。

2. 除去 SO_4^{2-}

将溶液加热至近沸，边搅拌边逐滴加入 $1mol \cdot L^{-1}$ $BaCl_2$ 溶液 3～5mL。继续加热 5min，使沉淀颗粒长大而易于沉降。

3. 检查 SO_4^{2-} 是否除尽

将烧杯从石棉网上取下，待沉淀沉降后，在上层清液中加 1～2 滴 $1mol \cdot L^{-1}$ $BaCl_2$ 溶液，如果出现混浊，表示 SO_4^{2-} 尚未除尽，需继续加 $BaCl_2$ 溶液以除去剩余的 SO_4^{2-}。如果不混浊，表示 SO_4^{2-} 已除尽。抽滤，弃去沉淀。

4. 除去 Mg^{2+}，Ca^{2+}，Ba^{2+}、Fe^{3+} 等阳离子

将所得的滤液加热至近沸。搅拌下滴加饱和 Na_2CO_3 溶液至不再产生沉淀，再多加 0.5mL Na_2CO_3 溶液，静置。

5. 检查 Ba^{2+} 是否除尽

在上层清液中，加几滴饱和 Na_2CO_3 溶液，如果出现混浊，表示 Ba^{2+} 未除尽，需在原溶液中继续加 Na_2CO_3 溶液直至除尽为止。抽滤，弃去沉淀。

6. 除去过量的 CO_3^{2-}

往溶液中滴加 $6mol \cdot L^{-1}$ HCl，加热搅拌，中和到溶液的 pH 值约为 3～4（用 pH 试纸检查)。

7. 浓缩与结晶

把溶液倒入 250mL 烧杯中，蒸发浓缩到有大量 NaCl 结晶出现（变为黏稠状，约为原体积的 1/4)。冷却，减压过滤、吸干后用少量蒸馏水洗涤晶体，抽干。

将氯化钠晶体转移到蒸发皿中，烘干（为防止蒸发皿摇晃，可在石棉网上放置个泥三角)。冷却后称重，计算产率。

8. 产品纯度的检验

化学试剂氯化钠依据 GB 1266—2006，药用氯化钠依据《中华人民共和国药典》2005 年版。

(1) 纯度

① 化学试剂氯化钠　各级 NaCl 试剂中 NaCl 含量不少于：

优级纯 99.8%；分析纯 99.5%；化学纯 99.5%。

NaCl 含量测定方法（选作)：称取 0.15g 干燥恒重的样品，称准至 0.0002g，溶于 70mL 水中，加 10mL 1%淀粉溶液，在摇动下用 $0.1mol \cdot L^{-1}$ 硝酸银标准溶液避光滴定，近终点时，加 3 滴 0.5%荧光素指示液，继续滴定至乳液呈粉红色。

NaCl 的质量分数（X）按下式计算：

$$X=\frac{Vc\times 0.05844}{m}\times 100$$

式中　V——硝酸银标准溶液用量，mL；

c——硝酸银（$AgNO_3$）标准溶液浓度，$mol \cdot L^{-1}$；

m——样品质量，g；

0.05844——每 1mL 硝酸银滴定液（0.1mol·L^{-1}）相当于 NaCl 的质量，g。

② 药用氯化钠　按干燥品计算，含氯化钠（NaCl）不得少于 99.5%。

测定方法（暂不做）：取本品约 0.12g，精密称定，加水 50mL 溶解后，加 2% 糊精溶液 5mL 与荧光黄指示液 5～8 滴，用硝酸银滴定液（0.1mol·L^{-1}）滴定。

（2）溶液酸碱性

① 化学试剂氯化钠　称取 5g 样品，称准至 0.01g，溶于 100mL 不含二氧化碳的水中，用酸度计测定，pH 值应在 5.0～8.0 之间。

② 药用氯化钠　取本品 5.0g 加水 50mL 溶解后，加溴麝香草酚蓝指示液 2 滴，如显黄色，加氢氧化钠滴定液（0.02mol·L^{-1}）0.10mL 应变为蓝色；如显蓝色或绿色，加盐酸滴定液（0.02mol·L^{-1}）0.20mL，应变为黄色。

（3）杂质最高含量与限度检验

① 杂质最高含量（指标以质量分数计）氯化钠杂质最高含量见表 6-11。

表 6-11　氯化钠杂质最高含量（指标以质量分数计）

名称	化学试剂				药用	
	优级纯	分析纯	化学纯	测定方法	指标	测定方法
澄清度试验	合格	合格	合格	玻璃乳浊液法	澄清	取 5.0g 产品，溶于 25mL 水中
水不溶物	0.003	0.005	0.02	重量法(110℃)		
干燥失重	0.2	0.5	0.5	重量法(130℃)	0.5	重量法(130℃)
碘化物(I)	0.001	0.002	0.012	三氯化铁氧化-四氯化碳萃取比色法	不得显蓝色痕迹	亚硝酸钠氧化-淀粉指示剂比色法
溴化物(Br)	0.005	0.01	0.05	铬酸氧化-四氯化碳萃取比色法	不得更深	三氯甲烷萃取-氯胺 T 比色法
硫酸盐(SO_4)	0.001	0.002	0.005	钡盐比浊法	0.002	钡盐比浊法
氮化合物（以 N 计）	0.0005	0.001	0.003	纳氏试剂比色法	—	—
磷酸盐(PO_4)	0.0005	0.001	—	磷钼蓝比色法	—	
镁(Mg)	0.001	0.002	0.005	原子吸收分光光度法	0.001	标准镁溶液太坦黄比色对照法
钾(K)	0.01	0.02	0.04	原子吸收分光光度法	0.02	四苯硼酸钠比浊法
钙(Ca)	0.002	0.005	0.01	原子吸收分光光度法	5min 内不得发生混浊	草酸铵沉淀法
亚铁氰化物[以 $Fe(CN)_6$ 计]	0.0001	0.0001	—	普鲁士蓝比色法		—
铁(Fe)	0.0001	0.0002	0.0005	邻菲罗啉比色法	0.0003	
砷(As)	0.00002	0.00005	0.0001	溴化汞试纸法	0.00004	
钡(Ba)	0.001	0.001	0.001	标准对照比浊法	15min 两液同样澄清	稀硫酸-水对照比浊法
重金属（以 Pb 计）	0.0005	0.0005	0.001	硫化氢比浊法	0.0002	

② 限度检验　本实验仅选择化学试剂氯化钠部分杂质（SO_4^{2-} 和 Fe^{3+}）进行限度检验。

杂质测定：样品需称准至0.01g。

a. SO_4^{2-} 限度检验　称取1.00g产品，溶于10mL水中，稀释至20mL，加0.5mL 25%盐酸溶液，加入至1.25mL溶液Ⅰ中，稀释至25mL，放置5min，所呈浊度不得大于标准。

注：溶液Ⅰ的制备——取2.5mL硫酸钾-乙醇溶液，与10mL 25%氯化钡溶液混合，准确放置1min（使用前混合）。

标准是取下列数量的硫酸盐杂质标准液：

优级纯0.01mg SO_4^{2-}；分析纯0.02mg SO_4^{2-}；化学纯0.05mg SO_4^{2-}。

稀释至20mL，与同体积样品溶液同时同样处理。

b. Fe的限量分析　称取5g样品，溶于水，用25%盐酸溶液调至pH值为2（用精密pH试纸侧定），稀释至30mL，加0.5mL 10%抗坏血酸溶液、10mL pH4.5乙酸-乙酸钠缓冲溶液、3mL 0.2%邻菲罗啉溶液，稀释至50mL，放置15min，所呈红色不得深于标准。

标准是取下列数量的铁杂质标准液：

优级纯0.005mgFe，分析纯0.010mgFe，化学纯0.025mgFe。

与样品同时同样处理。

【思考题】

1. 在除去 Ca^{2+}、Mg^{2+}、SO_4^{2-} 时，为什么要先加入 $BaCl_2$ 溶液，然后再加入 Na_2CO_3 溶液？

2. 为什么用 $BaCl_2$（毒性很大）而不用 $CaCl_2$ 除去 SO_4^{2-}？

3. 在除去 Ca^{2+}、Mg^{2+}、Ba^{2+} 等离子时，能否用其他可溶性碳酸盐代替 Na_2CO_3？

4. 加HCl除 CO_3^{2-} 时，有方法将溶液的pH值调到2～3、也有调到3～4，还有调至近中性（pH6），你认为调到pH多少最好？为什么？

5. 查阅有关资料，说明硫酸盐杂质标准液和铁杂质标准液的配制方法。

【注意事项】

（1）减压抽滤过程中。应注意滤纸大小正好覆盖住布氏漏斗的底部，不能太小而盖不住布氏漏斗的孔，也不能太大而在布氏漏斗底部折叠起来；安装布氏漏斗时，布氏漏斗的斜口要对着抽滤瓶的抽气口；抽滤结束时，应先拔出连接在抽气循环水泵上的橡皮管，再关循环水泵。若先关循环水泵，循环水泵中的污水会倒流入抽滤瓶中。

（2）限度检验比色和比浊时应特别注意认真观察。

【参考文献】

[1] 国家药典委员会. 中华人民共和国药典：第2部. 北京：化学工业出版社，2005：760-761.

[2] GB 1266—2006. 化学试剂　氯化钠. 北京：中国标准出版社，2006.

实验十六　无水乙醇的制备

【实验目的】

1. 学习氧化钙法制备无水乙醇的原理和方法。

2. 掌握回流、蒸馏装置及操作方法。

3. 学会检验无水乙醇的简单方法。

【实验原理】

普通的工业酒精是含乙醇95.6%和4.4%水的恒沸混合物，其沸点为78.15℃，用蒸馏的方法不能将乙醇中的水进一步除去。要制得无水乙醇，在实验室中可加入生石灰后回流，使水分与生石灰结合后再进行蒸馏，得到无水乙醇。

$$CaO + H_2O \longrightarrow Ca(OH)_2$$

为了使反应充分进行，除了将反应物混合放置过夜外，还让其加热回流一段时间。制得的无水乙醇（纯度可达 99.5%）用直接蒸馏法收集。这样的无水乙醇已能满足一般实验使用。

若要制得绝对无水乙醇（纯度>99.95%），则将制得的无水乙醇和金属钠进一步处理，除去残余的微量水分即可。

验证含水量的大小：在无水乙醇中加入少许 $KMnO_4$，观察其中的颜色状况。若含水量大，则无水乙醇显紫红色；若含水量少，则无水乙醇不显色或显浅紫色。同时用95%的工业酒精作对比。

也可用无水硫酸铜检验：$CuSO_4$（白色粉末）$+ H_2O \longrightarrow CuSO_4 \cdot 5H_2O$（蓝色）

【仪器与试剂】

仪器：100mL 圆底烧瓶、冷凝管（球形、直形）、干燥管、电热套。

试剂：95%乙醇 40mL、CaO15g、无水 $CaCl_2$、高锰酸钾或无水硫酸铜。

【实验步骤】

（1）回流：在 100mL 圆底烧瓶中加入 15g CaO 和 40mL 95%乙醇。装上回流冷凝管，在电热套上加热回流 2～3h。

（2）蒸馏：回流结束后，待反应体系稍冷，将其改装成蒸馏装置，接引管支口上接盛有无水 $CaCl_2$ 的干燥管。用电热套加热蒸馏出无水乙醇。用量筒计量得到的无水乙醇，计算回收率。

（3）检验：取 0.5mL 回流液放到干燥的试管中，加入一粒高锰酸钾晶体，液体不呈紫色表示乙醇中水含量不超过 0.5%；或加入少量无水硫酸铜，观察现象。用 95%乙醇作对比实验，并得出结论。

【注意事项】

1. 实验中所用仪器均需彻底干燥。由于无水乙醇具有很强的吸水性，故在操作过程中和存放时必须防止水分侵入。

2. 磨口仪器使用时一定要倍加小心，轻拿轻放。安装时操作要规范，不能在角度有偏差时进行硬性装拆。磨口应保持清洁，一般不要涂润滑油。

3. 在回流操作中需要注意：烧瓶中的溶液一般约为烧瓶容积的 1/3～1/2，不超过 2/3 为合适。为了确保回流效率和安全，用水冷凝管时应先通水后加热及先停止加热后关冷却水，中途不得断水；要通过控制冷却水流量及加热速度来控制回流速度，使液体蒸气的浸润界面不超过冷凝管有效冷却长度的 1/3。

4. 蒸馏装置的安装顺序一般由左至右，由下至上，首先从左下侧的热源开始安装。安装冷凝管时，要使冷凝水从下口进入，上口流出，保证"逆流冷却"。

5. 用干燥剂干燥有机物，一般在蒸馏前应先过滤除去，但 CaO 与 H_2O 生成的 $Ca(OH)_2$，蒸馏时不分解，可不用除去就蒸馏。

【思考题】

1. 蒸馏操作和回流操作都应注意哪些问题？

2. 蒸馏与回流时，加入沸石的目的是什么？

3. 素烧瓷片能否代替沸石？

4. 如果在开始加热后发现未加入沸石应该怎么办？

实验十七 正丁醚的制备

【实验目的】

1. 掌握醚的制备原理和方法。
2. 掌握共沸的原理与应用。
3. 掌握醇和醚的性质。
4. 巩固回流、蒸馏、萃取、洗涤、干燥等操作。
5. 学习使用分水器的实验操作。

【实验原理】

醚是有机合成中常用的溶剂，大多数有机化合物在醚中都有良好的溶解性。

醇的分子间脱水是制备单纯醚的常用方法。实验室常用的脱水剂是浓硫酸，酸的作用是将一分子醇的羟基转变成更好的离去基团。这种方法通常用来从低级伯醇合成相应的简单醚。除硫酸外，还可用磷酸和离子交换树脂做催化剂。由于反应是可逆的，通常采用蒸出产物或水的方法，使反应朝有利于生成醚的方向移动。同时，必须严格控制反应温度，以减少副反应（生成烯烃与二烷基硫酸酯）的发生。

在制备乙醚时，反应温度（140℃）比乙醇的沸点（78℃）高得多，需先将催化剂加热到所需温度，将乙醇滴入到催化剂中，以免乙醇蒸出。由于乙醚的沸点（34.6℃）低，生成后即被蒸出。在制备正丁醚时，正丁醇的沸点（117.7℃）和正丁醚的沸点（142℃）较高，正丁醇的相对密度小于水，且在水中溶解度较小，可使用分水器除去反应生成的水，以提高正丁醚的收率。

仲醇及叔醇的分子间脱水反应，通常为单分子的亲核取代反应（S_N1），并伴随有较多的消去产物。因此，用醇脱水制备醚时，最好使用伯醇，以获得较高的产率。

制备混醚和冠醚常用的方法是 Williamson 合成法，即通过卤代烷、磺酸酯或硫酸酯与醇钠或酚钠反应来制备。这是一个双分子的亲核取代反应（S_N2）。由于同时容易发生双分子的消去反应，因此，最好使用伯卤代烷，而叔卤代烷不能用于此反应。通过酚钠与卤代烷或硫酸酯的反应可制备芳醚，通常是将酚和卤代烷或硫酸酯与碱性试剂一起进行加热。

主反应：

$$2CH_3CH_2CH_2CH_2OH \xrightarrow[135℃]{H_2SO_4} CH_3CH_2CH_2CH_2OCH_2CH_2CH_2CH_3 + H_2O$$

副反应：

$$CH_3CH_2CH_2CH_2OH \xrightarrow{H_2SO_4} CH_3CH_2CH_2{=}CH_2 + H_2O$$

【仪器与试剂】

仪器：二颈烧瓶、温度计、分水器、回流冷凝装置、分液漏斗。

试剂：12.5g（15.5mL，0.017mol）正丁醇，浓硫酸，无水氯化钙。

【实验步骤】

取 15.5mL 正丁醇于 50mL 二颈瓶中，搅拌下加入 2.7mL 浓硫酸和几粒沸石。于二颈瓶一侧安装温度计，温度计的水银球应浸入到液面以下；中间安装分水器。先在分水器内放置（$V-1.7$）mL 水，V 是分水器体积，再在分水器上装置回流冷凝。加热，维持反应物微沸，回流分水。随着反应进行，回流液经冷凝管收集于分水器内，分液后水层沉于下层，上层有机相到达分水器支管时，即可返回烧瓶。当烧瓶内反应物温度上升至 135℃左右，分水器全部被水充满时，即可停止反应，大约需要 1.5h。若继续加热，则反应液会变黑并有较多的副产物——烯生成。

待反应液冷至室温后，将反应液转入盛有 25mL 水的分液漏斗中，充分摇振，静置分层后弃去下层液体，上层粗品依次用 15mL 水、8mL 5%的 NaOH 溶液、8mL 水和 8mL 饱和 $CaCl_2$ 溶液洗涤，然后用 1～2g 无水 $CaCl_2$ 干燥。将干燥后的产物滤入 25mL 蒸馏瓶中，蒸馏，收集 140～144℃馏分，得正丁醚 3～4g。

纯粹正丁醚的沸点 142.4℃，折射率 n_D^{20} 1.3992。

本实验约需 5h。

【注意事项】

1. 加料时，正丁醇和浓硫酸如不充分摇动混匀，硫酸局部过浓，加热后易使反应溶液变黑。

2. 根据理论计算，本实验的脱水体积为 1.5mL，因正丁醇与水有一定的相溶性，实际分出水的体积略大于计算值，故分水器放满水后先分掉约 1.7mL 水。

3. 反应开始回流时，因为有恒沸物的存在，温度不可能马上达到 135℃。但随着水被蒸出，温度逐渐升高，最后达到 135℃以上，即应停止加热。如果温度升得太高，反应溶液会炭化变黑，并有大量副产物丁烯生成。

【思考题】

1. 还可以采用什么方法来制备正丁醚？

2. 实验中，采用了何种措施以提高正丁醚的产率？

3. 设计由乙醇制备乙醚实验操作过程。

【参考文献】

[1] 王清廉，沈凤嘉主编．有机化学实验（第二版），北京：高等教育出版社，2003.

[2] 高占先主编．有机化学实验（第四版）．北京：高等教育出版社，2006.

[3] 郭书好主编．有机化学实验（第二版）．武汉：华中科技大学出版社，2006.

[4] 蔡会武，曲建林主编．高等学校教材—有机化学实验. 西安：西北工业大学出版社，2007.

参考文献

[1] 李志林，马志领，翟永清. 无机及分析化学实验. 北京：化学工业出版社，2007.
[2] 王晓英，刘松涛，余德润. 利用 Chem Window3.0 绘制化学结构式例谈. 江西教育学院学报：综合，2003，24 (6)：47-48，63.
[3] 刘劲刚，吴宗仁，倪诗圣，介绍一个实用的化学软件——Chem Window. 大学化学，1997，12 (5)：33-34.
[4] 刘银，孟海燕. 浅谈 ACD/Chemsketch 5.0 和 Chem Window 6.0 在中学化学教学中的应用：下. 教学仪器与实验，2004，(8)：13-15.
[5] 叶非，张珉. 一个实用的化学软件——ISIS/Draw2.3. 大学化学，2002，17 (4)：35-36.
[6] 钱蕙. 王锡森，单旻，罗颖. Origin 6.0 在物理化学实验数据处理中的应用. 铁道师院学报，2001，18 (2)：30-34.
[7] 吴健. 利用 Microal Origin 软件处理纯液体饱和蒸气压数据. 广西民族学院学报：自然科学版，2001，7 (3)：191-193.
[8] 彭彬，肖信，袁中直. 用 Origin 进行化学实验数据处理. 化学教学，2003，(6)：31-34.
[9] 武汉大学化学与分子科学学院实验中心. 物理化学实验. 武汉：武汉大学出版社，2004：9-22.
[10] 华南理工大学物理化学教研室. 物理化学实验. 广州：华南理工大学出版社，2006：13-17.
[11] 萧成基等. 气液传质设备 11 化学工程手册：第 13 篇. 北京：化学工业出版社，1979.
[12] 武汉大学化学系. 仪器分析. 北京：高等教育出版社，2001.
[13] 李启龙，迟锡增，曾泳淮，云自厚，李惠琳. 仪器分析. 北京：北京师范大学出版社，1990.
[14] 郭孟萍. 大学基础化学实验. 北京：北京理工大学出版社，2011.
[15] 王萍萍. 基础化学实验教程. 北京：科学出版社，2011.